集人文社科之思　刊专业学术之声

CMHS 廣東省社會科學院
海洋史研究中心 主办

中文社会科学引文索引
（CSSCI）来源集刊
AMI（集刊）核心集刊
中国学术期刊网络出版总库（CNKI）收录
集刊全文数据库（www.jikan.com.cn）收录

【第十九辑】

海洋史研究

Studies of Maritime History Vol.19

李庆新 / 主编

《海洋史研究》学术委员会

主　　编　李庆新（广东省社会科学院）

副 主 编　周　鑫（常务）　罗燚英（常务）
陈博翼（特邀）　王　路（常务）
江伟涛

编　　务　杨　芹（主任）　吴婉惠（主任）
周　鑫　罗燚英　徐素琴　王　路
王一娜　江伟涛　申　斌　蔡香玉（特邀）
张烨凯（特邀）　林旭鸣　刘璐璐
彭崇超

目　录

专题论文

学术述评

专题论文

海洋史研究（第十九辑）
2023年11月 第3~23页

菲律宾群岛的华人

——一个地方性社群的全球投影

欧洋安（Manel Ollé）*

一 “生理人”（Sangley）的来到

多明我会士高母羡（Juan Cobo，1546—1592），常被认为是最早将一整部中国书籍译成欧洲语言的人。作为《明心宝鉴》[①] 西班牙语版的译者，他的名字被写在此书的封面之上。这部收集了格言、警句及谚语的书籍，1393年由范立本辑录、作序并出版。然而，在中国向亚洲邻国以外地区进行文化交流的过程中，这项具有开创性的翻译工作实际上拥有更多译者：它是一项集体成果，生活在马尼拉涧内（Parian）——当地华人聚居区，属多明我会教区——的华人（Sangley[②]）积极参与其中，并起到了决定性作用。

对翻译内容的语言学分析，揭示了在这一具有开创性的文化交流过程中，一些“西班牙语华人”译者的存在。在《明心宝鉴》的不同章节中，常常出现对同一中文概念的不同翻译，除此之外，人名、标题、注释等内容

---

* 作者欧洋安（Manel Ollé），西班牙庞培法布拉大学人文系教授。译者王尊龙，日本立教大学文学研究科博士研究生；李晓璐，广州美术学院美术学研究中心，助理研究员。

① 西班牙语版标题为 *Beng Sim Po Cam. Espejo rico del claro corázón Mingxin baojian*，1593年出版。

② 译者注：Sangley一词来自闽南语“生理”，意为“生意”，后期主要用来指代生活在菲律宾的华人，又被译作“常来人”或“生理人”。

的音译也存在差异。尽管如此，这些音译大体上却都基于相同的语音系统——闽南语。另外，我们还需认识到，鉴于高母羡在马尼拉生活的时间有限，其汉语水平应该不足以支撑他独自翻译《明心宝鉴》这样一本引述了包括孔子、孟子、老子在内的众多古代哲人名言的著作。高母羡在马尼拉的华人区——涧内待了两年多，由胡安·萨米（Juan Sami，为一名华商，除此之外我们对其几乎一无所知，但他很可能在翻译中扮演着重要角色）私人授课。但是高母羡并未因此得到足够的翻译练习，如归于其名下的塞内卡（Lucius Annaeus Seneca，约公元前4年—公元65年）的著作，甚至是《天主教教义》（*Catecismo*），毫无疑问均是其与涧内华人积极合作的成果。

马尼拉华人默默地参与了各类中西典籍的翻译工作，这种现象清楚地说明了文献记载的局限性。像马尼拉华人一样"没有历史的群体"①，在历史记载中往往会被忽视。但现在，他们值得我们的充分关注。不仅是因为他们没有属于自己的历史叙述（尽管他们常被习惯性地认为在"连接、沟通"方面发挥了无法取代的历史作用），更是因为他们在一个纷繁复杂、至关重要同时也影响深远的历史进程中扮演着举足轻重的角色。在这个进程中，他们以一种独特的方式，连接贯穿了地方层面、区域层面，以及全球层面的多元历史活动。〔1. 地方层面：华人在马尼拉涧内的生活和此后向邻近地区的迁徙，以及跨过邦板牙（Pampanga）并促成华裔—南岛系混血族群（mestizo de sangley）的形成；2. 区域层面：东亚海域世界；3. 全球层面：银丝贸易、帝国间的接触、文化交流。〕

马尼拉华人在历史叙述中的相对缺位，并非当时的历史环境所致，而是因为西班牙人对不同地区华人群体的认知存在显著差异。这种认知差异，同样体现在菲律宾民族认同的建构过程之中。西班牙殖民时代早期，在传教士、旅行者以及欧洲知识分子中间，萌生了一种对中国的一切事物都秉持的好奇心，而来自马尼拉的华人却不在其列。中国人（Chinese）是一回事，而华人（Sangley）却是与前者迥然不同的另一种存在。当作为国家战略、商业和传教目标的伟大帝国——遥远的中国，以各种著述中那略显夸张的形象吸引并震撼着欧洲旅行者与传教士时，侨居在马尼拉附近的华人却遭受着蔑视和侮辱。意大利多明我会士李科罗（Victorio Riccio，1621—1685）的例子便很好地说

① Eric Wolf, *Europe and the People without History*, Berkeley, Los Angeles, and London: University of California Press, 1982.

明了这一点。李科罗是著名耶稣会士利玛窦（Matteo Ricci，1552—1610）的侄子，也是17世纪后半叶中国和菲律宾之间一个关键且特殊的存在，其在国姓爷（Koxinga，即郑成功）控制下的台湾及菲律宾之间，扮演着使者和调解者的角色。曾在福建南部沿海生活过数十年的他，完全融入了福建的华商社群。在一份有关驱逐华人的报告中，[①] 李科罗明确地区分了华人的内与外。这种内外区分，本身也是中华帝国所建构的。对明朝而言，那些违反禁令擅自移居东南亚的福建人，是一种需要顾虑的不稳定因素。因此，虽然这些华人常在海外遭遇不幸（如发生在马尼拉和巴达维亚的华人大屠杀），明朝并不会施以援手。

福建华人迁徙至马尼拉的过程，直接源于由马尼拉大帆船所连接的两个帝国间海上航线的开通。在此过程中，首要的是贸易，然后是移民。但广东地方政府与葡萄牙人之间建立起的那种把贸易活动引向澳门的互市模式，并没有被应用于福建地区。西班牙人无法到达中国沿海，在那里进行贸易或定居，但是没有任何事物或个人能够阻止福建人，将福建和吕宋间一条百年间几乎鲜有人知的区域海上贸易航线，转变为跨洋商业链的第一环。这种转变使得平均每年有几十艘中国帆船到达菲律宾，运送人口、白银、瓷器、丝绸、香料等，并提供马尼拉日常生活和城市守备所需的各种用品，所有这些都具有全球经济方面的意义。

两个帝国（中国和西班牙）无力寻求一种直接、正式的互动，但也因此产生了一种新的贸易连接模式：它促进了马尼拉华人社群的发展，并使这座城市成为其移民的接收地以及非正式商业活动的据点。这有利于经济发展，却也加剧了社会的不稳定性。据了解，卡斯蒂利亚人（Castilian）曾两次（1575年和1598年）试图在福建建立据点，并准备将其命名为El Pinal。后来，他们向台湾扩张，以期达成类似目的，即在中国与日本间建立三角贸易关系，但并未成功。在尝试令福建当地政府与马尼拉之间签订外交协议（以寻求和澳门类似的互市模式）的努力宣告失败后，1586年，正值腓力二世（Philip II，1527—1598年，1556—1598年在位）当政之时，马尼拉当局放弃了对福建和广东异想天开的征服计划，并最终确立了一种没有主动权的

① Victorio Riccio, *Respuesta a un papel anónymo impresso en España sobre si se deben permitir a los sangleyes in eles en las Yslas Philipinas*, Cavite, October 15th, 1681, "Expediente sobre expulsión de sangleyes de Filipinas," Archivo General de Indias (AGI), Filipinas 28. 131, fols. 960r - 1130v.

互动模式。中国朝贡体系限制一切异国意识形态、宗教仪礼和文化交流的特点，以及西班牙以征服和基督教化为基础的领土扩张模式，在两者间催生了一种非同寻常的接触和调解方式：从两个帝国的法律秩序来看，这是一种促进移民网络发展的非正式方法，并存在部分非法成分。这种以经济利益为导向，在制度上存在欠缺的交流模式，常见于近代人口流动进程之中。

华人在这一过程中发挥了不可或缺的作用，并且不是简单被动地，而是主动和变通地，部分促使了西班牙殖民模式的亚洲化（Asianise）。在此我们可以看到一个地方社群组织的绝佳案例，[①] 西班牙对马尼拉的殖民统治催生了一个前所未有的商业贸易模式。同时，它还为一个正在进行的菲律宾殖民计划提供资本，该计划旨在创建自己的领土、人口、宗教和文化领域。但也不应忘记，是去往马尼拉的中国帆船开辟和巩固了这条航线，西班牙人来亚洲并非为了售卖白银，而是寻找香料或富含黄金和白银的岛屿，但实际上他们根本不知道中国意味着什么。

17 世纪初期，中国发展为一个巨大的商业市场，也逐渐演变为白银流向的终点。而菲律宾群岛无疑是一个极好的平台，依托此平台，马尼拉大帆船贸易被塑造成了一个史无前例的长期贸易形态。各种各样的风险因素为这条航线的建立和发展创造了条件，其中，中国对海外贸易态度的变化显得尤为重要。在中国不管是大额交易还是赋税征收，都需要用到白银。福建当地上层精英，正是出于这样的需求，长期向明朝政府施加压力，并最终于 1567 年实现了民间海外贸易的合法化。

季风的季节性规律等生态因素，也促使中国商人在马尼拉定居。因为他们不得不在马尼拉待上几周或数月，直到风向改变才能返回福建沿海。在这段等待的时间里，他们得以在做生意之外，从事其他各种职业并以此获利。短短数年内，华人的从业范围便扩大到了包括各类手工业、特许产业、城市供应以及劳动力供给在内的各个领域。菲律宾的西班牙人所面临的物资供应的不稳定以及对人口短缺的不安，也有利于中国人的迁移。显然，福建的人口流动状况、从商传统和华南沿海地区的艰苦环境也促进了这一进程。经历了 17 世纪的朝代更迭，福建地区用了将近 40 年时间才得以恢复和平与秩序。

---

① Anthony G. Hopkins, ed., *Global History: Interactions Between the Universal and the Local*, Basingstoke: Palgrave Macmillan, 2006.

二 地方性、全球性和比较方法

数十年来，有关菲律宾华人社群的研究方兴未艾，但我们对其仍知之甚少。近年一些材料开始浮出水面，特别是基于对西印度群岛综合档案馆（Archive General de Indias）的深入调查，所获资料日益丰富翔实，从菲律宾历史和西班牙在亚洲扩张的历史角度，详尽地展现了菲律宾华人作为当地社会一分子的意义所在，并记录了他们在马尼拉的日常生活，同时也形象地反映出16、17世纪，马尼拉华人社群与卡斯蒂利亚人精英之间，如何在协同合作与误解争执交织的历程中，建立起共生共存的特殊关系。[①]

在所谓的世界史或全球史框架下，关于“地方”与“全球”的互动这一主题，已经存在相关理论研究与学术实践。对于这一点，我们并无新发现。16—18世纪的马尼拉形势大好，弗林（Dennis Owen Flynn）和吉拉尔德（Arturo Giráldez）等作者也已强调了帆船贸易和贵金属流通的跨洋影响：白银是全球化的催化剂，其起始节点则为1571年西班牙征服马尼拉。[②]

在此我们期望双向切入，一方面密切关注细节，研究宏观叙事[③]中的不同部分，如案例、情境、人物以及具体过程；另一方面以平行的视角，重新从史学角度定位社群研究，以跳出菲律宾或汉学视角、传教士视角、西班牙和葡萄牙帝国经济史或历史资料系列汇编的局限性。同时，为了避免

① Juan Gil, *Los chinos en Manila, siglos XVI y XVII*, Lisboa: Centro Científco e Cultural de Macau, 2011; Marta M. Manchado López, “Chinos y españoles en Manila a comienzos del siglo XVII,” in Miguel Luque Talaván and Marta M. Machado López, eds., *Un océano de intercambios: Hispanoasia (1521 – 1898): Homenaje al Profesor Leoncio Cabrero Fernández I*, Madrid: Agencia Española de Cooperación Internacional, 2008, pp. 141 – 159; Antonio A. García, “Relaciones entre españoles y chinos en Filipinas,” in Leoncio Cabrero, ed., *España y el Pací co: Legazpi*, Madrid: Tomo II, 2004, pp. 231 – 250.

② Luke Clossey, “Merchants, Migrants, Missionaries, and Globalization in the Early-Modern Pacific,” *Journal of Global History*, 1.1 (2006), pp. 51 – 58. “1571年，菲律宾的西班牙人征服了马尼拉的穆斯林定居点，世界进入了一个新时代。在城市建设的基础上，迅速发展的定期跨太平洋贸易连接着从远东到西方欧洲人所知的最广大世界。这个世界，原本只是一个以罗马和伊比利亚首都为中心的二维平面，现在已发展成一个以南北极为边界的三维立体世界。这个世界没有几何学意义上的中心，传统网络的核心与新的联络点——墨西哥城（将亚洲信息转发到欧洲的生产和分销中心），以及马尼拉和阿卡普尔科的商业中心共享了这一舞台。”

③ “我希望全世界的历史学家们能够在全球范围内关注个人的故事。” Tonio Andrade, “A Chinese Farmer, Two African Boys, and a Warlord: Toward a Global Microhistory,” *Journal of World History*, 21.4 (2011), p. 574.

言之无物，我们试图采用一种能够捕捉到复杂本质和影响因素的视角，进而就非常具体的问题提出疑问，并能给学界带来更多启发。这一案例不是去描绘浩如烟海的资料背后的复杂“语境”（context），而是明确事件、主题、过程、地点、制度，并就相关问题进行解释性论述。这些讨论塑造、影响、制约或解释了一些本应被关注的现象，但后者在最初却常被各种历史叙事所忽视。

在此我们建议找寻马尼拉华人历史经验的相关特征，这些特征是马尼拉华人社群在地区、区域和全球之间的联结、相互关系，以及在宏观层面投影的载体。进而提出一个从三个层面或范围切入思考的范本：地方层面（地区、涧内、城市生活、日常生活、多元文化、支离破碎的城市共生与摩擦、不同人物的不同故事）；区域层面（将马尼拉华人社群视为侨民社群，以及一个始终与福建沿海、巴达维亚或台湾其他侨民贸易社群相联系的节点）；全球层面（思考处于帝国地缘战略、国际贸易和文化交流等复杂语境中的马尼拉）。[①]

除了将中国海域的状况与地中海进行比较，[②] 当我们思考不同商业社群或拥有武装的侨民组织的互动、合作、竞争乃至冲突时，它们或多或少都会与相关国家制度，以及区域内主要国家实体之间有着各种各样的联系。这些国家或政治实体包括：中国、卡斯蒂利亚、葡萄牙、南岛族群、荷兰、日本。如果我们只是站在其中某个国家或地区的角度来讨论上述问题的话，就难免会面临史料上的极度匮乏。因此，从这个意义上讲，我们研究跨国的、去中心化的历史，其目的不在于给出多种互相平行的单调叙事，而是要确定

① 也许马尼拉大帆船贸易最重要的影响，是在高运输成本的时代，维持和补贴了技术，消除了思想的混乱。Ma Debin, “The Great Silk Exchange: How the World Was Connected and Developed,” in Dennis O. Flynn, Lionel Frost and A. J. H. Latham, eds., *Pacic Centuries: Pacific and Pacific Rim History Since the Sixteenth Century*, New York: Routledge, 1999.

② Francois Gipouloux, *The Asian Mediterranean: Port Cities and Trading Networks in China, Japan and Southeast Asia, Thirteenth-Twentyfirst Century*, Northampton, MA: Edward Elgar Publisher, 2011; Craig A. Lockard, “The Sea Common to All: Maritime Frontiers, Port Cities, and Chinese Traders in the Southeast Asian Age of Commerce, c. 1400 - 1750,” *Journal of World History*, 21. 2 (2010), pp. 219 - 247, 220：“并非所有历史学家都认为‘亚洲地中海’的比喻很有说服力，部分原因是印度洋和中国南海的季风每隔六个月就会逆转一次。一般来说，商船半年只能向西或向北航行，而另半年只能向东或向南航行，与地中海全年航运形成鲜明对比。”但是，正如法国历史学家丹尼斯·龙巴德（Denys Lombard）所写的那样，“想了解东南亚而不把中国南部的大部分地区纳入思考，就像想通过抽离土耳其、黎凡特、巴勒斯坦和埃及来描述地中海世界”。

各个历史主体间的交集，并分析其相互关系。全球化的进程、相关特征和各种影响，不应使我们用一种线性的、单一维度的叙述方式来阐释复杂历史话语中的各种主体。

在各种亟待解决的问题中，我们优先整理了地方性元素在区域层面的投影，并发现：

（一）与福建南部地区政策变动的联系。这些政策上的变动包括：法律上对私人海外贸易的限制（如禁令、法规、税收等）、朝代更迭、迁界令的实施，以及清廷对南明和台湾明郑政权的战争与胜利等。

（二）随着领导层内的紧张态势与权力更迭，以及各大势力从福建不同港口向海外派遣船只，福建各贸易团体的联系进一步延伸到了海外的侨民网络，如与非法商业团体、走私者或海盗的联系。

（三）在西班牙和荷兰亚洲战争的全球化背景下，所呈现的影响、协作、海上封锁和海盗袭击。荷兰船只的到来及随之而来的数十次的私掠行动、马尼拉港的封锁（防止中国帆船从福建入境）及后来福建商业群体与荷兰东印度公司（Verenigde Oostindische Compagnie）的串通，影响了华人贸易团体新领导层的形成。此后，华人贸易团体的内部权力更为集中，并且都建立在与亚洲范围内欧洲人的联系之上。

（四）对16—18世纪巴达维亚与台湾华人的比较分析；对欧阳泰（Tonio Andrade）提出的“共同殖民”（co-colonisation）概念可行性的讨论；深入思考17世纪最后几十年，中国人从吕宋岛，越过涧内向邦板牙及其他地区的迁徙过程亦将十分有趣。这一过程导致其与生活在岛上的大多数南岛人通婚，与此同时，以相同的方式向台湾和东南亚大陆及岛屿的不同区域迁徙。这种全新的、较少依托于贸易、更大程度上致力于农业及其他活动的方式，使华人更深地扎根于这片土地。17世纪，荷兰人、中国人和南岛系定居者在台湾西南部沿海的三角关系并没有助力三者间互相通婚的进程，但却加速了当地的殖民化，并使南岛系定居者被隔离在了一个孤立的区域内。

通过导入全球史、跨国史的理论框架，并进行比较研究，我们可以发现这一过程有着许多有趣的侧面。包乐史（Leonard Blussé）在其《中国的世纪：十八世纪的中国海域》[①] 中，提出了一种将三座殖民城市与广义上的华

---

① Leonard Blussé, “Chinese Century: The Eighteenth Century in the China Sea Region,” *Archipel*, 58 (1999), pp. 107 - 129.

人社群进行比较的理论模型：他比对了两个管制过度的失败模式（马尼拉和巴达维亚模式）与一个管制相对自由的成功模式（新加坡模式）。虽然我们对这一论断持部分否定态度，但它提供了一个具有启发性的视角：中国—卡斯蒂利亚（Sino-Castilian）的组织动态特征表现为，反复出现争端及不稳定的共存平衡。这种平衡具有经济上的优越性，同时又具有社会上的不稳定性。有关城市地理和社会工程、殖民公司的概念，或多或少具有强制性的价值观、社会规范和宗教习俗等，都是非常有趣的视角。

（五）1580—1640年卡斯蒂利亚与葡萄牙的王朝联合进程对亚洲发展的影响。在长期被定义为“贸易时代”的背景下，及一个多元贸易和帝国社群互补、限制和协作共存的体制中，欧洲人的涌入带来了由海军暴力所捍卫的垄断原则。然而奇怪的是，直到伊比利亚联盟最终解体为止，上述这种垄断原则并没有适用于西班牙人与葡萄牙人的贸易关系。当时，几百名西班牙人和葡萄牙人分别在东亚地区建立了他们的殖民地。两者之间虽然存在着各种竞争，但由于共主联盟的存在，东亚的西班牙人与葡萄牙人最初不得不放弃驱逐彼此，仅保持着一种既互不干涉亦不合作的相互关系。随着荷兰人的大量进入，从17世纪20年代起，中日之间形成了大规模的具有垄断野心的非正式贸易和海盗联盟。这对伊比利亚人而言是一个艰难的挑战，他们因此成为区域竞争的主角。同时，在这场竞争中，属于伊比利亚联盟的西班牙与葡萄牙，也保持着亦敌亦友的关系。但这种局限性并未阻止马尼拉的卡斯蒂利亚人在过去几十年里，数次入侵摩鹿加群岛。他们带领一支失败的探险队前往婆罗洲或柬埔寨，与暹罗建立关系，并在20年内征服了台湾北部的两个港口。就中国而言，葡萄牙的商业垄断很快就被打破了，事实上每年都有数十艘中国帆船抵达马尼拉。

各帝国以“马六甲—澳门—长崎”为轴，建立了一系列的下级系统。它们之间的关系，正如马尼拉与宿务（Cebu）的关系一样，是在激烈争夺对港口和战略飞地的垄断控制权的海上贸易团体网络背景下发展、建立起来的。事实上，不管是马尼拉还是“马六甲—澳门—长崎”轴线，都不能被称作一个紧密的实体，因为它们都覆盖了各类不同的集体与状况，且处于一种动态的变化之中。这种动态的变化，则被诸多不同甚至互相冲突的利益诉求所左右。这一体系，囊括了民间商人、官员、不同教派的传教士、与上述都市有关联的人，或是通过家族网络扎根亚洲的人等各种群体。同时，两种性质全然不同的“帝国”——一种是历史舞台上名实兼具的帝国实体，另一种则是隐于幕后，如海市蜃楼般的帝国组织——纵横交错，构成了那个时代东亚海域秩序的另一层背景。

三 马尼拉与东部海洋区域环境

在这一节中，我们首先要对涧内地区进行讨论。涧内是一个位于马尼拉城墙之外的独立区域，不仅是人们的交易场所，更具有多种经济职能。接下来，我们会谈到它特有的税收体系、对当地民众日常生活的作用，以及它的组织形态在城市地理学上的意义。同时探讨在前文所述“地方”、“区域”和“全球”三个层面上，涧内地区的存在意义。

关于马尼拉华人与西班牙人之间的互动，如果把研究的视野局限在二者在当地的共存关系这一问题上，就会使得研究的关注对象变为诸如税率、商铺、贸易或者利润之类的要素，继而导致两者间的紧张关系遭到轻视。这种轻视的结果，就是以为在经历了16世纪华人发起的激烈反抗，以及17世纪的西班牙人对华人的大规模屠杀之后，这种紧张关系就会得到解决。在吕宋岛上的澳大拉西亚人（Australasian）之外，各个群体间发生着各种复杂的互动。若把视野局限于共生关系，则无异于把这个涵盖了贸易往来、帝国统治等内容，同时紧张与缓和兼有、大起与大落并存的复杂互动过程，简化成了一个局部片面的故事。

诚然，不论是共同殖民现象（此处再次使用欧阳泰所提出的这一概念），还是1993年约翰·E. 威尔斯（John E. Wills）所说的“欧洲人统治下产生的互动”，都涉及欧洲人与亚洲团体的共生共存。这些团体通常为贸易团体，建立在对已有飞地、领土和商业路线部分或全部垄断的基础之上，并通过暴力来控制。这种“支配性合作”总是介于冲突、竞争和协作之间，其特点被威尔斯称为“内在冲突”（contained conflict），即潜在利益的对立。

这种潜在的紧张关系，在整个17世纪频繁且剧烈地爆发，然而每次都会被迅速解决。这一特点，很大程度上决定了马尼拉华人与西班牙人互动关系的独特性。也正是因为难以建立一种稳定、有效的互动关系，以及无法避免暴力事件的反复发生，马尼拉的中西关系最终发生了改变。从长远来看，只有华澳通婚才是一种能够摆脱涧内模式，且不仅局限于马尼拉，放诸菲律宾群岛而皆准的最佳途径。赵亮曾提到，西班牙对马尼拉华人社群的支配及两者间的互动，确立了一种负面的问题解决模式。这种模式的建立，是西班牙人选择动用暴力，快速解决与侨居华人关系中问题的前兆。[①] 然而，我们不应陷入非黑即白的二元论，即“黑色传奇”（black legend）或“文化冲击”（cultural shock）：冲突和紧张的原因是复杂的，正如我们稍后将看到的，华人到马尼拉贸易和移民与中国的非法海上贸易团体或组织有关，也与17世纪中国海盗的大联盟有关。因此，我们不应抱有“受害者心态”，理想化或简单化菲律宾华人在这一过程中的作用。

如果单单把注意力集中在马尼拉华人区“地方历史”（local history）的实证研究上，仅关注涧内的地理位置和社会结构，却忘记了其建立在隔离基础上的管理和统治（在任何情况下，涧内始终在城墙外，并处于炮弹射程之内）；遗漏西班牙人（或马尼拉华人）最具妥协性的历史隐情（这在今天来看或许属于政治不正确）；不去过问这些华人从哪里移民，怎么移民，为什么移民；忽略了整个过程和环境；忽视历次反抗和后来民族清洗等相关事实的发展，就不可能更好地理解互动与主导间的复杂关系。正如尽管条件艰苦且历经杀戮，当每一次叛乱均以大屠杀平息后，华人依旧会莫名自发地迁移至马尼拉。

西班牙人从法律和实践层面对马尼拉华人的文化、家庭和宗教准则施加各种限制和干预。与之形成鲜明对比的是在荷兰人治下的热兰遮城（台湾）和巴达维亚。后者显示出了更高的宗教包容性，不仅没有实施与前者类似的时间（城墙与宵禁）与空间（彻底地隔离）上的限制，也没有对节日、服装、姓名等的管控。传教失败就意味着马尼拉华人社群缺乏真诚，且缺少相关的天主教洗礼（不仅是出于居住、税收等原因），这也导致马尼拉华人社群被视为高度不安全的外国社会团体，一旦发生危险，就应予以铲除。

天主教对异族和文化差异的排斥，以及对“精神纯洁性”的强调，导致其在伊比利亚半岛或其他地区的传播，基本通过对抗或驱逐（如驱逐摩里斯科人等）来实现，但这种方式并不适用于马尼拉。西班牙人依赖于马尼拉华人所提供的后勤及商业服务，这种矛盾的态度使华人“异教徒”成了一个既重要又危险的社群，不仅因为他们反对皈依，还因为他们与宗教、性等相关的观念习俗与天主教教义相背，同时也因为他们的存在会给南岛社群及受洗华人树立一个坏榜样。我们不应忘记，负责使华人皈依基督教的宗

---

① 赵亮：《西属菲律宾时期“以华养菲”华侨政策的扬抑轨迹》，《兰州学刊》2007年第8期。

教团体，是推动了礼仪之争的多明我会，他们也因此与倾向于适应亚洲礼仪和文化准则的耶稣会形成了对抗之势。

相较于华人在爪哇巴达维亚、台湾热兰遮城与荷兰人的关系，其在马尼拉与西班牙人的交往显得尤其有趣。虽然荷兰东印度公司当局与巴达维亚华人社群的合作并不理想，但也鲜有类似于华人与西班牙当局之间在马尼拉发展的前120年内出现的那种紧张关系与暴力冲突。巴达维亚的华人可以生活在城墙内，他们特有的生活习惯也得到了尊重，荷兰统治者和社群精英间建立了制度上的彼此互动与特权上的相互协作，并将自治权留给了华人社群。建立于此基础上的共存关系，使强加于当地华人之上的宗教、文化限制，以及法律和贸易方面的欺压，从未达到马尼拉的程度。在宗教容忍度更高的荷属亚洲城市，不仅生活着天主教徒，而且荷兰人对传教的看法，也没有菲律宾西班牙人那样迫切，这也是理解菲律宾华人社群被妖魔化和负面化的基础。然而，当荷兰殖民地巴达维亚的发展模式，从最初的商业主导，转变为重视发展腹地农业种植（Ommelanden）之后，诱发了社会的紧张局势。1740年，巴达维亚华人发动了一场独特且意义重大的反抗，最终被镇压于和马尼拉相似规模的大屠杀之下。

在菲律宾的西班牙人之间，存在着这样一种认识，即如果缺少了华人的定居与商贸活动，马尼拉将不能正常运转。但与此同时，他们仍然支配着当地的华人。出于对后者的恐惧与轻蔑，他们像对待犹太人和摩尔人那样，把华人隔离在一个封闭的聚居区。这片聚居区位于城墙之外，且正好处于炮弹射程之内，那些试图在夜间擅自离去的人会被处以极刑。只有部分在市议会面包房工作的华人可以在城内过夜。不过，这些面包房本身，也是一个个带有围墙的要塞，每逢夜晚便会紧锁门闩。事实上，尽管当地华人受涧内或唐多（Tondo）的长官（多为受洗的华人）所管辖，然而不论是地方议会还是检察机关，都会对华人的申诉进行干预。这些来自华人的申诉，有些涉及竞争中的冲突，有些是关于各种干涉措施的矛盾，数不胜数，不一而足。生活在当地的华人，不仅取了西班牙语名字，而且改穿了洋装。他们中那些皈依了基督教的人，甚至会被强制要求剪掉自己的头发，以防他们窜逃回国。而他们的反抗，则会遭到无情的镇压。这种灭绝式的镇压是如此频繁，以至于整个17世纪，有成千上万名生活在马尼拉的中国人惨遭割喉或斩首。即便到了相对平静的18、19世纪，大屠杀依然不断上演。在这三个世纪里，大规模的屠杀先后发生于1603年、1639年、1662年、1686年、1762—1764

年、1819 年……

在马尼拉，华人与西班牙人共同生活了超过两个世纪。两者之间的关系，不论持续时间的长短，更不必说其基础乃是不同程度的共同商业利益，最重要的特征始终是不曾间断的冲突。这既是一种共生关系，同时又充满着猜忌与偏见，以及永无止境的互不理解。

四　涧内华人与郑氏家族的海域关系网

1567 年至 1627 年间的中国南海，处于一段相对稳定和繁荣的时期。随着获准从福建离港出海的船只数量不断增加，中国的对外贸易开始解禁。[①] 在 16 世纪的最后几十年里，专用于海盗活动的大型舰队从东南亚海域消失了，但海盗行为依然存在，并打破了加诸其上的各种限制。西班牙人进驻菲律宾，与葡萄牙人在澳门设置据点，以及中日间建立起切实可行的贸易关系一样，对同时进行的贸易、移民活动起到了引导和刺激的作用。一方面，它促使一批数量可观的中国移民离开福建，前往吕宋岛附近的海岸，这一趋势在 16 世纪最后的 20 年内出现显著的增长；另一方面，则将这种地区间的人口、物资流动，纳入了一条更为发达的贸易路线。这条大型商路，不仅串联起了阿卡普尔科、马尼拉及福建，更为秘鲁、墨西哥白银的流入提供了一个全新的入口。[②] 同时，活动在中国附近海域的各股势力，则处于一种互相竞争又互相影响的关系，对他们而言，控制上述贸易流通显得尤为重要，且极具吸引力。在这些势力中，郑氏集团是一个引人注目的存在，并在 17 世纪 20 年代至 80 年代间占据了核心地位。

荷兰人闯入东亚，意味着西荷两国的冲突已经扩延到了中国南海，并成为该区域范围内的一个不稳定因素。这种不稳定，不仅破坏了正常的贸易路线，还使得非法走私及海盗行为死灰复燃。1616 年以后，荷兰人的短期目标是通过夺取竞争对手的船只来攫取利润，这也引发了对马尼拉港实施的一

① John E. Wills, "Maritime China from Wang Chih to Shih Lang," in Jonathan Spence, John E. Wills, eds., *From Ming to Ch'ing: Conquest, Region and Continuity in Seventeenth-Century China*, New Haven: Yale University Press, 1979, p. 213.

② Chang T'ien-tsê, *Sino-Portuguese Trade from 1514 to 1644: A Synthesis of Portuguese and Chinese Sources*, Leiden: E. J. Brill, 1934, p. 108; Dennis Flynn and Arturo Giraldez, "China and the Spanish Empire," *Revista de Historia Económica*, 14.2 (1996), pp. 309 – 338.

系列周期性的封锁。与此同时，仍然有满载了墨西哥白银的马尼拉大帆船（未曾被荷兰人截获）和来自福建的中国商船不断地驶入。据统计，这一时期有30—40艘吨位为25吨—350吨的中国商船，于每年3—6月的适航季从福建来到马尼拉。[①] 在这样的背景下，郑芝龙〔在西班牙史料中时常被音译为Chinchila或Chinchilla，更为常见的情况是使用他童年时期在澳门获得的名字——尼古拉斯·一官（Nicolas Iquam）〕率领百名部众，出动三艘舰艇协助荷兰人攻击了参与马尼拉贸易的中国船只。这一事件，也为郑氏集团的崛起与巩固奠定了基础。[②] 从1567年开始到17世纪20年代，大部分的中国船只，以及在马尼拉定居的华人都来自漳州、月港和海澄。自1567年起，这些港口即获准每年可以给数十艘中国帆船发放赴南洋贸易的许可证。而17世纪20年代，尤其是1627年之后，对从事非法贸易的中国海上武装的管控政策出现变化，后者也因此将其活动的中心，北移至受郑氏集团支配的区域。这片区域东起泉州港，西至厦门，在当时皆为郑芝龙所掌控。其中，今天的厦门市一带就被郑芝龙用作其舰队的作战基地，这些舰船控制着日本、台湾岛、吕宋以及巴达维亚之间的海上航路。这一变化同样影响了侨居马尼拉的华人社群的来源地，旧有的以漳州为中心的贸易网络，在荷兰人的压力下大规模地转向了澳门。[③] 此时，郑芝龙一方面计划控制马尼拉（以及台湾）的贸易航线；另一方面，又带领海商集团向福建地方政府投降，以平定台湾海峡、管控各路海盗走私集团，以及将荷兰人的活动限制在沿岸地区为条件，换取明朝政府对其势力的官方承认。[④]

我们可以把东亚地区的西班牙人与郑氏集团所主导的中国海商网络之间的种种互动、接触与冲突，看作两个商人网络之间相互作用的过程。弗拉芒耶稣会士鲁日满（Francisco de Rogemont）在其1672年出版的著作《鞑靼中国史》中，对郑氏海商网络有过描述，并将郑芝龙称作“航海王”

① Ernst van Veen, “VOC Strategies in the Far East: 1605 - 1640,” *Bulletin of Portuguese Japanese Studies*, 3 (2001), pp. 90 - 96.

② John E. Wills, “Maritime China from Wang Chih to Shih Lang,” p. 217.

③ Chang Pin-tsun, *Chinese Maritime Trade: The Case of Sixteenth-Century Fuchien*, Princeton: UMI Dissertation Services, 1983, p. 290.

④ Patricia Carioti, *Zheng Chenggong*, Napoli: Istituto Universitario Orientale, 1995, pp. 59 - 60.

(principe dos navegantes)。[①] 郑氏集团的海上力量介入了商贸、中介领域的大量交流和互动，其中间或还穿插了一些外交上的接触和未能实现的军事行动。[②]

同时，我们还应关注这个围绕着郑芝龙组织起来的贸易网络，是如何同时打出荷兰牌（对热兰遮城）及西班牙牌（对马尼拉）的。他们既要充分利用伊比利亚人之间的矛盾，又要设法控制通往台湾荷兰飞地和马尼拉西班牙飞地的两条航线，此外还不能放松其通过平户与日本建立的联系。不论是对荷兰还是对西班牙，将旅居于荷属台湾热兰遮城以及西属菲律宾马尼拉之侨民，转化为实现此计划的关键部分，乃是促进福建人集团迁徙进程的内在驱动力。这是大帆船贸易与福建—马尼拉海上贸易进行得最为如火如荼的一段时期。与此同时，1628 年至 1642 年间，西班牙人也出现在了台湾北部的淡水和基隆。然而，台湾的西班牙人难以吸引到足够多的移民或中国商人，所以无法从他们的这一冒险行为获利。不仅如此，西班牙人还意识到自己实际上被排除在了对日贸易之外。

据信，在 1626 年，最初由李旦（卒于 1625 年）领导，后为郑芝龙所继承的非正式海商联盟手中掌握有 120 艘舰船。仅一年之后，其数量就飙升至 700 艘，以至于到了 1628 年，据福建巡抚估算，郑氏集团已经拥有 1000 艘左右的船舶。[③] 在实现对福建沿海的绝对掌控的同时，郑氏集团的另一标志性特征，即其充当了这一区域内多个不同的欧洲商业帝国体系与中国沿海地区的中间人。李旦及其继任者郑芝龙以中间人的身份，介入中华帝国与台湾热兰遮城的荷兰人之间，并重演了马尼拉模式。即尽管欧洲人不被获准进入中国境内，但是被明朝官方认可（或部分认可）的中国船只，则能够出海前往欧洲人在东亚建立的商业中心城市出售商品，并换取白银。

---

① “尼古拉·一官（即郑芝龙）是一名海商，但作为航海王（principe dos navegantes），他亦颇具声望。在日本、马尼拉、暹罗和印度，都有旧识的葡萄牙人为其经办各项业务，从而使近乎所有东方港口驶出的船只，都载满了中国的商品。” Francisco Rogemont, *Relaçam do Estado Politico Espiritual do Imperio da China, pellos annos de 1659 atè ò de 1666*, Lisbon: Oficina da Ioam da Costa, 1672, p. 8.

② John E. Wills, “Maritime China from Wang Chih to Shih Lang,” p. 203; Paola Calanca, “Piraterie et contrabande au Fujian: L'administration imperiale face a la mer: 17e-debut 19e siecle,” *Asiatische Studien*, 51. 4 (1997), p. 979.

③ Chang Pin-tsun, *Chinese Maritime Trade: The Case of Sixteenth-Century Fuchien*, pp. 289 – 290.

17世纪20年代末，马尼拉与福建之间的贸易显著增长。据统计，1632年之后，每年有超过200万墨西哥比索的白银在马尼拉与福建沿海之间流通。[①] 方济各会士利安当（Antonio Caballero de Santa Maria，1602—1669）在1660年写给菲律宾总督的一封信里提到了郑芝龙与马尼拉贸易的关系。在信中，他总结了郑芝龙的事迹，并强调郑氏基于对厦门近海一带洋面及陆地的支配，实现了从海盗活动向控制马尼拉贸易的转变。此外，他还谈到郑氏集团对马尼拉航线的掌控是长期持续的，同时指出存在着少数来自漳州或泉州的船只脱离了郑氏的控制。[②]

这一全新的中国商业海盗集团的首位杰出领导者是李旦，他在日本被称作“唐人かぴたん”，意为“唐船长”或“华人船长”。在其他史料中，他以安德烈亚·迪蒂斯（Andrea Dittis）或李旭之名出现，西班牙人则称其为“中国王”（Rey de China）。[③] 李旦的出生地可能在泉州，据说他曾经是马尼拉当地华人团体的领袖，然而却因卷入债务纠纷或土地产权冲突而遭到西班牙人的惩罚，被送去充当船奴。[④] 根据《理查德·科克斯日记（1615—1622）》（*Diary of Richard Cocks, 1615 - 1622*）中所附年表，李旦从船上逃脱的时间应该是1607年，而他受到惩罚，则大概率与发生在马尼拉的华人反抗运动有关，这场运动最终于1603年以西班牙人发起的大屠杀收场。至于其逃亡，或与1606年西班牙人进攻摩鹿加群岛，并征服特尔纳特（Ternate）的事件有一定关联。在逃离马尼拉后，李旦再次以华人集团领袖

---

① William Atwell, "The Tai-ch'ang, T'ien-ch'i and Ch'ung-chen Reigns, 1620 - 1644," in Frederick W. Mote and Denis Twitchett, eds., *The Cambridge History of China*, Vol. 7, Pt. 1, Cambridge: Cambridge University Press, 1978, p. 615.

② 利安当在信中说：“他（郑芝龙）对海洋和陆地的掌控来自君主的授权，这也使他无法再公然行窃（译者注：指海盗活动）。然而，他却利用自己的既得利益和高压统治，占有并支配了那些他盗取的财富，并使其成倍增长。他接连不断地把自己的财富，从治下的安海和厦门输送到马尼拉及其他地方，直到1643年鞑靼君主成功入主这个帝国为止。”Otto Maas, *Cartas de China: Documentos inéditos sobre misiones franciscanas del siglo XVII*, Sevilla: Est. Tipografía de J. Santigosa, 1917, pp. 118 - 122; José Borao, et al., *Spaniards in Taiwan, Vol. II: 1642 - 1682*, Taibei: SMC Publishing Inc., 2001, p. 578.

③ Carrington L. Goodrich and Fang Chaoying, eds., *Dictionary of Ming Biographies*, New York: Columbia University Press, Vol. 1, 1976, pp. 871 - 872.

④ 在英国东印度公司位于日本平户的代理人理查德·科克斯的日记中，我们发现了一条写于1616年的内容，其中对李旦的经历有如下记载：“他曾经是马尼拉华人的长官（governor），但由于西班牙人故意挑起争端，强夺了他超过四万两的财富，并把他送上了帆船（译者注：充当船奴）。此后，他耗费了将近九年时间，才得以逃至平户，并一直生活在那里。”John E. Wills, "Maritime China from Wang Chih to Shih Lang," pp. 216 - 217.

的身份出现在了平户。1619 年，马志烈（Bartolomé Martínez）在其《关于征服福尔摩沙岛之意义的备忘录》（*Memorial acerca de la Utilidad de la conquista de Isla Hermosa*）中，提到了一名被称作“中国王”的海盗。在之后的 1626 年 4 月 26 日，萨尔瓦多·迪亚兹（Salvador Díaz）同样写到了李旦，并把他描述为一个叛教的基督徒。[①]

尽管在 1604 年被判了刑，李旦与马尼拉之间的商业联系并未因此中断。此事从一位马尼拉商人的证言中得到了证实，他曾于 1615 年前往平户寻找李旦，以期收回债务。17 世纪上半叶，李旦建立起一个由多个海盗团体整合而成的统一联盟，这一集团控制了其所在地区内的大量船只和港口。李旦的一个兄弟把持着长崎的华人社群，另一个兄弟则居住在中国沿海地区，以确保他能够顺利进入中国境内。[②] 这些地方性社群的领导者们，凭借着对欧洲军事技术的了解，和在马尼拉、澳门学到的语言能力以及制度、经济乃至商业结构上的知识，一举成为极具吸引力的人物，并且能够在各种斡旋、调解行动中发挥巨大的作用。1625 年，郑芝龙接替李旦，开始管理活动在台湾海峡的非法中国海商及其主要舰队。在澳门长大的郑芝龙，与当地华人及葡萄牙人社群保持着牢固的个人和商业往来。根据 1662 年来自马尼拉的一篇关于郑氏集团两名最重要领导者的匿名证词，郑芝龙曾在马尼拉生活过几年。[③] 这一说法被多明我会神父李科罗的证言所证实。[④]

郑芝龙与亚洲的伊比利亚人（我们不应忘记，尽管二者间的竞争持续

---

① “荷兰人在澎湖岛上修建了拥有四个堡垒，并配有大炮的要塞，然而这座小岛却仍然属于中国。福建漳州的总兵（Chumpin）去见荷兰人，充当双方中间人的，是一个名叫李旦的基督徒。他和其他中国人一起从马尼拉逃出后去往日本，并在平户加入了荷兰人的队伍。总兵告知荷兰人，这座小岛（译者注：澎湖）是中国王的领土，因此他们不得不离开此地，前往福尔摩沙（Fermosa）。” Biblioteca Nacional（Madrid），mss. 3015.

② John E. Wills，“Maritime China from Wang Chih to Shih Lang，” pp. 216 – 217.

③ “贫困潦倒的他为了不被饿死，只身前往马尼拉……住在郊外的涧内，做些中间商或零售商的买卖。” Breve Historia de Iquam y Koxinga，Manila 1662，Archivo Ateneo de Manila，Anales Eclesiásticos de Philippinas，ff. 131 – 133；José Borao，et al.，*Spaniards in Taiwan*，*Vol. II*：*1642 – 1682*，pp. 580 – 585.

④ “他生于安海（Ganhay）港前的一个名为石井（Chiochy）的小渔村，由于贫穷至极，他决定离开家乡去外面碰碰运气。他最先去了澳门，并在那里以尼古拉斯之名受洗，随后前往马尼拉，在上述两地都从事着低下的营生。” Victorio Riccio，*Hechos de la orden de predicadores en China*，Archivo de la Provincia del Santo Rosario（APSR），Ávila，China，Vol. 1，1667，p. 3；José Borao，et al.，*Spaniards in Taiwan*，*Vol. II*：*1642 – 1682*，p. 587.

不断，但澳门和马尼拉在1581—1640年曾属于同一王国）的联系，并未随其孩童时期的结束而断绝。1649年，利安当旅居厦门时曾提到“一官官人”（the mandarin Yiquam，即郑芝龙）如何维系其与澳门之间密切的家庭联系：他的女儿在澳门嫁给了曼努埃尔·贝洛（Manuel Bello）的儿子安东尼奥·罗德里格斯（Antonio Rodrígues）。[①]

方济各会士文度辣（Buenaventura Ibáñez，1610—1690）于1650年2月3日在安海写的一篇证词同样引人注目。为了证明自己关于中国官人习俗的描述确为事实，文度辣在文章中与曼努埃尔·贝洛相关的部分给出了他的依据，并声称后者曾陪同“一官官人”一起在北京居住过两年。最有趣的部分是，文度辣还指出他于安海旅居时所住房子的所有者，正是澳门人曼努埃尔·贝洛。换言之，这名方济各会士，曾经住在郑芝龙姻亲的房子里。[②]

通过上述分析，我们可以看到17世纪中国非正式海洋势力的两名主要领导者，基本上都与位于东亚的两个伊比利亚都市——马尼拉和澳门有着各种各样的联系。[③] 这似乎是一个无关紧要的事实，但却足以说明郑氏集团是如何产生在一个已经被伊比利亚人、荷兰人的出现深刻改变了游戏规则、贸易领域的东亚海域世界。

当时，有一种观点认为马尼拉当地的华人社群与郑氏集团之间，存在着包括共商协谋在内的密切关系。这一认识体现在数份证言之中，例如，方济各会士利安当，就在1660年1月12日致马尼拉总督的书信中评论了从郑芝

① “上面提到的这位官人，他的女儿在澳门嫁给了当地人曼努埃尔·贝洛的儿子。在去北京之前，官人让其家人和亲戚一起来到这座城市。我在澳门结识了这些人，并曾登门拜访。……几天后，曼努埃尔·贝洛和他的儿子安东尼奥·罗德里格斯同来见访。” Relación del Franciscano Antonio Caballero sobre su llegada a Xiamen en 1649, comentando sobre Yquam y Koxinga, Otto Maas, *Cartas de China: Documentos inéditos sobre misiones franciscanas del siglo XVII*, pp. 28–41.

② Anastasius van den Wyngaert, *Sinica Fanciscana Vol. 3: Relationes et epistolas fratrum minorum saeculi XVII collegit, ad fidem codicum redegit et anotavit p. Anastasius van den Wyngaert collaborante p. Fabiano Bolle*, Claras Aquas: Collegium S. Bonaventurae, 1936, p. 21；金国平、吴志良：《早期澳门史论》，广东人民出版社，2007，第374页。

③ 弗拉芒耶稣会士鲁日满断言，郑成功在其孩童时期曾经于马尼拉生活过几年：“这个年轻人是尼古拉（Nicolao）的儿子，他的母亲是日本人。他从未受过信仰上的教育，也不曾受洗，早年间在马尼拉与卡斯蒂利亚人一起度日，之后又在福尔摩沙与荷兰人一同生活，并与之有着深厚的友谊。” Francisco Rogemont, *Relaçam do Estado Politico Espiritual do Imperio da China, pellos annos de 1659 atè ò de 1666*, p. 14.

龙时代到郑成功时代，马尼拉当地的华人社群与郑氏集团之间的关系。[1] 他坚持认为郑氏集团参与了马尼拉贸易，并警告马尼拉总督，“国姓爷”或许正在策划对马尼拉的征服活动。在同一封信里，他还要求马尼拉当局不要相信郑成功。此外，更推断绝大多数的马尼拉华人都忠于明朝，因而在1659年进攻南京的战役失利后，郑成功很可能转而企图入侵菲律宾。[2]

但这并不意味着马尼拉的华人与郑氏集团有着某种系统性的联系，抑或依赖于后者，也不能说明1625年后驶入马尼拉的中国帆船都隶属于郑氏集团的商业网络。

在1633年至1634年间，荷兰台湾总督汉斯·普特曼斯（Hans Putmans）对厦门港发动了封锁。此举一方面旨在以武力为热兰遮城与福建各港口间的贸易流通打开局面，另一方面也希望借此阻断中国帆船前往马尼拉的航路。简而言之，其目的在于垄断中国沿海地区的商业流通，这一点在普特曼斯与郑芝龙的往来书信中即有记载。[3] 郑芝龙的舰队在金门岛（Quemoy）前的料罗湾进攻并击败了荷兰东印度公司的舰船。这次胜利巩固了郑氏集团的势力，并使明朝政府承认了其地位，任命郑芝龙为福建副总兵。经此一役，明朝廷也意识到若想控制台湾海峡附近洋面，唯一的办法就是与郑芝龙的海盗船队合作。经历了1633—1634年荷兰船与郑芝龙率领的中国商船之间的军事对抗之后，双方进入了一种“剑拔弩张”的和平状态，其特点是商业竞争激烈。郑芝龙与其中国沿海的支持者和亲密盟友，以及旅居东南亚各地的华人社群通力合作，并以此构建起了郑氏集团武装力量与商业战略的基础。

---

① 利安当于1660年写道：“自上述海盗郑芝龙（Chinchillón）当权的时期开始，大部分来往于该城从事贸易的中国舢板（champanes chinos）都被他们垄断。如今其子海盗国姓（Cuesing，译者注：即郑成功）用事，这样的状况也一直延续了下来。那些舢板有的遭到盗劫，有的被不属于他们的白银所收购。” Otto Maas, *Cartas de China: Documentos inéditos sobre misiones franciscanas del siglo XVII*, pp. 118 – 122.

② “不久之后，我从马尼拉的来信中获悉，城里有人声称，将有大量海盗搭乘中国舢板从厦门（Emuy）启程，并企图在马尼拉兴风作浪。……令人欣慰的是，那座城市和多个岛屿对这个海盗感到怀疑，他（译者注：即郑成功）不得不带着他的野心垂头丧气地离开了那里。他可能想去马尼拉，那里已经有很多人认得他的身份，知道他拒绝服从于新的鞑靼王。这个中国人的帝国（译者注：指明郑势力）不会要求人们剃发，正如涧内的华人一样。” José Borao, et al., *Spaniards in Taiwan*, *Vol. II: 1642 – 1682*, p. 578.

③ Charles R. Boxer, “The Rise and Fall of Nicholas Iquan,” *T'ien Hsia Monthly*, 11.5, No. 30, (1941), p. 425.

1639年11月，马尼拉涧内地区的华人第二次举事，多种西班牙史料将此次动乱归咎于郑芝龙的直接影响。① 西班牙当局像从前一样，残酷地镇压了这次反抗运动。而卡兰巴（Calamba）农垦区的“华人保护者”（即当地华人社群的长官）路易斯·阿里亚斯·莫亚（Luís Arias Moya）对当地华人的迫害，则是诱发此次民变的直接导火索。另外，还有一种说法是，马尼拉的华人们试图改变现有的状况。多种史料显示，身处远地的郑芝龙确为此次民变的煽动者，并给后者带来了直接的启发。负责向涧内华人布教的多明我会神父——阿尔贝托·科拉斯（Alberto Collares，1610—1673），就曾在1638年后多次警告马尼拉当局，对他们的敌意正在涧内的华人中蔓延。②

在一份印制于1642年马德里的报告中，记述了这次民变的领导者如何与郑芝龙〔此处他被称作“常来人一官”（Iquan Sanglus）〕进行书信往来。这场原定于1639年圣诞节前实施的武装反抗，由于人们的不满情绪，在早于预定时间的1639年11月初爆发，导致与郑芝龙舰队里应外合进攻马尼拉的计划未能实现。③ 菲律宾总督塞瓦斯蒂安·科奎拉（Sebastián Hurtado de Corcuera，卒于1660年，1635年6月至1644年8月间任总督）证实了郑芝龙与本次民变的关系，并将此事归因于“一官船长”（Captain Icoa，即郑芝龙）与荷兰人达成的协议。根据此项协议，郑芝龙本应派出3000名士兵，伪装成商人进入马尼拉，并伺机而动，拿起武器发起围城。④

诱发1639年第二次大规模华人反抗运动的直接导火索，一方面是运抵马尼拉的白银量急剧减少，另一方面则是西班牙当局对华人施加的诸多限制

① 关于1652年的台湾民变，详情请参阅 Johannes Huber, “Chinese Settlers Against the Dutch East India Company: The Rebellion Led by Kuo - Huai - i on Taiwan in 1652,” in Eduard B. Vermeer, ed., *Development and Decline of Fukien Province in the Seventeenth and Eighteenth Centuries*, Leiden: E. J. Brill, 1990, pp. 265 - 296.

② Francisco Colin, “Labor Evangélica de la Compañía de Jesús en las Islas Filipinas,” in Pablo Pastells, ed., *Nueva edición ilustrada con copia de notas y documentos para la crítica de la historia general de la soberanía de España en Filipins*, Vol. 3, Barcelona: Compañía General de Tabacos de Filipinas, 1904, p. 736. 译者注：作者原注为“1902 - 1904”，经查证，该文献第三卷实际出版年份为1904年。

③ Alberto Santamaría, “The Chinese Parián,” in Alfonso Felix, ed., *The Chinese in the Philippines: 1570 - 1770*, Manila: Solidaridad Publishing House, 1966, p. 103.

④ Fray Joaquin Martínez de Zúñiga, *Estadismo de las islas filipinas, o mis viajes por este pais (1800)*, Vol. 1, Emilio R. Wenceslao, ed., Madrid: Imprenta de la Viuda de M. Minuesa de los Rios, 1893, pp. 48 - 54.

和虐待。而贸易关系的恶化，则引燃了冲突的火苗。除此之外，科奎拉总督想要强迫涧内华人在马尼拉周边地区种植水稻一事，也对民变的爆发起到了推波助澜的作用。[①] 本就要为租用住房、工坊以及商铺而承受高昂租金的华人拒绝服从这些要求，暴力反抗就此爆发。

1635 年，王室任命的巡查官佩德罗·德·基罗加·洛佩兹·德·乌洛亚（Pedro de Quiroga López de Ulloa）针对大帆船贸易建立了一套严格的干预制度。[②] 菲律宾总督科奎拉则不准两艘即将开往阿卡普尔科的大帆船起航，理由是新西班牙有着过多的中国货物。到了 1636 年，西班牙王室推动了一项调查，此项调查以占主导地位的重商主义思想为准则，意在遏止墨西哥白银流入中国。调查的重点是确认马尼拉大帆船的实际交易量，被任命担任此项工作的是唐·佩德罗·德·基罗加·雅·摩娅（Don Pedro de Quiroga y Moya，卒于 1637 年）。当年，到达阿卡普尔科的大帆船向当局申报运载了价值 80 万比索的货物，然而经过基罗加的调查，最终确定其实际价值达到了申报价值的 5 倍——400 万比索。作为王室特派员的基罗加遂下令收缴所有的货物。在之后的几年里，从亚洲各个港口（尤其是厦门、澳门）出发前往菲律宾贸易的商人与马尼拉之间的关系，因上述政策的实施而发生巨变。此段时期内，每年由大帆船运往马尼拉的白银数量，明显不足以偿还西班牙人与华商、葡商订立的债务。我们应该认识到，大帆船贸易在很大程度上是一种基于信用体系的商业模式，白银流入的剧减使 1637 年至 1639 年间的局势变得更为复杂。这种紧张局势的出现，导致本就反抗不断的涧内民众再次举事。华人社群起身反抗，但最终却和以往的以及之后的那些反抗运动一样，遭到了西班牙当局的铁血镇压。这次镇压发生在 1639 年 11 月 20 日到 1640 年 3 月 15 日期间，就像 1603 年那次一样，给马尼拉的华人社会带来了灭绝性的打击。[③]

---

① William L. Schurtz, *El galeón de Manila*, Madrid: Ediciones de Cultura Hispánica, 1992, p. 111.

② William L. Schurtz, *El galeón de Manila*, p. 82.

③ George Bryan Souza, *The Survival of Empire: Portuguese Trade and Society in China and the South China Sea, 1630 – 1754*, Cambridge: Cambridge University Press, 1986, p. 81; Emma H. Blair and James A. Robertson, *The Philippine Islands: 1493 – 1898*, Vol. 29, Mandaluyong: Rizal Cachos Hermanos, 1973, pp. 208 – 258; Benjamim Videira Pires, *A viagem de comércio Macau-Manila nos séculos, XVI a XIX*, Macau: Centro de Estudos Marítimos de Macau, 1987, p. 28.

The Chinese in the Philippine Archipelago: Global Projection of a Local Community

Manel Ollé

Abstract: The paper introduces an important but hitherto (at least in Chinese Studies) neglected crossroad and commercial centre of the early modern world, Manila in the Philippines. In the 17th century, Manila became a bridge between three oceanic worlds: the Indian, the Pacific and the Atlantic. In their global connecting functions, Chinese settlers in Manila played a key role as a trigger for a new kind of trading process, one that transformed the Philippine archipelago's social landscape. This article investigates the development of this migratory Chinese presence during its first century, as well as the dissemination of the Chinese presence to other places in the Philippines, as it became an early diasporic phenomenon positioned between a type of synergic cooperation and an open, violent conflict with the Spanish. As such, it had both intercultural and local impacts (fiscal, legal, urban, cultural, etc.).

Keywords: Philippine Archipelago; Sangley; Manila Galleon; Maritime Network; Zheng Clan

（执行编辑：吴婉惠）

海洋史研究（第十九辑）
2023 年 11 月　第 24～56 页

中国女性与海（11—20 世纪初）

苏尔梦（Claudine Salmon）*

其妇女亦能跳荡力斗，把舵司艘，追奔逐利。

屈大均：《广东新语》卷十八《舟语》。

中国海洋史于近几十年来大幅发展，然而，却鲜少着墨论述海与近代女性。本文将尝试探索这些属于特殊社会族群——中国南方做海①的水上人家之女性，以及她们如何为了讨生活而成为海盗集团的一员；某些女性甚至脱颖而出，被载入官方历史中。本文第一部分，将先汇整散落的相关资料，包括中国与欧洲的资料，以进一步了解这些船家女性与渔妇如何在船上工作，以及她们如何参与养殖蚵蚝、拾捡水草、捕捞海鲜等作业。随后在第二部分，将探讨这些女性在清朝以及民国初年海盗中的地位和角色，其中特别着重论述四位女首领：蔡牵妈、郑一嫂（西方人称 Ching Shih 或郑石［氏］）、Lo Hon-cho（罗口口）和以 Lai Choi San（来财山）之名而为西方人所认识的谭金娇。

* 作者苏尔梦（Claudine Salmon），法国国家科学研究中心研究员。译者许惇纯，独立译者。
本文译自“Les Chinoises et la mer（XIe-début XXe s.）”, in *Zwischen den Meeren. Festschrift für Roderich Ptak zu seinem 66. Geburtstag*（in press）。笔者感谢柯兰（Paola Calanca）与宋鸽协助取得某些研究资料。

① 在海南新村港的疍家话中，称以海为生为“做海”。参考刘莉《做海：海南疍家的海上实践与文化认识》，《广西民族大学学报》（哲学社会科学版）2016 年第 5 期，第 131—137 页。

一 海上生活的妇女

中国对于水上人的历史记载相当少，关于这些女性的资料更是阙如，因为女性经常被“统括”于对男性的记载中。而且，“渔民”一词无法辨明男女，至于专门指称从事渔业之女性的“渔女”一词，似乎是相当晚近的词。尽管如此，本文仍将尝试厘清这些向海讨生活的女性角色。

（一）船家女

中国南部沿海，从浙江到广东、广西、海南岛，甚至如今越南北部沿海，以及自诸河河口溯流而上，长久以来，都有倚海为生、居住于水上的疍[①]户。在过去他们曾被视为古代百越遗绪，如今则被中国学者认为是“民系”，与华南其他汉人社群一样，系各地原住民族与来自北方之民混融而成。他们过去以船为家，居住在船上，现在仍有少数维持此种生活模式，主要以捕鱼、运渡物资与人员以及经营海上贸易为业。[②] 住在岸上的中国人，对于这些水上居民，因时代或因地区不同，有各种称法，却经常忽略其实它们指的是同类的族群，如：疍家、疍民、海黎（海南）、泉郎（泉州一带）、曲蹄（福州一带）、白水人（闽南地区，男称白水郎，女称白水婆）、九姓渔民（浙江）等。[③] 此外，还有一些统称舟居之人的说法，如：游艇子、艇家、水户、水上人、水上居民等。

19 世纪来到中国的欧洲旅行者，在这种种称呼中，主要记得“Tanka”（源自粤语的“疍家”）这个名字。尽管疍家经常受到陆居人群的轻蔑，不许他们上岸安居，或是在生活上刁难他们[④]，但是疍家仍与陆上人群维系着

---

① “疍”字有蜑、蛋、蜒等诸多写法。

② 关于文官对广东疍户的观点，参见 Béatrice David，“L'ethnicisation de la différence dans la Chine impériale：le barbare comme figure fondatrice，L'exemple des Tankas，ou ‘gens des bateaux’ du Guangdong，” in Isabelle Rabut，éd.，*Visions du “barbare” en Chine，en Corée et au Japon*，*Actes de la journée d'étude organisée le 31 mars 2008 par le Centre d'Etudes Chinoises et Japonaises de l'INALCO*，Paris：Publications Langues O，“Colloques Langues O，” 2010，pp. 59 – 82.

③ 参见曹志耘《浙江的九姓渔民》，《中国文化研究》1997 年第 3 期；朱海滨《九姓渔民来源探析》，《中国历史地理论丛》2006 年第 2 期。朱海滨提出，主要分布于杭州西南建德一带沿着钱塘江而上的九姓渔民，应该都属于疍家。

④ 参见曾惠娟《从漂移到定居——清末民国时期番禺大涌口“寮居水上人”研究》，《田野与文献》第 69 期，2012 年 10 月。

往来，会讲陆上汉人的方言，大部分习俗与陆上汉人相同。投身海盗者有大部分来自这些弱势族群，① 还有些来自船员、渔民以及各种不满社会现状者等其他社会族群，有时很难予以厘清。②

本文将一览自宋朝以来有关这些水上人的各种观点，③ 并进行地域性的以及跨时序的汇整与讨论，同时尽可能地着重于女性。

1. 广东、广西

首先谈谈周去非，他出生于浙江温州，1174 年至 1177 年曾于静江府（今广西桂林）任县尉。他引述多篇先人文字，对于今天中国广西与广东地区的“蛋蛮”之介绍，堪为典范。周去非描述了蛋家的日常生活样貌，并且让我们知晓，这些蛋户自宋朝起已有部分登录于帝国的税赋册中。④

> 以舟为室，视水如陆，浮生江海者，蜑也。钦之蜑有三：一为鱼蜑，善举网垂纶；二为蚝蜑，善没海取蚝；⑤ 三为木蜑，善伐山取材。凡蜑极贪，衣皆鹑结。得掬米，妻子共之。夫妇居短篷之下，生子乃猥多，一舟不下十子。儿自能孩，其母以软帛束之背上，荡浆自如。儿能匍匐，则以长绳系其腰，于绳末系短木焉，儿忽堕水，则缘绳汲出之。儿学行，往来篷脊，殊不惊也。能行，则已能浮没。蜑舟泊岸，群儿聚戏沙中，冬夏身无一缕，真类獭然。蜑之浮生，似若浩荡莫能驯者，然亦各有统属，各有界分，各有役于官，以是知无逃乎天地之间。广州有

---

① 因此有时被称为“蛋家贼”。可参考的资料众多，其中屈大均曾详述明朝时候蛋家曾被收编以对抗倭寇。屈大均：《广东新语》卷七《人语》，香港中华书局，1974，第 25 页。

② 关于 18 世纪末 19 世纪初广东海盗源起之详尽研究，参见 Dian H. Murray, *Pirates of the South China Coast 1790 - 1810*, Standford, California: Standford University Press, 1987, chap. 1, The Water World.〔中文版是穆黛安《华南海盗（1790—1810）》（增订本），刘平译，商务印书馆，2019。〕

③ 在宋朝之前，蛋户的历史多简述一些与不同社会族群的械斗，少见或几乎不见对女性的记述。参见福建的例子，徐晓望：《闽南史研究》，海风出版社，2004，第 81—83 页。

④ 周去非：《岭外代答校注》，杨武泉校注，中华书局，1999，第 115—116 页；另参见 Almut Netolitzky, *Das Ling-wai tai-ta von Chou Ch'ü-fei. Eine Landeskunde Südchinas aus dem 12-Jahrhundert*, herausgegeben von Wolfgang Bauer und Herbert Franke, *Münchener Ostasiatische Studien*, Wiesbaden: Franz Steiner Verlag GMBH, 1977, pp. 50 - 51.

⑤ 这里是指采珠的蛋户。范成大：《桂海虞衡志辑佚校注》，胡起望、覃光广校注，四川民族出版社，1986，第 232 页。

蜑一种，名曰卢停①，善水战。②

元末明初的陶宗仪在其《南村辍耕录》（序言写于 1366 年）中，仅论及疍家采蚵人，当时称为乌疍，且这些疍民是经有司造册立案的：

> 乌蜒户，广海采珠之人。悬絙于腰，沉入海中，良久得珠，撼其絙，舶上人挈出之，葬于鼋鼍蛟龙之腹者，比比有焉。有司名曰乌蜒户。③

清代屈大均在其《广东新语》中，以相当长的篇幅描述疍家，在他的亲身观察中，也夹杂着文学的想象与传说：

> 诸蛋以艇为家，是曰蛋家。其有男未聘，则置盆草于梢，女未受聘，则置盆花于梢，以致媒妁。……昔时称为龙户者，以其入水辄绣面文身，以象蛟龙之子，行水中三四十里，不遭物害。今止名曰獭家。女为獭而男为龙，以其皆非人类也。④

不过，屈大均续言道，疍家锚定于广州一带者，有司"计户稽船，征其鱼课"，视其为朝廷子民，并说这些疍民逐渐识字，且有部分上岸居住，形成村落，如广州城西的周墩、林墩皆是。然而由于疍家经常投身为水匪，一般良民之家并不与疍家通婚。根据屈大均所记，徐、郑、马、石四

① 卢亭人，据悉是参与了卢循之乱者的后代。卢循曾短暂治理广东，率众企图推翻东晋（317—420）。兵败后，与余党藏身于南海诸岛。详参周去非《岭外代答校注》，第 117 页；M. Kaltenmark, "Le dompteur des flots," *Hanh Hiue Bulletin du centre d'études sinologiques de Pékin*, III/ 1 - 2 (1948), p. 95; Claude Martin, "La révolte de Sun En et de Lü Hsün (396 - 412)," in Philippe Depreux, éd., *Revolte und Sozialstatus / Révolte et statut social*, München: R. Oldenbourg Verlag, 2008, pp. 39 - 56.

② 周去非：《岭外代答校注》，第 115—116 页。

③ 陶宗仪：《南村辍耕录》卷十，王雪玲校点，辽宁教育出版社，1998，第 128 页。

④ 屈大均：《广东新语》卷十八《舟语》，第 485—486 页。Helen E. Siu and Liu Zhiwei, "Lineage, Market, Pirate, and Dan. Ethnicity in the Pearl River Delta of South China," in Pamela Kyle Crossley, Helen F. Siu and Donald S. Sutton, eds., *Empires at the Margins: Culture, Ethnicity, and Frontiers in Early Modern China*, Berkeley: University of California Press, 2006, p. 287.

大姓，聚拥数百艘船只，流劫东西二江。在受朝廷招抚后，仍形成两大水匪阵营，各以红旗、白旗为帜，且“其妇女亦能跳荡力斗，把舵司艘，追奔逐利”。[①]

笔者将此疍家妇女形象，与19世纪最初几十年两位欧洲旅行者皮特·杜贝尔（Pierre Dobel，亦称Peter Dobell，1772—1852）与杜哥德·唐宁（C. Toogood Downing）发现广东疍家船民时的描述，进行比较。杜贝尔描写了广东黄埔珠江岸边的疍家妇女为外国水手提供洗衣服务：

> 我们才刚到，就被许多舢板包围。驾着这些舢板的都是妇女，她们是洗衣妇，前来向我们洽询，她们洗衣价钱之低，着实无法置信。很难相信在一名水手驻港停留的二到四个月期间，包揽洗衣费用只要一个银圆。的确，习惯上离港时会将剩余的补给品留给她们。这类妇女对水手们有着极坏的影响，需要密切监控。她们经常怂恿人偷窃，而且还给水手们弄来Sam-tcheu[②]，我说过了，这很危险。饮用这种酒常造成痢疾与间歇性发烧，这类疾病在此地气候下很难痊愈。[③]

唐宁也对广东的洗衣妇有所描述，并描绘了在澳门时两位船家女载他离船到岸边一艘“蛋形船屋”（egg-house boat）[④] 的舢板上。

> 尚未下锚，就有艘小船靠到船边，等着载我上岸。那船真是我所见过最奇特的事物，与其说像船，不如说更像个浴缸，大约八英尺长，宽

① 屈大均：《广东新语》卷十八《舟语》，中华书局，1997，第486页。

② Sam-tcheu，即三烧酒，字面上是加热的酒，或是经过三次蒸馏的酒。

③ Pierre Dobel，“*Sept années en Chine：nouvelles observations sur cet empire，l'archipel Indo-Chinois，les Philippines et les Iles Sandwich*，” E. Galitzin（译自俄文），Paris：Gide Éditeur des Annales des voyages，1838，pp. 15 – 17. 作者杜贝尔于1798年至1817年服役于俄罗斯期间，曾行访多国，旅华三趟，并在中国居住长达七年。值得一提的是，该书中许多篇章都曾以英文收录于其著作 *Travels in Kamchatka and Siberia：With a Narrative of a Residence in China*，London：Henry Colburn and R. Bentley，1830，Vol. 2。接着，他论及一些妇女天黑后驾舢板来到外国船舰提供其他的服务，她们与花船女子一样，都是出身贫困人家，被父母卖掉。关于疍家女子在花船上卖淫，参见俞蛟（浙江山阴人，嘉庆年间曾担任一位潮州高官的幕僚）的有趣描述，书名《潮嘉风月记》，他以颇具同情性的文字描述了潮州与嘉应地区几位花船女子的故事。在中国哲学书电子化计划的网页可找到《潮嘉风月记》民国年间出版之版本，https：//ctext. org/wiki. pl？ if = gb&res = 832344&remap = gb，2019年6月15日。

④ 解释了“蛋家”写法缘由。

度也差不多，平底，舷墙在水线以上大概半英尺，且非常平直。这被称作蛋家，或是蛋屋船，因为通常都有个圆篷罩顶，称为屋，真是名副其实。这些船屋维持得非常洁净，铺着篷席，每艘船都有两名中国女子维持。

我踏上船后，她们在屋篷下中央为我摆了一把凳子，然后两人各往船头船尾奋力地摇起桨来。她们的穿着，与先前已描述过的男子装扮极为近似，都是蓝染布衫，其中一位有一块布巾翻转包头，形成一个兜帽。没有剃发，而是分梳两旁扎成辫垂在背后，有条红绳编缠于辫尾。她们都是本性善良、模样好看的年轻女性，经常挂着微笑，露出皓齿。其中一位看来花了许多心思打扮，在发上簪了一些假花。[①]

画家奥古斯图·波尔杰（Auguste Borget，1808—1877）曾于 1838 年至 1839 年居住于澳门、广东与香港。他对这些水上人家生活的窘困感到惊异，并以这些船民及其船只和他们利用废弃船只搭建的“船屋”为主题，绘制了许多图画。我们在此呈现其中两幅，并附上画家的叙述。[②] 第一幅绘于九龙湾：

有一处地方我天天造访，但我想我还没有谈论过。那是个地峡，分开两个海湾。船长们会去那里运动，或是在一天劳动结束后去那里放松一下。中国人在那里设立了一个小型造船厂，进行船只的维修。我曾在那里看到一些正在建造中的漂亮小型双桅纵帆船的船身，那些提供船图并验收的船长们，对于中国木工的技艺非常赞赏。在造船厂周边，难以计数的船屋形成了一个浮村，住着许多人。起初，聚集此处的只有一些赌徒和其他声名狼藉的屋子，还有一个戏台。后来渐渐地有其他的船聚集，村落也发展成如今这个规模。不幸的是，放荡与不道德的名声令人却步……有时候会有战船或是官船来做户口调查。不过这些官员仅是做些制度式的因循查验，离开时一切糟糕如昔。

① C. Toogood Downing, *The Fan-Qui in China in 1836 - 7*, London: Henri Colburn Publisher, 1838, Vol. 1, chap. IV, Wash-boats, pp. 80 - 81.

② 参见图版 6（本文图 1）《香港九龙湾船屋》；图版 8（本文图 2）《澳门内港穷人的住处》。收于 *Sketches of China and the Chinese from drawings by Auguste Borget (1808 - 1877)*, London: Tit and Bogue, 1842。大都会艺术博物馆（Metropolitan Museum of Art）之网站有在线典藏可点阅。

图1　香港九龙湾船屋

第二幅绘的是澳门的一条“水上街”：

对一个欧洲人来说，即使亲眼所见，也还是很难想象，这么多的人口如何能够挤在如此狭小的空间生存。我将尽我所能地描述那个场面的景象，最早来的人靠岸占地，并将他们已经破损得无法航行的船只靠在一旁；后来者在先到者的船上方与周边架上木板，形成某种台子，或是架高自己的船，财力不足时则搭盖一片楼板，周围用篷围起来，再以篷覆顶。更贫困的后来者，既没有船也没有材料构筑一片楼板，就蜗居于其他人的构造物之间，在那里张挂他们的吊床。这个地方虽然如此不牢靠，却是全家人的起居栖身之所。通常一个简单的木梯就足供五六户人家用，但无人有权宣称拥有此梯，彼此也无依赖感。每户人家都有自己的小阳台，上头披挂着各色的篷与破布。我曾登上许多这种阳台，空间小归小，却到处摆满了花，让我赞叹惊喜，在如此窘迫的生活中仍见诗意。这些人的生活空间如此拥挤，在如猪圈的房间中几乎很难找到设神龛的地方，然而，却没有哪户人家没有神龛的。神龛就是一个小柜，里头供着一尊蜡制的或木制的神像，以他们所能负担得起的最好材料来装束神像，周围摆放着与装饰庙宇神坛大致相同的物品。他们每日晨昏向这尊神祇敬茶，并点燃小红烛。读者切勿以为贫穷就使这些人不快乐，不，即使是在这些只有五英尺见方或者有十英尺宽的简陋角落里，每张脸庞都洋溢着喜悦；而且只要他们有一点闲暇，就玩骰子自娱。一有呼唤，每个原先看似并无人居住的地方都会有人探出头来，人多到数不清，令人不禁怀疑这些人究竟从哪里来，还有这么多的人怎么可能藏身在这一丁点空间里？

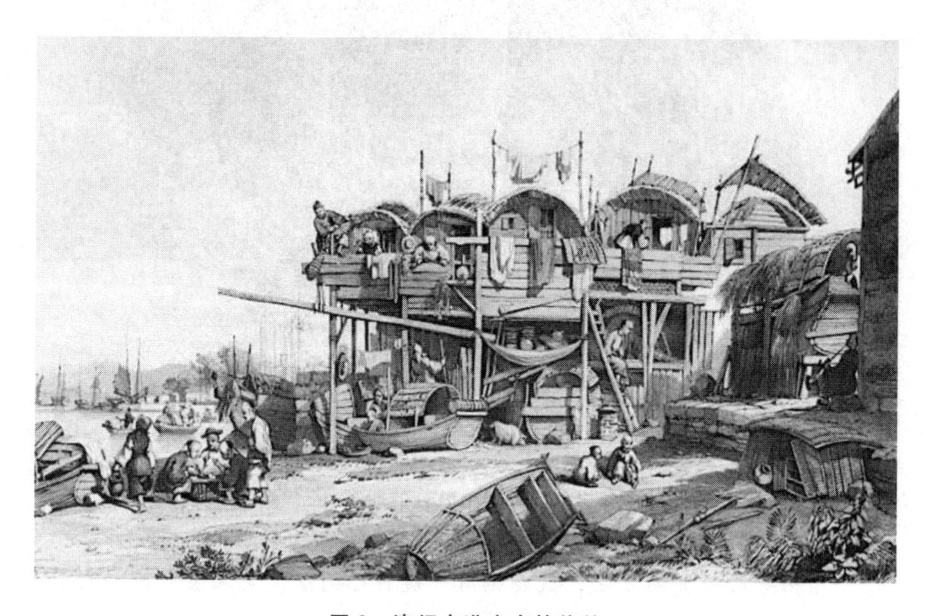

图2　澳门内港穷人的住处

此外，在波尔杰凭记忆为老尼克（Old Nick）的《开放的中国》所绘的一些图中，有一张画了一名在虎门湾中航行的船家女（见图3）。[①] 老尼克是19世纪法国一位记者兼文学评论家保罗·埃米尔·杜兰德·福尔格（Paul Émile Daurand Forgues，1813—1883）的化名。

奥地利女性旅行家艾达·菲佛（Ida Laura Pfeiffer，1797—1858）曾于1847年逗留广东。她也惊讶于这些水上人家的穷困，并提出了一个可以说是社会学家的观点：

① Old Nick，*La Chine ouverte*，Illustrations de A. Borget，Paris：Éditeur H. Fournier，1845，p. 3.

图3　虎门湾中航行的船家女

栖身最经济的方法，就是拥有一艘自己的船。男人去乡野劳作，女人则找些可以维持家计的活，如驾舟搭载旅人或过客。船半边是船家自用，另半边则供客用，尽管空间极为局促（因为船长仅八米），但非常干净整洁。每日早晨一切都刷洗过。每个最微小的角落都以最富创意的方式加以运用，甚至还有空间设置一个迷你神龛。在日间，煮食并洗涤。尽管船家孩子多，但乘船的客人丝毫不受干扰；绝不会见到撒野的场面，更不会听到孩子哭闹。母亲划船时，背着最小的孩子，有时候年纪比较大的孩子肩上也背着一个弟弟，他们利落地跃上爬下，丝毫不担心会危及运送的货物。……当然我们无法想象一个封闭于一艘船上生活的中国家庭之苦。①

① Ida Laura Pfeiffer, *Voyage d'une femme autour du monde*, Traduit de l'allemand pat W. de Suckau (1édition de l'original 1850), Paris: Hachette, 1859, pp. 169 - 170.

值得一提的是，由于这些19世纪旅行家们的记述，广东疍家妇女在某种程度上名扬海外。法国人称她们为“Tankadères”[1]，这些疍家女知名到儒勒·凡尔纳（Jules Verne）在其小说《一个中国人在中国的遭遇》中也安插了一个疍家女的角色。[2]

一名年轻的疍家女，驾着舢板穿过黄埔黝黯的江水，哼唱着：

侬家船色鲜，
妆点着
千花万朵儿。
……[3]

虽然我们不知道凡尔纳描写如此场景的灵感源自何处，但里昂·班尼特（Léon Benett，1839—1916）所绘题为“Une jeune tankadère”（《一位年轻疍家女》，见图4）的画看来则是在波尔杰的画（见图3）中汲取灵感。

2. 福建及其以北地区

关于疍民在宋朝粗简的生活，我们可从文人蔡襄（1012—1067，福建兴化仙游县人，曾于泉州任职一段时间）的记述中略窥一二：

福唐水居船，举家栖于一舟。寒暑食饮，疾病婚姻，未始去是。微哉其为生也！然观其趣，往来就水取直以自给，朝暮饭蔬一柈，不知鼎饪烹调之味也；缊衣葛服，不知锦纨粲粲之美也；妇姑荆簪，不知涂脂粉黛之饰也；蓬雨席风，不知大宇曲房之适也。[4]

乐史（930—1007）对泉州“游艇子”有所记述，称他们的船为“了乌船”，字面意思为高悬的船，艏艉起翘甚多，舯部平而宽，使其得以“冲波逆浪都无畏惧”。[5] 这是这个时期对疍家船的罕见描述，然而如此只言片语

① 19世纪时，这个源于疍家的词在法国还用来指称一种小型的双桅纵帆船。

② Jules Verne, *Les tribulations d'un Chinois en Chine*, Paris: Livre de poche 2030, 1989, p. 96.（根据1879年的版本，班尼特绘插图。）

③ 疍家特有的咸水歌之遗韵。

④ 《蔡襄全集》卷三十一《杂说》，陈庆元、欧明俊、陈贻庭校注，福建人民出版社，1999，第691页。（引自徐晓望《闽南史研究》，海风出版社，2004，第84页。）

⑤ 乐史：《太平寰宇记》卷一〇二《风俗》，王文楚等点校，中华书局，2000，第129页。

图4　一位年轻疍家女

仍不足以让我们掌握这种船只的特色。不过，这些船似乎与我们所认识的19世纪中叶以来的疍家船大不相同。

徐昆（约1691年出生于江苏常州，是一名官吏）在一次参访福州时，对南台大桥附近运载居民往来闽江两岸的疍家女子印象深刻：

> 挐舟悉妇女，曰曲蹄婆。嫣然少艾，短衫赤脚，贾勇持篙。①

周凯（1779—1837，在籍任官，1832年纂辑《厦门志》）以敏锐的观察力描述了福建的这些水上人家，对于妇女驾舟操船的能力大为惊异，不过

① 徐昆：《遁斋偶笔》，《古今说部丛书》第四十八册，文明书局，1915，第6页；另参见 Grant A. Alger, *The Floating Community of the Min River: Transport, Society and the State in China, 1758 - 1889*, PhD, Johns Hopkins University, 2002, p. 227。

却将她们与猿猴相较：

> 港[①]之内，或维舟而水处，为人通往来、输货物。浮家泛宅，俗呼曰“五帆”[②]。五帆之妇曰“白水婆”，自相婚嫁。有女子未字，则篷顶必种时花一盆。伶娉女子，驾橹、点篙、持舵上下如猿猱然，习于水者素也。[③]

越往中国北方沿海，欧洲人对船家妇女的记载就越少。不过，19世纪40年代初，曾造访福州的英国皇家海军舰长理查德·科林森（Richard Collinson，1811—1883）也记录了与徐昆相同的观察，福州人于闽江上的往来交通，普遍都是妇女操舟：

> 这个城市位于距离江口三十英里右岸的一块谷地里。从闽江口沿途到福州的景色，曾被拿来与莱茵河的景色相比，的确，是有些相似处。……当我们航近桥时，看到许多忙碌的身影。江面上有许多中式帆船，各色船型与装置都说明了它们来自不同的港口，从有着高耸船艉、笨重船身的上海货船，到来自宁波、船身较低的船，还有等着载运红茶的船……岸边有许多船围绕着我们，通常是女性驾船，这些脸色红润、健康、模样好看的妇女，借助船艉的一支橹和船艏的一支橹（长二十五英尺至三十英尺），如使舵般操舟。[④]

莱昂·鲁塞（Léon Rousset，1845—1926）对福州水域进行了仔细观察，不过，在他的描述中只字未提女性，但我们可以感受到其存在：

---

① 厦门港，曾以如玉色般的沙坡闻名，故被称为玉沙坡；有溪自壁山岩而下，将港区分为沙坡头与沙坡尾两侧；是溪在今大学路与民族路口入海。如今，只剩下沙坡尾，淤沙严重；另一侧的沙坡头，由于堤防的兴筑早已不复见。参见陈复授《厦港最后的疍民》，https：//www. xmlib. net/xmjy/xmwx/qk/mnwhyj/13% E5% 8E% A6% E6% B8% AF% E6% 9C% 80% E5% 90% 8E% E7% 9A% 84% E7% 96% 8D% E6% B0% 91. pdf，2019年5月5日。

② 施鸿保（逝于1871年），于其《闽杂记》（序言写于1858年）卷九《五帆船》中记述：“这些五帆船亦可见于兴化、泉州、漳州沿海地区。”（施鸿保：《闽杂记》，来新夏校点，福州人民出版社，1985，第149页。）

③ 周凯纂辑《厦门志》卷十五《风俗记》，鹭江出版社，1996，第516页。

④ Richard Collinson，“Notices of the City of Fuchau from the News of the World，with Remarks on the Navigation of the River Min，” *Chinese Repository*，XV，No. 5（May 1846），p. 225.

很快地就见到一片密密麻麻的船桅，一艘挨着一艘的船，随着风，桅顶飘着小小的旗，我们就知道那是中国港口的入港处。

港口里有一整个漂浮于水上的城市，还有一些名副其实的街道将这个城市分成几个区，在这些水上街道上穿梭的是成群的小船。要穿越那些大型商船一艘艘挨着成列平行停泊的港区，到达那大片浮村，舢板在大量交错纵横、互相挤碰的小船之间困难地往来。接着，就会进入定居在此的水上人家的生活区。事实上，在广州、福州、宁波，有一批人终生都居住于水上。他们的先祖，很可能是在公元前几世纪中原人南下到来之前，居住于陆上的当地原住民。这些原住民受到中原人的蔑视，另外形成一个下层社会。他们居住在有半圆柱状的篷覆顶的大型舢板上，锚定于河上，成群聚集，在众船屋之间他们会安排留作往来通行的水道。有时，这些穷困的人会以盆栽花草自娱，放在船屋顶上。①

相对于此，他对穿梭于闽江上的舢板及其操作（男人在艏、女人在艉）有很好的描述：

这些被称为舢板的船，有横向的水密隔舱，或者架帆驶船，或者摇橹前行。船上有以竹架的拱，撑起大幅篾篷以遮阳蔽雨。

一般而言，每艘船上都住着以海为生的一家人。有时可见到不同世代的同住一起，从爷奶辈到刚出生的襁褓小儿。这些穷苦的人终其一生都在这个狭窄的空间里度过，甚至大多数时候还不得不与乘船客共享这个空间。通常男人在船艏，而船主之妻则立于船艉，一手划桨，另一手操着功能如舵的长橹。与此同时，她还时不时盯着在她脚边的年幼孩子，因为这些中国人是站着划船。下头生了火的锅里烹煮着一家人的晚餐。我常常被那些刚开始学步就试着要去挪动父母身旁的船桨的小娃娃

① Léon Rousset, *À travers la Chine*, Paris: Hachette, 1886, illustrée, pp. 45 – 47. 作者于1869年到中国，在福州船政学堂任职的六年期间，曾多次游历福建与台湾，并在返回法国之前在中国旅行了一番。他对这些水上人家在闽江上进行木材生意，也有一段非常有趣的介绍（第二章，第45页），这些木材卖到福州后，再由一些中式帆船载往上海与长江沿岸各地。对于盆花的其他解释，参见前引屈大均与周凯之文。

们逗笑。[①]

阿尔伯特·奥古斯特·福威勒（Albert Auguste Fauvel，1851—1909）也同样记述了一些福建的水上人家来到浙江舟山群岛的沈家门港口附近。不过，据其所言，这些水上人家虽然仍被迫住在船上，但似乎已不再从事海洋相关生业：

在沈家门港口附近，有一些来自福建的人，他们并不被允许上陆居住，于是全家人都被迫住在船上。他们绝不许与其他人混居，更不可参加科考，只可从事剃头匠与轿夫的工作，“亦不可从事以外的工作”。他们也阉割鸡或猪。他们中的妇女则制作假髻贩卖，且会以丝线替女客挽面，因为她们唯有在宁波可以碰触男性的脸，为他们刮胡修面。[②]

（二）华南沿海的渔夫渔妇，身份为何？

清朝从事渔业的人口组成，是我们一直在思索的问题，但以目前所知，似乎尚无法解决。渔业人口当中有多少居住于华南沿海村落中，又有多少是水上居民？而居住于沿海的渔民中又有多少妇女？尽管莱昂·鲁塞在前文确曾提及福州、宁波与广州诸城有一批生活于水上的人家，但他谈论华南沿海与其人口时，只以男性论，且似乎只论居住于岸上的：

沿岸地形相当破碎，可以为来自诸多港口的航海人提供躲避强风的安全地方；这块锚地在某些季节会刮起强劲的风。而沿岸这些凹凸的陆岬湾澳里，散布着许多渔村。每天早晨，海面上真真是铺满了船只，人们奋勇冒险远航出海。这些民风粗犷的航海人，成为一群很难统御且很难管理的人群。尽管他们显然大多数以捕鱼为业，但经常从事一些海盗勾当，主管部门通常不愿或是没有能力去防范

① Léon Rousset, *À travers la Chine*, p. 26。《闽杂记》提到那些操淫业的船被称为“躺船”（施鸿保：《闽杂记》，第 146—147 页）。Alger 明确指出这些是疍家船（Grant A. Alger, *The Floating Community of the Min River*, p. 24）。

② Albert Auguste Fauvel, *Promenades d'un naturaliste dans l'archipel des Chusan et sur les côtes du Chekiang (Chine)*, Cherbourg: Impr. de C. Syffer, 1880, p. 26.

或剿灭。[①]

福威勒在其关于舟山群岛的段落中，提到一些来自福建的渔民是与妻子一同到来的，但我们无法确知他们是否为水上人家。值得一提的是，这些女性的角色不禁令人想起那些被称为“压寨夫人”的匪帮与海盗女首领：

> 每年在沈家门都会出现不少来自福建的渔民，然而他们有一种奇特或鲜为人知的惯习，不过我的消息来源是可靠的。在此地，那些帆船长时间离开他们的家乡，于是船长带着妻子同行。这些女性都是天足，并未缠足，以男装打扮，头发也都跟男人一样打成辫子，并以一块包巾缠头。她们从不下船上岸，在船上有着最高指挥权，所有人都得服从她们。当这些船返回家乡后，女人们才下船，复着女装，重新操持家务，直到下次渔季出海。[②]

根据我们相当有限的资料来源，似乎浙江沿海与舟山群岛的女性并不直接参与打鱼，亦不参与养蚵作业。不过，她们参与渔网的制作和修补，这些是在家的工作，且是全年的。她们还种植苎麻，并在冬季准备这些苎麻纤维。[③] 很可能某些来自福建的妇女在温州地区定居下来，有的专门从事苎麻的种植，或是捕捞一些海鲜，如同闽南渔妇一般。今所知“福建三大渔女”即惠安渔女、湄洲渔女、蟳埔渔女。湄洲岛位于莆田对面，是林默娘的故乡。林默娘在宋朝时出生于湄洲，日后成为海上守护女神、天上圣母，甚至被称为天后。[④] 惠安女讨海为生。[⑤] 至于蟳埔村，它位于泉州晋江口，过去

---

① Léon Rousset, *À travers la Chine*, pp. 21 – 22.

② Albert Auguste Fauvel, *Promenades d'un naturaliste dans l'archipel des Chusan et sur les côtes du Chekiang* (*Chine*), p. 28.

③ Albert Auguste Fauvel, *Promenades d'un naturaliste dans l'archipel des Chusan et sur les côtes du Chekiang* (*Chine*), pp. 199 – 202.

④ 参考众多资料，如林祖良编撰《妈祖》，福建教育出版社，1989；Claudius Müller and Roderich Ptak Herausgeber, *Mazu Chinesische Göttin der Seefahrt Dargestellt an der Holzschnittfolge Die feierliche Begrüssung der Mazu von Lin Chih-hsin*, München: Hirmer Verlag, 2009; Jiehua Cai, *Das Tianfei niangma zhuan des Wu Huanchu*, Wiesbaden: Harrassowitz, Maritime Asia 26, 2014。

⑤ 相对于惠安女，其他以刻石为业。C. Salmon and Myra Sidharta, "The Manufacture of Chinese Gravestones in Indonesia – A Preliminary Survey," *Archipel*, Vol. 72 (2006), p. 202.

称为前埔村。蚵埔女过去与现在都致力于养蚵与采蚵（这种较小型的牡蛎，当地话叫“蚵仔”）。这三大渔妇族群的历史，我们所知不多，但是时至今日她们依旧保留着独特的服饰、发型和习俗，可从网络上的某些介绍略知一二。福州大学闽商文化研究院院长苏文菁认为，福建三大渔女在沿海经济活动中所扮演的角色，可能与男人们长年远在他方经商，独留女性肩负起村落里的大小事有关。①

至于厦门地区，我们从网络上的一篇文章得知，1941 年时有 80% 的渔夫渔妇是水上居民。② 其中，生于 1891 年的张水锦，在 1949 年时用自家船从海沧运载中国人民解放军兵士到鼓浪屿，英勇牺牲。在厦门革命烈士陵园中，有一座雕像便是以她立于船上划桨之姿来永远怀念她。③

在广东与海南沿海，女性在过去与现在都投入一种海菜“琼枝”（Alga Eucheumae）的养殖，琼枝可食用，可入药。明朝时，海南文昌的大商人们据说以买卖这些海菜致富，当时就是聘用疍家人采集这些海菜。④ 近几十年，疍家男女都投入养殖渔业中。⑤

以上是对这些沿海地区妇女的概述，她们熟识海性，并且掌握某些专业知识。下面我们将讨论的是出于自愿也好，无奈也罢，这些女性成为海盗世界的一员。

二 女海盗

海盗们都是携家带眷流徙，不过直到 1550 年以前，海盗都是不定期地出没袭击，他们或者被捕后旋即被处决，或者消失得无影无踪，我们对于海盗首领几乎一无所知。不过当他们的船队战力越来越强大，而且

① 苏文菁：《海洋文化视野下的女性》，《中国妇运》2012 年第 9 期。

② 目前，厦门所有的疍家都上陆居住，大多数仍生活于旧港区一带，不过不再捕鱼了。参见《厦门现存最古老的港口避风坞改造方案终落空》，《东方早报》2008 年 12 月 1 日，http：//news. xmhouse. com/bd/200812/t20 081201_ 136651. htm，2019 年 5 月 30 日。

③ 网络上纪念她的专文：《共和国特等功臣——张水锦烈士》，2018 年 9 月 17 日，http：//www. sohu. com/a/254356764_ 673343，2019 年 5 月 22 日。

④ 万历《琼州府志》卷三《地理志·土产上·菜属》，引自张朔人《南海疍民身份变迁研究》，2014 年 11 月 27 日，http：//www. sanyau. edu. cn/newsDetails. asp？ did = 3109，2019 年 6 月 5 日。

⑤ 刘莉：《做海：海南疍家的海上实践与文化认识》，《广西民族大学学报》（哲学社会科学版）2016 年第 5 期，第 133 页。

发展成等级化的组织，并持续出袭后，情势就有所改变了。在 1560 年至万历初年这段时间，海盗长时间犯事，人们可以知其姓甚名谁，有时候对于某些知名的海盗，还可追溯其出身。例如吴平（福建诏安人）遭军队追缉，于 1567 年被迫从福建与广东交界的南澳岛撤至越南，途经海南时，其妻与子被俘。① 据说嗣后吴平自杀，日期不详。又如林道乾（活跃于 1566—1580 年），广东潮州惠来人，本是官府小吏，后来加入吴平与曾一本（卒于 1569 年）一伙，并逃至泰国南部北大年（Patani），传闻他是在试铸大炮时身亡。②

流传至今的两位明朝女海盗的传说（并无史载），正好分别是吴平与林道乾的妹妹。吴平妹，也被称为吴姑娘，在南澳岛相当出名。传说她在吴平逃走后留下来看守那些以盖缸埋藏的珍宝。③ 如今有一座吴姑娘的坐姿石雕像，左手持剑，右手捧着一个缸子，脚边则有一些金块银锭，受人们供奉如财神。④ 林道乾之妹，被称为林姑娘，成为泰国北大年华人信仰的神灵之一。关于她的生平，似乎有部分与成为海上女神的林默娘之生平相混淆。⑤灵慈圣宫，也被称为林姑娘庙，就是此种混淆的表现。庙中年代最久远的匾额（于 20 世纪修复）为万历二年（1574）制，上刻“明征定保”。⑥ 此外，在北大年还有一座圣墓被认为是林姑娘的墓，至今仍为人参拜（见图 5）。⑦传说林姑娘跟着一支船队来到北大年，是为了劝哥哥返乡，由于劝说不成，便以死相谏。根据某些版本的传说，她还与马来人对战失败。⑧ 总之，16 世纪末 17 世纪初，的确有华人女性居住于北大年。一块万历壬辰年（1592）名为陈淑勤的女性的墓碑可以证明此点（见图 6）。此外根据当时一些荷兰

---

① Paola Calanca, “Aspects spécifiques de la piraterie à Hainan sous les Ming et au début des Qing,” in Claudine Salmon and Roderich Ptak, eds., *Hainan, De la Chine à l'Asie du Sud-Est / Von China nach Südostasien*, Wiesbaden: Harrassowitz, 2001, pp. 119 - 120.

② L. Carrington Goodrich and Chaoying Fang, eds., *Dictionary of Ming Biography, 1368 - 1644*, New York and London: Columbia University Press, 1976, pp. 927 - 930.

③ 郑广南：《中国海盗史》，华东理工大学出版社，1998。如该书中的黑白照片（图版 10）所示，她的右手握着一个锭子。

④ 《海盗吴平的妹妹缘何成为女财神》，https://kknews.cc/history/p5n2k4j.html，2019 年 6 月 12 日。

⑤ 许云樵：《北大年史》，新加坡南洋书局，1946，第 118—119 页。

⑥ 傅吾康主编，刘丽芳合编《泰国华文铭刻汇编》，台北：新文丰出版公司，1998，第 641 页。

⑦ 傅吾康主编，刘丽芳合编《泰国华文铭刻汇编》，第 650—652 页。

⑧ 许云樵：《北大年史》，第 118 页。

旅行者的记述，在北大年，有为数不少从事渔业的华人男性与女性，他们住在船上。[1] 最后这点让人联想到他们可能是疍家人。

图 5　北大年林姑娘墓碑（拍照时间不详）

资料来源：傅吾康主编，刘丽芳合编《泰国华文铭刻汇编》，第 650 页。

从 1570 年到 1620 年的这半个世纪，中国南方沿海地区相当平静。从事商贸的海盗郑芝龙（1604—1661），本是泉州一名小吏之子，后来加入了海盗颜思齐（1589—1625，福建漳州人）一伙。1628 年，郑芝龙投降明朝，1646 年又降清。其子郑成功（1624—1662）并没有追随父亲，而是在福建建功立业，继续从事海盗活动与海上贸易（后来于 1661 年被迫退居台湾），

① 傅吾康主编，刘丽芳合编《泰国华文铭刻汇编》，第 646 页；W. Franke，“A Chinese Tombstone of 1592 Found in Patani,”《南洋学报》第 39 卷，1984，第 61—62 页。耐人寻味的是，墓碑上并未提及女性墓主的丈夫，至于孩子的名字则已模糊得无法辨识。Sumet Jumsai，*Siam. 16th and Early 17th Century Accounts Published in the Early 17th Century and in 1617* (being extracts from the private collection of M. L. Manich Jumsai)，Bangkok：Chalermnit's Historical Archives Series，April 1968，p. 561.

这些事业都明显地卷入政治。[①] 不过就这段时期而言，从事海盗的女性似乎在官方史册中并未留下丝毫踪迹。

在明末清初厉行海禁与清剿海寇之后，有一段相对弛禁的时期。18世纪末，为充实其金源，西山军从中越边境招募中国海盗，命令他们去掠夺华南沿海，这样做也刺激了华南海盗。这种情形一直延续到1802年西山朝覆灭。[②] 在一阵众帮派间的激烈斗争之后，胜出的几位领袖巩固了他们的势力，形成三个主要的海盗集团：福建的蔡牵（1760—1809）、闽粤交界处的朱渍（？—1809）以及广东的郑一（1765—1807）。这些海盗集团与清朝政府直接对立，争夺南方沿海的控制权。

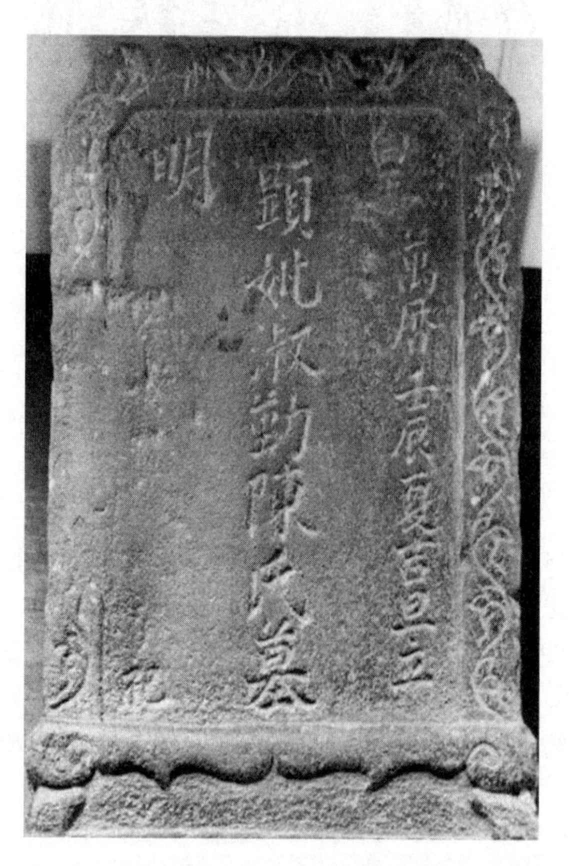

图6　北大年陈淑勤墓碑，万历壬辰年（1592）（笔者拍摄）

① Paola Calanca, *Piraterie et contrebande au Fujian: L'administration chinoise face aux problèmes d'illégalité maritime (XVIIe-début XIXe siècle)*, Paris: Les Indes savante, 2011, pp. 82 - 95.

② Dian H. Murray, *Pirates of the South China Coast 1790 - 1810*, chap. 3.

在这段海盗专业化发展的时期，我们看到一些女性厕身其中，展现出指挥船队的能力，并接替其丈夫的首领地位。不过，要观察这个尔虞我诈世界中的女性非常困难，因其并无姓名可供识别，在当时的文献中都只以相关联的男性予以记录，如某人妻、某人妾等。在明清时期，并没有什么词汇来指称女性海盗，"女海盗"一词似乎是在 20 世纪最初几十年才出现的。我们目前发现该词最早出现在 1916 年。[①] 在介绍几位海盗女首领之前，我们先来看看那些在海盗船上的女性。

（一）女性是如何进入海盗世界的？其角色又有何发展？

李若文曾分析蔡牵海盗集团内女性的不同地位，将船上女性分为四类：海盗家属、被绑架与买来的奴隶、妻妾或者原先是渔女（多少算是自愿加入者）。[②] 蔡牵妈的例子比较特别，我们另行讨论。至于被绑架来的女性，她们在船上的地位也有许多可能性：最漂亮者会变成海盗头子的妻（或称压寨夫人），或是成为妾；最丑的会被送回岸上。至于大部分其他姿色平庸者，就会被关在船舱里，等待被赎回去，或被卖给其他法外之徒。[③] 在蔡牵的集团内，女性并不多，在数十名甚至百余名男人中，有十或十二名女子。如果只有一名女性，那必然是首领的妻子，因为一般海盗是不能带着亲眷上船的。那些自愿投身海盗者以及遭虏被迫沦为海盗者和海盗集团首领之间，主要是等级关系，其与一般民间社会的家奴和仆役无异，而且那些奴仆经常不惜性命地奋勇作战。李若文提到史家魏源（1794—1857）记述的林阿小之例：林阿小是蔡牵的一个女奴，毫不畏惧

---

① "女海盗"一词首次见于 1916 年 2 月 14 日的《申报》（1872 年至 1949 年发行），在一则广告中，那是一本名为《海棠魂》的翻译小说（1908 年初版），原作为美国人约翰·拉塞尔·科里尔（John Russel Coryell，1851—1924）的一部言情小说。广告内容为：言情小说《海棠魂》一角五分，一女海盗请名医诊治痘疹，医一见恋恋不舍，求偶再四，女皆以辞却之，迨后历经险难终成眷属。

② 李若文：《蔡牵集团的妇女——兼论女海盗研究的意义》，颜尚文主编《嘉义研究：社会、文化专辑》，中正大学台湾人文研究中心，2008，第 219—270 页。

③ 参见 Dian H. Murray，"Cheng I Sao in Fact and Fiction，" in C. R. Pennell，ed.，*Bandits at Sea：A Pirates Reader*，New York and London：New York University Press，2001，pp. 271 - 272。（该文主要依据欧洲史料。）更多关于被海盗绑架与无分男女被迫加入海盗者之详情，参见 Robert J. Antony，*Like Froth Floating on the Sea：The World of Pirates and Seafarers in Late Imperial China*，Berkeley：University of California，2003，pp. 97 - 104。（中译本：安乐博：《海上风云：南中国海的海盗及其不法活动》，张兰馨译，中国社会科学出版社，2013。）

地瞄准水师提督李长庚（1750—1807）开炮，李长庚中弹，伤重不治，隔日身亡。①

安乐博（Robert J. Antony）书中则记述：海盗首领朱渍，原本出身于福建漳州一富裕人家，携家带眷地出没海上。② 而且根据传说，他挚爱的小妹因病死在台湾。③

理查德·格拉斯普尔（Richard Glasspoole）上尉，于1809年被广东海盗俘虏五个月。他简单描写了海盗船上女性的生活，不过并没有区分这些女性是家眷还是奴仆：

> 这些海盗在岸上并无居所，而是长期生活在船上。船的后舱由船长和他的女人们居住，通常都有五六名妻妾。船上的人都恪遵夫妻权利，除了按照他们的规矩娶来的女子，任何人都不许带女人上船。每个男人有一个小舱位，大约四英尺见方，可以安置家眷。④

此外，他还记述了女性在船上发号施令：

> 他们船上有女人。而且很多时候，是她们在船上发号施令。⑤

1854年，法国女子方妮·洛芙约（Fanny Loviot）曾在澳门外海被一群海盗绑架。她描述道船上的女性与男性同样能干：

> 这些海盗已经习惯与家眷一起拥挤地生活在船上。女人们将孩子用

---

① 李若文：《蔡牵集团的妇女——兼论女海盗研究的意义》，颜尚文主编《嘉义研究：社会、文化专辑》，第226页，注释17。

② Robert J. Antony, *Like Froth Floating on the Sea*, pp. 47 - 48.

③ 《北方澳回顾》之《传说篇·朱渍葬妹》，宜兰苏澳乡公所，2003，第83—87页，https://ws.e-land.gov.tw，2019年8月25日。

④ Richard Glasspoole, "A Brief Narrative of My Captivity and Treatment Amongst the Ladrones," in Karl Friedrich Neumann, trans., *History of the Pirates Who Infested China Sea from 1807 to 1810*（袁永纶《靖海氛记》译本），London：Oriental Translation Fund，1931，p. 128.

⑤ Richard Glasspoole, in *Further Statement of the Ladrones on the Coast of China Intended as a Continuation of the Accounts Published by Mr. Dalrymple*, London, 1812, p. 41.（在返回英国后，格拉斯普尔的报告内容向海盗致敬。）Dian H. Murray, "Cheng I Sao in Fact and Fiction," p. 272.

> 包巾背在背上，直到孩子们会走路。她们帮着男人操船并协助整理货物，机灵能干，就像真正的水手一般。[①]

关于船上生活，她也以正面的笔法记述了几位海盗与他们的家庭生活，他们几乎与岸上华人无异。同时，描述了给他们这些俘虏吃的餐食：

> 在这些海盗之中，有一人似乎对于我们有些同情。他不时过来，静静地观察我们，然后指给我们看其中一艘船上他的妻子和孩子们。我们不得不瞧了瞧那些他看来非常珍爱的家人。这名海盗，身为父亲，想与我们分享他的喜悦。
>
> 因为，当我们哀叹自己的不幸遭遇时，他给我们端来米饭，还有满满一锅中式炖肉。这道菜最特别之处，就是像番红花一般的黄色酱汁。我们的水手们很少有这种温情待遇，吃得很开心。[②]

方妮·洛芙约在后文还谈到在几名海盗驾舟出海捕鱼回来后的一顿节庆盛宴，以及送去给他们这些俘虏吃的生蚝。不过，每日的食物主要是米饭和鱼类（来自渔民），若是他们海盗打劫几个村庄后就有猪肉或鸡肉。[③]

（二）清朝海盗女首领

在18世纪末19世纪初海盗专业化发展期间，有好几位女性海盗成为首领，其中几位势力特别强大，例如福建蔡牵的妻子——蔡牵妈与广东郑一的妻子——郑一嫂。后者比前者更为西方人所熟知，下文我们会提及。至于其他女性海盗首领则只能在文献中瞥见只言片语，张中训、安乐博与柯兰（Paola Calanca）曾提到几位，如：七嫂，她在福建水域率领着二十余艘船只，并曾经与蔡牵和朱濆联手；[④] 还有海盗陈某（Chen Acheng）的妻子，

---

① Fanny Loviot, *Les pirates chinois. Ma captivité dans les mers de la Chine*, Paris: Typographie d'Émile Allard, 1858, pp. 103 – 104.

② Fanny Loviot, *Les pirates chinois. Ma captivité dans les mers de la Chine*, p. 109.

③ Fanny Loviot, *Les pirates chinois. Ma captivité dans les mers de la Chine*, pp. 154 – 166.

④ Chang Chung-shen, *Ts'ai Ch'ien, the Pirate King who Dominates the Seas: A Study of Coastal Piracy in China, 1795 – 1810*, PhD Dissertation, University of Arizona, 1983, p. 169.（张中训：《纵横四海的海贼王蔡牵：1795年至1810年中国沿海海盗研究》，博士学位论文，亚利桑那大学。）Paola Calanca, *Piraterie et contrebande au Fujian*, p. 120.

只知她是李氏，参与丈夫海上十余起海盗行动，在与丈夫双双被捕后，沦为一位军官的奴隶；[①] 还有朱渍的弟媳——朱渥妻，她在朱渍的海盗集团中担当重任，英勇作战而亡，被载入清朝档案中。[②]

1. 蔡牵妈

蔡牵之妻据说本姓吕，大约是18世纪70年代出生于浙江南部的平阳县。关于她的文献资料相当少，不过李若文在两篇针对这位女英豪的文章中对其生平进行了相当清晰的描述，下文将多次援引。[③] 张中训在两部地方志中找到两段私人笔记的记述，李若文加以引用，从而对蔡牵妈的出身有些认识。根据民国十四年（1925）《平阳县志》中的《醉后笔记》，日后成为蔡牵妈的这位女子相当美丽，尽管已婚，仍爱外宿。丈夫无法约束她，将她卖给一个剃头匠，剃头匠也无法改变她这种爱外宿的习惯。此时，蔡牵（在1794年之前即已投身海盗事业[④]）上岸理发，看上剃头匠的妻子，重金买下，带回船上。我们无法得知确切日期，但不会晚过1801年，是年十一月蔡牵妈参与了暗杀海盗首领侯齐天（于前一年与蔡牵拆伙）的行动，[⑤] 并接收了他的船队。

这是一位聪慧过人的女子，有谋略，善于指挥调度船队，[⑥] 还会操作大炮，甚至爬上桅顶割断系帆之索以减缓船速，成为丈夫的参谋。根据光绪癸巳年（1893）版《马巷厅志》附录上篇中所收的《老姜随笔》描述，她还有几艘听命于自己的船队，是全由女性组成的娘子军，令人避之唯恐不及："常别率数船为娘子军，当者辄辟易。"李若文援引了诸多史料，其中《东华续录》提到，蔡牵妈曾三次劝说丈夫不要投降，嘉庆皇帝听到消息后说，如果蔡牵和他的家眷被捕，她也必须被当作叛贼受审，"其妻子等亦应问以缘坐"。[⑦] 蔡牵妈所展现的这种精力让人联想到她对于海上生活想必是相当

---

① Robert J. Antony, *Like Froth Floating on the Sea*, p. 93.

② Chang Chung-shen, *Ts'ai Ch'ien, the Pirate King Who Dominates the Seas*, p. 200.

③ 李若文：《飙风战海女英枭：论蔡牵妈》，《台湾文献》第57卷第1期，2006年3月，第193—223页；《蔡牵集团的妇女——兼论女海盗研究的意义》，颜尚文主编《嘉义研究：社会、文化专辑》，第234—247页。

④ Chang Chung-shen, *Ts'ai Ch'ien, the Pirate King Who Dominates the Seas*, p. 73.

⑤ 李若文：《飙风战海女英枭：论蔡牵妈》，《台湾文献》第57卷第1期，2006年3月，第199页；Paola Calanca, *Piraterie et contrebande au Fujian*, p. 115。

⑥ Chang Chung-shen, *Ts'ai Ch'ien, the Pirate King Who Dominates the Seas*, pp. 60 – 74.

⑦ 李若文：《飙风战海女英枭：论蔡牵妈》，《台湾文献》第57卷第1期，2006年3月，第60、74页。

热爱的。

然而，她没有多少时间展现她的谋略与才华，据李若文整理的其生平，1805 年蔡牵妈因前一年尝试登陆凤山东港时的旧伤复发死于台湾水域。李若文也归纳了许多当代学者对于蔡牵妈究竟死于何时的各种说法，有的认为是 1804 年，[①] 有的认为是 1809 年。部分原因是蔡牵有多位妻妾，其中一位于 1809 年与蔡牵沉船时同死，而且官方文献提到蔡牵的女人时一概用“蔡牵之妻”或类似字眼。[②] 李若文在其论述中也强调蔡牵给予蔡牵妈隆重葬礼，以棺木为她殓葬，这在海盗的世界里并不常见，可见蔡牵对这位妻子的眷恋与崇敬。

蔡牵妈的身份很难厘清。在地方文人刘绍宽（1867—1942）所编纂的民国十四年《平阳县志》中，有一处提到蔡牵妈出生于炎亭内岙，而另一处又说出生于大岙心。这两个村相距不远，都在平阳县辖下（1981 年起隶属平阳县南部分出的苍南县）。沿海地区的居民贫穷，民风彪悍，为了糊口，会卖女儿，有时连男孩也卖。其中也有疍家人和来自闽南的主要以捕鱼为生之人。日后的蔡牵妈，或许就是出身于这类贫穷渔家，很可能是疍家出身。这解释了她为什么识海能航，有着按儒家礼教来言显得相当放荡的德行，对于海上自由生活的向往更甚于岸上生活。同时这也解释了她为什么几乎就像个奴隶，被转卖三次，并且她懂闽南语（浙江南部通行），她的最后一任丈夫蔡牵是泉州同安人，也是说闽南语的。

如今华人世界遗存的资料中对蔡牵妈的评价褒贬不一，不过在网络流传的文章中，刘绍宽《咏白桃花传奇》[③] 一诗（创作日期不详）的文字让人感受到，他对这位年轻女性在种种劣势中奋战的某种敬意：

> 毕竟夭桃薄命花，不教锦伞拥香车。横行海上蔡牵妇，亦是当年碧玉家。[④]

---

① Robert J. Antony, *Like Froth Floating on the Sea*, p. 46.

② 李若文：《飙风战海女英枭：论蔡牵妈》，《台湾文献》第 57 卷第 1 期，2006 年 3 月，第 201—209 页。

③ 白桃花在民俗上或有神煞之意。

④ 转引自李若文《飙风战海女英枭：论蔡牵妈》，《台湾文献》第 57 卷第 1 期，2006 年 3 月，第 216 页。

李若文与刘绍宽的观点相当接近，她那篇文章的主标题“飙风战海女英枭”称她是一位在海上叱咤风云的女英豪。

中文网页上还流传着一则消息，据说在20世纪90年代炎亭村村民为了纪念她，建了一座蔡牵妈纪念馆，不过笔者尚未能证实这则消息是否属实。总之，蔡牵妈的事迹始终流传于浙江南部，她受到某种程度的崇敬。这或许也是对这些在官方历史中鲜少记载的底层人民与最不受重视的底层妇女的历史，投以全新关注的一种象征。

2. 郑一嫂

日后成为郑一嫂（1775—1844）的女子是广东人，亦有说她出身于新会一疍家，名石阳，乳名香姑，早年是广东一艘花船上的妓女，1801年嫁与海盗首领郑一，由此开始其压寨夫人的生活。郑一来自海盗世家，其家族从事海盗的历史可以追溯到17世纪。[①] 关于郑一嫂的中文资料并不多，1981年，穆黛安（Dian H. Murray）在一篇文章中，呈现了郑一嫂如何在她的首任丈夫过世后，以超卓洞见成为女首领，指挥规模空前的海盗船队。二十年后，穆黛安的第二篇文章着重呈现20世纪的某些西方作家如何美化渲染郑一嫂的事迹，而在华人世界中，这些事迹普遍不为史家所知，[②] 或许除了郑广南在其《中国海盗史》曾多次提及以外。

我们将在下文中试着简单介绍这位女海盗，一方面倚重穆黛安的研究，一方面也凭借几条零散的中文资料加以佐证。例如1830年初版刊行的《靖海氛记》，涵盖1807年至1810年靖平海盗的记载，由顺德人袁永纶在民间探访采集资料并精心核实后撰写。[③]

在1802年7月西山军落败后的最初那段时间，郑一嫂协助丈夫建立了一支海盗联合舰队，越过越南海域，集结于广东水域，这些海盗船经常攻击

① 参见郑氏家谱，Dian H. Murray, *Pirates of the South China Coast 1790 - 1810*, p. 64.

② Dian H. Murray, "One Woman's Rise to Power: Cheng I's Wife and the Pirates," *Historical Reflections*, Vol. 8, No. 3 (1981), pp. 147 - 162. Dian H. Murray, "Cheng I Sao in Fact and Fiction," pp. 253 - 282.

③ 萧国健、卜永坚笺注《（清）袁永纶著〈靖海氛记〉笺注专号》，《田野与文献》第46期，2007，第6—29页。另有Karl Friedrich Neumann之英文译本，*History of the Pirates who Infested China Sea from 1807 to 1810*。亦有香港华南研究会华南研究资料室于2007年印行，加评注的中文本。原书在中国已全然不见，只保存在少数几个西方的图书馆，其中伦敦的大英图书馆（Le British Library）与巴黎的法国国立东方语言与文明学院（INALCO）图书馆有藏。

沿海村庄与城镇。此外，郑一嫂还诞下二子。在1807年郑一意外身故后，[①] 郑一嫂将亡夫的红旗帮交给养子张保（1783—1822，疍家人），不久后郑一嫂与张保相恋并成亲。这支前所未见的强大船队，聚集有两百多艘船，超过两万多人。[②] 郑一嫂在得到郑一亲信的支持后，[③] 自己领导六个船队成立一个半自主的联盟，并以不同颜色的旗帜为号，1807年时这支舰队有四百余艘船，七万多人。[④] 郑一嫂也严格规范诸首领与部下之间的关系，立令严峻，违者立斩。如果有强奸俘虏的妇女者，同样严惩。[⑤]

海上运输物品和劫夺来的战利品不足以养活这么多海盗，郑一嫂与其从众很快地就寻思借由掌控沿海各省的盐贸易，向运盐船强索一笔相当可观的保护费，来取得比较稳定的收入。海盗们也很快依样开始向往来的商船和渔船强索保护费。根据袁永纶所述，郑一嫂监控着所有财务与银钱往来：

> 郑一嫂甚谨，每事必禀命而后行。凡打单及虏掠所得，必命随库记簿，归于公籍，不敢有所私焉。[⑥]

而且，郑一嫂还带着手下深入内地，让百姓十分恐慌。1809年，郑一嫂的船队实实在在地掌控了广东的全部经济活动，甚至阻挠外国船只入港，以至妨碍鸦片贸易。清朝水军面对海盗的频仍袭击，无能为力，而且在向葡萄牙人与英国人求援檄剿后也无甚成效，最终决定改变策略，与张保和郑一嫂协商。两广总督百龄先遣一位澳门医者探询洽和之后，决定以既往不咎和各种补偿为交换条件，招降海盗。由于双方在澳门的葡萄牙代表见证下进行第一次协商，[⑦] 郑一嫂在没有随员的情况下，只身前往两广总督百龄所在的广东衙门投诚，随

① 袁永纶：《靖海氛记》，《郑一为飓风所沉》，道光十七年（1837）碧罗山房复刻本，第10页。

② 《南海县志》卷十四，第20b页，引自Dian H. Murray, "One Woman's Rise to Power," p. 150.

③ 诸如郑一之侄郑保养、堂弟郑七之子郑安邦等，参见Dian H. Murray, *Pirates of the South China Coast 1790 - 1810*, p. 71.

④ Dian H. Murray, "One Woman's Rise to Power," p. 149.

⑤ Dian H. Murray, "One Woman's Rise to Power," p. 151.

⑥ 穆黛安：《华南海盗（1790—1810）》，第229页。

⑦ 据袁永纶《靖海氛记》记载，海盗们看见葡萄牙的船舰相当害怕，以为落入官府陷阱。"适西洋番舶扬帆入虎门口，艨艟大舰，排空而至。贼大惊惧，疑官军阴合夷船以袭己也，拔锚而遁。"（袁永纶：《靖海氛记》，第18页）穆黛安根据东印度公司随船押货人的笔记推论，当时协商中断是因为官方不同意张保所提出的保留80艘船和5000名从人的要求。（Dian H. Murray, "One Woman's Rise to Power," p. 157.）

她同往的只有诸海盗首领的妻妾和子女。在获得赦免后，郑一嫂成功使官府同意让张保留下八十艘船，另外四十艘船用于运盐贸易。两天之后，官方协商重启，然后举行招降张保的仪式。此后，张保与其他首领们都得到水军职务，众海盗也都被收编入伍。郑一嫂从此开始新的生活，跟随丈夫张保到福建，创下赫赫功绩。郑一嫂自认身为战绩彪炳将领之妻，应有权获封命妇。[①]张保死后，据说郑一嫂返回广东，开设了一家赌场，于六十九岁时离世。

郑一嫂无疑是最有势力的女性海盗首领，在管理海盗联盟与领导方面都十分杰出。她还有非常灵活的手腕，居间协调清朝政府与这些法外之民，促成招降。

郑一嫂的事迹一直都很吸引作家与电影制作人，有的创作成功，有的却不尽如人意。本文在此仅提及2001年穆黛安的文章发表之后西方诸多作品中的三个影视作品：意大利导演埃曼诺·奥尔米（Ermanno Olmi，1931—2018）编导之《屏后咏唱》（*Cantando dietro i paraventi*），讲述了郑一嫂的故事，剧中称她"郑寡妇"，剧情内容充满想象与激情，与其真实事迹不太相关；由法国国家电影中心（Centre national du cinéma）出资、居梅斯工作室（studio Gühmes）制作的《郑石氏，中国海的女海盗》（*Ching Shih, pirate en mer de Chine*）动画短片，2013年12月6日在法国国家教育电视台（France tv Education）上映；[②]《史上最成功海盗》（*The Most Successful Pirate of All Time*）为穆黛安策划的动画脚本，由李美玲工作室（Steff Lee Studios，设立于英国莱斯特）制作，2018年4月上线。[③] 这两部动画短片的宗旨，皆以相当客观的角度介绍这位女豪杰，着重表现这位杰出女海盗的灵活手腕，懂得与官方协商对自己和手下部众有利的投降条件。

（三）民国时期最后的知名女海盗

20世纪二三十年代，中国的报刊偶尔会报道一些女海盗的恶行，其中

---

① 叶林丰：《张保仔传说和真相》，香港上海书局，1971，第71页。书中收录了一篇林则徐（1785—1850）的回忆录，提到这个诰命头衔名不正言不顺，因为郑一嫂在第一任丈夫亡故后再嫁。

② https://education.francetv.fr/matiere/temps-modernes/ce1/video/ching-shih-pirate-en-mer-de-chine，2019年10月15日。这支影片为"海盗史"系列短片之一，该系列概略描述了几位大海盗、持有某国君王授权在海上打劫的劫掠船长和海上亡命之徒等，这些在海洋史上留名之人有男性、有女性，且许多至今仍为人所知。

③ https://www.stefflee.co.uk/most-successful-pirate，2019年12月9日。

有一些是日本女性，她们在中国海域劫夺强占了一些蒸汽船，不过她们的行动多是偶一为之，而且似乎并未在历史上留下什么记载。[①] 唯有罗口口以及来财山的事迹，远传他方，也在某种程度上，流传至今。

1. 罗口口

英国人菲利普·戈斯（Philip Gosse，1879—1959）在其海盗字典中（并未标明数据源），提到罗口口在其丈夫死后成为一个海上帮派的女首领，不过笔者尚未在中文资料中找到相关记载。其言曰：

> 这位中国女海盗，是某位死于 1921 年的知名海盗之遗孀。她在丈夫死后接掌船队，并很快地成为北海（属于今广西）乡间人人闻之色变的大海盗，统帅六十余艘可从事大洋航行的中式帆船。她年轻貌美，但是却有杀人不眨眼的海盗威名。
>
> 在晚清革命期间，这位罗女士曾加入黄明堂（1866—1938，壮族人）都督的势力，并被授予上校头衔。战后，她偶尔会因为各种原因重拾海盗事业，突袭洗劫一两个村庄，掳走五六十名女子变卖为奴。
>
> 她的海盗生涯于 1922 年 10 月骤然结束。[②]

2. 来财山或谭金娇

关于民国时期的另一位也是最后一位重要的女海盗，记录较多，主要来自美国记者阿莱科·利留斯（Aleko E. Lilius，1890—1977）所写的那本《与中国海盗同行》。[③] 西方人在书中见识到这位极可能出身于疍家的神秘海盗女首领谭金娇。[④] 20 世纪二三十年代她叱咤广东水域。她来自广东惠阳县南浸乡（今称水口龙津）。[⑤] 不过，在西方，大家都只知道她的名号叫“来

---

① 《时报》（上海）1935 年 12 月 14 日。

② Philip Gosse, *The Pirates' Who's Who*: *Giving Particulars of the Lives and Deaths of the Pirates and Buccaneers*, New York: Burt Franklin, 1924, p. 194. 另参见同作者之 *History of Piracy*, London: Longmans, Green and Co. , 1932, p. 281.

③ Aleko E. Lilius, *I Sailed with Chinese Pirates*, Oxford University Press, 1930. Catherine Bailly 将其译成法文（*Pirate en mer de Chine*, Paris: Picquier, collection livre de poche, 2001），本文引用的是 2018 年再版本。

④ 谭金娇似乎还有一个为人所知的中文名字，叫李兆珊，参见《记女海盗李兆珊》，《福尔摩斯报》1936 年 5 月 3 日。

⑤ “‘Priate Queen’ Mack Sennett's Leader of Bias Bay Cut-Throats—An American Blonde!”，《南华早报》，1934 年 11 月 27 日，https://freewechat.com/a/MjM5 ODc5MzUyNw =/2650431321/3，2019 年 8 月 19 日。

财山”、“澳门海盗皇后”或者“海盗皇后”。这位美国记者说，自己曾与她和另两位女海盗同船航行，这三名女性都全副武装。[①] 利留斯说来财山曾向他透漏自己的过去：

> 她父亲有四个儿子，但他们都没有活下来，她是唯一的女儿；由于她幼时孱弱，都以为她活不了太久。她的父亲沿岸航行时，习惯带着她，比较像是当作女仆，而不是女儿。现如今她热爱海上生活。[②]

利留斯还写道，来财山的父亲在海盗界颇有地位，数百艘渔船都会支付保护费给她父亲，他则保护这些渔船不受其他海盗的攻击。利留斯补充道：

> 我在澳门的美国朋友告诉我，在他战斗时因伤致死后，留给来财山七艘船，那些是西江和珠江水域最有战斗力且最大的船舰。她跟我发誓，说其他船是她买来的，如今，她拥有十二艘大型武装船只。
>
> 她很富有，也许比我们所能想象的更富有。她在澳门有一座宅第，偶尔会去住，不过她真正的家是在西江沿岸的一座村庄里。[③]

来财山的收入相当多元。跟父亲一样，她保护澳门渔船免受其他海盗帮的骚扰，以收取保护费。抗拒不缴的，就杀掉，或是绑架。据说她被葡萄牙政府授予“督察”之衔，使其种种行动看起来都是合法的。[④] 而且，她旗下的海盗会攻击、洗劫、烧毁中国船只，绑架男人、女人和孩童，以这些肉票勒索赎金。这些人质与战利品都关押和存放在大亚湾的一个村庄里。利留斯描述了一次海盗行动，当时他在来财山一艘重型武装船上，他还描述了当时关押肉票的村庄，并有照片为证。[⑤] 此外，就跟其他海盗一样，来财山的帮众也会劫持外国的大型蒸汽船。

---

① Robert Antony, “Pirates, Dragon Ladies, and Steamships: On the Changing Forms of Modern Chinese Piracy,” in Robert Antony and Angela Schottenhammer, eds., *Beyond the Silk Roads: New Discourses on China's Role in Asian Maritime History*, Wiesbaden: Harrassowitz, 2017, p. 181.

② Aleko E. Lilius, *I Sailed with Chinese Pirates*, p. 50.

③ Aleko E. Lilius, *I Sailed with Chinese Pirates*, pp. 50 – 51.

④ 郝志东：《澳门历史与社会》，香港大学出版，2011，第66页。

⑤ Aleko E. Lilius, *Pirate en mer de Chine*, pp. 58 – 61.

在将近十五年间，由于串通某些警员，谭金娇虽然被通缉，都得以成功逃脱警方追捕。[①] 每一次她感觉风声紧，就先逃，觉得警察掌控松懈了，再返回位于广东惠州城北的老家。1935年8月24日，她就是在老家被广东当局逮捕，并被关押起来。《申报》对于此事件进行了报道，说她被捕时非常高雅地穿着丝绸衣服，[②] 而且看起来气定神闲。还特别写道她当时三十一岁，结过两次婚：第一任丈夫为海盗首领萧侬，据闻是因战利品分配不公而遭同伙杀害；第二任丈夫为某卢姓之人。[③] 根据《申报》所写，谭金娇在广东省军事法庭受审，被判终身流放。[④]

不过，她之前率领的海盗帮众仍继续在海上肆虐多年。1938年记者爱德蒙·德梅雷（Edmond Demaître，1906—1991）在《巴黎晚报》（*Paris-soir*）刊登的一篇文章提到，来财山与其帮众被日本船队所杀，船只被沉。[⑤] 我们可以想象在这个时期这些海盗们应是各行其是，除非谭金娇在被遣送至流放地的途中脱逃，并再次重返海盗帮。此外，我们知道是日本舰队来到华南沿海并于1938年10月占据大亚湾，才终结了该水域的海盗之患。据说来财山的残余部众是在1938年投降，并投身中华民国海军。[⑥]

对于谭金娇对华南海域的掌控，时人颇受惊吓却甚为着迷。《申报》报道了关于她的传闻，说她乔装旅客登船，衣着高雅，怀抱婴儿，婴儿腹中藏

① 笔者掌握的资料不足，难以更进一步探讨谭金娇与沿海居民之间的关系。

② 这也印证了利留斯在来财山船上所观察到的描述：“昨天我见她穿着一袭白绸衣袍，佩戴碧玉首饰。今天她又全然不同了，穿着如寻常苦力的装束，一件上衣和一件黑色长裤，都是用粗糙而有光泽的布料剪裁而成。”（Aleko E. Lilius，*Pirate en mer de Chine*，p. 39.）

③ 根据1935年9月4日《申报》对于她被捕的一小则报道《海盗皇后就捕》。消息传到海外，例如新加坡的《南洋商报》也在1935年9月13日做了同样的报道。利留斯也曾提及她有两任丈夫，不过没有提到他们的姓名，但说来财山生有两子。（Aleko E. Lilius，*Pirate en mer de Chine*，p. 52.）

④ 1935年9月28日《申报》：“女海盗谭金娇判处无期徒刑。”安乐博记述清朝时相较于男性海盗，女海盗都被判处较轻的徒刑：“我没有在文献中见到任何女海盗被判处死刑的；真的，最重的刑罚就是发配为奴。”（Robert J. Antony，*Like Froth Floating on the Sea*，pp. 93－94.）

⑤ Edmond Demaître，“Laï Che San la femme pirate vient d'être vaincue et tuée par les Japonais，”*Paris-soir*，1938/1/3。本文可于巴黎法国国家图书馆（BnF）Boutillier du Retail 传记档案（Dossiers biographiques Boutillier du Retai）中取得，卷号：FOL－LN1－232（16401）。

⑥《民国大亚湾海岛风云录》，2016年8月17日，https：//kknews.cc/history/xqnrr8.html，2019年8月19日。

匿着军火，她与同伙劫持外国船只。[①] 1934 年，美国导演马克·塞内（Mack Sennett，1880—1960）拍摄了一部电影，名为《美国金发女——大亚湾割喉魔头》（*Leader of Bias Bay Cut-Throats—An American Blonde*），[②] 片中女主角可能即是以来财山为原型。另一位美国人米尔顿·坎尼夫（Milton Canniff，1907—1988）的漫画作品《泰瑞与海盗》（*Terry and the Pirates*，1936）后来搬上大银幕，应该是以几位著名的中国女海盗尤其是来财山为原型。这位漫画家可能是在阅读阿莱科·利留斯的书以及某位以博克（Bok）为笔名的作家的著作《中国沿海的嗜血魔人》[③] 之后，创造出令人望而生畏的“龙夫人”（Dragon Lady）〔又称“成交夫人”（Madam Deal）〕的角色。[④] 最近几年，来财山的故事在中国透过几篇了无新意的文章略微激起一些响应，这几篇文章是某些看到 1935 年《申报》报道和美国记者利留斯文字的人放上网络的，前文所引即为其一，该文中附有多张利留斯所摄的照片。

普遍而言，20 世纪那些知名的女海盗并未在集体记忆中留下什么烙印，不过男海盗留下的事迹也不多。事实上，相对于欧洲，在中国海盗并未成为小说题材，也没有出现海盗迷思。[⑤] 笔者找到的唯一一本书名提及女海盗的华文小说，是赵苕狂（1892—1953，江苏人）所写的《中国女海盗》（1923 年初版）。[⑥]

---

① 《申报》1935 年 9 月 4 日。海盗们的确曾经假扮乘客遂行劫持外国船只的计划，但关于谭金娇乔装的传闻似乎系附会穿凿。

② 参考“‘Priate Queen’ Mack Sennett's Leader of Bias Bay Cut-Throats—An American Blonde!”，笔者未能找到这部影片。

③ Bok, *Vampires of the China Coast*, London: Herbert Jenkins, 1932.

④ Janaelynschmidlkofer, *Exploring the Stereotypes of Asian - American Women—Timing the Dragon Lady*: *The First Dragon Lady*; *Terry and the Pirates*, https://j320finalw2013.wordpress.com/2013/03/16/the-first-dragon-lady-terry-and-the-pirates/, 2019 年 8 月 21 日。Robert Antony, “Pirates, Dragon Ladies, and Steamships: On the Changing Forms of Modern Chinese Piracy,” p. 184.

⑤ 相对于此，在陆地上则有各种仗义的女性、浪迹天涯的女侠、功夫高强的女性甚至女盗侠，从唐朝起在传统中国文学中俱有一席之地。参见 Roland Altenburger, “The Sword or the Neeele. The Female Knight - errant (xia) in Traditional Chinese Narrative,” Bern, Berlin, Bruxelles, Frankfurt am Main, New York, Oxford, Wien: Peter Lang, *World of East Asia Welten Ostasiens Mondes de l'Extrême-Orient*, Vol. 15 (2009)。

⑥ 赵苕狂以仿古形式写作这部小说，分为数“回”，每页分成两部分，比较大的篇幅是故事内容，比较小的篇幅位于正文之上，是些简短注记；然后在每一回末还有几行评论，由共同作者许廑父（1891—1953）所写，他也是文艺杂志的编辑。《中国女海盗》这部小说（如今罕见且几乎被人遗忘）当时大为畅销，1925 年时印行第四版，上海市立图书馆保存有这个版本。笔者非常感谢宋鸽为我们提供了一份电子文件。

它讲述的是几位出身于士绅之家读过书的年轻女子组织了一个武艺会，并在一个无人岛上创立了一个由女性主持的理想国基地，目标是推翻帝制，建立一个新政府。其书名中“海盗”一词延伸意指革命分子，似乎是出现于 20 世纪最初十年其他改革论者笔下。孙逸仙（即孙中山）也曾被唐璆（1873—1928）批为“广州湾海盗”。[①]

本文探究了华南沿海地区的女性，并以一种独特的角度解读中国社会，或者更确切地说，是看见中国社会中被官方历史忽略的这些边缘人群。我们发现这些船民一直面对困顿的水上生活，游离于岸上社会的种种规范之外，特别是女性，她们在船上也和男性一般勤奋作业，共同分享知识、技艺且并肩作战；她们拥有与岸上遭其他社会规范束缚的女性截然不同的人生。这在某种程度上（不全然地）解释了这些海上的女性被视为不贞不洁、不道德的原因，她们享有某种程度的行动自由，不过这种自由仍然是受到诸多条件限制的，尤其是对那些投身成为女海盗者而言。

至于那些有能力在以男性为主的海盗世界中争得立足之地的女性，先决条件是要嫁给海盗首领，才能与他共享权力，甚至在他殒命后接掌他的帮派。这是本文介绍的四位“压寨夫人”的共同模式。一旦进入这个男性世界，就要靠她们的机巧与统领能力得到认同与敬重。如果我们摒除罗口口在 1911 年革命时曾投身军旅不论，在其他三位女海盗首领身上都感觉不到丝毫的政治或社会野心。她们的海盗行动，与男人们的一样，都主要在于快速取得财富，这也解释了为何郑一嫂对于广东官方的招降并未迟疑就接受了，而且还亲自出面协商以获取最大实质利益。

在曾经生活于水上的末代疍家妇女凋零之前，笔者非常期望能够访问其中几位，记录下她们的回忆，并且理解她们知识技艺的学习与传承方式。水上人家经常多代同居一船，这些信息应该有助于更进一步认识海上妇女的知性生活，这是以男性为主的中国研究者完全没有留心的部分，而外国的华人世界观察者对此更是忽略了。

---

① 《孙中山在新加坡领导大论战：“海盗”大战“汉奸”》，《联合早报》（新加坡）2011 年 10 月 6 日，在线版，https：//www. zaobao. com. sg/special/report/politic/xh100/story20111006 - 111865，2019 年 8 月 10 日。

Chinese Women and the Sea (11th-Early 20th Centuries)

Claudine Salmon

Abstract: China's maritime history has developed considerably in recent decades, yet very little has been written about women and the sea in modern times. In this essay we have tried to reflect on how women belonging to specific social groups, such as the aquatic populations of southern China, made their living from the sea; in a second step we have examined how, having been led to participate in the great piracy, some of them managed to emerge and enter official history.

Keywords: Aquatic Populations; Women Living from the Sea; Women Pirates; Women Pirate Leaders

（责任编辑：刘璐璐）

海洋史研究（第十九辑）
2023年11月 第57～79页

16世纪葡萄牙语文献之“Cochinchina”与“Cacho”词源及词义辩

金国平*

自葡萄牙人东来后，受梵文影响，在16世纪葡萄牙语文献中，出现了“China”一词及与之有关的系列词汇，其中之一便是“Cochinchina”，现译作“交趾支那”。在越南史、东南亚史，乃至世界史的范畴内，葡萄牙人接受和传播“Cochinchina”的过程迄今未得到全面的介绍与考证。我们不拟就其历史地理的“位”进行考察，只是做一探究其“名”词源及词义的努力。

在研究中，我们力求遵循王国维的研究法则来进行一番历史梳理。陈寅恪总结这一法则说：“然详绎遗书，其学术内容及治学方法，殆可举三目以概括之者：一曰取地下之实物与纸上之遗文互相释证。……二曰取异族之故书与吾国之旧籍互相补正。……三曰取外来之观念与固有之材料互相参证。”①

---

* 作者金国平，暨南大学澳门研究院教授。
本文写作过程中，作者与普塔克（Roderich Ptak）教授、李庆新研究员、苏尔梦（Claudine Salmone）教授、于向东教授和叶少飞副教授多次交流，深受启迪。叶副教授惠赠多种难见汉语资料。承蒙杨迅凌助理馆长提供多种宝贵地图。从马光教授的“智库”中提了不少急需的书籍。徐素琴研究员对本文稿进行了仔细编辑。特此一并致谢。

① 陈寅恪：《〈王静安先生遗书〉序》，《王国维文学美学论著集》，周锡山评校，上海三联书店，2018，第493页。

一　交趾

在进行“交趾支那”探讨之前，宜对“交趾”的历史沿革做一简单了解。交趾，本作“交阯”，又名“交址”等。[①] 交趾一名最早见于《礼记·王制》：“南方曰蛮，雕题交趾。”[②]

肖德浩指出：“对于交趾的含义，在我国的古籍中，也有几种不同的说法。《山海经》是一部较古老的记载中国地理的书，其中有解释交趾的部分。如‘交胫国为人交胫’。晋人郭璞注：脚胫曲戾相交，所谓‘雕题、交趾’。唐人杜佑在《通典》中说：‘南方夷人，其足大，指开广，若并足而立，其指交，故名交趾。’”[③] 他由此作出结论：“自《山海经》作出如上的注释之后，汉唐以后的人就沿袭这种见解，于是乎‘并足交指’就作为对‘交趾’这个地域名称的注释的定论了。”[④]

陈佳荣讨论了交趾的地理范围：“按交趾之名在不同时期和古籍中，领地不一。汉以前的载籍，如《尚书》、《周礼》、《墨子》、《韩非子》、《吕氏春秋》，等等，其所载的交阯、交趾或南交，应泛指我国的南方，或指五岭以南地区。汉代的交趾刺史部包括我国的广东、广西及今越南的北部和中部，交阯郡约当今越南清化省以北的地区。”[⑤]

从“趾”“阯”“址”可通假来看，“交趾”为一音译词，古来多音无定字。[⑥] 有越南学者认为，“交趾”是个起源于越语的汉语借词。[⑦] 况且汉籍只注意解释“趾”便证实“交趾”的传统含义难以令人信服。“交趾”

---

① 陈佳荣等编《古代南海地名汇释》，中华书局，1986，第375—376页。

② 中国社会科学院历史研究所编辑组编《古代中越关系史资料选编》，中国社会科学出版社，1982，第3页。

③ 肖德浩：《交趾名位初探》，广西社会科学院印度支那研究所编《印度支那研究增刊》，广西社会科学院印度支那研究所，1980，第33页。

④ 肖德浩：《交趾名位初探》，广西社会科学院印度支那研究所编《印度支那研究增刊》，第33页。

⑤ 陈佳荣等编《古代南海地名汇释》，第376页。

⑥ 交趾名考说法繁多，学界提出了多种语源及含义。陈荆和在详考的基础上认为：“交趾之原义当‘蛟阯’或‘鳄鱼之乡’。”参见陈荆和《交趾名称考》，台湾大学《文史哲学报》1952年第4期，第107页。详细考证见第107—120页。

⑦ Hoai Nhan Nguyen, *The Chinese Words of Vietnamese Origin: A New List of 520 Words*, Vol. 4, Saint Mars d'Outille: Éd. “Tel qui rit vendredi, dimanche pleurera”, 1990, p. 38.

正好在汉语里可解，而“交阯”和“交址”则无解。

就其词源而论，苏继庼指出：“交趾一名之来源，沙畹以为殆河内土名 Kesho 之对音，义为市场（*Mémoires sur Religieux Eminents*, p. 53）。案沙畹于此名所考，殆得其正鹄。盖交趾在公元前数世纪间，已为南海区域之贸易中心，故其名见于我国著录亦甚早。约在公元 150 年，希腊地理学家托勒密（Claudius Ptolemaeus）在其所撰《地理志》（*Geographika syntaxis*）中云，中国之南，有海港名 Kattigara，此港究在中国之南何地，说者不一。利希陀芬（Richthofen）则以其即交趾（*China*, I, pp. 504 – 510）。案：利氏所考，殆不可易，此 Kattigara 显由 Kesho 转成无疑。”[①]

我们核对了沙畹的原文。沙畹注曰：“5. 交阯（Kiao-tche）。第二个字或经常写作‘趾’，因为遵循中国作家乐此不疲的传统说法，该国人脚趾硕大。但此种解释很可能是事后诸葛，而交阯一名原本是一土著名称的发音。也许交阯正是得自 Kescho 一名，亦即今之河内（Hanoi）。唐时河内为日南县（district de Je-nan）之首府，如今之东京（Tonkin）。李希霍芬（Richthofen）先生将其考订为托勒密（Ptolémée）笔下的 Kattigara（《中国》第一卷，第 509—510 页，注释 1）。”[②]

与中国传统的看法不同的是，沙畹考出“Kescho”为一俗名，指今河内。这是一大贡献。下面我们还将具体考证“Kescho”的词义及其多种书写形式。

二 交趾支那

（一）对“Cochinchina”的现有研究

关于地名“Cochinchina”的词源和词义及在地图上的标示和地理范围的变化，国外的研究起步较早，主要的学者有米切尔斯（Abel des Michels）[③]、沙畹

① 汪大渊著，苏继庼校释《岛夷志略校释》，中华书局，1981，第 52 页。

② Édouard Chavannes, *Mémoire composé à l'é poque de la grande dynastie T'ang sur les religieux éminents qui allérent chercher la loi dans les pays d'Occident*, Paris: E. Leroux, 1894, p. 53, note 5.

③ Abel des Michels, *La signification du nom des Giao Chi*, Comptes rendus des séances de l'Académie des Inscriptions et Belles-Lettres, Paris: Académie des Inscriptions et Belles-Lettres, Vol. 29, No. 2, 1885, p. 99.

（Édouard Chavannes）[①]、玉尔（Henry Yule）[②]、夏德（Friedrich Hirth）和柔克义（W. W. Rockhill）[③]、鄂卢梭（Aurousseau Léonard）[④]、曼桂（Pierre-Yves Manguin）[⑤]、Vu Dinh Dinh[⑥]、慕容（Isabel A. Tavares Mourão）[⑦]、安东尼·瑞德（Anthony Reid）[⑧]、李塔娜[⑨]、苏尔梦（Claudine Salmon）[⑩] 等。中国学者有陈荆和[⑪]、苏继庼[⑫]、叶少飞[⑬]、韩周敬[⑭]等。

总体来说，到目前为止，中外学者为这个问题的研究付出了很有成效的努力。虽对葡萄牙语的文字与地图史料有所利用，但尚不充分。本文旨在最大限度地发掘葡萄牙文资料。

---

① Édouard Chavannes, *Mémoire composé à l'é poque de la grande dynastie T'ang sur les religieux éminents qui allérent chercher la loi dans les pays d'Occident*, p. 53, note 5.

② Sir. Henry Yule, *Hobson-Jobson: A Glossary of Colloquial Anglo-Indian Words and Phrases, and of Kindred Terms, Etymological, Historical, Geographical and Discursive.* New ed. edited by William Crooke, B. A. London: J. Murray, 1903, p. 226.

③ Friedrich Hirth and W. W. Rockhill, *Chau Ju-Kua: His Work on the Chinese and Arab Trade in the 12th and 13th Centuries, Entitled Chu-fan-dii.* Trans. from *the Chinese and Annotated*, St. Petersburg: Imperial Academy of Sciences, 1911, p. 46, note. 1.

④ Aurousseau Léonard, *Sur le nom de Cochinchine*, Bulletin de l'Ecole française d'Extrême-Orient, Vol. 24, No. 1, 1924, pp. 563 – 579.

⑤ Pierre-Yves Manguin, *Les Portugais sur les côtes du viêt-nam et du Campā. Étude sur les routes maritimes et les relations commerciales, d'après les sources portugaises* (*XVIe, XVIIe, XVIIIe siècles*), Paris, École française d'Extrême-Orient, 1972, note 2 at pp. 42 – 43.

⑥ Vu Dinh Dinh. "Cochinchina: Reassessment of the Origin and Use of a Westernized Place Name," THE WRITERS POST the magazine of Literature&Literature – in – translation, VOLUME 9 DOUBLE ISSUE JAN 2007 – JUL2007, http: //www. thewriterspost. net/V9I1I2 _ ff6 _ vudinhdinh. htm（2020 年 12 月 13 日访问）。

⑦ Isabel A. Tavares Mourão, *Portugueses em terras do Dai-Viêt Cochinchina e Tun Kim: 1615 – 1660*, Macau: Instituto Portugês do Oriente; Lisboa: Fundac¸ão Oriente, 2005.

⑧ 〔澳〕安东尼·瑞德：《东南亚的贸易时代（1450—1680）》第 2 卷，孙来臣、李塔娜、吴小安译，商务印书馆，2017，第 294 页，注释 1。

⑨ 〔澳〕李塔娜：《越南阮氏王朝社会经济史》，李亚舒、杜耀文译，文津出版社，2000，英文版序言第 4、6 页。

⑩ 〔法〕苏尔梦：《越南使者对下洲或南方国家的观察（1830—1844）》，成思佳译，李庆新主编《海洋史研究》第 16 辑，社会科学文献出版社，2020，第 158—174 页。

⑪ 陈荆和：《交趾名称考》，台湾大学《文史哲学报》1952 年第 4 期，第 79—130 页；陈荆和：《越南东京之地方特称"Ke"》，台湾大学《文史哲学报》1950 年第 1 期，第 201—235 页。

⑫ 汪大渊著，苏继庼校释《岛夷志略校释》，第 52 页。

⑬ 叶少飞：《陈荆和教授越南史研究述评》，李庆新主编《海洋史研究》第 13 辑，社会科学文献出版社，2019，第 258—290 页。

⑭ 韩周敬：《越南阮代政区区块相关语词考释》，《越南研究》2019 年第 1 期，第 161—179 页。

（二）葡萄牙语对“Cochinchina”的图文记载

“Cochinchina”[①] 一词历史极其悠久，在 16 世纪初率先出现于葡萄牙语。[②] 历史上，其写法繁多。我们钩稽史料并择其要者，按出现年代及书写形式，加以介绍。

1502 年：该年 10 月，在里斯本绘制的第一次标明赤道和热带回归线的一张平面球体地图[③]上，标出了“China cochim”（中国交趾）和“Champa cochim”（占婆交趾）（见图 1）。[④]

1505—1506 年：该年间的卡内罗（Carneiro）图上，在红河口内，约今河内处，标有“Chanacochim”。在红河口外的题记中，写作“Chinacochim”。[⑤]

1511 年：该年的艾热尔通（Egerton）波特兰海图[⑥]上，写作“Chanacochin”。[⑦]

---

① 外文考证可见 Abel des Michels, *La signification du nom des Giao Chi*, Comptes rendus des séances de l'Académie des Inscriptions et Belles-Lettres, Paris: Académie des Inscriptions et Belles-Lettres, Vol. 29, No. 2, 1885, p. 99 and Léonard Aurousseau, *Sur le nom de Cochinchine*, Bulletin de l'Ecole française d'Extrême-Orient, Vol. 24, No. 1, 1924, pp. 563 – 579.

② 今越南沿海地区是葡萄牙人前来中国必经之地。葡萄牙和澳门同这一地区的关系，可见 Pierre-Yves Manguin, *Os nguyen: Macau e Portugal: aspectos políticos e comerciais de uma relação privilegiada no Mar da China, 1773 – 1802*, Macau: Comissão Territorial de Macau para as Comemorações dos Descobrimentos Portugueses; Paris: École Française d'Extrême-Orient, 1999 and Isabel A. Tavares Mourão, *Portugueses em terras do Dai-Viêt Cochinchina e Tun Kim: 1615 – 1660*, Macau: Instituto Portugês do Oriente; Lisboa: Fundação Oriente, 2005。汉语论文可参见慕容（Isabel Augusta Tavares Mourão）《澳门葡萄牙人与印度支那半岛几个地区之间的关系（16—17 世纪）》，吴志良、汤开建、金国平主编《澳门史新编》第二册，澳门基金会，2008，第 653—668 页。

③ Armando Cortesão e Avelino Teixeira da Mota, *Portugaliae Monumenta Cartographica*, Lisboa: Comissão Executiva do V Centenário da morte do Infante D. Henrique, Vol. II, 1960, pl. CLIV.

④ 关于这个词在早期西方地图中出现的情况，可见 Albert Kammerer, *La Découverte de la Chine par les portugais au XVI ème siècle et la cartographie des portulan*, Leiden: Brill, 1944 书后所附的表 3《术语对照表》和 Alexei Volkov, *On Two Maps of Vietnam by Alexandre de Rhodes*, Luís Saraiva, Jami Catherine, *History of Mathematical Sciences: Portugal and East Asia V, Visual and Textual Representations in Exchanges Between Europe and East Asia 16th – 18th Centuries*, Singapore: World Scientific Publishing Co. Pte Ltd., 2018, p. 112 表 4《越南北部地区及其首都地名》。

⑤ Armando Cortesão e Avelino Teixeira da Mota, *Portugaliae Monumenta Cartographica*, Lisboa: Comissão Executiva do V Centenário da morte do Infante D. Henrique, Vol. II, 1960, pl. CLII.

⑥ 关于此种海图的研究，可见何国璠、韩昭庆《波特兰海图研究及存在问题的分析》，《清华大学学报》（哲学社会科学版）2020 年第 2 期，第 76—89 页。

⑦ Armando Cortesão e Avelino Teixeira da Mota, *Portugaliae Monumenta Cartographica*, Lisboa: Comissão Executiva do V Centenário da morte do Infante D. Henrique, Vol. II, 1960, pl. CLII.

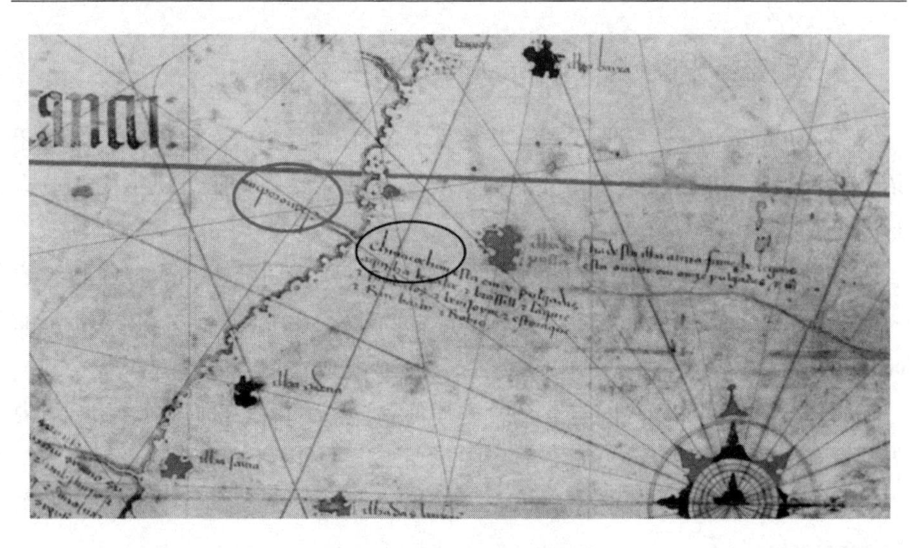

图 1　坎蒂诺平面球体地图

约 1512 年：该年的弗朗西斯科·罗德里格斯（Francisco Rodrigues）海图[①]上，在海南岛以西的一个大江口标有“coçhim daçhina”（见图 2）。

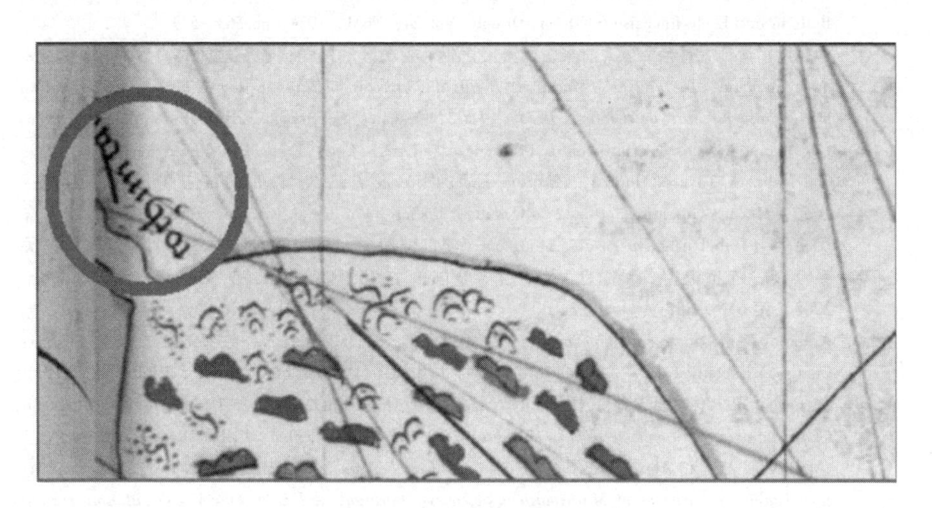

图 2　弗朗西斯科·罗德里格斯航海图

① Armando Cortesão e Avelino Teixeira da Mota, *Portugaliae Monumenta Cartographica*, Lisboa: Comissão Executiva do V Centenário da morte do Infante D. Henrique, Vol. I, 1960, pl. XXV, Chart XI.

约1514年：该年托梅·皮雷斯（Tomé Pires）的《东方简志》（*Suma Oriental*）上有“交趾支那”条。何高济从英语版翻译如下：“他的国家远远延伸至内陆。在马六甲，他的国家被叫作交趾支那（Cauchy Chyna），因为还有个交趾葛兰（Cauchy Cou-lam）。”①我们发现，何译误将“Cauchy Cou-lam”视为一地，因此，实有必要据葡萄牙文重译：

> 该地向内陆延伸许多。在马六甲（malaq[a]），因科枝（cauchy）和奎隆②（coulam）的关系，称该地为交趾支那（cauchy chyna）（estemdese sua terra mujto pola terra fyrme chamase sua terra em malaq[a] cauchy chyna por Respeito de cauchy coulam）。③

1515年：该年1月8日，马六甲城防司令若尔热·德·阿尔布科尔科（Jorge de Albuquerque）在写给葡王唐·曼努埃尔一世（D. Manuel I）的信中提到：“……从中国（chyna）、交趾支那（quachymchyna）、暹罗（syam）、琉球（llequios）来的货物……”④，“中国及交趾支那（quamchymchyna）的平底帆船”⑤。

1516年：该年瓦尔德斯木勒尔（Waldseemuler）的世界地图上，写作“Chamacochin”。⑥

1524年：该年1月若尔热·德·阿尔布科尔科致函葡王汇报：“我命令

① 〔葡〕多默·皮列士：《东方志——从红海到中国》，何高济译，中国人民大学出版社，2012，第97页。

② 译者注：旧作俱南、俱蓝、俱喃、阁蓝、故蓝、故临等。印度西南岸著名古代商港。

③ Armando Cortesão, *The Suma Oriental of ToméPires: An Account of the East, from the Red Sea to Japan, Written in Malacca and India in 1512 - 1515, and The Book of Francisco Rodrigues, Rutter of a Voyage in the Red Sea, Nautical Rules, Almanack and Maps, Written and Drawn in the East Before 1515*, London: Hakluyt Society, Vol. 2, 1944, p. 391.

④ Afonso de Albuquerque Henrique Lopes de Mendonc¸a Bulhão Pato, *Cartas de Affonso de Albuquerque, seguidas de documentos que as elucidam*: publicadas de ordem da classe de sciencias moraes, politicas e bellas-lettras, Academia Real das Sciencias de Lisboa, p. 137.

⑤ Afonso de Albuquerque Henrique Lopes de Mendonc¸a Bulhão Pato, *Cartas de Affonso de Albuquerque, seguidas de documentos que as elucidam*: publicadas de ordem da classe de sciencias moraes, politicas e bellas-lettras, Academia Real das Sciencias de Lisboa, p. 134.

⑥ Armando Cortesão e Avelino Teixeira da Mota, *Portugaliae Monumenta Cartographica*, pl. CLVIII.

杜阿尔特·科埃略（Duarte Coelho）去发现交趾支那（canchimchyna）。”①

1529 年：该年里贝罗（Diogo Ribeiro）的世界地图上，写作“Cauchechina”（见图 3）。②

图 3 里贝罗世界地图

1563 年：葡萄牙海外大发现编年史家巴罗斯（João de Barros）在其《第三亚洲旬年史》（*Terceira decada da Asia de Ioam de Barros：dos fectos que os Portugueses fizeram no descobrimento* [*e*] *conquista dos mares* [*e*] *terras do Oriente*）中有多处涉及：

> 华人（广人/粤人）（Chis）称其为交趾王国③（Reyno de Cachó），而

① Afonso de Albuquerque Henrique Lopes de Mendonc¸a Bulhão Pato, *Cartas de Affonso de Albuquerque, seguidas de documentos que as elucidam*：publicadas de ordem da classe de sciencias moraes, politicas e bellas-lettras, Academia Real das Sciencias de Lisboa, p. 134.

② Armando Cortesão e Avelino Teixeira da Mota, *Portugaliae Monumenta Cartographica*, pl. CLXVIII.

③ 译者注：即东京王国。

我们则称其为交趾支那（Cauchicina）：……①

交趾王国（Reyno de Cachó）或我们称之为交趾支那（Cauchicina）的相邻。……②

1523年4月底……杜阿尔特·科埃略（Duarte Coelho）见到了它们的踪影，当时他乘坐一艘大船在执行唐·曼努埃尔国王的命令，去发现交趾支那（Cauchij China），因为已经得到消息说，许多珍贵的货物从那个海湾而来。华人（广人/粤人）（Chijs）称此地为交趾王国（Reyno de Cacho），而暹罗人（Syames）和马来人（Malayos）则称其为交趾支那，以区别于马八儿（Malabar）的科枝（Cochij）。③

因此，我们称之为中国的这一地区，其最西端始自海南岛（jlha Aynã）。该岛毗邻交趾王国（reyno Cácho）。我们称之为交趾支那（Cauchim China）。它是中国的藩属。④

费尔南·佩雷斯（Fernam Perez）于（15）18年9月底带着整个舰队起航，来到了海南岛（jlha Aynam）。那里有采珠，紧靠中国一地岬，位于交趾支那湾⑤（enseada Cauchim China）入口处……⑥

那座山脉名梅岭山（Malem xã），起始于交趾支那湾（enseada da Cauchi China）……⑦

巴罗斯为官方史家，掌握着葡萄牙人所到之处发回的最新、最全的资讯，因此，在当时而言，其言之权威不容置疑。

---

① João de Barros, *Terceira decada da Asia de Ioam de Barros: dos fectos que os Portugueses fizeram no descobrimento [e] conquista dos mares [e] terras do Oriente*, Em Lixboa: Impressa per Germão Galharde, 1563, Fo. 38r.

② João de Barros, *Terceira decada da Asia de Ioam de Barros: dos fectos que os Portugueses fizeram no descobrimento [e] conquista dos mares [e] terras do Oriente*, Fo. 38r.

③ João de Barros, *Terceira decada da Asia de Ioam de Barros: dos fectos que os Portugueses fizeram no descobrimento [e] conquista dos mares [e] terras do Oriente*, Fo. 317r.

④ João de Barros, *Terceira decada da Asia de Ioam de Barros: dos fectos que os Portugueses fizeram no descobrimento [e] conquista dos mares [e] terras do Oriente*, Fo. 44v.

⑤ 译者注：即东京。

⑥ João de Barros, *Terceira decada da Asia de Ioam de Barros: dos fectos que os Portugueses fizeram no descobrimento [e] conquista dos mares [e] terras do Oriente*, Fo. 52r.

⑦ João de Barros, *Terceira decada da Asia de Ioam de Barros: dos fectos que os Portugueses fizeram no descobrimento [e] conquista dos mares [e] terras do Oriente*, Fo. 156v.

前引说明，书写形式为“Cachó/Cacho/Cácho”（沙畹笔下的“Kescho”）的地名，葡萄牙人均称为“交趾支那”（Cauchij China）。

1553 年至 1563 年，被囚禁在广州的葡萄牙商人佩雷拉（Galiote Pereira）记述道：“我们称此地为 China，其民为 Chins。因为在我们被囚期间，从未听到当地人使用这个名字，我决定了解一下。当有几次他们被问及时，均表示从来不懂 Chins 这个名字。我对他们说，葡萄牙人以葡萄牙最古老的城市取名，其余国家也多以王国的名字命名。在印度均以 Chins 称呼他们。希望他们告诉我是从哪里取名，是否有个叫 China 的城市。得到的回答总是，这个名字从未有过。我问他们整个国家叫什么，如果某人前往外国，就问他属于哪个种姓。他们告诉我说，这片土地古时有很多王，然而现在只有一个。所有的王国都有自己的名字。这些王国就是我前面所提到的省份。情况是这样的，整个国土叫大明（Tamen），其民称大明人（Tamenjins）。Chins 既对不上音，也听不懂，所以国称大明，人称大明人。可我认为，此地毗邻另一个叫作交趾支那（Cochinchina）的地方，所以爪哇人（Joas）和暹罗人（Siames）肯定先有交趾支那的消息和认识，因为距马六甲近。因为称交趾支那人为 Conchins，所以，称其民为 Chins，整个国家为 China。该名的由来如上所述。”①

17 世纪初（1613 年以前），在马来—葡萄牙混血历史地理学家艾雷迪亚（Manoel Godinho de Erédia）一张据托勒密图摹绘的地图上，② 明显标出了今河内的位置，并配有图例“佩里努斯海湾”（sinus Perinus）和“Cochinchina”（见图 4）。

这一位置继承了从《坎蒂诺平面球体地图》起成型的画法。

在同一作者的另外一张地图③上，我们可以看到，“Cochinchina”移到了今越南南部，其范围极大。大概反映的是汉代的交趾刺史部从广东、广

① *Alguas cousas sabidas da China por Portugueses que estiberão la cativos e tudo na verdade que se tirou dum tratado que fez Galiote Pereira homem fidalgo que la esteve cativo alguns annose vio tudo isto passar na verdade o qual he de muito credito* [*1553 – 63*], Raffaella d' Intino, *Enformaç ão das cousas da China*: *textos do século XVI*, Lisboa: Imprensa Nacional-Casa da Moeda, 1989, pp. 118 – 119.

② Manoel Godinho de Eredia, *Malaca*, *l'Inde Orientale et le Cathay*, fac-simile du manuscrit original authographe de la Bibliothèque Royale de Belgique, publiépar les soins de M. Léon Janssen, Bruxelles: Librairie européenne C. Muquardt, 1882, p. 64.

③ Manoel Godinho de Eredia, *Malaca*, *l'Inde Orientale et le Cathay*, p. 69.

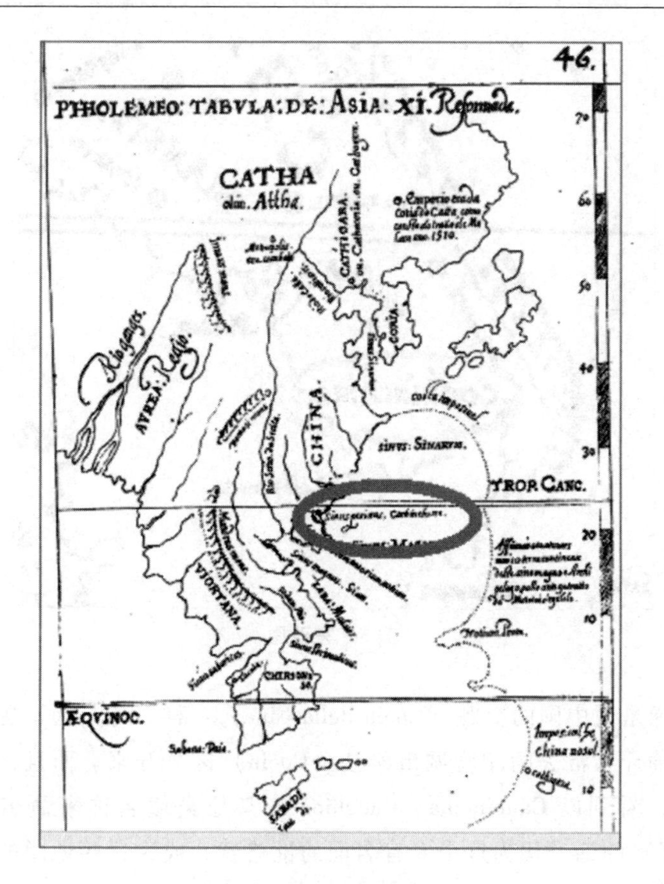

图4　托勒密亚洲图之十一

西至今越南的概念。由此分析，在17世纪初，“Cochinchina”已经定型，具体指今越南的南部，直至岭南。图上的“CHINA”，似指华南。“MANSÍM”好像指粤省。“SÍM”可能指原来的“莫诃（大）支那”，即长安（见图5）。

早期葡萄牙文的“China”是指广州或粤地，后用来指华南。广东省始称“Mansim”。“Sim”的范围对应的是原来莫诃（大）支那的区域。

17世纪，意大利耶稣会传教士波利（Christoforo Borri）指出：“葡萄牙人命名的交趾支那（Cocincina），在当地土著语中称为安南（Anam）。该词意即西部。相对中国（Cina）而言，这个王国实际上是在西方。出于同样的原因，日语将其命名为Coci。在交趾支那语中，其与安南含义相同。但葡萄牙人是通过日本人进入安南做生意的，因而日本语的Coci，再加上另外一个词Cina便构成了一个第三名称交趾支那（Cocincina）。以此名来称呼这个

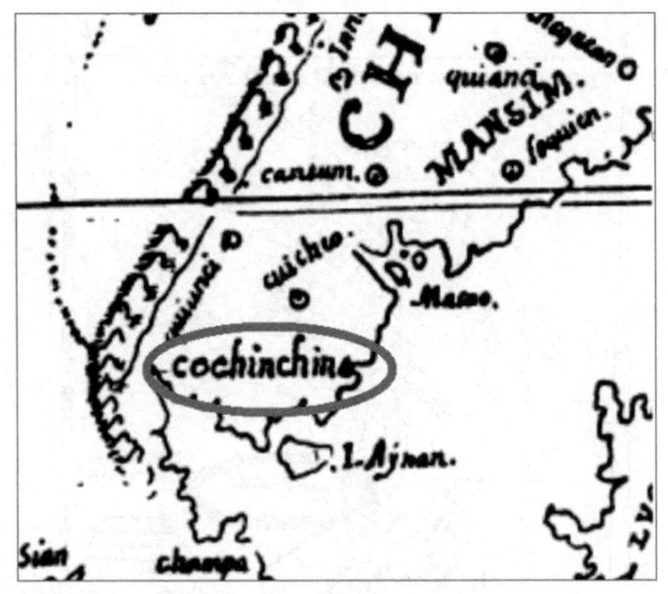

图 5　东亚图

王国，就像是说中国的交趾（Cocin délla Cina）一样，这是为了更好地将其与一个葡萄牙人常去的印度城市科枝（Cocin）区分开来。而且，如果在世界地图上，看到以 Caucincina、Cauchina 或其他类似名称来命名 Cocincina（交趾支那）的话，均为这个专有名词的讹略音，或许这些地图的作者想暗示这个王国位于中国起始处。”①

在汉语文献中也有类似“中国的交趾”的表达法，如清代谢洪赉所撰《瀛环全志》第二编《印度支那》中，作“中国交趾”。② 今人也有如此译者。③

总而言之，历史上西方语言，尤其是葡萄牙语中出现过多种“Cochinchina”的书写形式，如“China cochim”“Chanacochim”“Chanacochin”“Chamacochin”“Cauchechina”“quachymchyna”“quamcymchyna”“Chochimchina”“Cauchichina”“Cauchj China”“Cauchinchina”“Cauchenchina”“Cachenchina”“Cocamchina”“Canchimchyna”等。其中，曾长期使用“Cauchinchina”，而最后

① Christoforo Borri，S. I.，*Relatione della nuova missione delli Pp. Della Compagnia di Giesu al Regno della Cocincina*，Roma：Per Francesco Corbelletti，1631，pp. 5 – 6.

② 陈显泗等合编《中国古籍中的柬埔寨史料》，河南人民出版社，1985，第 235 页。

③〔美〕富路特、房兆楹原主编，李小林、冯金朋主编《明代名人传（叁）》，北京时代华文书局，2015，第 1188 页。

定型为“Cochinchina”。

法语中的“Cochinchine”[①] 来源于葡萄牙文的“Cochinchina”。到了“法属交趾支那”时代，才具有了新的地理概念。

（三）“Cochinchina”的字典化及汉译

19 世纪在中国出版的西方语言—汉语字典中，对“Cochinchina”的译法也不尽统一。例如，1822 年马礼逊（Robert Morrison）的《华英字典》中，作“安南 gan nan Cochinchina”。[②] 1828 年德庇时的《通商字汇》中，作“COCHIN-CHINA，安南国 Gan-nan-kwŏ”。[③] 1831 年葡萄牙江沙维（Joachim Affonso Gonçalves）的《洋汉合字汇》中，则作“COCHINCHINA 交趾国”。[④] 1905 年，在上海出版的《法华字汇》中，还作：“Cochinchine。阴性名词。en né kóh。安南国[⑤]。”[⑥] 直到 1987 年，在台湾出版的《马来亚语·汉语辞典》中，还可见到：“Kochi（地名）交址支那，安南。”[⑦] 看来，译成“安南国”者居多。

从 16 世纪初起，“Cochinchina”一直为一个欧洲人使用的历史词语，直到 20 世纪初才有了汉译名称。一是按照某些欧洲语言—汉语字典的解释，译作“交趾”，如梁启超在 1905 年写的《越南小志》[⑧] 中，称：“南圻即今法人所称安南 Annam，属及交趾 Cochin-China 属者，凡十五省。”[⑨] “交趾

---

① Léonard Aurousseau, *Sur le nom de Cochinchine*, Bulletin de l'Ecole française d'Extrême-Orient, Vol. 24, No. 1, 1924, pp. 563 – 579.

② Robert Morrison, *A Dictionary of the Chinese Language: English and Chinese*, London: Published and sold by Black, Parbury, and Alley, 1822, p. 74.

③ 〔英〕德庇时：《通商字汇》，叶农、金国平整理，广东人民出版社，2018，第 17 页。

④ Joachim Affonso Gonçalves, *Diccionario Portuguez-China no estilo vulgar Mandarim e classico geral*（《洋汉合字汇》），Macao：1831，p. 166.

⑤ 马可·波罗游记作“Caugigu”（交趾国）；Henry Yule, Cel Sir, *The Book of Ser Marco Polo, the Venetian, Concerning the Kingdoms and Marvels of the East, Newly Translated and Edited, with Notes, by Colonel Henry Yule*, London: J. Murray, 1871, p. 91.

⑥ Corentin Pétillon, *Petit dictionnaire français-chinois*（《法华字汇》）（dialete de Chag-hai，上海土话），CHANG-HAI：IMPRIMERIE DE LA MISSION CATHOLIQUE，A L'ORPHRLINAT DE T'OU – SÈ – WÈ，1905，p. 122.

⑦ 刘居然、王复泰编修《马来亚语·汉语辞典》，台湾名山出版社，1987，第 304 页。

⑧ 梁启超：《越南小志》（1905 年）卷六《王荆公》，《梁启超全集》第 3 卷，北京出版社，1999，第 1553—1560 页。

⑨ 梁启超：《越南小志》（1905 年）卷六《王荆公》，《梁启超全集》第 3 卷，第 1553 页。

(Cochin-China）一八五九年占领。”[①] 二是采取了音译的形式，如1915年的《商业地理》中，作：“印度支那 French Indo-China 在半岛东部，全境分五区：东京 Tonking、交趾支那 Cochin-China 二区，为法之殖民地。安南 Anam 及柬埔寨 Cambodia、老挝 Laos 为法之保护地。”[②]

梁启超的用法，鉴于后面附有原文，因而实际上也是译文。用“交趾”来翻译“Cochinchina”不能完全表达词义，因为“交趾”与“交趾支那”的概念不同。因此，我们认为，将“Cochinchina”音译作“交趾支那”要优于梁启超的“交趾”译法。

在前引佩雷拉的信中，表示交趾（支那）氏族的古代名词形式是“Conchins”，和表示中国氏族的古代名词形式“chim”一样，其单数形式为“Conchim”。稍后，如同“China”有个表示氏族的古代双性名词形式“China（s）”一样，“Cauchinchina”也有一个双性名词形式——“Cauchinchinas”。例如1569—1570年出版的克鲁斯（Gaspar da Cruz）的《中国事务及其特点详论》（*Tractado em que se contam muito por estenso as cousas da China com suas particularidades*）第三章中就有“交趾支那人王国”（reino dos Cauchinchinas）[③] 和“交趾支那人”（os Cauchinchinas）[④]。

三 “Cacho”源自“Kẻchợ”

从葡萄牙文的早期形式“Cachó/Cacho/Cácho”派生出了有尾部鼻音的异写，如“Cachão/Cachao”及意大利文的“Cac(c)iam”、西班牙文的“Catchao”、法文的“Kachao/Cachao/Kesho/Keccio”、英文的“Kechao/Kachao”、德文的“Kachao”等。

---

① 梁启超：《越南小志》（1905年）卷六《王荆公》，《梁启超全集》第3卷，第1557页。

② 谭廉校订《商业地理》卷下，商务印书馆，1915，第16页。

③ Gaspar da Cruz, *Tractado em que se contam muito por estenso as cousas da China com suas particularidades, assi do reino d'Ormuz, composto por el. R. padre frei Gaspar da Cruz da ordem de sam Domingos. Dirigido ao muito poderoso Rei dom Sebastiam nosso Señor.* [*Evora*] *1569*, Raffaella d' Intino, *Enformação das cousas da China: textos do século XVI*, Lisboa: Imprensa Nacional-Casa da Moeda, 1989, p. 165.

④ Gaspar da Cruz, *Tractado em que se contam muito por estenso as cousas da China com suas particularidades, assi do reino d'Ormuz, composto por el. R. padre frei Gaspar da Cruz da ordem de sam Domingos. Dirigido ao muito poderoso Rei dom Sebastiam nosso Señor.* [*Evora*] *1569*, Raffaella d' Intino, *Enformação das cousas da China: textos do século XVI*, p. 168.

17 世纪中叶，法国传教士罗历山（Alexandre de Rhodes）[①] 神父说：“在此处再多讲一点交趾支那（Royaume de la Cocinchine）王国名称的事情。如今它已与东京（Tunquin）分离。必须知道的是，整个安南（Royaume d'Annan）王国的京城的名称是 Che ce。经常赴该地经商的日本商人将该城名称的音讹为 Coci。与日本人进行贸易的葡萄牙人，为了将这个 Coci 与位于东印度（l'Inde Orientale）、离果阿（Goa）不远的科枝（Cocin）相区别，便合成了交趾支那（Cocinchine）这个名字，就好像是说中国近处的科枝（Cocin pres dela Chine）。此名并非一新词，因为自一个世纪以前，人们便如此称呼它了。”[②]

“Che ce”即“Kecio”，即葡萄牙文献中的“Cachó/Cacho/Cácho”。其安南文的形式是“Kẻchợ”。

下面，我们来看三张法国地图的标示情况。

在罗历山于 1650 年绘制的《安南图》中，左为“交趾支那”（COCINCHINA），右为“东京”（TVNKIN），在红河口标有“Kecio”（见图 6）。

图 6　安南图（1650）

① 有关研究可见耿昇《北圻与中国传统文化——法国入华耶稣会士罗历山及其对“东京王国”的研究》，《中法文化交流史》，云南人民出版社，2013，第 687—701 页。

② Alexandre de Rhodes, *Histoire du Royaume de Tunquin, et des grands progrès que la prédication de L'Évangile y a faits en la conversion des infidèles Depuis l'année 1627, jusquesàl'année 1646*, A Lyon, chez Jean Baptiste Devenet, 1651, pp. 2 - 3.

在罗历山 1650 年《安南图》的 1653 年刊本①上，在红河口标有“KECIO ou TVMKIN”（见图 7、图 8）。

图 7　安南图（1653）

① Alexandre de Rhodes, S. J., *Sommaire des divers voyages et missions apostoliques du R. p. Alexandre de Rhodes, ... à la Chine et autres royaumes de l'Orient, avec son retour de la Chine àRome, depuis l'année 1618, jusques àl'année 1653*, Paris: F. Lambert, 1653. 最近的论文可见 Alexei Volkov, *On Two Maps of Vietnam by Alexandre de Rhodes, Luís Saraiva, Jami Catherine, History of Mathematical Sciences: Portugal and East Asia V, Visual and Textual Representations in Exchanges Between Europe and East Asia 16th - 18th Centuries*, Singapore: World Scientific Publishing Co. Pte LtD., 2018, pp. 99 - 117。

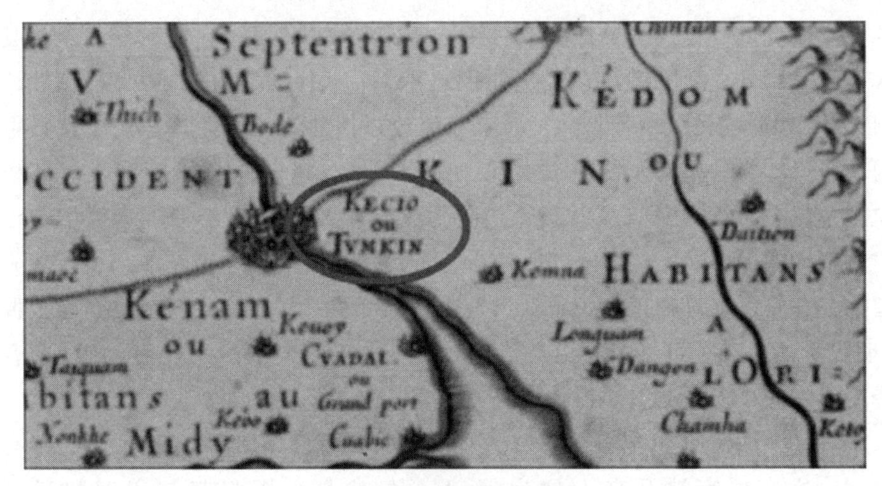

图 8　安南图细部（1653）

1650 年桑松（Nicolas Sanson d'Abbeville，1600—1667）的《亚洲图》上，作“Kecio”（见图 9）。同一作者 1654 年的《印度南部图》（Partie meridionale de l'Inde）上，作“Keccio”。

图 9　亚洲图

其实，“Kẻchợ”早在明朝便有译名——箇招市。[①]《明实录》记载，永乐四年十二月丙申，“征讨安南总兵官新城侯张辅等克多邦城，辅先留都督高士文以舟师于箇招市江口与朱荣兵相接”[②]，“贼众水陆号七百万，我师于

① 陈荆和：《交趾名称考》，台湾大学《文史哲学报》1952 年第 4 期，第 102—103 页中最早做了这个考证。

② 李国祥、杨昶主编《明实录类纂·军事史料卷》，武汉出版社，1993，第 835 页。

江北岸戒严以待，然贼畏怯不敢渡江，盖欲守险以老我师。我师遂自新福县移营于三带州①箇招市江口，造船图进取”②。明代丘濬的《平定交南录》曰：“王知此敕是欲以款其兵，而贼亦无改过悔罪之意，乃移军三带州，屯箇招市口，与左副将军西平侯会议，造船置铳，以图进取。”③ 明代《苍梧总督军门志·纪略安南一》载：“我师遂自新福县移营于三带州箇招市江口，造船图进取。”④“丙申，征讨安南总兵官新城侯张辅等克多邦城。辅先留都督高士文以舟师于箇招市江口与朱荣兵相接……”⑤ 此名后被张廷玉撰《明史》所承袭。可见，箇招是“Kẻchợ”的音译，后加一“市”则表明音译所代表的事物的类属。箇招市是一个音、义兼译的词语。

对这个词，19 世纪玉尔解释说：“交趾支那（COCHIN-CHINA），专有名词，这个国家被马来人称为 Kuchi，显然是为了将其与印度的科枝（Kuchi 或 Cochin）区分开来而称作交趾支那（Kuchi-China）。葡萄牙人采用了 Cauchi-China 的写法。荷兰语和英语的写法源自葡萄牙语。在马来人的传统中，即所谓的马来纪年（Sijara Malayu）中，使用的便是此种意义的 Kuchi〔参见《印度洋报》（*J. Ind. Archip*），v. 729〕。……毫无疑问，Kuchi 一词为安南语交州（Kuu-chön）〔汉语作九真（Kiu-Ching）、日南（South Chin）及交州（Kau-Chen）〕的外文形式，它是清化省（Thanh'-hoa）的古称。从 1398 年起，顺化（Huë）是它的首府。”⑥ 玉尔也承袭了葡萄牙人的区分说，但指明了“Kuchi”来自“安南语交州（Kuu-chön）”。可是如果说“Kuchi”来自交趾，勘音不是更吻合吗？其实，葡萄牙文献中的“Cachó/Cacho/Cácho”来自安南语河内的土名“Kẻ-chợ”。

---

① “三带州：《一统志》（山西）载，永祥府‘陈三带路’。今永福省有永祥县。昔时的三带州是在红河之东和泸江之西鹤三歧江的上下。”参见〔越〕陶维英《越南历代疆域》，钟民岩译，商务印书馆，1973，第 167 页。

② 李国祥、杨昶主编《明实录类纂·军事史料卷》，第 835 页。

③ 丘濬：《平定交南录》，《丘濬集》第 9 册，周伟民、王瑞明等点校，海南地方文献丛书编纂委员会主编《海南先贤诗文丛刊》，海南出版社，2006，第 4402 页。

④ 应槚初辑，凌云翼嗣作，刘尧诲重修《苍梧总督军门志·纪略安南一》，全国图书馆文献缩微复制中心，1991，第 418 页。

⑤ 应槚初辑，凌云翼嗣作，刘尧诲重修《苍梧总督军门志·纪略安南一》，第 419 页。

⑥ Sir. Henry Yule, Hobson-Jobson, *A Glossary of Colloquial Anglo-Indian Words and Phrases*, *and of Kindred Terms*, *Etymological*, *Historical*, *Geographical and Discursive.* New ed. edited by William Crooke, p. 226.

陈荆和的《越南东京之地方特称“Ke”》① 为一雄文，堪称经典。关于“Kẻ”，陈氏指出：“现今冠有 Kẻ地名中，最著名者乃为河内（Hanoi）俗名之 Kẻ-chợ。”② 对“Chợ”，他分析说：“……视其地有市集则加以 Chợ（𢄂）……”③ 就“Kẻ-chợ”的组合，他有如下论述：“关于 Kẻ-chợ 之涵义，Marini 早有解释云：‘国人所谓 KẻCió 之名称实为定期市（foire）或市集（marché）之谓。’不过照吾人看来，他只解释 KẻCió 名称中 Ció 而已。Ció 不外乎现今以‘国语字’所表记之 Chợ。字喃写作‘𢄂’，其义为‘市’。至于 Kẻ，吾人未见有任何说明。吾人愿注意者，在现今所知之范围内，Kẻ所冠之名称均为地名或种族名；就其品词上讲，均为固有名词。至于冠在普通名词者，仅有此 Kẻ-chợ 一例而已。”④ 他接着说：“指居民、种族之 Kẻ根本为复数、集体之概念。此概念与普通名词之 chợ（市）结合，成为 Kẻ-chợ 之名称，含有如市集、市会、大市、市之聚落诸义，并指示具有特殊性、个别性形态之东京最大交易市场之所在地。此地为后来之河内。”⑤

关于这个地名的含义，陈氏引用了马里尼（Marini）的记载：“土人所谓 KẻCió 乃为定期市（foire）或市（marché）之谓。盖因在王国内凡从徙事营商之人民和外来之物资无不集中此地。每月两次，即太阴历之初一、十五，这里有极热闹之定期市。形成此伟大王府（cour）或定期市之商场计有七十二。各商场均有意大利中等城市之大；其中充满了工匠和商人。”⑥

在此基础上，陈氏做出了自己的判断：“经过上面之考察，Kẻ-chợ 一名含有‘多数之市’‘市之集合’‘大市’‘市集’之概念殆毋庸置疑。同时

① 陈荆和：《越南东京之地方特称“Ke”》，台湾大学《文史哲学报》1950 年第 1 期，第 201—235 页。两年后，陈荆和作《交趾名称考》（台湾大学《文史哲学报》1952 年第 4 期，第 100—108 页），对“Kẻ-chợ”有补考。

② 陈荆和：《越南东京之地方特称“Ke”》，台湾大学《文史哲学报》1950 年第 1 期，第 212 页。

③ 陈荆和：《越南东京之地方特称“Ke”》，台湾大学《文史哲学报》1950 年第 1 期，第 203 页。

④ 陈荆和：《越南东京之地方特称“Ke”》，台湾大学《文史哲学报》1950 年第 1 期，第 220 页。

⑤ 陈荆和：《越南东京之地方特称“Ke”》，台湾大学《文史哲学报》1950 年第 1 期，第 230 页。

⑥ 陈荆和：《越南东京之地方特称“Ke”》，台湾大学《文史哲学报》1950 年第 1 期，第 214 页。

吾人可断定Kẻ-chợ中之Kẻ具有群集（Groupe）、聚合（Agglomération）之义。如此含义，现代安南人似已遗忘。譬如，1931年，河内开智道德会所撰《越南字典》（p. 261）以Kẻ-chợ解为Chẻđôhôi，即‘都会’之义。原来之Kẻ-chợ并无都会之义，上文吾人已加考证。Kẻ-chợ为都会之义，显为Kẻ-chợ已为京师，并已成为近代都市后才产之概念者。”[①] 1960年出版的《越汉词典》收入了“Kẻchợ 都会”的词义。[②] 2011年出版的《现代越汉词典》也只是解释：“Kẻchợ 都会，大都市。”[③] 具体到“Kẻ-chợ”的指称范围，陈氏认为：“据Marini所记，当时欧人似不原以都城之名适用于此地，而或以王府称之，或以市集称之。据管见，所谓东京或升龙之名应指前者，即黎王、郑氏所居之王府；而俗名Kẻ-chợ所指之范围应限于后者之陋屋群。”[④]

四 一种非传统的对“Coc Sim”或“Cochim”的解释

关于“交趾”（Coc Sim或Cochim）与“小支那”（Menor China）之间的关系，艾雷迪亚于17世纪初指出：“古人将中国（China）分为三省：1. 支那（Sim或Chim）；2. 莫诃（大）支那（Mansim或Manchim），即大支那（Maior China）；3. 交趾（Coc Sim或Cochim），即小支那（Menor China）。”[⑤] 在17世纪东方葡萄牙人的地理概念中，“交趾支那”是“小支那”的意思。

艾雷迪亚还对“交趾支那”为何是“小支那”的意思进行了解释：

> 交趾（Coc Sim）或交趾支那（Cochim China），因为隶属于莫诃支那（Mansim），而称为小支那（Coc Sim或Minor China），即使它似乎是属于支那（Sim）。……它位于莫诃支那的西海岸，所以我们不将其算入另一个中国（China）之内，而是列入莫诃支那和交趾支那

① 陈荆和：《越南东京之地方特称“Ke”》，台湾大学《文史哲学报》1950年第1期，第222页。

② 何成等编《越汉词典》，商务印书馆，1960，第533页。

③ 雷航、李宝红主编《现代越汉词典》，外语教学与研究出版社，2011，第449页。

④ 陈荆和：《越南东京之地方特称“Ke”》，台湾大学《文史哲学报》1950年第1期，第214页。

⑤ Manoel Godinho de Eredia, *Malaca, l'Inde Orientale et le Cathay*, p. 64.

(Cochin China) 的范围。[①]

他还明确说："Cochim China"（交趾支那）以前的写法是"Coc Sim"（交趾），其语义为"小支那"（Minor China）。其中的"Coc"为小之意。

"交趾支那"（Cochim China）隶属于"莫诃支那"（Mansim）是"交趾支那"等于"小支那"这个语义的逻辑基础，因为符合汉代的交趾刺史部从广东、广西至今越南的地理范围。"交趾支那"（Cochim China）（或曰"小支那"）在"莫诃支那"（Mansim）（或曰"大支那"）的西边，即"莫诃支那/大支那"的西边称"交趾支那/小支那"。

此论可备为一说。

五　"支那即广州也"

何为"支那"？这样问似无意义，实则不然。梵文里很早便称广州为"支那"（Cīna）。唐僧义净记曰：

> 那烂陀寺东四十驿许，寻弶伽河而下，至密栗伽悉他钵娜寺。唐云鹿园寺也。去此寺不远，有一故寺，但有砖基，厥号支那寺。古老相传云是昔室利笈多大王为支那国僧所造。支那即广州也。莫诃支那即京师也。亦云提婆佛呾罗，唐云天子也。于时有唐僧二十许人，从蜀川牂牁道而出，蜀川去此寺有五百余驿。[②]

1515 年之前的葡萄牙文献中，"China"的词义为广府/广州，其后逐渐有了粤省/粤地的含义。它源自梵文"Cīna"。波斯文称广州为"ČĪN KALĀN"，其义为"大支那"，与阿拉伯文的"ṢĪN al-ṢĪN"（秦之秦）或"ČĪN al-ČĪN"（秦之秦）同义，均指广州。"秦之秦"意即"秦之首邑"。汉语里，支那早期指广州，而莫诃支那则是指长安。后来居然产生了 180 度的变化。莫诃支那用来指广州，支那替代了原来莫诃支那的概念。此一语义变化，在葡萄牙文中亦然。

---

① Manoel Godinho de Eredia, *Malaca, l'Inde Orientale et le Cathay*, p. 64.

② 义净著，王邦维校注《大唐西域求法高僧传校注》，中华书局，1988，第 103 页。

鄂卢梭（Aurousseau Léonard）指出："常规葡萄牙语单词最早的形式是Quachymchyna或Quauchymchyna，其中第一部分（Quachy或Quauchy）准确地抄写了阿拉伯语Kawčī，而阿拉伯语来自汉语的Kiao-tche，粤语发Kaw-ci。"①

我们看到，阿拉伯语的音值同粤语一致，由此可以判断"Kawčī"源自"Kaw-ci"。在阿拉伯文资料中，多作"Kawšī"，还写作"Kawxī"，例如："从占婆（Šambā）到交趾湾②（golfe de Kawčī），北极星高10度，方向北—西北；从占婆到海南，北极星高$12^{1/4}$度，方向北—东北；从海南到中国门③（Porte de la Chine），北极星高$17^{1/2}$度，方向北"④，"粤地的交趾港，即国师港⑤（En Cīn，le port de Kawšī，c'est le port du Maître du pays）"⑥，"10度粤地的交趾湾（le golfe de Kawšī en Cīn）"⑦，"9度粤地的交趾（Kawšī en Cīn）"⑧。

小 结

"Cochinchina"一词历史悠久，在诸多西方语言中，16世纪初最早见于葡萄牙语。最早以"China cochim"的形式出现在1502年的《坎蒂诺平面球体地图》上，曾长期使用"Cauchinchina"，最后定型为"Cochinchina"。"Cachó/Cacho/Cácho"，实际上来自"Kẻchợ"。因此，交趾是汉语中的一个音译借词。此名为河内的俗称，原义为"大市集"。葡萄牙人的称谓是"交趾支那"（Cauchij China），指今河内。其后从葡萄牙文的早期形式

① Aurousseau Léonard, *Sur le nom de Cochinchine*, *Bulletin de l'Ecole française d'Extrême-Orient*, Tome 24, 1924, p. 57.

② 译者注：即东京。

③ 粤地沿海之门（la porte du rivage de Čīn）。

④ Gabriel Ferrand, *Relations de voyages et textes géographiques arabes, persans et turks relatifs à l'Extrême-Orient du VIIIe au XVIIIe siècles*, Paris: Ernest Leroux, Tome II, 1914, pp. 500 - 501.

⑤ 即苏丹的港口（c'est le port du sultan）。

⑥ Gabriel Ferrand, *Relations de voyages et textes géographiques arabes, persans et turks relatifs à l'Extrême-Orient du VIIIe au XVIIIe siècles*, p. 515.

⑦ Gabriel Ferrand, *Relations de voyages et textes géographiques arabes, persans et turks relatifs à l'Extrême-Orient du VIIIe au XVIIIe siècles*, p. 517.

⑧ Gabriel Ferrand, *Relations de voyages et textes géographiques arabes, persans et turks relatifs à l'Extrême-Orient du VIIIe au XVIIIe siècles*, p. 519.

“Cachó/Cacho/Cácho”派生出了有尾部鼻音的异写，如“Cachão”及诸多西方语言的繁衍形式。关于“Cochinchina”的位置，早期葡萄牙地图标在红河三角洲，指今河内。16世纪10年代起，移至今越南的中南部。

1515年以前的葡萄牙文献中，“China”为广州/广府之义，后逐渐有了粤省/粤地的含义。它来自梵文“Cīna”。所以早期葡萄牙文中的“Cochinchina”的意思是“交趾—广州”或“广州之交趾”。在中文里，到20世纪初“Cochinchina”才有了音译汉名“交趾（阯）支那”。

总而言之，“Cochinchina”当中的“Cochin”来自“Kẻchợ”。“China”，在当时是指广州，因此，“Cochinchina”一词，在16世纪初葡萄牙人的语境中，是“广州之大市集”之义。

“Cochinchina” and “Cacho” in Portuguese Documents in the 16th Century: An Etymological and Semantic Study

Jin Guoping

Abstract: Since the Portuguese came to the east, the words “China” and “Cochinchina” appear in Portuguese literature in the 16th century. “Cochin” comes from the Hanoi native name “Kẻchợ” in Annan language. It is also the etymology of Chinese “Jiaozhi”. “Kẻchợ” means “Grand Bazaar”. In Portuguese literature before 1515, “China” means Guangzhou/Guangfu. So “Cochinchina” in early Portuguese means “Jiaozhi-Guangzhou” or “Jiaozhi of Guangzhou”. Therefore, the term “Cochinchina”, in the context of the Portuguese at the beginning of the 16th century, meant “Guangzhou’s Grand Bazaar”.

Keywords: Jiaozhi; Cochinchina; Portuguese; Guangzhou/Canton; Hanoi; Grand Bazaar

（执行编辑：徐素琴）

海洋史研究（第十九辑）
2023 年 11 月　第 80 ~ 98 页

清代私绘海陆合一的全国总图

——黄千人《大清万年一统天下全图》及其谱系

石冰洁*

乾隆三十二年（1767）的黄千人《大清万年一统天下全图》系清代私绘海陆合一的全国总图，其陆上部分的知识来源可上溯至阎咏《大清一统天下全图》，海上部分知识来源为改绘阎咏图的汪日昂《大清一统天下全图》①，其底图接近增补汪日昂图的《地舆全图》②。黄千人图后期版本有三大变化趋势：其一，乾隆末年至嘉庆初年出现《舆地全图》与天文图的组合；其二，嘉庆年间出现挂轴地图向屏风地图的转变；其三，光绪年间出现改绘为历史地图的《古今地舆全图》。这些地图共同构成了清代私绘“大清一统”系全图。③

---

* 作者石冰洁，杭州市萧山区第五高级中学教师。
本文为国家自然科学基金面上项目“康雍乾时期三大实测全图的数字化及比较研究(1662—1795)”（项目批准号：41771152）的阶段性成果。

① 对阎咏图和汪日昂图的介绍可参考周鑫《汪日昂〈大清一统天下全图〉与 17—18 世纪中国南海知识的生成传递》，李庆新主编《海洋史研究》第 14 辑，社会科学文献出版社，2019。

② 今藏法国国家图书馆，后文详述。

③ 李孝聪、孙靖国、席会东等老师所编图录已对该系地图有所介绍。笔者将该系地图定名为私绘“大清一统”系全图，概念的提出与辨析详见石冰洁《清代私绘“大清一统”系全图研究》，硕士学位论文，复旦大学历史地理研究中心，2017。对汪日昂图的研究以周鑫《汪日昂〈大清一统天下全图〉与 17—18 世纪中国南海知识的生成传递》一文为代表。对国内所藏黄千人《大清万年一统天下全图》及后期嘉庆朝拓本的版本考辨，以鲍国强《乾隆〈大清万年一统天下全图〉版本辨析》（《文津学志》第 2 辑，北京图书馆出版社，2007）、《清嘉庆拓本〈大清万年一统地理全图〉版本考述》（《文津学志》第 8 辑，国家图书馆出版社，2015）两文为代表。

目前学界对于黄千人的地图学实践及其《大清万年一统天下全图》所据底图关注不多。对后期从黄千人图到挂轴图，再到屏风图的转变脉络，亦未见专题研究。国内外地图数字资源的陆续开放，使笔者得以对其中的传承嬗变略作钩稽。故本文不揣浅陋，期以抛砖引玉，与各位学人探讨。

一 黄千人《大清万年一统天下全图》及其地图学实践

黄千人（1694—1771），字证孙，号谔哉，晚号榆陔，浙江绍兴府余姚县人，黄宗羲之孙，黄百家之子。关于乾隆三十二年其所作《大清万年一统天下全图》，笔者查到五个版本，分别为中国国家图书馆6945号初刻初印本、中国国家图书馆1085号初刻后印本、中国科学院图书馆藏后刻修订本，以及日本天理大学图书馆藏本和英国伦敦皇家地理协会藏本。

该图系海陆合一的单面全国总图。陆上范围大致北至中俄边界，[①] 南至海南岛，西抵黄河源、积石山，东达朝鲜半岛，西北至铁门峡，东北至罗斯哈达山。[②] 长城以北绘有蒙古各旗。南部绘有南界象征意义的“马援铜柱”和“孔明碑”。海上部分绘有东海及南海沿岸的“海运道”，对南海诸岛亦有充分表现。

黄千人于乾隆二十五年（1760）任山东泰安县丞，《大清万年一统天下全图》系其在任上所刻。其有《圣明万物无私覆天问安须泽畔吟》一诗，前两联为：“浩渺方舆孰步巡，管窥聊尔纪微臣（余近刻有《一统天下全图》）。抠衣槐底颜滋汗（泰安城西三槐树为往来迎送之所），斗茗松间齿溢津。”[③] 其中提到的《一统天下全图》应即此图。图成后的翌年即乾隆三十三年（1768），黄千人辞官归乡。[④]

黄千人的地理学素养应缘于家学。其祖黄宗羲精地理、算学，编有《今水经》一书，且与西方传教士多有接触。其诗文有记：“西人汤若望，历算称开辟。为吾发其凡，由此识阡陌。”[⑤] 晚年赋居家乡以讲学为生，所

---

① 图上绘出了牛市秋城（尼布楚城）、苦伦母湖、贝衣儿湖、罗刹、雅克萨城，又以格尔必济河为最北河流，反映了《尼布楚条约》后的中俄边界。

② 图上注记为“罗斯哈打”。

③ 黄庆曾、黄中范、黄宪儒编纂《余姚竹桥黄氏宗谱》卷十五《诗文集》十二，民国十五年惇伦堂刻本，第29页。

④ 初刻初印本有其诗《启行有日乐叙归怀十二叠前韵》（戊子），可为证。

⑤ 黄宗羲《赠百岁翁陈庚卿》，《黄宗羲全集》第十一册，浙江古籍出版社，2012，第293页。

授涉及地理学。[①] 阎咏的《大清一统天下全图》为私绘“大清一统”系全图前期重要版本，其父阎若璩与黄宗羲交谊甚厚，而阎图参订者杨开沅则师从黄宗羲。黄千人之父黄百家参与修《明史·历志》时亦与传教士南怀仁、徐日昇、安多、毕嘉、白晋有所交往。[②]

黄千人少时就绘制过地图。康熙五十二年（1713）为康熙六十圣寿，时年20岁的黄千人即“恭摹《天长地久图》，约之扇面”[③] 而进呈，以称颂天恩，昭彰幅员之广、一统之盛。从其序文可知这一《天长地久图》包含天图和地图，分别画于扇子两面，天图为圆形星图，画出了赤道与黄道，“中定枢星，旁环列宿”，寓意“天体之长覆”。地图“山川指画，脉络分张”，以高山为界，四周为瀛海，绘出城郭，东北绘出鸭绿江，南至金门及海上的南澳气，是一幅全国地图。序文开篇即提到其祖黄宗羲所蒙皇恩及其自幼所承家学。

对于绘制《大清万年一统天下全图》之由，黄千人在该图识文中提到：“康熙癸丑，先祖梨洲公旧有舆图之刻……千人不揣固陋，详加增辑，敬付开雕，用彰我盛朝大一统之治，且亦踵成祖志云尔。”黄千人虽以诗名显，但受家学熏染，亦通历算、地理，但声名不如父、祖，对此其曾愧言：“窃又念余蒙家学，非复聊尔，文章、历律、理学，所望绳承于后人者何限，而矻矻穷年，瓣香一线。仅以雕虫诗句当之，纵性情有得，其足志小，子其裘之愧为何如也。”[④] 黄千人卒于乾隆三十六年（1771），而《大清万年一统天下全图》作于乾隆三十二年，距其逝世不久，于暮年绘刻地图并在识文中表明意在“踵成祖志”，实为追念先祖，传承、彰显黄氏地理之学的一次努力。

---

① 其学生万经在《寒村七十寿序》中提到“维时经学、史学以及天文、地理、六书、九章至远西测量推步之学，争各磨砺，奋气怒生，皆卓然有以自见”，《黄宗羲全集》，浙江古籍出版社，1993，第23页。

② 黄百家《黄竹农家耳逆草·上王司空论明史历志书》：“又百家修史在京时，亦曾与敦伯南公怀仁、寅公徐公日昇（葡萄牙人）、平施安公多（比利时人）频相往返，尽得清初颁行新历之奏疏缘由与杨光先、吴明烜之争讼颠末最悉最真。”转引自杨小明《黄百家科学思想和成就钩沉》，《华侨大学学报》（哲学社会科学版）1997年第2期。

③ 黄千人《天长地久图赋有序》，《万寿盛典初集》卷一百十一《歌颂五十一·生监诸臣二》，《景印文渊阁四库全书》（654），台湾商务印书馆，1986，第654页。

④ 光绪《余姚县志》卷十七，《中国方志丛书》（500），台湾成文出版社，1982，第348页。

二 黄千人《大清万年一统天下全图》底图考辨

早期学者在研究黄千人图时，因未关注到阎咏图和汪日昂图，径依黄图题识判定其以黄宗羲图为底图。① 周鑫根据行政建置的增补和南海知识的更新，认为黄图底图为雍正三年（1725）汪日昂《大清一统天下全图》。② 黄、汪两图绘制间隔颇久，是否确实如此呢？

笔者在法国国家图书馆发现一幅《地舆全图》，③ 前人未有专题研究，仅见录于李孝聪《欧洲收藏部分中文古地图叙录》。该图识文相较汪日昂图作了大量简省，仅保留行政建置的图例说明。图上未著作者及绘图时间，李孝聪先生据图内“江西省宁都县尚未升州，而甘肃兰州已标作府”④，判断其行政建置断限大约为乾隆三年至十八年（1738—1753）。

笔者选取三幅图中的部分典型文字和地物表现作了比对，详见表1。

表1 汪图、《地舆全图》、黄千人图部分图上信息比对

	汪日昂《大清一统天下全图》	《地舆全图》	黄千人《大清万年一统天下全图》
星宿海	元**潘昂霄**《河源志》曰：吐蕃朵甘思西鄙有泉百余泓，方可七八十里，**履高山下瞰，灿若列星**，故名火敦脑儿。火敦译言星宿也。**朱思本**云：河源在中州西南，直四川马湖蛮部之正西三千余里，云南丽江宣抚司之西北一千五百余里	元**潘昂霄**《河源志》曰：吐蕃朵甘思西鄙有泉百余泓，方可七八十里，**履高山下瞰，灿若列星**，故名火敦脑儿。火敦译言星宿也。**宋思本**云……	元**潘昂霞**《河源志》曰：吐蕃朵甘思西鄙有泉百余泓，方可七八十里，**牧高下瞰，灿若列星**，故名火敦脑儿。火敦译言星宿也。**宋思本**云……
黄河源	**元梁寅**《河源记》云：星宿之源在昆仑之西北，东流过山之南，然后折而抵山之东北，其绕山之三面如玦焉，非源于是山也	**元都实**《河源记》云……	**元都实**《河源记》云……

① 据阎咏图识文“余姚黄梨州先生旧有舆图，较他本为善”和黄千人图识文“康熙癸丑，先祖梨洲公旧有舆图之刻”可知在康熙十二年（1673）黄宗羲曾绘有一全国地图，并在当时产生一定影响。该图今未见。

② 周鑫：《汪日昂〈大清一统天下全图〉与17—18世纪中国南海知识的生成传递》，李庆新主编《海洋史研究》第14辑，第235页。

③ BN Res. Ge. A. 651，木刻墨印，117cm × 115cm，网站误录为“Kun yu quan tu”。https：//gallica. bnf. fr/ark：/12148/btv1b72001229. r = kun%20yu%20quan%20tu？rk = 42918；4。

④ 李孝聪：《欧洲收藏部分中文古地图叙录》，北京国际文化出版公司，1996。

续表

	汪日昂 《大清一统天下全图》	《地舆全图》	黄千人 《大清万年一统天下全图》
西番贡道	西番其先**本羌尾,化百余种**。唐始通中国,元郡县其地,明封为赞善等五王及乌思藏等都指挥司、朵甘思等宣慰司、朵甘思等宣抚司千户所。本朝贡道一由四川入,一由陕西入	西番其先**本羌属,凡百余种**……	西番其先**本羌属,凡百余种**……
浙江地名	**永加、于潜、镇溪、永唐、宜平、慈溪**	**永嘉、於潜、镇海、永康、宣平** 新增**"武康、昌化、新城、宁海、浦江、天台、仙居"**	**永嘉、於潜、镇海、永康、宣平、溪** **武康、昌化、新城、宁海、浦江、天台、仙居**
浙江山川名	四明、会稽、**天台、北雁宕**、南雁宕、西湖、钱塘江、信安江、东阳江	四明、会稽、**天台山、雁宕**、南雁宕、**天目、大盆、括苍山**、西湖、钱塘江、信安江、东阳江、**苕溪**	四明、会稽、**天台、雁宕泉山**、南雁宕、**天目、大盆、括苍山、涂山、龙符、天姥峰、少微、环山、白文（丈）山**、西湖、**信安汗（江）**、东阳江、**午（乍）浦、曹娥江**
方格	无方格	陆上长城以南绘有方格	陆上长城以南绘有方格
识文	**宣府等司、长官等司**	**宣抚等司、长官土司**	**宣抚等司、长官土司**
台湾岛	诸罗 "府境**南东**长二千八百四十里,东至大山番界五十里。"	诸罗、**彰化** "府境**南北**长二千八百四十里,东至大山番界五十里。"	诸罗、**彰化** "府境**南北**长二千八百四十里,东至大山番界五十里。"

注：文字相异处用加粗字体表示，下同。

据此可认为乾隆三十二年的黄千人图所参照底图亦非汪日昂图，而更接近乾隆初年摹刻改订自汪日昂图的《地舆全图》。至于《地舆全图》作者，因资料所限尚待考察。至此可知阎咏图、汪日昂图、《地舆全图》、黄千人图这四幅现存私绘"大清一统"系全图早期版本具有前后继承关系。①

① 周鑫《汪日昂〈大清一统天下全图〉与17—18世纪中国南海知识的生成传递》一文转引盛百二《柚堂笔记》，提及一统舆图还有阮学濬重订阎咏本和湖南藩库本，但此二图今未见图版，暂且不论。

三 黄千人《大清万年一统天下全图》海上航路

黄千人《大清万年一统天下全图》系海陆合一的全国总图，这种绘图方式主要有三类：第一类以《禹迹图》《九域守令图》《广舆图·舆地总图》为代表，海洋范围仅为东括东海、南逾海南岛的近海海域，亦不注海上岛屿名称；第二类以南宋碑刻《舆地图》为代表，添注了部分近海岛国名；第三类以《混一疆理历代国都之图》《大明混一图》《杨子器跋舆地图》《乾坤万国全图古今人物事迹》《天下九边分野人迹路程全图》为代表，增绘了南海及西洋部分岛屿岛国，但知识来源杂糅，部分地名荒诞无稽。

宋元以来随着雕版印刷技术的进步，地图开始出现于书籍附图中。基于阅读传播和印刷装帧的便利，地图也渐从单面全图向图集形式发展。伴随图集“分幅”概念而来的是海陆分绘思想。尤其随着地理认知的深入和海防压力的刺激，明清以来官方对于海疆和海上航路的认识，已不适于在尺幅局促的单面全图中直接表现，将海运、海道、海防、针路作为专题地图分绘的做法成为新选择。但私绘地图旨在“瞻玩交庆，彰皇舆之大”，无须如官绘精详，汪日昂之类士人利用所搜集的海洋文献和海图，将海洋新知择要添绘于传统陆疆之外，恰恰促成了地图绘制上海陆合一“单面全图”的回归。

前文已述黄千人图的底图更接近法国国家图书馆藏《地舆全图》，该图海洋部分对汪日昂图改动不大，主要有三：将汪图漳州府“澄海”县之误改正为“海澄”；改“蚊蛟虱”为“蚊咬虱”；在山东半岛以南绘出汪图所无的徐福岛、田横岛、云台。这些改动为黄千人图所继承。除黄宗羲图今已无考外，笔者分别以1938年《华裔学志》所载阎咏图、韩国首尔大学奎章阁所藏汪日昂图、法国国家图书馆所藏《地舆全图》、中国国家图书馆所藏黄千人图为底图进行数字化，对私绘“大清一统”系全图早期版本表现范围的变化进行直观展示。①

黄千人《大清万年一统天下全图》用绘画陆地河流方式绘出了覆盖整个中国沿海的内外洋海运航路。其中从天津到福建的海运道沿袭了阎咏图以来的传统，且与《广舆图·海运图》的起点、终点及走向相似，很可能参

① 图见链接：https：//pan. baidu. com/s/1f14B0IM48q91S3ghXlHxEw？pwd = 87bd。提取码：87bd。

照了《广舆图·海运图》。南海航路则继承了汪日昂图以来的改绘，但将从厦门出发的航路并入了铜山始发的一路，且增加了通往琉球国和台湾鹿耳港的航路，这一变化也被之后的同系地图大体延续。[①]

目前所见绘制出类似“海运道”的全国总图可上溯至南宋碑刻拓本《舆地图》。该图在东海上以阴刻线条区别阳刻的海水波纹，表现了多条航路，并注为“海道舟船路”。除了从山东半岛到浙江沿海，停靠海门、嘉定、蟹浦、定海的内洋航线外，亦包括了通往日本、毛人、琉球等地的“大洋路”。对于航路的地形与路况亦有所说明，尤其是在山东到江苏一段海况复杂的地域用黑点着重画出流沙，再用文字注明“过沙路”以示警。但此后“海运道”多出现在航海针路图等专题地图中，鲜见于海陆合一的全国总图。

对这些海上航道的知识来源，周鑫认为系汪日昂以施世骠《东洋南洋海道图》为南海部分的底图，[②] 重点参照张燮《东西洋考》，并结合康熙五十七年（1718）陈昴奏折与雍正二年（1724）蓝鼎元《论南洋事宜书》等档案及其在广东的见闻所构建。[③]《东西洋考》卷九所载针路分西洋针路与东洋针路，恰与汪图铜山、厦门两条航路相对应。西洋针路出太武山后“取大小柑橘屿，内是铜山所……船从外过”，忽略汪图不载的地名，一路过南澳、七洲洋、万里石塘至交趾（安南）；一路至广南，入清华港、顺化港、新州港、占城，经毛蟹洲至柬埔寨；一路再经昆仑、真屿、笔架山至暹罗，再入大泥、六坤，取彭亨、地盘山、柔佛、麻六甲（马六甲）、丁机宜，入旧港，至下港，再入咖留吧，至哑齐；再一路至思吉港、池闷、文狼马神。与汪图所绘海道位置完全一致。东洋针路出太武山后未至铜山而直取澎湖，经打狗仔（打狗子山）、沙马头澳（沙马崎头）至吕宋，取魍根礁老（网巾礁脑），入苏禄，至汶莱（文莱），亦与汪图航路相符。显然汪图确实着重参考了《东西洋考》一书。

对于《东洋南洋海道图》，笔者分别摹绘了其与汪日昂图中的南海航路

---

① 后期的屏风式《大清万年一统天下全图》《大清万年一统地理全图》又将至琉球国的航线改绘并入内洋海运道。另，台北故宫藏嘉庆十六年（1811）屏风式《大清万年一统天下全图》较为特殊，仍绘海上岛屿岛国，但未绘内外洋航道。

② 原图现藏中国第一历史档案馆，收录于中国第一历史档案馆、澳门“一国两制”研究中心选编《澳门历史地图精选》，华文出版社，2000，图15。

③ 周鑫：《汪日昂〈大清一统天下全图〉与17—18世纪中国南海知识的生成传递》，李庆新主编《海洋史研究》第14辑，第251—252页。

和主要岛国。[①] 两图差异如下：其一，与汪图分厦门、铜山两路，且以铜山一路为详不同，《东洋南洋海道图》所有航线都从厦门一地出发。其二，《东洋南洋海道图》另有一航路前往日本，汪图未绘。其三，《东洋南洋海道图》"淑务"（速巫）为厦门往东南，前往"吕宋、苏禄、文莱"航线中的一支，位于"吕宋"与"网巾礁老"（网巾礁脑）之间。而在汪图中成为由铜山出发航线中的一支，位置也被绘于"文莱"以南。其四，周鑫认为汪图为不影响大清一统天下的中心位置，以中南半岛与马来半岛的"暹罗、大泥、六坤"一线为中间点，其东部从"安南"至"暹罗"的部分大约沿顺时针90度斜摆，其南部从"地盘山"以下沿逆时针90度横折。[②] 但《东洋南洋海道图》上由北向南四地的顺序是"暹罗、斜仔、六坤、大泥"，而汪图为"暹罗、大泥、六坤、斜仔"，即使绘图位置偏折，偏折后的地名标绘顺序仍应一致。尤其是原在马来半岛"大泥"和"彭亨"间的"丁佳奴"（丁机宜），在汪图上绘于"麻六甲"和今苏门答腊岛的"旧港"之间；原在马来半岛"六坤"与"大泥"间的"宋龟胜"（宋圭胜），在汪图上绘于今爪哇岛的"咖留吧"与今加里曼丹岛的"文莱"之间；原在苏门答腊岛北端的"亚齐"（哑齐）绘于今爪哇岛的"万丹"以东，皆相距甚远。

作为黄千人图南海知识源头的汪日昂图，虽与《东洋南洋海道图》有诸多相似，但差别也不小。若言汪图以《东洋南洋海道图》所绘岛屿、航路的形状方位为底，以《东西洋考》所载内容进行改绘，则仍可发现汪图上"长沙、石塘"比海道图的竖方形更形象，且对海道图上更为精确的苏门答腊岛、加里曼丹岛等轮廓并未摹绘，仍以传统单个圆形岛屿的散列为主。故笔者认为汪图南海部分底图是否即为《东洋南洋海道图》或仍可商榷。

四　黄千人《大清万年一统天下全图》后期嬗变

由于乾隆三十二年黄千人初刻初印本谬误较多，其子黄储文携黄绍烦、

① 两摹绘图可见链接：https：//pan. baidu. com/s/1IaOvxGvISAq6wl56hoOwSA？pwd = 4zim。提取码：4zim。

② 周鑫：《汪日昂〈大清一统天下全图〉与17—18世纪中国南海知识的生成传递》，李庆新主编《海洋史研究》第14辑，第238页。

黄绍颙对地图作了修订。黄储文（1744—1815），黄千人第三子，后改名崇文，字蕴斯，号雪汀，晚号默庵，国学生，著有《暇耕偶存诗稿》。黄绍颎生卒年不详，黄千人孙，黄储文侄，字轶昂，祀生。黄绍颙（1751—1794），黄千人孙，黄储文侄，学名烜，字敬初，号午南，别号冠轩，邑庠生，著有《忘掩诗稿》。[①] 此番校订应在乾隆五十九年（1794）黄绍颙去世之前。嘉庆初年，黄储文再次重校刻印了此图，即今中国国家图书馆所藏11644号黄储文增订重校本《大清万年一统天下全图》。该图识文中提及“甥婿韩用泗图篆，男储文孙绍颎绍颙同较字”。除黄千人后人对其《大清万年一统天下全图》的修订外，该图在乾隆至光绪年间出现了众多改绘版本。

（一）《地舆全图》与天文图的组合

乾隆末嘉庆初出现了一种挂轴式《京板天文全图》。[②] 上半部分为《海国闻见录四海全图》和《内板山海天文全图》，下半部分即为黄千人《大清万年一统天下全图》的摹绘图。对于此种图的底本，日本学者海野一隆在『地図文化史上の広輿図』一书中提到的英国图书馆所藏《京板天文地舆全图》为我们提供了线索。[③]

除《京板天文地舆全图》将上半部分右侧图“内板山海天文全图”改称为“内板山海舆地全图”外，两种图其余部分所绘皆同，图旁都附有马俊良的识文：

> （左图识文）右图为同安陈军门[④]手图，乃识其游历所耳闻目见，故不尽区守之全。然据其所说，益见内板图说之信而有征矣。嵰山识。
>
> （右图识文）右图正面自小东洋至河折亚诺沧，背面自河折亚诺沧至珊瑚树岛，分作两图，以正面为地上，背面为地下，即与下两图无异。其在正面之河折亚诺沧为西，在背面之河折亚诺沧为东者，盖东之

① 黄庆曾、黄中范、黄宪儒编纂《余姚竹桥黄氏宗谱》卷五《李家塔支　赠大公房》四五。

② 据李孝聪《欧洲收藏部分中文古地图叙录》所载，《京板天文全图》有伦敦皇家地理协会、美国国会图书馆、法国国家图书馆、威斯康星大学密尔沃基分校图书馆所藏诸版本。美国国会图书馆版本：https：//www. loc. gov/item/gm71005137/。

③ 此图美国国会图书馆也有藏，著录为《大清统属职贡万国经纬地球式方舆古今图》（G320 1794 C5 Vault，147cm × 105cm），图名部分佚失，图面破损明显，https：//www. loc. gov/item/gm71005053/。

④ 即陈伦炯，字次安，号资斋，同安高浦人，著有《海国闻见录》。

西即西之东也。但地形圆转如鸡子黄，太阳行至地上之极西，即地下之极东，行至地下之极西，亦即地上之极东矣。故地面之夜即地下之昼，地上之春分即地下之秋分，地上之冬至即地下之夏至矣。浙江石门马俊良嵰山氏识。

马俊良（1736—1795），字嵰山，一字约堂，浙江省嘉兴府石门县人，乾隆二十六年（1761）进士，初任衢州教授，后官至内阁中书。曾主持山东繁露书院、山西汾阳书院、江西白鹭洞书院、广西秀峰书院等，乾隆四十六年（1781）任广东端溪书院院长。著有《易家要旨》《禹贡图说》等书，辑录丛书《龙威秘书》十集，由马氏大酉山房刊刻。①

右图识文中有"即与下两图无异"之语，当指《京板天文地舆全图》下半部的《大清统属职贡万国经纬地球式》，为庄廷敷在利玛窦、南怀仁所进地球式基础上对经纬线的绘法略作改动而成。庄廷敷（1728—1800），原名绳曾，字安调，号恰甫，常州阳湖人，作有《皇朝统属职贡万国经纬地球图说》《海洋外国图编》。② 这一彩绘"地球式"由东西两半球组成，地球之外环有三圈，中圈以十度为间隔标有纬度，外圈标明节气及对应的日出日落情况，将天地相互运行关系表现于一图之上，呼应了图名中"天文地舆"之意。而《京板天文全图》下半部分仅一图，与马俊良识文矛盾。可见《京板天文地舆全图》上下两部分应为一个整体，系同时刊刻印行。而《京板天文全图》下部的《舆地全图》是之后的替换之作。

由于庄廷敷的《大清统属职贡万国经纬地球式》下方识文中注明其图说辑于"乾隆五十九年嘉平月"，而马俊良逝于乾隆六十年（1795），庄廷敷逝于嘉庆五年（1800）。因此无论《京板天文地舆全图》系马俊良逝前与庄廷敷合编，抑或是坊间取马图与庄图合编，此图的刊行时间都应在乾隆五十九年（1794）之后，则《京板天文全图》的刊行时间应更晚，或至嘉庆初年。

《京板天文全图》后又衍生出一种《京板天地全图》。③ 这一版本用一幅圆形天文星图替换了上半部分的两图及识文，终于使"天地全图"之名

① 参考桑郡霞《〈龙威秘书〉所录小说研究》，硕士学位论文，山东大学，2012。

② 南京师范大学古文献整理研究所编著《江苏艺文志·常州卷》，江苏人民出版社，1994，第413页。

③ 据李孝聪《欧洲收藏部分中文古地图叙录》所载，德国柏林国立图书馆和英国图书馆印度事务部都有藏。此图图版亦见录于海野一隆『地図文化史上の広輿図』。

与表现内容相契合。天文星图尺幅较大，使得原先下半部分《舆地全图》的图名被遮盖，仅余两侧的“各省总目”文字，证明此种图是对《京板天文全图》的改印。

《京板天文全图》与《京板天地全图》中下半部分所替换的《舆地全图》在识文中有意抹去了黄千人的痕迹，改“康熙癸丑，先祖梨洲公旧有舆图之刻”为“康熙癸丑，旧有梨州公舆图之刻”，改“千人不揣固陋”为“余不揣固陋”，改“用彰我盛朝大一统之治，且亦踵成祖志云尔”为“以彰我圣朝大一统之治云”，并删去了文末的“乾隆三十二年岁次丁亥，清和月吉，余姚黄千人证孙氏重订”。嘉庆初年黄储文重订的《大清万年一统天下全图》并无这些改动，可以认为这一类挂轴式地图并非黄氏家族所作。那么这些图中的《舆地全图》是否直接以乾隆三十二年的黄千人《大清万年一统天下全图》为底图呢？美国国会图书馆所藏无纪年单幅《舆地全图》为我们提供了线索（见表2）。[①]

表2 《舆地全图》各版本图上文字比对

版本	内容
中国国家图书馆黄千人初版	图幅上方无“各省总目”文字
	识文：……东西渐被，南北延袤，**莫可纪极**……康熙癸丑，**先祖梨洲公旧有舆图之刻**。其间山川、**疆棠**……近更**安西**等处扩地二万余里，悉置郡县。**千人不揣固陋**，详加增辑，敬付开雕，**用彰我盛朝大一统之治，且亦踵成祖志云尔。国内每方百里，界线粗者省，细者府州，其距山距河者不另立界线**……塞徼荒远莫考，**海与**风汛不时，仅载方向，**难以里至计**……幸海内**博博**雅君子厘工为望也。**乾隆三十二年岁次丁亥，清和月吉，余姚黄千人证孙氏重订**
	浙江：**安吉州、海宁县；宫阳、右门、祠乡、於替、溪、黄岩、丽水；天姥峰、括苍山、雁宕、南雁宕、百文山；午浦、信安汗**
美国国会图书馆《舆地全图》	图幅上方有“各省总目”文字
	识文：……东西渐被，南北延袤，**莫可纪极**……康熙癸丑，**旧有梨州公舆图之刻**。其间山川、**疆土**……近更**西安**等处扩地二万余里，悉置郡县。**余不揣固陋**，详加增辑，敬付开雕，**以彰我盛朝大一统之治云**……**但**塞徼荒远莫考，**海舆**风汛不时，仅载方向，**难以里计**……幸海内**（空一格）**博雅君子厘**正**为望也。**（空白竖框）**
	浙江：**海宁州、安吉县；富阳、石门、桐缚、於潜、慈溪、黄岩、丽水；尺姥名、括苍、雁岩、南雁岩、百丈；乍浦、信安江**；增加苕溪、钱塘江

① https：//www. loc. gov/item/gm71002353/。

续表

版本	内容
《京板天文全图》中的《舆地全图》	图幅上方有"各省总目"文字
	识文：……东西浙被，南北延袤，**莫可纪极**……康熙癸丑，**旧有梨州公舆图之刻**。其间山川、**疆土**……近更**西安**等处扩地二万余里，悉置郡县。**余不揣固陋**，详加增辑，敬付开雕，**以彰我盛朝大一统之治云**……**但**塞徼荒川莫考，**海舆**风汛不时，仅载方向，**难以里计**……幸海内（**空一格**）**博雅**君子**厘正**为望也。（**空白竖框**）
	浙江：**海宁州、安吉县；富阳、石门、桐乡、於潜、慈溪、黄岩、丽水；尺姥名、括苍、雁岩、南雁岩、百丈；乍浦、信安江**；增加苕溪、钱塘江

通过对图上识文和浙江省差异地名的比对，可认为美国国会图书馆所藏单幅《舆地全图》与《京板天文全图》中的《舆地全图》同种同源。它们为改正黄千人图识文中"博博雅君子"的衍文之误而在"博雅君子"前空一格的处理方式与中国科学院图书馆所藏黄千人《大清万年一统天下全图》后刻修订本完全一致，而文末空白竖框恰是对黄图关键绘制信息的删省。单幅《舆地全图》与中国科学院图书馆所藏图都将识文中"莫可纪极"的"莫"字误作"奠"，而《京板天文全图》中的《舆地全图》又将此误改正过来。因此可认为乾隆年间以中国科学院版黄千人《大清万年一统天下全图》为底图，出现了单幅《舆地全图》，再以此版本为底图，替换《京板天文地舆全图》中的庄廷敷《大清统属职贡万国经纬地球式》，制成乾隆末年嘉庆初年坊间流行的挂轴式《京板天文全图》和《京板天地全图》。

（二）挂轴图向屏风图的转变

嘉庆年间还出现了一系列图幅横向拉伸的屏风式"大清万年一统"图，在识文部分均有"乾隆丁亥年二月间，余姚黄千人曾为天下舆图"一语，表明其摹自黄千人图，而非前述写作"康熙癸丑，旧有梨州公舆图之刻"，亦未署名黄千人的《舆地全图》。这类屏风式地图据笔者所查最早有明确成图时间的是嘉庆八年（1803）所作，藏于日本大阪大学图书馆的《大清万年一统天下全图》。[①] 但据日本天理大学图书馆所藏光绪元年（1875）重修本《大清万年一统天下全图》序文末"嘉庆七年清和望日"字样，嘉庆七年（1802）或已出现此种地图。此类《大清万年一统天下全图》另有藏于

① 图上题识记有"嘉庆八年岁在癸亥，仲春中浣榖旦"。

日本神户市立博物馆的嘉庆十一年（1806）图一种，藏于台北故宫博物院[①]和美国国会图书馆的嘉庆十六年（1811）图[②]两种，藏于英国牛津大学图书馆的嘉庆十九年（1814）闽县凤池堂本，以及日本早稻田大学图书馆和日本南波家藏的同治七年（1868）绍郡亿锦轩本。[③]

嘉庆、道光年间还有《大清万年一统地理全图》若干种。笔者所查有日本神户市立博物馆所藏嘉庆十七年（1812）古吴近竹斋本、北京大学图书馆和意大利地理协会所藏嘉庆二十一年（1816）古吴墨林堂本[④]、日本京都岩仓实相院和龙谷大学图书馆所藏道光五年（1825）本，以及中国国家图书馆等藏嘉庆年间无刊年本。[⑤]

相较于《舆地全图》，屏风式“大清万年一统”图对黄千人图的改动更为多样。首先对于黄图的识文多有增删，具体可见表3。

表3 “大清万年一统”图各版本图上题识对比

版本	内容
黄千人图（黄储文重订版）	本朝幅员之广亘古未有。东西渐被，南北延袤，莫可纪极。而外彝之梯航重译、职贡称臣者，更难指屈。康熙癸丑，先祖梨洲公旧有舆图之刻，其间山川、疆索、都邑、封圻，靡不绮分绣错，方位井然。顾其时，台湾、定海未入版图，而蒙古四十九旗之屏藩，红苗、八排、打箭炉之开辟，哈密、喀尔喀、西套、西海诸地及河道海口新制犹阙焉。既自圣化日昭，凡夫升州为府、改土归流、厅县之分建、卫所之裁并，声教益隆，规制益善。近更安西等处扩地二万余里，悉置郡县。千人不揣固陋，详加增辑，敬付开雕，用彰我盛朝大一统之治，且亦踵成祖志云尔。图内每方百里，界线粗者省，细者府州，其距山距河者不另立界线。凡省从*，府从*，厅从*，直隶州从*，属州从*，县从*，镇从*，营从*，卫从*，所从*，关从*，宣抚等司从*，长官土司从*，巡检等从*。塞徼荒远莫考，海屿风汛不时，仅载方向，难以里至计。鲜见寡闻，恐多舛漏，幸海内博雅君子厘正为望也

① 见录于林天人《河岳海疆：院藏古舆图特展》，台北故宫博物院，2012。此版为纸本彩绘（260cm×189cm），图名用篆体而非隶书。识文中“盛世之版章为远道之津梁矣”，“远道”“津梁”二语初见亦仅见于此版，其余版本皆作“远游”“观度”。此版未绘海运道，但保留了“西洋诸国俱由此至极南始转而东”这一海运道的说明。

② https：//www. loc. gov/item/gm71005018/。

③ 参考李孝聪《欧洲收藏部分中文古地图叙录》，海野一隆『地図文化史上の広輿図』、东洋文库论丛第七十三、2010 年。

④ 北京大学图书馆所藏版本的识文及图版见载于李明喜《清代全国总图研究》，博士学位论文，北京大学，2011，第 57、113 页。

⑤ 屏风式《大清万年一统地理全图》后期版本中的四川绵竹云鹤斋黑白木刻版属于木板年画性质。

续表

版本	内容
《大清万年一统天下全图》(美国国会图书馆 1811 年版)	本朝幅员之广亘古未有。**东西南朔**,莫可纪极,而**万国**之梯航重译、职贡称臣者,**更指不胜屈。乾隆丁亥年二月间,余姚黄千人曾为天下舆图**,其中山川、疆界、都邑、封圻,靡不**星罗棋布,如指诸掌。洵足瞻盛世之版章为远游之观度矣。然其时金川、西藏、新疆州郡未经开辟,而河道、海口等尚不无挂漏之讥。兹刻遵御纂诸书,悉为增补,较旧图似加详晰。全**图内每方百里,凡省从*,府从*,厅从*,直隶州从*,**州从*,县从*,关从*,营镇从*,土司从*。其塞徼绵亘无际**,海屿风讯不时,**难以里数计者,载其方向,俱仍旧式,未敢稍易己见。再旧图系用一板刊刷,既难缕晰,又不便携带,兹特刻为屏幅,似子客路书箱,易于藏弃。倘海内博雅君子俯鉴予心,再加整正,使归全璧,则幸甚焉。嘉庆十六年岁在辛未,仲春中浣穀旦**

注:略去各图最后的署名与日期,行政建置的图例符号皆用*代替。

屏风式“大清万年一统”图将黄千人图的颂圣和怀祖之意改为服务行路之人的远游所观、藏取之需,转向了实用性和商业性。嘉庆十六年屏风式《大清万年一统天下全图》中的“再旧图系用一板刊刷,既难缕晰,又不便携带,兹特刻为屏幅”之语,明确了此前并无屏风图的式样。而屏风式《大清万年一统地理全图》改屏风式《大清万年一统天下全图》与黄千人图望博雅君子厘正之义为博雅君子可悬图于壁,览天下之广的豪语,亦可说明屏风式“天下全图”较屏风式“地理全图”出现更早。屏风式地理全图由于尺幅的横向拉伸,西侧出现了空余,故在黄河源以西新增了一段介绍性文字:

> 河出今西藩巴颜喀拉山东,名阿尔坦河。东北流三百余里,合鄂敦塔拉诸泉源,大小千百泓,错列如星,汇为查灵、鄂灵二海子。各周三百余里,东西相去五十里,折而北,经蒙古托罗海山之南,转东南流千余里。南北受水数十,小水经乌兰莽乃山,下有多母打秃昆多伦河、多拉昆多伦河自东南来入之。自此折而西北流三百余里,前后小水奔注不可胜计。绕阿水你马勒产母孙山之东北流百五十余里,有齐普河、呼呼乌苏河自西来入之。又迤东,东北流三百余里,会哈克图衮、俄罗济诸水,历归德堡、积石山,至兰州府河州入中国界。

这段文字与乾隆年间秦蕙田所著《五礼通考》嘉礼七十八《黄河考》中的

文字几乎一致，仅删去“元史所谓……”之语，[①] 并被之后的各版本所继承。

黄千人《大清万年一统天下全图》后期版本中，除挂轴式《舆地全图》和屏风式《大清万年一统天下全图》《大清万年一统地理全图》外，落款“嘉兴朱锡龄”的地图也是重要的版本。朱锡龄（1799—1825），字椿年，号云罗，嘉兴海盐人，监生。[②] 朱锡龄图具有挂轴式和屏风式两种形制，是“大清一统”系地图由挂轴式向屏风式转变趋势下特殊的改绘版本。挂轴式朱锡龄图为嘉庆二十三年（1818）所作《大清一统天下全图》，[③] 图幅较传统黄千人图进行了纵向拉伸，导致了一系列地理变形，原图西部地名的文字注释被大量删省。图幅上方文字部分为“各省总目”，且与前述《舆地全图》“各省总目”的简单记载相比，增加了各地与京师的距离以及东南西北的界限。此种图的另一特点是对北京城的放大和对国子监、大理寺、太医院、天坛等城内主要地物的表现。

屏风式朱锡龄图为无纪年《大清万年一统天下全图》。[④] 此图分省设色，山脉、河流、岛屿、长城皆分别着色，沿海岛屿岛国亦用墨线相连。图上识文较挂轴式朱锡龄图，更接近嘉庆十六年的屏风式《大清万年一统天下全图》。该图最大特点在于图幅西侧添注了控格尔、度尔格国、务鲁木城、普鲁社、惹鹿惹亚、巴拉克、细密里亚、大白头番、小白头番、伯尔西亚、波拉尼托、以西把尼、意大里亚、厄勒际亚、西多尔其、东多尔其、大秦国、亚非利加、博尔都、骆西大尼、噶尔亚、安集延、哪吗、温都斯坦、默得那国等地名。这些亚欧非地名的混列，表明编者对其实际地理位置的认知并不准确。此外，此图在西南海上增补了锡兰山、马尔地袜、圣老楞佐岛、淄山等岛屿，并在其南绘有一荷叶状图案，写有“山佐庚辰清源周育万置”，不知何意。或指此图系清源县人周育万据朱锡龄图所改绘。这些变化皆为挂轴式朱锡龄图及其前图所无，亦未被之后的同类屏风式地图沿袭。

据图上内容及识文，笔者认为挂轴式朱锡龄图应仿绘自挂轴式《京板

① 秦蕙田（1702—1764），字树峰，号味经，金匮人。李元度《国朝先正事略》卷十七有《秦文恭公事略》。

② 浙江海盐胥川祠堂《海盐朱氏族谱》卷八《世系四·东溪公支十六世至二十世》，光绪十七年（1891）刻本，第52页。

③ 此图有多个版本，美国康斯威星大学所藏图，http：//collections. lib. uwm. edu/cdm/ref/collection/agdm/id/753；香港科技大学图书馆所藏图，http：//lbezone. ust. hk/rse/wp－content/plugins/wp－imagezoom/zoom. php？ id＝ZvltF#，此版较为粗劣，讹误较多。

④ 法国国家图书馆地图部藏（BN Res. Ge. C. 5353），绢绫裱装，每幅：126cm×55cm，拼合整幅应为：126cm × 220cm。http：//gallica. bnf. fr/ark：/12148/btv1b7200281h. r ＝ Res% 20Ge% 20% 20C% 205353，李孝聪《欧洲收藏部分中文古地图叙录》将作者著录为“朱希龄”。

天文全图》或《京板天地全图》中的《舆地全图》。之后转以前述嘉庆年间坊间盛行的屏风式《大清万年一统天下全图》为模板，结合文献增补部分地名，出现了署名朱锡龄的屏风式《大清万年一统天下全图》。

（三）作为历史地图的《古今地舆全图》

屏风式地图发展到清末，为适应“观今明古”的读图需要，以山东杨家埠和京师大顺堂为代表，将“大清一统”系地图再次作了改订，至光绪年间出现了作为历史地图的《古今地舆全图》。[①] 图上省去了海运道，添注了古地名、古建都处和古人遗迹等内容，图幅四周增加了关于“天下十八省”的大量文字说明。这一变化使得“大清一统”系地图发展到清末又逐渐回归了明末清初私绘全图中盛行的“人迹路程图”样式，从表现最新地理变化的全国地图重又成为普通百姓了解历史故事的“读史地图”。

如光绪壬辰（1892）桃月重修的京都义和堂存板《古今地舆全图》[②] 将其图上识文改为：

> 旧有天下图，载今而不载古，览彼图者指诸今则可据，参诸古则罔知。兹图凡《禹贡》九州，舜所分之十二州，及历代帝王建都处、列国诸侯建都处，兼并二十八宿分野天文度数为记。顶上皆以黑志之，并古地之旧名，古人之遗迹，亦名考详。凡名山大川之载诸《禹贡》、编诸典籍者，悉穷源以考古也。凡今之省从□，府从□，直隶州从（图例阙），州从□，县从○，所以参今也。

但此类图仍保留了黄千人图对长城各关口、长城以北蒙古各部、南部“马援铜柱”和“孔明碑”的绘注，以及图幅西侧俄罗斯国、天方国、回回国、西番、黄河源、西天等处的文字注释。此外西北部的域外诸国、东南部“万水朝东”四字的标注以及南部海域大部分岛屿岛国之名亦与“大清一统”系地图相同。故笔者认为识文中的“旧有天下图”应即延续黄千人图传统的屏风式《大清万年一统天下全图》。

---

① 见于上海国际商品拍卖有限公司2009年春季艺术品古籍拍卖会。这类《古今地舆全图》据笔者所查有光绪十一年、光绪十四年、光绪十五年、光绪十八年、光绪二十一年诸版。

② 藏于巴里·劳伦斯·卢德曼古地图公司，https://www.raremaps.com/gallery/detail/62437kb/china-gu-jin-de-yu-quan-tu-full-modern-and-ancient-map-liu。

五 黄千人《大清万年一统天下全图》谱系及再评价

笔者认为以乾隆三十二年黄千人《大清万年一统天下全图》为界，可将私绘“大清一统”系全图分为前后两个时期。前期在康熙十二年黄宗羲地图基础上，康熙五十三年阎咏改补陆上地物和中俄边界信息，形成《大清一统天下全图》。雍正三年汪日昂继续增补海上部分，形成《大清一统天下全图》。乾隆年间在汪图基础上形成《地舆全图》。乾隆三十二年黄千人在《地舆全图》基础上完成《大清万年一统天下全图》。

后期以黄千人图为母图，在乾隆年间出现单幅《舆地全图》，再将《舆地全图》替换马俊良《京板天文地舆全图》中庄廷敷的《大清统属职贡万国经纬地球式》，在乾隆末嘉庆初形成挂轴式《京板天文全图》和《京板天地全图》。嘉庆初年黄千人之子黄储文对黄千人图进行了改订重刻。嘉庆年间先后出现了以黄千人图为底图的屏风式《大清万年一统天下全图》和《大清万年一统地理全图》，并延续至道光朝。另有署名朱锡龄的嘉庆二十三年挂轴式《大清一统天下全图》和无纪年屏风式《大清万年一统天下全图》。光绪朝出现了作为历史地图的《古今地舆全图》。

“大清一统”系全图虽为私绘，但尺幅广阔，绘刻精详，流布广泛，版本诸多，自成体系。其形成于康熙朝，成熟于乾嘉时期，至光绪朝尚有改刻流传，是在康雍乾时期中西地图绘制方法首次交汇的时代背景下，中国传统舆图编制形式的延续与展现，也是清代私绘全图中除早期“广舆图”系统和后期“改绘皇舆全图”系统外另一重要的绘图系统。

“广舆图”系统表现范围仅限长城以南地区，“人迹路程图”类地图在长城以北仅标出北海、燕然山、狼居胥山等传统文献中的地名，不绘或不详绘河流，且夹杂了源自利玛窦世界地图但标注位置错讹的域外地名，皆未能及时反映清初变化的地理情况和最新的地理认知。黄千人《大清万年一统天下全图》海上部分继承了汪日昂图对内外洋海运道的表现。陆上部分继承了阎咏图对长城以北内蒙古各旗和东北黑龙江流域的增绘，以及对《尼布楚条约》签订后中俄边界的及时反映。[①] 与康熙朝实测《皇舆全览图》相

① 阎咏曾任内阁中书，并参与《亲征平定朔漠方略》汉文誊录，有机会接触官方资料。其图上识文也提到：“近承乏各馆收掌纂修，谨按《典训》《方略》《会典》《一统志》诸书。”

比，北境地名标注以及河流位置与从属关系也都大体准确。① 同时对乾隆初年的行政建置变化做了增订。其作为海陆合一的全国总图，是清中期以前各类私绘全图中最为准确的一种。

但在黄千人图之后，受知识来源所限，后期版本缺乏及时更新与修正，长期停留在清前期水平。尤其伴随着挂轴和屏风式样的流行，产生了地理变形，地图的观赏性、历史性增强而准确性逐渐弱化，在地理表现上出现了“同系退化”的现象。因而“大清一统”系全图在早期具有一定进步性，但不能真实反映清中后期的地理变化。

The National General Map of Land Sea Integration Huang Qianren's *Da Qing Wan Nian Yi Tong Tian Xia Quan Tu*（《大清万年一统天下全图》）and Its Pedigree

Shi Bingjie

Abstract: Huang Qianren's *Da Qing Wan Nian Yi Tong Tian Xia Quan Tu*（《大清万年一统天下全图》）is a national general map of land sea integration. Its knowledge source of the land part can be traced back to Yan Yong's *Da Qing Yi Tong Tian Xia Quan Tu*（《大清一统天下全图》）. Its knowledge source of the maritime part is Wang Riang's *Da Qing Yi Tong Tian Xia Quan Tu*（《大清一统天下全图》）. Its base map is closer to the *Di Yu Quan Tu*（《地舆全图》）. And they have an inherent and successive relationship. There are three variation trends among later versions of "Da Qing Yi Tong" map series. First, there appeared the combining form of *Yu Di Quan Tu*（《舆地全图》）and astronomical map from the end of Qianlong period to the early of Jiaqing period. Second is the changing map style from the hanging scroll to the screen style during the reign of Jiaqing. Third, the painting *Gu Jin Di Yu Quan Tu*（《古今地舆全图》）was redrawn as

① 例如在福克司版康熙《皇舆全览图》上，格尔必齐河实际分为分处额尔古纳河东西的大小两条，只有位于额尔古纳河以西的“昂巴哥里比其河”（大格尔必齐河）才是竖有界碑的界河。黄千人图虽未画出界碑，但正确地将格尔必济河绘于额尔古纳河以西。

a historical map in the Guangxu period. Among them, Huang Qianren's *Da Qing Wan Nian Yi Tong Tian Xia Quan Tu* (《大清万年一统天下全图》) is of great significance.

Keywords: Huang Qianren; *Da Qing Wan Nian Yi Tong Tian Xia Quan Tu*; National General Map; Integration of Land and Sea; Pedigree

（执行编辑：江伟涛）

海洋史研究（第十九辑）
2023 年 11 月　第 99 ~ 117 页

《新译中国江海险要图志》对英版海图的改绘

何国播*

甲午中日海战以筹备近十年的北洋水师全军覆没而告终，同时也标志着三十余年洋务运动的最终失败。面对危急的时局，时人纷纷思考“器物”之外，中国还缺少什么？在与之直接关联的海防领域，除了坚船利炮，海防思想也不可忽视。晚清著名翻译家陈寿彭选取英国海道测量局[①]所编纂《中国海指南》[②]（*The China Sea Directory*）第三版第三卷中有关中国沿海的部分内容，将其翻译成《新译中国江海险要图志》（下文简称《图志》）。[③] 除了文本内容外，陈寿彭还将所涉及的英版海图一并改绘成册，

---

* 作者何国播，复旦大学历史地理研究中心博士后。
本文系国家自然科学基金面上项目“历史地理学视域下的南海地区地图史与领土主权”（项目批准号：42071192）的阶段性成果。

① 英国海道测量局即现在的 UKHO（UK Hydrographic Office），之前为 British Hydrographic Office，隶属于英国海军部，国内学者对此有多种翻译，例如，英国海军海图官局、英国海军海图测绘局、英国海军海道测量局等，本文采用英国海道测量局这一译名。

② *The China Sea Directory* 存在多种中文译名，陈寿彭最早翻译为《中国海方向书》，邹振环、王宏斌在相关论著中亦选用此译名，楼锡淳、朱鉴秋编著的《海图学概论》中称其为《航路指南》，周鑫在其论文《宣统元年石印本〈广东舆地全图〉之〈广东全省经纬度图〉考——晚清南海地图研究之一》脚注中注明为《中国海指南》，本文亦采用《中国海指南》这一译名。

③ 陈寿彭：《新译中国江海险要图志》，经世文社，1901。光绪三十三年（1907）广雅书局重印此书，将题名《新译中国江海险要图志》改为《新译中国江海险要图说》。

编于书中。

邹振环最早对《图志》体例和目次作了简洁明了的介绍，不过并未对该书作具体评价，只是在书目分类上将《图志》划入地图册与地图解说一类。[①] 此后，不少学者从海防视角关注到《图志》在军事、海防方面的价值。王宏斌对《图志》中原著、季风、洋流、航线、南海、要塞等作了介绍，认为《图志》的出版代表海防地理学水平的提升。[②] 高雅洁则分析比较了 *The China Sea Directory* 的两个中译本《海道图说》[③] 与《图志》，认为在晚清海防与塞防之争的大背景下，德国人希里哈的《防海新论》所强调的集中兵力、重点设防观念得到了清廷官员的认同，抛弃传统的周密布防观点，影响了陈寿彭对《图志》的改译。[④] 伍海苏首次对英版 *The China Sea Directory* 作系统介绍，参照清代舆图和相关文献，探讨《图志》对于广东沿海地区海防自然地理环境研究的价值，也指出陈寿彭在翻译和编排过程中存在的错误和不足。[⑤] 关于附图部分，楼锡淳、朱鉴秋对图幅内容作了简要描述，认为新绘的图幅将原图上关于经纬度、比例尺、海拔与水深、灯塔和潮流等标记删除后，使得该图不再具有近代航海图的特征，因此把《图志》中附图的性质定为“我国古代航海图向近代航海图发展过程中的一种过渡形式”。[⑥]

综上所述，尚未有人对海图内容的改绘进行专门研究。笔者在比对原始英版海图与陈寿彭改绘的海图时发现，二者在形式和内容上均存在诸多不同。分析陈寿彭在改绘过程中对图幅要素的取舍，将有助于我们深化对近代海图史的研究，并了解中国近代海防观念的转变与地理学的发展历程。

一　《图志》的编纂背景及成书过程

为什么要翻译这样一部《图志》?《汪康年师友书札》收录陈寿彭写给

① 邹振环：《晚清西方地理学在中国——以 1815 至 1911 年西方地理学译著的传播与影响为中心》，上海古籍出版社，2000，第 404 页。此处补编应为 5 卷。

② 王宏斌：《晚清海防地理学发展史》，中国社会科学出版社，2012，第 300—335 页。

③ 金约翰著，傅兰雅、金楷理口译，王德均笔述《海道图说》，江南制造局，1874。该书附图另行刊印，伍海苏在其硕士学位论文中从出版时间、编辑、内容三个方面进行考证，认为《海道图说》翻译自 *The China Pilot*，并不是以往所认为的 *The China Sea Directory* 第一版第三卷。

④ 高雅洁：《晚清汉译地理图说考述》，硕士学位论文，复旦大学，2011 年，第 28—36 页。

⑤ 伍海苏：《〈新译中国江海险要图志〉的海防地理史料价值研究——以广东沿海为中心》，硕士学位论文，暨南大学，2016 年。

⑥ 楼锡淳、朱鉴秋编著《海图学概论》，测绘出版社，1993，第 98 页。

汪康年的书信22封，其中绝大部分内容都和《图志》的改译有关。陈寿彭认为“《江海图志》实系海疆应用要书，能图早刊，销路必广”[①]，书中的内容是“英人费五十年之功，测量至数十次之多”[②] 的结果，然而此时清廷不知此书之妙，从而有了“甲申、甲午之一误再误”[③]。

陈寿彭在《图志》“序言”中表达了熟知沿海险要对于海防的重要性：

> 原书之告我以险要者，又不仅于有形也。凡风涛变灭，沙岸转移，港门之通塞开合，航路之进退顺逆，有法可乘，有数可据，无形亦使之有形……险要之用变换大矣……吾国海军设立已久，甲申、甲午之明校可思也。天津虽设有舆图局，绝未见有新测一礁，新量一港，颁行国中以为航行准则。[④]

由此可知，甲申年（1884）南洋水师在闽台一带被法国水师打败，随后1894—1895年甲午海战，北洋水师更是惨败，连续的海战失败与清廷对沿海险要的忽视密不可分。陈寿彭认为：“指南者，向导也，不用向导者，不能得地利，因向导而得地利者，即告我以险要也。”[⑤]《中国海指南》英文原书作为航路指南出版，同样包含了沿海的险要。因此陈寿彭提出：“《江海图志》所纪者，皆我海疆一带险要之地，屿岛沙礁如见症结，彼即用此以攻我，我若以此为守，正得肯窍。”[⑥] 洞悉沿海屿岛沙礁等险要形势，即可以守待攻，这是陈寿彭在转译的过程中赋予此书“险要”之名的原因所在，《图志》诞生最直接的现实目的便是明险要、振海防。

陈寿彭自言在编译《图志》时主要参考石印本《大清一统志》、魏源的《海国图志》、天津所印《海军江海全图》，以及顾炎武的《郡国利病书》和顾祖禹的《读史方舆纪要》。[⑦] 将视野拉伸至整个近代，《图志》的出版无疑会让人联想到魏源编译的《海国图志》。魏源震惊于鸦片战争的失败，其所著《海国图志》吸纳了林则徐组织编译的《四洲志》的内容，系统介

---

① 上海图书馆编《汪康年师友书札》2，上海书店出版社，2017，第1861页。
② 上海图书馆编《汪康年师友书札》2，第1862—1863页。
③ 上海图书馆编《汪康年师友书札》2，第1860页。
④ 陈寿彭：《新译中国江海险要图志》，自序。
⑤ 陈寿彭：《新译中国江海险要图志》，自序。
⑥ 上海图书馆编《汪康年师友书札》2，第1862—1863页。
⑦ 上海图书馆编《汪康年师友书札》2，第1849页。

绍了世界各地的自然人文地理状况，是“睁眼看世界”的代表性地理著作，他告诉我们世界是什么样的，并提出“师夷长技以制夷”，其中的附图同样是改绘自西方地图或地图集，这些改绘的地图除了简单的地理认知功能外，并无其他价值。魏源在舆地之学方面显然受徐松的影响比较深，徐松凭借其在西北的幕僚生涯，编写了著名的《西域水道记》，开启晚清舆地之学的经世致用之风，并带动一大批文人投身于边疆地理的研究，实地考察的风气也由此而兴。①

然而如陈寿彭所说，“因林、徐二君所见万里，而不知目前也”，《海国图志》睁眼看了世界，但却没能看清眼前的近海。第二次鸦片战争后，洋务派更是掀起了广泛而持久的译书运动，晚清成立了两大著名官办译书机构——京师同文馆和江南制造总局翻译馆，其中江南制造总局翻译馆翻译了大量的地理学著作，不仅包括测绘知识，也包括海道知识，例如《海道分图》、《海道图说》和《海道总图》。②

值得注意的现象是，洋务运动早期的译著都是由外籍人员代为翻译，但随后洋务运动所培养的一大批中国人主动扛起了翻译的大旗，陈寿彭就是其中代表。陈寿彭曾在福州船政学堂学习驾驶与英文，1886 年出访英法，归国后多从事翻译活动。前人已有诸多研究，在此不赘述。③ 据《汪康年师友书札》，陈寿彭最初只是《图志》的审校人：

> 临别时辱以马氏所译《英国测量中国江海水道图说》五卷校对一节，弟入甬后，行装甫解，即穷数日夜之工代为批阅，其中大致不差，译手至此，亦能事矣。惟中文过于孱弱，不能登作者之堂，使人读之昏昏欲睡，是变好书为劣书，殊可惜也……弟虽不才，孩提之时，尝习管驾之事，风潮水线，尚能记忆一二。爰不自揣，拟仍马氏初稿，为之润色，其未全者，为之补译，书成之日，仍书马氏之名，弟但附以参校名目而已。④

① 郭双林：《西潮激荡下的晚清地理学》，北京大学出版社，2000，第 64—80 页。

② 傅兰雅：《江南制造总局翻译西书事略》，王扬宗编校《近代科学在中国的传播》（下），山东教育出版社，2009，第 502 页。

③ 例如张先清、刘映珏《晚清译书家陈季同与陈寿彭》，《福建史志》1997 年第 6 期；唐欣玉《论晚清译者陈寿彭的职业化趋向》，《重庆交通大学学报》（社会科学版）2011 年第 4 期。

④ 上海图书馆编《汪康年师友书札》2，第 1846 页。

《图志》起初由马氏[①]翻译，最初书名为《英国测量中国江海水道图说》，只有五卷，书信中有时简称《江海图说》，汪康年委托陈寿彭校对。随着陈寿彭对译文错讹了解的加深，他致信汪康年："马氏原译，抄袭傅、王二君旧志者十之八九，既沿其误，又不补其缺。弟初意拟与联名，继而细阅，羞与之为伍，故去之。"陈寿彭决定按照《海国图志》的体例重新翻译《图志》。[②]

在翻译过程中，陈寿彭发现原书"南则缺于钦州、琼州至老万山一大段，北则缺于图们江、珲春一小段"，其兄陈季同"遂为搜罗秘集以及领事署档案"，陈寿彭在此基础上进行补译。"而原书仅有沿海全图一，由宜昌至夔州小图一，织细而简略，大与书名不合。"为了与书名"图志"相称，陈寿彭起初将"八省全图划为碎块，以华洋字合璧注之，以快读者"。[③] 而后因"其中所译名目与拙著恒不同，遂废不用，故重新另行自绘"。[④] 原图"大小不齐，难入卷帙用"，于是"酌选西图之要者，手为模绘；大者缩，小者拓，精繁者切割为数图，共成二百零八轴，厘为五卷"。[⑤]

二 《图志》附图与英版海图的对比

陈寿彭改绘《图志》，共成图 5 卷 208 幅，除了首幅图为罗经图外，其余每幅尺寸约为 18. 5cm × 12. 5cm，每幅图图框内均标有图号及图名（见附录 1）。关于此图的来源，《图志》叙例中谈到，除第一幅罗经图外，其余"照坊本诸图按志中之说而增改"。[⑥]《图志》附图卷一的小识和图例均提及附图的改绘母本是"坊本诸图"，然而全书其他部分并未提及"坊本诸图"到底是指什么。查阅卷首译例与《汪康年师友书札》，可知"坊本诸图"为晚清《八省沿海全图》或者英版海图，或兼而有之，这一问题伍海苏也曾注意到。[⑦] 据汪家君考证，《八省沿海全图》的母本正是 19 世纪英国海道测

---

① 唐欣玉、伍海苏、高雅洁在各自论著中均认为此处的马氏即马建忠。

② 上海图书馆编《汪康年师友书札》2，第 1850 页。

③ 上海图书馆编《汪康年师友书札》2，第 1857 页。

④ 上海图书馆编《汪康年师友书札》2，第 1858 页。

⑤ 陈寿彭：《新译中国江海险要图志》，卷首译例；《海图学概论》第 98 页注明此段文字出自《图志》图叙，而图叙中并无这段文字，应修正。

⑥ 陈寿彭：《新译中国江海险要图志》附图卷一"小识及图例"。

⑦ 伍海苏：《〈新译中国江海险要图志〉的海防地理史料价值研究——以广东沿海为中心》，第 85 页。

量局出版的海图。[①] 因此，不管《图志》改绘自《八省沿海全图》还是“西图”，其母本都来自英版海图，具体图目参见附录2。

《图志》的改绘，在沿海总图的框架下，以行政区域为纲，沿海各地皆有分省或分区总图，共有广东沿海全图（第一卷）、福建沿海全图（第二卷）、浙江沿海全图—江苏全图（第三卷）、长江总图（第四卷）、山东直隶盛京合图（第五卷）。而英版海图中除去河流部分，中国沿海主要图目如下：No. 2212（Hui-Ling-San harbour to Hongkong）（海陵山港至香港）、No. 1962（Hongkong to the Brothers）（香港至兄弟屿）、No. 1760（The Brothers to Ockseu islands）（兄弟屿至乌丘屿）、No. 1761（Ockseu islands to Tung yung）（乌丘屿至东引岛）、No. 1754（Tung yung to Wen chau bay）（东引岛至温州湾）、No. 1759（Wen Chau bay to Kue shan islands）（温州湾至韭山列岛）、No. 1968（Formosa island and strait）（台湾岛及台湾海峡）、No. 1199（Kue shan islands to the Yang tse kiang）（韭山列岛至扬子江）、No. 1255（Kyau chau bay to Lai chau bay）（胶州湾至莱州湾）、No. 1256（Gulfs of Pe chili and Liau tung）（北直隶湾及辽东），上述10图为总图下次一级的区域航道图，由南向北，按照航道顺序展布。这种划分航道的方式则是建立在中国沿海港口分布情况的基础上，具体地说是经历两次鸦片战争后开放的香港、广州、福州、厦门、宁波和上海、烟台、天津、营口等处。从编排内容看，基本继承了体现英军对于我国沿海的认知详于南而略于北的特点，也因为中国长江以北沿海基本以泥质海岸居多，良港较少。

在海图的裁剪重组方面，“原志合于正补两篇应用之图综共九十七轴”，陈寿彭将《图志》卷首之图“摹之为第二图上半，而下半则以他书之图为补”，以“长江全图之末”取代“原志第八卷宜昌至重庆小图”，以“海关警船示册”中罗经图为第一幅图来表明方向。其余部分通过“坊本数种，校其异同而增损之，厘以成卷，或分或合，使大小适均者”，共计成图208幅。[②]

航行指南、海图、灯塔表是英国海道测量局的三种工具性出版物。目前

① 汪家君：《晚清〈八省沿海全图〉初探》，《杭州大学学报》（自然科学版）1988年4期。原文：“《全图》编纂所采用的原始资料，从整体上看，以十九世纪英国出版的中国沿海的航行图为基础，经过编纂者的筛选、翻译、补充和修订，使《全图》能够比较系统地完整地反映十九世纪中国沿海海区和长江水道及其附近的详细情况。”

② 陈寿彭：《新译中国江海险要图志》附图卷一“小识及图例”。

该局档案馆最为全面系统地收藏着历史上其出版过的海图及航行指南。大英图书馆、海事图书馆、英国国家档案馆等也收藏有少量海图。

英版海图的第一次出现主要归功于英国海道测量局首任水文师达林波（Alexander Dalrymple），在当时并没有相应的航行指南，航行指南的出版在第三任水文师佩里（W. E. Parry）的任期内，其在助手本彻（Alexander Bencher）的大力协助下于1829年正式出版了第一本航行指南——《西印度航行指南》（*The West Indies Directory* Vol. Ⅰ）。[①] “1827年，佩里下令，测量员在测绘相关海域时，必须撰写该区域的航行指南，同时他命一个助手专门负责编辑并出版航行指南。”[②] 可见海图的出现早于航行指南。在航行指南中规定当海图与指南发生冲突时，要以海图为准。“无论何种情况下，当航行指南与海图存在不符，要以海图为指导。”[③]

1867年 *The China Sea Directory* 第一卷第一版序言中这样写道：“*The China Sea Directory* 第二卷将会在下一年如期出版，内容主要包括从新加坡至香港的中国海及其海岸、岛礁、危险区域，以及两种季风条件下的航行指南，最终 *The China Pilot* 会成为 *The China Sea Directory* 系列的第三卷。”[④] 此时第三版尚未出版，而1874年 *The China Sea Directory* 第三卷第一版序言则证实了这一点：“本卷中的航行指南过去见于 *The China Pilot*……因此以前 *The China Pilot* 中的内容现在被分为两部分，分别出版于 *The China Sea Directory* 第三卷和第四卷中。”[⑤] 据此可以认为 *The China Sea Directory* 是与 *The China Pilot* 一脉相承的。查阅1855年第一版 *The China Pilot*，书中并没有标注与文本内容对应的海图号，[⑥] 其出现于1858年第二版 *The China Pilot* 中。[⑦] 由此可知，早期航行指南上并未标注相应的海图号。

---

① G. S. Ritchie, *The Admiralty Chart: British Naval Hydrography in the Nineteenth Century*, Edinburgh: Pentland Press, 1995, p. 178.

② Roger Morris, “200 Years of Admiralty Charts and Surveys,” *The Mariner's Mirror*, Vol. 82, No. 4 (November 1996), pp. 420 – 435.

③ W. H. Petley, *The China Sea Directory*, 3rd ed. Vol. 3, London: Hydrographic Office, 1894, p. xxiii.

④ J. W. King, *The China Sea Directory*, 1rd ed. Vol. 1, London: Hydrographic Office, 1867, Advertisement.

⑤ Charles. J. Bullock, *The China Sea Directory*, 1rd ed. Vol. 3, London: Hydrographic Office, 1874, Advertisement.

⑥ Robert Loney, *The China Pilot*, London: Hydrographic Office, 1855.

⑦ Robert Loney, *The China Pilot*, second edition, London: Hydrographic Office, 1858.

综上所述，英版海图并不是航行指南的附庸，相反，航行指南上的地名海图上都有，而航行指南却不能包括海图上所有的地名。

在陈寿彭的《图志》中，“图”的地位是远不及“志”的，他认为“此图乃补志之所不及”。《图志》图例写道：“志中名目烦多，图中有不及书者，阅者可按其方位自求，当无难事。”出于对出版费用的考虑，需要对“图”与“志”进行取舍，陈寿彭也认为“不要续编与图亦可也”。① 在卷一译例中，也表示“不过聊助读志之用而已”。

对中国历史上地志与地图间的关系，王庸认为：“中国古来地志，多由地图演变而来。其先以图为主，说明为附。其后说明日增，而图不加多，或图亡而仅存说明，遂多变为有说无图，与以图为附庸之地志。”② 丁文江亦言：“地图有说明，是中国旧有地图的特色，是世界通行的地图所没有的。如果图的缩尺和投影是准的，印刷是清楚的，符号是明显的，根本用不着说，用不着解。旧图之所以有说，是因为非说不明的原故。”③ 陈寿彭撰写《图志》，属于以图为附庸之地志，带有中国传统地图的特色。

三　基于舟山群岛进行的图面内容特征对比

舟山海区地理位置特殊，历经英海军多年测绘调查，其测绘精度极高，而陈寿彭在改绘的过程中亦对舟山群岛及其邻近水域给予了六幅图面的比重。分别是附图第三卷的第九十九图（舟山群岛一　舟山东北）、第百图（舟山群岛二　舟山东向）、第百零一图（舟山群岛三　舟山西向）、第百零二图（舟山群岛四　舟山东南）、第百零三图（舟山群岛五　舟山南向上）、第百零四图（舟山群岛六　舟山南向下）。据英文原版《中国海指南》第三卷，除在比例尺较小的总图中出现以外，舟山海域的图幅号有三，分别是 No. 1199（Kue shan islands to the Yang tse kiang, including the Chusan Archipelago）（韭山群岛至扬子江，及舟山群岛）、No. 1429（Chusan Archipelago-South sheet）（舟山群岛南半部）、No. 1395（Tinghai and

① 上海图书馆编《汪康年师友书札》2，第 1857 页。

② 赵中亚选编《王庸文存》，江苏人民出版社，2014，第 199—205 页。原载《禹贡》半月刊第 2 卷第 2 期，1934 年。

③ 丁文江：《再版〈中国分省新图〉序》，欧阳哲生主编《丁文江文集》第 1 卷，湖南教育出版社，2008，第 131 页。

approaches)(定海港),[①] 绘图资料大部分源于第一次鸦片战争时期英军指挥官科林森(Richard Collinson)对舟山海域的调查。

英版图标有进入舟山港的三条主航道。而《图志》附图并无经纬度,通过读取与英版图上对应的地名与地物的经纬度进行配准(如定海城、六横角、普陀山等),以舟山岛为例,在 ArcMap 中将《图志》附图叠覆在英版图上方,二者轮廓近乎重合。

英版海图内容相对丰富,具有详细周密的水深标记(以英寻为单位),绘有磁偏角的罗经、比例尺,图幅上写有调查员、刻图人及出版信息。而陈寿彭说"图乃补志之所不及,若山高水浅之说志中已举要领,图上奚用另标?故悉去之",且因为图上经纬"已散见于志中",无须"强加赘疣"。[②] 概括而言,陈寿彭认为此类要素《图志》文本部分已有,加之徒增麻烦。

在地名标注方面,有的地名是直接音译英文名,有的是标注其固有的中文名称,部分见表 1。

表 1 不同海图上同一地名标注对比

英版图(《中国海指南》)地名	《八省沿海全图》[①]译名	陈寿彭译名	现今地名
Taouhwa island	桃花岛	桃花岛	桃花岛
Changpih	长白岛	长白岛	长白岛
Tang-fow	灯埠	登(灯)埠	登步岛
Tea island	盘屿山	邦芝	盘峙岛
Beak island	铜鼓山	尖峰岛	元山岛
Vernon island	佛能岛(西北标有虾歧山)	威朗岛	虾峙岛
Crack island	各拉克岛	破裂岛	瓜连山
Broken island	马目山	膜母	马目
Lansew	兰秀山	寿山岛	秀山岛

① No. 1429 实际图幅尺寸为 64cm × 48cm,在实际海图序列中,舟山还有一幅海图 No. 1428(Chusan Islands-Nouth sheet),在航行指南中并未提及,参见 *Catalogue of Charts, Plans, Views, and Sailing Directions, &c.* London: Her Majesty's Stationery Office, 1849, p. 90。图号后改为 No. 1969(Chusan Archipelago-North Sheet),参见 Edward Dunstervilie, *Admiralty Catalogue of Charts, Plans, Views, and Sailing Directions, &c.* London: Her Majesty's Stationery Office, 1860, p. 125。

② 陈寿彭:《新译中国江海险要图志》附图卷一"小识及图例"。

③ 《八省沿海全图之浙江沿海图》参见浙江省测绘与地理信息局编《浙江古旧地图集》上卷,中国地图出版社,2011,第 130—143 页。

绘图方式方面：除主干河流会画出河道两边岸线外，支流和一些小型河流基本只画细实线，这一点直接继承自英版海图，而山脉也使用西式的晕滃法[1]绘制，小型的岛礁同样仿照英版图用虚线描绘。

原书在论述舟山群岛时，重点提及了由南往北进入舟山群岛的三处备选航道，分别是斗筲门（Tau Sau Mun）或尖峰头水道（Beak head channel）、虾歧门（Hea Chi Mun）或威朗水道（Vernon channel）、沙母拉加利水道（Sarah Galley channel）。此三处水道在英版海图上绘于一张图上，即No. 1429。而《图志》中则分割为两幅，分别是舟山东南和舟山南向下，这样的分割使得航道不再完整，不便于航行时参考，同时也不利于“险要”的扼守。

此外，同一地物在不同图幅中形态也不尽相同。以《图志》附图第百零一图“舟山西向”和第百零三图“舟山南向上”为例，两图存在地域重叠部分，在细节上差异较大。首先，两图中自然地物描绘并不一致，例如西南方位螺头岛上的山脉、定海城周边的河流（第百零一图河流较第百零三图丰富很多）。其次，同一地物存在不标注地名的情况（第百零一图中“中地”在第百零三图中并无标注，第百零三图中椭圆形虚线框内大量小地名在第百零一图中并无标注）。此类情况均属手工摹绘造成的不可避免的差异，在宏观上看无关紧要，但在一些关键性的区域，仍需要结合文本进行准确判定，以麦尔非尔水道（Melville Channel）为例，对照英版图，该水道须依次经过鹿岛、大岛、培丁、砥石。如果仅依靠《图志》附图，则无法准确判断麦尔非尔水道的具体航行路径（第百零一图、第百零三图中该水道标注较真实航道过于偏下），而《图志》文字部分则对此水道路径有细致描绘。

余 论

陈寿彭《图志》文本部分主要译自《中国海指南》，而附图改绘自一系列英版海图。按其序言所述，《图志》的主次很明确，以志为主，图为辅，这符合中国舆地之学的传统。而英国人的使用习惯并非如此，航行指

---

① 有关晕滃法在地图绘制中的发展，参见张佳静《地图晕滃法在中国的传播与流变》，《中国科技史杂志》2013 年第 4 期。

南与各类海图单独出版出售，二者可以单独使用，也可以结合使用，二者之间并无从属关系，某些情况下，图的地位与价值还要高于指南，二者都是作为海上航行工具而存在，其受众仅限于航海人员。《中国海指南》作为一本航海工具书，在对中国沿海水文要素进行描述时，以航路为纲，该书更接近中国历史上的《更路簿》，原著并没有体现多么高深的地理学思想，陈寿彭所译《图志》更像是以传统文人修志的方式来传授知识，在转译的过程中赋予此书江海险要的内涵。《图志》在文本翻译上遵从原著，并无太大改动，将原书各条目逐次进行汉译。通过将陈寿彭《图志》中所附海图与其源图——英版海图进行对比分析可知，其改绘时仍将海图的职能回归到传统中国方志舆图中来，但又不完全等同于原来的中式山水写意画法。海图的再分幅舍弃了英版海图以航道为核心的分幅方式，而是以政区为纲。在图面内容的改绘上，继承了英版海图海岸线、河流轮廓、山体和礁石的形态和绘制方式，与传统舆图相比，地物形态准确性得到了极大提升。而经纬度、水深、比例、罗经等现代要素被舍弃，使得附图不具备同期英版海图的指导航行职能。

《图志》所附海图确实可以提升人们对于沿海地形地貌的认知程度，但并未突破传统舆地图的框架，《图志》海防价值的体现必须依赖文本，“图”仍从属于“志”。因此，《图志》的出版可视为晚清学人面对甲午战败、海疆告急，为重振海防，在“中体西用”思想指导下，对英人航海知识的转译。

附录1　陈寿彭著《新译中国江海险要图志》附图五卷目录

第一卷	
第一图　罗经	第七图　广东五　由福记角至香港
第二图　中国海滨及长江一带下至中国海南洋群岛	第八图　广东六　由东龙至横琴又由老万山北至于珠江之虎门
第三图　广东一　由琼州至南澳	第九图　广东七　由黄茅至巫石　西江口宽水道附
第四图　广东二　由诏安湾至海门湾	
第五图　广东三　由海门角至遮浪角	第十图　广东八　由大濠沿珠江上至于广东城
第六图　广东四　由碣石镇湾至大鹏角	第十一图　广东九　由大坚岛至官帽

续表

第一卷	
第十二图　广东十　由下川至兄弟石	第二十七图　香港三　香港岛之西北
第十三图　珠江一　由老万山至内伶仃	第二十八图　香港四　香港岛之西南
第十四图　珠江二　由大濠澳门上至虎门	第二十九图　广东杂澳二（此处原书有误，应为一）　南澳
第十五图　珠江三　由三板洲至黄浦	
第十六图　珠江四　由黄浦经广东省城西通于三水	第三十图　广东杂澳二　汕头
	第三十一图　广东杂澳三　望澳海门湾
第十七图　珠江五　由佛山下至潭州　又附西江由康母伯尔岛下至波乐法岛	第三十二图　广东杂澳四　小图四（一濠子港、二甲子角、三浅澳、四汕尾港）
第十八图　珠江六　横门一节　又附西江由波乐波岛下至横琴三灶	第三十三图　广东杂澳五　大鹏湾
	第三十四图　广东杂澳六　避风湾石头港等处
第十九图　珠江七　由宽水道迤西至铜洲	第三十五图　广东杂澳七　东澳岛之博打母湾
第二十图　西江一　由三水至高峡山	第三十六图　广东杂澳八　金星门港
第二十一图　西江二　由高峡山至树头	第三十七图　广东杂澳九　小图三（一九龙船坞、二澳门、三汕存岛澳）
第二十二图　西江三　由树头至九层塔	
第二十三图　西江四　由九层塔至狮鼻村	第三十八图　广东杂澳十　下川岛之那母港
第二十四图　西江五　由狮鼻村至梧州	第三十九图　广东杂澳十一　海陵山港
第二十五图　香港一　香港岛之东南	第四十图　广东杂澳十二　电白港
第二十六图　香港二　香港岛之东北	第四十一图　广东杂澳十三　蒲勒他士岛
第二卷	
第四十二图　福建滨海及台等处	第五十九图　海坛群岛一　观音澳　乃海坛之东北
第四十三图　福建一　由南岐至福宁湾	
第四十四图　福建二　由福瑶岛至马祖	第六十图　海坛群岛二　海坛澳　乃海坛之东南
第四十五图　福建三　由三沙澳至白犬　附闽江	
第四十六图　福建四　海坛南日群岛	第六十一图　海坛群岛三　海坛北水道
第四十七图　福建五　由兴化湾至崇武澳	第六十二图　海坛群岛四　海坛内港上
第四十八图　福建六　由崇武澳至镇海澳	第六十三图　海坛群岛五　海坛内港下
第四十九图　福建七　由镇海澳至诏安湾	第六十四图　海坛群岛六　海坛南水道
第五十图　闽江一　闽江口	第六十五图　崇武澳并泉州口
第五十一图　闽江二　由五虎至红山	第六十六图　泉州晋江港
第五十二图　闽江三　由闽安至南台	第六十七图　深沪湾
第五十三图　南关港	第六十八图　围头澳
第五十四图　三沙湾一	第六十九图　料罗澳并金门港
第五十五图　三沙湾二	第七十图　厦门港
第五十六图　三沙湾三	第七十一图　厦门
第五十七图　马祖群岛	第七十二图　虎头澳
第五十八图　白犬列岛	第七十三图　礼是门

续表

第二卷	
第七十四图　铜山港	第八十二图　台湾岛下
第七十五图　台湾海峡上	第八十三图　基隆岛
第七十六图　台湾海峡下	第八十四图　北头湾
第七十七图　澎湖群岛一　澎迤北	第八十五图　基隆港
第七十八图　澎湖群岛二　澎湖岛	第八十六图　淡水港
第七十九图　澎湖群岛三　澎湖东南	第八十七图　各西港
第八十图　澎湖群岛四　澎湖西南	第八十八图　打狗港
第八十一图　台湾岛上	第八十九图　苏澳
第三卷	
第九十图　浙江沿海全图	第百零八图　甬江三　宁波府城
第九十一图　浙江一　舟山东北群岛	第百零九图　宁母毋路港上
第九十二图　浙江二　杭州湾	第百零十图　宁母毋路港下
第九十三图　浙江三　钱塘江口	第百十一图　石浦港
第九十四图　浙江四　舟山宁波下及韭山	第百十二图　三门湾上
第九十五图　浙江五　三门湾	第百十三图　三门湾下
第九十六图　浙江六　台州湾	第百十四图　江苏全图
第九十七图　浙江七　温州湾	第百十五图　江苏一　马鞍群岛
第九十八图　浙江八　乍浦	第百十六图　江苏二　扬子北枝江口
第九十九图　舟山群岛一　舟山东北	第百十七图　江苏三　长江口
第百图　舟山群岛二　舟山东向	第百十八图　江苏四　吴淞上海
第百零一图　舟山群岛三　舟山西向	第百十九图　江苏五　狼山渡
第百零二图　舟山群岛四　舟山东南	第百二十图　江苏六　江阴镇江
第百零三图　舟山群岛五　舟山南向上	第百二十一图　江苏七　镇江江宁
第百零四图　舟山群岛六　舟山南向下	第百二十二图　吴淞口
第百零五图　甬江口	第百二十三图　黄浦江
第百零六图　甬江一　镇海	第百二十四图　上海
第百零七图　甬江二　甬江	
第四卷	
第百二十五图　长江总图一	第百三十三图　长江五　镇江
第百二十六图　长江总图二	第百三十四图　长江六　江宁
第百二十七图　长江总图三	第百三十五图　长江七　太平
第百二十八图　长江总图四	第百三十六图　长江八　芜湖
第百二十九图　长江一　上海崇明	第百三十七图　长江九　铜陵
第百三十图　长江二　狼山	第百三十八图　长江十　大通安庆
第百三十一图　长江三　江阴	第百三十九图　长江十一　安庆望江
第百三十二图　长江四　泰兴	第百四十图　长江十二　彭泽湖口

续表

第四卷	
第百四十一图　长江十三　九江	第百五十四图　长江二十六　巫山
第百四十二图　长江十四　蕲州	第百五十五图　长江二十七　夔州
第百四十三图　长江十五　黄州	第百五十六图　长江二十八　云阳
第百四十四图　长江十六　黄州汉阳武昌	第百五十七图　长江二十九　万县
第百四十五图　长江十七　农湾	第百五十八图　长江三十　忠州
第百四十六图　长江十八　嘉鱼	第百五十九图　长江三十一　酆都
第百四十七图　长江十九　临湘	第百六十图　长江三十二　涪州
第百四十八图　长江二十　监利	第百六十一图　长江三十三　长寿
第百四十九图　长江二十一　石首	第百六十二图　长江三十四　重庆
第百五十图　长江二十二　荆州沙市	第百六十三图　鄱阳湖
第百五十一图　长江二十三　松滋宜都	第百六十四图　赣江
第百五十二图　长江二十四　宜昌	第百六十五图　焦山
第百五十三图　长江二十五　归州	
第五卷	
第百六十六图　山东直隶盛京合图	第百八十八图　金州湾
第百六十七图　山东一	第百八十九图　寿利矾岛
第百六十八图　山东二	第百九十图　亚当司港
第百六十九图　之罘上	第百九十一图　葫芦山澳
第百七十图　之罘下	第百九十二图　盖州澳
第百七十一图　威海上	第百九十三图　辽河口
第百七十二图　威海下	第百九十四图　营口牛庄
第百七十三图　罗山港	第百九十五图　旅顺口
第百七十四图　青岛口	第百九十六图　北直隶
第百七十五图　胶州湾一	第百九十七图　直隶一
第百七十六图　胶州湾二	第百九十八图　直隶二
第百七十七图　胶州湾三	第百九十九图　直隶三
第百七十八图　龙门港	第二百图　戴漕河、洋河、老苗河、仙夏口
第百七十九图　大山河口、大清河、庙岛	第二百零一图　清河、北塘河
第百八十图　盛京一	第二百零二图　岐河
第百八十一图　盛京二	第二百零三图　北河一
第百八十二图　海洋岛	第二百零四图　北河二
第百八十三图　大连湾	第二百零五图　北河三
第百八十四图　老铁山	第二百零六图　北河四
第百八十五图　隍城列岛	第二百零七图　北河五
第百八十六图　会湾上	第二百零八图　北河六
第百八十七图　会湾下	

附录2 *The China Sea Directory* 3rd ed. Vol. 3，所涉英版海图图目[①]

No. 1262 Hongkong to gulf of Liau-tung

No. 1263 China sea

No. 2347 Nipon island

No. 2661b China sea，northern portion-eastern sheet

No. 1968 Formosa island and strait

No. 2412 The island between Formosa and Japan. with the adjacent coast of China

No. 2212 Hui-Ling-San harbour to Hongkong

No. 1962 Hongkong to the Brothers

No. 1180 Approaches to Hongkong

No. 2661a China sea，northern portion-western sheet

No. 1023 Plan：Boddam cove

No. 1466 Hongkong，Fotaumun pass

No. 1459 Plan（can be seen on chart）Hongkong harbour

No. 2562 Canton river（Chu kiang）-with its western branches to Sam shui，and adjacent country

No. 1782 Canton river，sheet1：Lantao to Lankeet islands

No. 1253 Cum-sing-mun harbour

No. 1740 Chu kiang or Canton river-sheet3：tiger island to the second bar pagoda

No. 1742 Chu kiang or Canton river-sheet4：second bar pagoda to Whampoa and Chang shan island

No. 1739 Chu kiang or Canton river-sheet5：Whampoa channel and Chang shan island to Canton

No. 1741 Chu kiang or Canton river-sheet2：Lankit spit to Tiger island

① 该书所涉及的海图，按文中出现先后顺序排列，共计 89 幅，其中两幅为索引图，无图号，未列入，故此处仅列 87 幅。

including Chuen pi and Boca channels

No. 2734 Si kiang or west river-sheet2：Sam chau to Chau sun

No. 2735 Si kiang or west river-sheet3：Chau sun to Wu chau fu

No. 1964 Mirs bay（plan Samun road）

No. 958 Plan：Hie che chin bay

No. 811 Plan：Anchorages on the coast of China：-

No. 854 Plan：Port Swatan

No. 1957 Plan：Namoa island

No. 1760 The Brothers to Ockseu islands, including the west coast of Formosa from Wankan bank to Nan sa sha river

No. 1958 Tongsang harbour and Hutau bay

No. 1767 Plan：Approaches to Amoy harbour

No. 1764 Amoy inner harbour

No. 1959 Hu i tau and Chimmo bays

No. 1769 Chinachu harbour

No. 1761 Ockseu islands to Tung yung, including the north part of Formosa from Nan sa sha river to Ke lung harbour

No. 818 Plan：Channels between Red yit and Rugged island leading to south entrance of Hai tan strait

No. 1985 Hai tan strait

No. 817 The narrows of Hai tan strait

No. 1961 Pescadores（hoko）islands

No. 362 Pratas reef and island

No. 2454 Northern Portion of the Island of Luzon with the Bashee and Balintang Channels

No. 2408 Batan Islands

No. 2376 Harbours in Formosa：

No. 2409 West coast of Formosa, and Pescadores channel

No. 2618 Ke lung harbour（Kurun ko）

No. 2400 The bar and approaches to the river Min

No. 166 Plan：river Min-pagoda anchorage and approaches

No. 1754 Tung yung to Wen chau bay

No. 1988 Approach to Sam sa inlet

No. 1980 Namquan harbour

No. 1759 Wen Chau bay to Kue shan islands

No. 1763 Wen-chau port and approaches

No. 1994 San-mun bay and Sheipu harbour

No. 1199 Kue shan islands to the Yang tse kiang, including the Chusan archipelago

No. 1811 Kue shan islands to Nimrod sound

No. 1429 Chusan archipelago-South sheet

No. 1583 Nimrod sound

No. 1395 Tinghai and approaches

No. 1124 Southern approach to the Yang tse kiang-video to cape Yang tse

No. 1592 Yung river and approaches

No. 1453 Plans in the southern approach to the Yang tse kiang

No. 1602 Approaches to the Yang tse kiang

No. 1601 Wusung river or Hwang pu

No. 389 Plan: Shanghai harbour

No. 2809 Yang tse kiang-sheet1: Shanghai to Nanking

No. 2678 Yang tse kiang-sheet2: Nanking to Tung liu

No. 2695 Yang tse kiang-sheet3: Tung liu to Hankau

No. 2849 Hankau to Yoh-chau-fu; with Poyang lake, and Kan river to Nanchang.

No. 1115 Yang tse kiang-sheet5: Yo chau fu to Kwei chau fu

No. 115 Plan: Ichang. Sha-sze anchorage

No. 1255 Kyau chau bay to Lai chau bay

No. 857 Kyan chau bay

No. 1256 Gulfs of Pe chili and Liau tung, and northern portion of the Yellow sea

No. 2823 Wei hai wei and approaches

No. 2846 Lung-mun harbour

No. 1260 Chifu or Yen-tai harbour

No. 1392 Pe chili strait

No. 2847 Hai yung tau including Thornton haven

No. 2827 Ta-lien-whan bay. Odin cove

No. 1798 Kinchau to terminal head, including kwang tung peninsula

No. 1236 Approaches to port Arthur or Lu chun ko. Port Arthur.

No. 598 Li tsin ho to Ning hai, showing the Pei ho to Peking

No. 2653 Pei ho (hai ho) or Peking river-sheet1: from the entrance to Ko ku

No. 2654 Pei ho (hai ho) or Peking river-sheet2: Ko ku to Tien tsin

No. 257 Pei ho (hai ho) or Peking river-sheet3: Tien tsin to Tung chow

No. 258 Pei ho (hai ho) or Peking river-sheet4: Tung chow to Peking

No. 2833 Fort head to Kinchau, including Kwang tung (society) bay

No. 2894 Liau river and approaches

The Redepiction of British Admiralty Chart in *Xin Yi Zhong Guo Jiang Hai Xian Yao Tu Zhi*

He Guofan

Abstract: Based on the comparative analysis of the attached sea charts in Chen Shoupeng's *Xin Yi Zhong Guo Jiang Hai Xian Yao Tu Zhi*（《新译中国江海险要图志》）and its source charts-British Admiralty Chart, we suggest that the redepiction has the following characteristics: The sheet dividing is based on political district rather than sea-route. The depiction of the coastline, river, mountain and reef in the attached sea charts inherits the attributes of British Admiralty Chart, which improved the accuracy of the topography. And these charts abandoned the mathematical elements in depicting process which were necessary in admiralty charts such as longitude and latitude coordinates, water depth, proportion, and compass. The attached sea charts in *Tu Zhi* indeed enhance people's cognition level of coastal topography, however, it do not break through the framework of Chinese antique maps, nor do it have the navigation function. The coastal defense value of *Tu Zhi* still depend on the text rather than chart. The publication of *Tu Zhi* can be regarded as a translation of British nautical knowledge under the guidance of the "Westernized Chinese Style" carried out by scholars in late Qing period who faced the defeat of the Sino-Japanese War and desired to reinvigorate the coastal defense.

Keywords: Late Qing Dynasty; British Admiralty Chart; Chen Shoupeng; *Xin Yi Zhong Guo Jiang Hai Xian Yao Tu Zhi*

（执行编辑：江伟涛）

海洋史研究（第十九辑）
2023 年 11 月　第 118 ~ 138 页

民国地图中的海权意识评述

夏　帆*

中国是一个陆海兼备的国家。根据政府网站公布，我国陆地面积约为 960 万平方千米，大陆海岸线有 18000 余千米，内海和边海水域面积为 470 多万平方千米。① 但由于受传统“重陆轻海”观念影响，到清朝末期，当时的海军内部也仍以“防口守岸”② 为指导原则，以“海防”代“海权”。到民国时，一方面受西方列强侵占我国岛礁、盗采资源、控制航路刺激，另一方面受西方“海权”观念影响，从政府到国民对海权的关注远胜于前。在关注层级上，从中央到地方及至普通民众均参与到了海权维护行动中。③ 同时，在关注方式上，形式更加多样。除国家机关应对海权危机外，以报刊为

---

* 作者夏帆，武汉大学边界与海洋研究院副教授，国家领土主权与海洋权益协同创新中心研究员。

本文为国家社会科学基金一般项目“中外地图所见中国疆界意识演变及比较研究（1708—1948）”（18BZS167）阶段性成果，并受武汉大学中央高校基本科研业务费资助。本研究曾获北京大学中国古代史研究中心、国家领土主权与海洋权益协同创新中心李孝聪教授提供部分地图资料，在此向李老师表示感谢！

① 数据引自《中华人民共和国版图》，中国政府网，http：//www. gov. cn/guoqing/2017 - 07/28/content_ 5043915. htm，2020 年 12 月 19 日。

② 史滇生：《中国近代海军战略战术思想的演进》，《军事历史研究》2000 年第 1 期。

③ 相关研究参见李国强《民国政府与南沙群岛》，《近代史研究》1992 年第 6 期；陈谦平《抗战胜利后国民政府收复南海诸岛主权述论》，《近代史研究》2017 年第 2 期；郭渊《广东地方政府与南海九小岛事件》，《历史教学》2017 年第 16 期；凌富亚《匹夫有责：民国时期的海权危机与民间应对》，《海南师范大学学报》（社会科学版）2017 年第 5 期；等等。

代表的公共媒体也多有关于海洋及海权的介绍性文章。[①] 除此以外，地图编绘也参与其中。

地图是地理信息的载体，也是特定文化或政治观念的象征性表达，从中可以了解特定地区的人在特定时代对自己及他人的认识。[②] 本文旨在考察我国海疆范围最终形成的关键时期——民国的涉海地图编绘与其中展现的海权观念，并对地图在这一过程中所起到的积极作用及其局限性予以分析。有任何不妥之处，请学界同人指正。

一　民国时期的海权意识

自清中晚期始，一改此前边患多来自北方陆地的传统现象，来自海上的威胁大大增强。鸦片战争、中日甲午海战等相继发生，澳门、香港、台湾先后为殖民者侵占，这都极大地刺激了中国人民，他们开始思考海洋问题。彼时西方对于海权理论的探索也逐渐进入高潮。特别是在 19 世纪末，美国战略思想家艾尔弗雷德·塞耶·马汉（Alfred Thayer Maham）[③] 在总结大航海时代以来西方国家行为及成果的基础上，系统提出了“海权”一词，并出版了海权理论经典著作《海权对历史的影响（1660—1783）》（*The Influence of Sea Power Upon History 1660 - 1783*），该书很快风行全球。马汉的海权史观传到中国后，渐为晚清官员士绅所知，[④] 且正好顺应了部分国人有关海洋问题的思索，使他们有关海洋危局的问题得到部分解答。自晚清到民国，国内有识之士在研究马汉海权思想的理论基础上，将之与中国时局相结合，逐渐形成了一套较为系统的海权思想。其中，与地图编绘关系最为密切的海权理念主要包括海权至关重要、海权是对海洋通道的使用权以及中国需要主动发展海权。

① 夏帆：《论民国知识阶层的海权认知与宣传》，《边界与海洋研究》2019 年第 3 期。

② 吴莉苇：《欧洲人等级制世界地理观下的中国——兼论地图的思想史意义》，《中国社会科学》2007 年第 2 期。

③ 有关 Alfred Thayer Maham 名字的翻译，民国时期文中亦有马汉、马罕、马鸿等多种译法，本文中引用的部分原文照录，其余论述部分统一按今之习惯译为马汉。

④ 周鑫：《光绪三十三年中葡澳门海界争端与晚清中国的“海权”认识》，《海洋史研究》2014 年第 2 期。

（一）海权至关重要

早在民国成立之初，孙中山就曾呼吁民众重视海权，并将海权上升到与中国生死存亡密切相关的战略高度，认为“惟今后之太平洋问题，则实关于我中华民族之生存，中华国家之命运者也”①。随后的民国学者在论述中也一再强调海权的重要作用，认为“滨海国家欲求独立生存莫不发展海权”②。海权会影响国家兴亡。

在马汉的《海权对历史的影响（1660—1783）》一书中，除第一章撰写了海权主要因素外，其余各章节均依据史实，讨论自第二次英荷战争起到1778—1783年美国革命海战过程中英国、法国、西班牙、荷兰、美国等主要海洋国家的兴衰之路。对此，《马罕主义述评——正统派海军战略泰斗及其思想》一文开篇即提出，“马罕的第一目的，是在决定海权与国家命运的影响”③。而这一点也是当时深为国势衰败而苦恼的民国知识阶层所感兴趣的重要议题。因此，在相关文章中对这一点的讨论也极多，当时作者大多赞同马汉有关海权决定国家兴衰的基本观点，并举各国事例加以佐证。张泽善认为：“自古国家之兴衰，无不视海权之消长为转移。”并列举2000多年前，“希腊在撒拉米战胜波斯的无敌舰队，于是世界上的富源、权威、能力，都集中在希腊的港湾里”④。希腊也因之获得长期兴盛。近代的事例也相类似，英国之崛起就是明证。“英国的太阳从来不落，能变成历史上最大最持久的海权帝国，主要因为在近代历史上，英国是最富于海航感觉，最先起始利用和控制海洋空间的民族。”⑤ 近邻日本更因明治维新后大力发展海上力量，先后在甲午、日俄海战中战胜了中、俄两国，自身也成为世界主要海洋大国，其所凭借的，“是她明治维新以来所建立的海军力量”⑥。当然，其中也不乏反面事例，自彼得大帝时期直到19世纪中叶，俄国就因背离海洋发展，“未能了解海上力量和商业、军事的用途，因此，他们便摧毁了俄

① 《节录总理战后太平洋问题序》，《天津市工务月刊》1931年第11期。

② 张泽善：《论海权之重要（附表）》，《海军杂志》1937年第6期。

③ Margaret Tuttle Sprout：《马罕主义述评——正统派海军战略泰斗及其思想》，金龙灵译，《中国海军》1948年第12期。

④ 力夫：《海军是支配人类的主力：美国马罕将军的名言》，《立言画刊》1940年第93期。

⑤ 陶朋非：《海洋空间与海权（二）（附图）》，《时与潮》1948年第3期。

⑥ 佚名：《一个新的观念：我们的海洋》，《新世界》1944年第10期。

国向海洋发展的志愿，铸定了失败的命运”[①]。总而言之，对于各个临海国家而言，发展海权均至关重要，“盖由海可增强权力也”[②]。

（二）海权是对海洋通道的使用权

马汉的海权史观之根本，是以海洋为核心看待周遭世界。在这种视角下，海洋并非将陆地分隔成各个或大或小的孤岛的水体，恰恰相反，海洋是连接陆地的道路。海权之基本，即能拥有道路的使用权，“所谓海权，即能控制，最少能利用，世界上最大最广最便利的交通线”[③]。这是由海洋交通线的特性所决定的。首先，这条道路性价比高。虽然“海上存在着众所周知的和别的危险”，但“旅行和商运却总是水上比陆上容易而且便宜”。[④] 其次，随着技术的发展，这条道路将愈加便利。“时代逐渐进化，好像一条连接两个人群的大茅路，逐渐变成连接几个国家的公路，海上的小茅路，也逐渐变成连接几个大洲的公路。”[⑤]

在保障海上道路畅通方面，港口是一个关键因素。孙中山就曾高度评价港口的重要作用，认为港口“为国际发展实业计划之策源地”，“为世界贸易之通路”，更是“中国与世界交通运输之关键”。[⑥] 海上港口的作用类似于陆地上的交通枢纽，交通枢纽越多代表可以通往的目的地越多，越能保障海上运输的畅通。这种畅通无论在战时还是在平时均有重要意义。和平时期，海上根据地能成为商人贸易的中转地，延长贸易里程，获取更丰厚的利益。[⑦] 战争时期，根据地更是战舰的补给地与修理港，掌握它则能掌握战争的主动权。[⑧] 因此，当时有人将港口比喻为所属国的海上眼睛，“（海权）要有成效，海港必须多，只靠一二良港不足引起海上视野的发达”[⑨]。

（三）中国需要主动发展海权

传统中国，受“重陆轻海”观念影响，除少数沿海地区外，整体上海

① P. W. Rairden：《苏联海权》，李春霖译，《时与潮》1948 年第 6 期。
② 晨园：《美国独立战争与海权》，《海事》（天津）1936 年第 5 期。
③ 雷海宗：《海军与海权》，《当代评论》1941 年第 9 期。
④ 马罕：《海权因素之研究（未完）》，淳于质彬译，《海军整建月刊》1940 年第 6 期。
⑤ 陶朋非：《海洋空间与海权（二）（附图）》，《时与潮》1948 年第 3 期，第 29 页。
⑥ 时平：《孙中山海权思想研究》，《海洋开发与管理》1998 年第 1 期。
⑦ 马罕：《海权因素之研究（未完）》，淳于质彬译，《海军整建月刊》1940 年第 6 期，第 42 页。
⑧ 张泽善：《论海权之重要（附表）》，《海军杂志》1937 年第 6 期，第 5 页。
⑨ 雷海宗：《海军与海权》，《当代评论》1941 年第 9 期，第 133 页。

洋观念不强，更不谋求主动发展海洋权力。但及至民国，一方面受到帝国主义来自海上的实质性威胁，另一方面受到马汉海权理论影响，从官方到民间，均已普遍意识到：中国要谋求发展，必须面向海洋，依靠海洋，中国需要主动发展海权。孙中山就率先提出在收回海权的基础上发展海权，“一定要主张废除中外一切不平等条约，收回海关、租借和领事裁判权”[①]。并在《建国方略》中，详细列出建设世界级大港、建设渔业港、发展航运业和造船业等一系列切实的海权发展方案。当时的海军高级将领陈绍宽承袭孙中山主动发展海权的思想，同样认为只有海权伸张，“对外贸易才有发达的希望”[②]，“国家自然日臻富强了”[③]。蒋介石更将维护海权上升到民族生存的高度予以阐述，认为“海洋实为吾人生命线、国防线之所在，中华民族之生存，与太平洋和平之维持，胥视吾人能否建立一海权国家是赖”[④]。

在当时出版的期刊上，知识分子也纷纷撰文建言，提出要主动发展海权，将中国建设成一个海洋国家，“今后中国要能立足于东亚，于世界，非要变成一个海国不行”[⑤]。虽然传统上中国并非海洋国家，“对于海洋的价值一般的中国人因而不能体会”[⑥]，但中国如欲自立于世界民族之林，则必须依赖海洋。而欲依赖海洋，则需转换视角：以大陆为核心思考则海洋是截断大陆的阻碍，而以海洋为核心思考，海洋将变成连接大陆的桥梁。中国“在关起大门不问世事的思想当中必须加入海洋观念，将海洋问题作为我们走上富强国势的桥梁”[⑦]。

二　民国地图中海权意识的展现

海权思想也反映到当时绘制出版的地图中。民国地图中强化了海洋要素表达，体现出对海洋的日益重视；海洋连通性也得到更加明确的展现；并且，从地图的绘制以及官方对地图编绘的管理中也能看出对海权的维护更加主动化。

---

① 张磊主编《孙中山全集》第十一卷，中华书局，1986，第337页。

② 陈绍宽：《谈海军有设部的必要》，《海军期刊》1928年第7期。

③ 陈绍宽：《世界上有不要海军的国家么?》，《海军期刊》1928年第7期。

④ 杨国宇：《近代中国海军》，海潮出版社，1994，第913页。

⑤ 沙学浚：《海洋国家》，《荆凡》1941年第1卷。

⑥ 雷海宗：《海军与海权》，《当代评论》1941年第9期，第123页。

⑦ 佚名：《一个新的观念：我们的海洋》，《新世界》1944年第10期，第67页。

（一）地图编绘强化海洋要素表达

民国时期，从制图主体上看，政府成立了专门的海图绘制机构——海道测量局，出版了一系列海道专门图；从制图要素上看，南海诸岛成为地图中的必绘要素。这些都显示出对海洋的重视程度加强。

第一，政府成立专门制图机构负责海图绘制。海道测量能帮助人们清楚掌握海道通航情况，“乃能知所趋避不至误入歧途”[①]，故也是海权的重要组成部分。此前，限于国力与技术因素，我国海岸线、海岛甚至国内水道测图均长期由外国人把持，英国海军、法国测量队都曾先后对我国海岸线、南海诸岛进行测量。为收回海道测量权，维护通航权，1923 年，海军部下属的海道测量局正式成立。[②] 其职责范围主要为海道测量一切事务，包括领海界线的划定。[③] 成立后的海道测量局陆续展开了对我国东部沿海以及长江中下游的水道测量工作，取得一定成果。截止到 1936 年，共计完成相关水道测图 40 余幅，[④] 并出版《中华民国东海岸套图》。值得一提的是，抗战胜利后的 1946 年，海道测量局还参与完成了西沙永兴岛等地测量任务，[⑤] 绘制完成永兴岛、石岛等处地图。为国民政府战后及时收回南海诸岛主权提供了参考依据。

综合而言，海道测量局的存在本身即是民国政府重视海权的一个象征；而从其具体工作来看，也切实帮助当时的民国政府摸清了海洋水道“家底”，对共同维护海权起到了作用。

第二，南海诸岛的绘制日趋规范，南海诸岛成为地图中的必绘要素。受传统“重陆轻海”观念影响，除少量专门图外，大部分舆图中并不重视海洋绘制，对涉海洋及海岛部分往往做简单绘制甚至省略绘制。有清一代虽然出现了改绘阎咏图的汪日昂《大清一统天下全图》[⑥]、黄千人《大清万年一统天下全图》及其相关拓本[⑦]等包含当时对南海认知的海陆疆域一体绘制的

---

① 吴光宗：《海道测量局吴局长序文》，《海军期刊》1932 年第 4 卷。

② 佚名：《国内要闻：设立海道测量局近讯》，《交通公报》1922 年第 67 期。

③ 《修正海道测量局条例（中华民国十四年五月三十日公布）》，《国民快览》1926 年第 15 期。

④ 内政部年鉴编纂委员会主编《内政年鉴（土地篇）》，商务印书馆，1936，原文未具页码。

⑤ 郑德全、刘金源：《一九四六年中国军队进驻南沙群岛始末》，《民国春秋》1999 年第 6 期。

⑥ 有关考证见周鑫《汪日昂〈大清一统天下全图〉与 17—18 世纪中国南海知识的生成传递》，《海洋史研究》2020 年第 1 期。

⑦ 相关研究见鲍国强《乾隆〈大清万年一统天下全图〉版本辨析》，《文津学志》2007 年第 1 期，以及《清嘉庆拓本〈大清万年一统地理全图〉版本考述》，《文津学志》2015 年第 1 期等。

全国图，但一方面此类图多为民间所绘，另一方面坊间仍有以陆地疆域为主体的地图流传。如1896年黎佩兰所绘《皇朝直省舆地全图》，图中完全以中国陆地为制图主体。中国陆地部分占据了整个图幅的十之八九。占比不多的海域部分也未被真正绘制，而是被地图绘制背景介绍及罗列各省所属府、州、厅、县等名称的文字注记覆盖。这说明南海诸岛在当时地图中并非规范、固定的绘制要素。

自晚清至民国时期，受海疆危机刺激，人们海权意识渐强。首先，南海诸岛越来越多地出现在地图中。自晚清光绪中期开始，就有部分广东省图中包含东沙岛和西沙群岛。而在20世纪初所绘民国全国地图以及广东省图中，开始较为固定地以附图形式添绘西沙群岛。之所以绘制在广东省图中，是因为根据当时的行政区划，西沙群岛属当时广东省崖县管辖。[①] 例如，1914年12月上海亚东图书馆出版，胡晋接、程敷锴编撰的《中华民国地理新图》中的《中华民国边界海岸及面积区划图》中，以附图形式添绘了西沙群岛。1918年11月武昌亚新地学社《大中华民国分省图》（第14版），则在广东省图中以附图形式添绘西沙群岛，并且详细标绘各岛岛名。附图是地图制作过程中，受地图比例尺、地图排版、印刷版面等因素限制，对在地理或者政治、军事上特别重要的地物放大比例尺进行强化表达或者添绘表达的一种制图方式。西沙群岛等南海岛礁以附图形式出现在地图中本身就代表了对海洋疆域及海洋地物的重视，也标志着海洋地物开始成为当时的地图绘制者必须考虑的要素之一。

20世纪30年代，受“九小岛”事件及当时密集的海权宣传等影响，民国政府及知识界经历了一次海疆探索与研究热潮，其主要结论包括“南沙团沙两群岛概系我国渔民生息之地，其主权当然归我”[②]。自此而后，除东沙岛、西沙群岛以外，南沙群岛（指今中沙群岛）以及团沙群岛（指今南沙群岛）也都开始较为固定地出现在地图中，地图中的海洋要素进一步增加。

---

① 屠思聪：《（表解说明）中华最新形势图》，世界舆地学社，1921，第22页。

② 白眉初：《（中等学校适用）中华建设新图》，北平建设图书馆，1935，（第二图）《海疆南展后之中国全图》。除此以外，这一时期出版和发表的其他一些文献中也有类似结论，如：《九小岛之位置》，《申报》1933年8月1日，第13版；《粤南九岛问题——法使照复外部说明位置》，《大公报》1933年8月19日，第3版；陈铭枢总纂《海南岛志》，神州国光社，1933；葛绥成《海南九岛问题（附图）》，《科学》1934年第4期；等等。

其次，官方公布制图指导，对地图中的南海岛礁绘制提出明确要求，并将地图绘制范围正式确定为南海诸岛之全部。20世纪30年代，民国地图出版指导及审查制度逐渐成型。南海诸岛绘制亦是地图出版审查关注的重点之一。1933年，当时的地图审查主体机关——水陆地图审查委员会通过内政部土字第六六三号密咨发布了《编制地图应注意事项》。这是一份从编制形式、编绘规范到内容标准等方面对出版地图予以全方位规定的行业指导文件。其中明确规定南海诸岛为地图必须绘制的要素。《编制地图应注意事项》第十六条规定："南海有东沙西沙南沙等群岛及现法占之九小岛均属我国，凡属中国全国及广东省图均应绘具此项岛屿并注明属中国。"① 到了1935年3月22日，水陆地图审查委员会第29次会议决定再次强调：今后出版各政区疆域图必须明确绘出东沙岛、西沙群岛、南沙群岛以及团沙群岛。② 官方对于南海诸岛地图绘制的明确、具体要求，也是这一时期海权观念明确及强化的又一体现。紧接着，地图审查机关也对未按照规定绘制南海诸岛的地图，进行了查处。1935年，交通部主持出版的《中华邮政舆图》中，由于未按照要求绘制中沙群岛和南沙群岛，未通过地图审查。在"南沙、团沙两群岛已遵照添绘"③ 后，才获得正式的地图出版许可。类似的查处也说明：对于地图中海洋疆域描绘的重视并非只停留在纸面上，而是也体现在了实际行动中。

（二）地图编绘强调海洋的连通性

如前所述，在现代海权概念中，海权不仅包括渔权与海防，只要与利用海洋、控制海洋相关的航运、贸易、防卫及因之需要而派生出的管理、导航、测量等权力，均属于海权范畴。④ 具体到地图中，则体现为民国时期，地图中的海洋要素绘制种类增多，除了传统海岸线及近海岛礁外，还增加了港口、航线、海底电缆以及海洋资源等。

---

① 曹伯闻：《训令厅属各机关奉省府准内政部咨送指示编制地图应注意事项转饬遵办由》，《湖南民政刊要》1933年第32期。

② 水陆地图审查委员会：《会务纪要：二、本会自二十四年一月起之重要决议案》，《水陆地图审查委员会会刊》1935年第3期。

③ 交通部：《公函：第八四八号（二十五年三月二十七日）：函水陆地图审查委员会：为前准检送中华民国邮政地图审查意见到部兹经饬据邮政总局呈复并绘具图稿前来相应检同原件函请审查见复由》，《交通公报》1936年第756期。

④ 夏帆：《论民国知识阶层的海权认知与宣传》，《边界与海洋研究》2019年第3期，第121页。

第一，普通地图中强化了对港口及航线的绘制。地图是对自然及人文要素的分布、构成、相互关系以及演变的形象化表达。但是，自然空间中可以表达的自然及人文要素众多，如何在有限的图幅中清楚表达特定地理区间中的自然、人文要素及其相互关系，则有赖于制图者的选择。这种选择既与自然及人文要素的物理大小密切相关，更取决于制图者心目中这些要素的重要性差异。在海权理论中，港口与航线都是海上交通顺畅与否的重要表征，也是保障海权的要素之一。虽然在明清传统舆图中，也有专门的海道图、海防图、针路图等，对于海上航线、根据地有所描绘，但它们多为专题地图，阅读对象为军队、渔民等特定人群，在普通民众中影响有限。民国时期普通地图中强化了对港口及海上交通线的绘制。一方面，这表示受海权理论影响，这些海洋交通要素在制图者心目中的重要性有所提升；另一方面，普通地图面向一般民众，影响面较专题图更广，也有助于海权观念的普及。具体体现在两个方面。

首先，港口成为民国各类地图中的一个重要元素。在民国初期即已出现以港口及通航情况介绍为绘制重点的地图。1914 年 10 月，中外舆图局出版、童世亨编著的《七省沿海形胜全图》，即是其中的代表。该图虽然名称上是按照中国传统舆图的“沿海图”方式命名，但是绘制内容上则参考、援引西方海图，地图绘制的根本出发点在船舶航行、停靠便利需要，而不再是陆地海防。该系列图共五幅，采用统一比例尺，相邻图幅能够拼合在一起，完整表示中国东部沿海形势。各图图廓处均标注有经纬度，其中部分图中还标有定向标。全图绘制重点在海不在陆，陆地仅绘制陆海相邻部分，且着重绘制海岸线及临海地名。在海域部分有水深注记，各图大多包含附图，附图中加大比例尺绘制了重要港口细节。其中，第四图“自南日屿至三夹口”中，以红色注记形式，描绘广东汕尾陆丰甲子港的通航情况，“甲子港内外礁石浮沉海中凡六十处，故以甲子名，口门深狭，中多暗礁，轮舶不能入焉”[①]。图中还有附图《汕头港分图》及《厦门港分图》，均较为详尽地描绘了汕头港及厦门港附近的水深、地形、邻近岛屿分布等情况。第五图“自三夹口至白龙尾”中，全图海域范围均有水深注记。图中还有 7 处红色注记，标明图中所绘地区的通航或港口停泊情况，如广西“北海口外浅沙横亘，往来巨艇率停泊十余里外及澜洲南面，中小轮船可至湾内”；海南

① 原文无标点，为本文作者添加，下同。

“榆林港口狭中宽，可泊大兵轮十余号，中小轮船二三十号。日俄之役波罗的海舰队东来曾寄泊于此”等。这幅图中附有《榆林港分图》和《广州湾分图》两幅图，较为详尽地描绘了榆林港及广州湾附近的水深、地形、邻近岛屿分布等相关情况。此类港口专题地图的出现，从地图制作者角度，说明制图者认识到港口和航运的重要价值，并将这种认识投射到地图中加以表达；从地图使用者角度，则既反映了当时海洋航运逐渐兴起，出现了通过地图了解掌握航行条件的需求，也说明即使在普通民众之中，也有更多的认识海洋、了解海洋的需要。无论从哪种角度来看，均是海权意识逐步增强的体现。

1930年以后，随着民国地图审查制度的施行，地图中的军事内容保密被提上议事日程。《水陆地图审查条例》规定，各出版地图中，若“认为兵要或有兵要关系者”，将不可出版。同时，港口特别是军用港口“不得自由测勘及制图”。[①] 因此，此后的地图中，类似《七省沿海形胜全图》那样，以港口为地图主题或者大比例尺详细描述军港等的分布、通航情况的地图较少。但是，对商用港口的描绘仍然持续。民国地图中的商埠主要有两种表现形式：①全国地图中对沿岸商用港口，如大沽口、威海卫、胶州湾、温州湾等加注船锚符号，同时标注为“商埠”。在当时的地图中，港口与省会、道治、县治等一道，是民国地图中最常见、最通行的地物表达要素之一。②在部分分省地图中，还会以附图形式对该省重要港口进行强化表达。如1921年屠思聪编撰的《(表解说明)中华最新形势图》中，浙江省图中附有《象山港形势图》《三门湾形势图》，福建省图中附有《三沙湾详图》以及《厦门港附近图》等。如前所述，在海权理论中，港口是海上航行的根据地，是海上航行得以进行的必要保障。地图中对港口的强调，背后所反映的制图理念实际是对海洋航运的重视，当然也是海权意识的明确体现。

其次，民国普通地图中开始将海洋航线作为常规内容，从另一侧面反映了海洋的通达性。从现有资料来看，虽然以轮船招商局的成立为标志，同治十一年（1872）我国船运事业即已开创，但相关海洋航班并未立刻被绘制到地图上。较早在地图中标绘海洋航线的是，1917年6月由陈镐基编绘、上海商务印书馆印刷并发行的《中国新舆图》（第3版）。图中绘制了青岛—威海—大连、威海—天津等渤海区域航线，青岛—上海—福州—广州等

① 《法规：水陆地图审查条例（十九年一月二十七日府令公布）》，《军政公报》1930年第46期。

东海区域航线，甚至还绘制了诸如广州—新加坡、广州—印尼、上海—长崎等国际航线。其中，航程较短者不标绘航行时间，航程较长者于航线上标注有航行时间。如上海—长崎航线上标注有“至长崎二日”，广州—新加坡航线上标注有“至新加坡六日”等。次年11月，武昌亚新地学社出版的《大中华民国分省图》中，对海洋航线的标注更加精确，特别是标注国际航线时，不再以航行时间指代距离长短，而直接标注航行距离。如广州图中，绘有香港—新加坡航线，其上注明“至新嘉坡一四三零浬”，同时香港—长崎航线上标明“至日本长崎一零六七浬”，等等。自此以后，对海洋航线的标注逐渐成为民国地图中的惯例。地图中海洋航线的绘制突出了海洋的通道性，弱化了海洋的分隔感。这些地图具象地告诉读者：海洋并不神秘莫测，海洋的另一端也并不遥远，透过海洋通道，世界各地实际上是连接在一起的。

第二，民国地图重视描绘海洋的其他连通功能。如上一节所述，当时的海权观念认为：随着技术的进步，海洋的连通功能会进一步加强。现代海底电缆的铺设就是印证之一。19世纪下半叶直到20世纪初正是第二次工业革命如火如荼开展的时期，各种新兴科技让地区与地区之间的联系更加紧密，其中就包括海底电缆。世界上第一条成功铺设的海底电缆是1851年工程师布雷特（John Watkins Brett）穿过英吉利海峡，连通英国与法国的海底电缆。通过这条电缆，能方便地将电报信号进行越洋传输。1876年，贝尔发明电话后，海底电缆加入了新的内容，各国大规模铺设海底电缆的步伐加快。最终1902年环球海底电缆铺设完成。通过海底电缆，能进行跨洋信号交换，这能大大拉近海洋两端人们的心理距离，弱化海洋的分隔感，强化其连通性。

这种强化的连通性也很快反映到地图上。民国时期，几乎与对海洋航线的绘制同步，海底电缆也出现在地图上。1918年11月，武昌亚新地学社出版的《大中华民国分省图》，就在标绘海洋航线的同时，标绘了香港至越南海防以及香港到上海直至日本长崎的海底电缆。自此以后，海底电缆与海洋航线一样，成为民国地图中的习惯标绘。

在以海洋为主要绘制对象的地图上，海底电缆的绘制所营造的通达感更加强烈。1921年1月商务印书馆出版、童世亨编撰的《（中等教育适用）世界新形势图》中包含一幅大洋洲图，在海域中除绘制澳大利亚、新西兰到世界其他地区的海上航路外，还绘制了澳大利亚布里斯班连接新西兰奥克兰、澳大利亚悉尼与新西兰南岛以及连接印尼与夏威夷直到美国旧金山的海底电缆分布情况等。整幅图上线段密布，给人的感觉是澳大利亚与新西兰不再是南半球孤悬的小岛，它们跟其他地区联系在一起。

（三）地图编绘体现出海权维护从被动反应向主动主张转化

受传统“重陆轻海”观念影响，此前中国鲜少主动主张海洋权益，更多的是在海洋权益受到切实威胁时，针对威胁予以应对。但民国后，特别是经过海权被密集宣传的20世纪30年代以后，从政府到国民均对海权有了更明确清晰的认识，海权维护也从被动反应逐步转化为主动主张。这一转变，在地图编绘中亦有体现。其中的一个重要例证即是：我国官方曾在1935年以及1947年两度主动公布中国南海各岛屿地名以及南海各岛屿图。

1933年，法国侵占我国南沙九小岛。为予反制，民国政府开始全面调查南海诸岛的地理、历史、管辖等各方面资料。最终，在1935年先后公布了中国南海各岛屿中、英文名称①以及《中国南海各岛屿图》。② 从中，可以明确地看出对海权的维护由被动应对逐渐变为主动声索。

从地名标注上看，根据《中国南海各岛屿华英名对照表》及《中国南海各岛屿图》，南海诸岛被分为四部分：东沙岛，包含东沙岛1个；西沙群岛，核定公布岛、礁、滩、沙名称共计28个；南沙群岛，核定公布岛、礁、滩、沙名称共7个；团沙群岛，核定公布岛、礁、滩、沙名称共计96个。南海诸岛核定公布名称共计132个。其中，不仅包括领土主权受到威胁的南海九小岛，更包括当时所知的南海诸岛之所有岛礁。《中国南海各岛屿图》中，标绘了所有公布名称的南海132个岛礁，最南绘制到北纬4度的曾母暗沙③，并且明确绘有黄岩岛，其旁标注有当时的中文名称“南石”和西文译音“斯卡巴洛礁”。上述两者综合，代表着民国官方对于南海岛礁领土的主张包含现东沙、西沙、中沙以及南沙群岛的全部，一直延续到北纬4度的曾母暗沙。同时也说明公布地图和岛礁名称的举措并非仅仅对于“九小岛”事件的反制，更是对南海诸岛进行海权维护的

① 水陆地图审查委员会：《中国南海各岛屿华英名对照表》，《水陆地图审查委员会会刊》1935年第1期。

② 水陆地图审查委员会：《中国南海各岛屿图》，《水陆地图审查委员会会刊》1935年第2期。

③ 图中标为詹姆滩。

一种主动措施。

第二次是在1947年二战胜利后，中国作为战胜国，在没有外来威胁的情况下，主动收复南海诸岛主权。在这一过程中，公布地图起到了重要作用：这是经过官方确认的主权收复配套措施。同时，主权收复范围的确定也承袭自20世纪30年代官方公布的《中国南海各岛屿图》。另外，最终公布的地图经过时任政府最高层审核通过，是当时政府海权意识的集中体现。

首先，在筹备工作伊始，就确定了绘制并正式公布官方地图是主权收复的配套措施。1947年1月16日，国防部举行会议，出席人包括白崇禧、傅角今、叶公超等国防部、内政部以及外交部的高层官员，主要讨论事项为收复南海诸岛的总体工作安排。此次会议明确："西南沙群岛应归入我国版图，其经纬度之界限，岛名之更订由内政部审定再饬出版机构遵办，并由教育部通饬各级学校。"① 根据此次会议精神，4月14日内政部会议决议也再次强调了即将公布的地图与南海诸岛主权收复关系密切。"西南沙群岛主权之公布，由内政部命名后附具图说呈请国民政府备案，仍由内政部通告全国周知。"②

其次，此次主权收复范围，也与前述《中国南海各岛屿图》范围有重要关联。根据1947年4月的内政部会议决议，"南海领土范围最南应至曾母滩，此项范围抗战前，我国政府机关学校及书局出版社，均依此为准，并曾经内政部呈奉有案，依照原旧不变"③。即南海诸岛的领土范围承袭自战前即已备案的1935年《中国南海各岛屿图》范围。

最后，最终公布的地图经过时任政府最高层审核通过，体现了当时政府的海权观念。1947年9月4日，内政部发出由部长张厉生署名的公函：

> 查西南沙群岛业经先后接收，关于该两群岛区域亦经呈奉。
>
> 主席核定应以各该群岛全部为范围，所有南海诸岛位置及名称兹经本部制就南海诸岛位置图、西沙群岛图、中沙群岛图、南沙群岛图、太

---

① 《关于西沙群岛建设实施会议记录》，1947年1月16日，020000023231A，台北"国史馆"藏。

② 《西南沙群岛范围及主权之确定与公布案会议纪录》，1947年4月14日，020000023233A，台北"国史馆"藏。

③ 《西南沙群岛范围及主权之确定与公布案会议纪录》，1947年4月14日，020000023233A，台北"国史馆"藏。

平岛图、永兴岛图及石岛图等六种及南海诸岛新旧名称对照表一种，呈奉。[①]

这份公函再次说明：公布南海诸岛地名及地图是南海诸岛主权收复的配套措施。其中南海诸岛位置范围、相关地图以及地名表是经过了时任国民政府主席蒋介石的核定。这是中国官方对于南海海权的主动声索，从中可以看到民国末期不断强化的海权意识。

根据1947年内政部方域司公布的《南海诸岛位置略图》《南海诸岛新旧名称对照表》可知：

第一，在地图地名上，较之20世纪30年代的第一次公布，此次公布的岛礁名称更多。此次公布地名172个，较1935年公布的多40个。同时，岛礁命名更加系统。此次命名中，根据各群岛在南海中所处的地理位置调整了南海诸岛的群岛命名，将原“团沙群岛”改为“南沙群岛”，原“南沙群岛”改为“中沙群岛”。在四大群岛内部又作进一步划分，增加表示岛、礁总称或联称的地名，共计9个，如在西沙群岛内划分永乐群岛、宣德群岛等；在中沙群岛内增加安定连礁、石塘连礁等。此外，南沙群岛特别针对20世纪30年代公布时未明确的“危险地带”作进一步划分。危险地带以西，岛、礁、沙命名共计27个；以东命名4个；以南命名16个；而“危险地带”以内命名岛、礁、沙共计40个。

地名的另一个显著变化是，增加了南海诸岛地名中的“中国元素”。此次公布的地名，一改前次命名中以英文地名的音译为南海岛礁名称的做法，更多采用中国封建王朝年号、历代出任南洋使者姓名、地方词汇等极富中国色彩的名称。[②] 其中，为纪念收复南海诸岛盛举，以接收西沙群岛的舰艇名称命名了西沙群岛中的永兴岛及中建岛。类似地，以接收南沙群岛舰艇的名称命名了南沙群岛中的太平岛、中业岛，并以中业舰舰长李敦谦名字命名敦谦沙洲，以中业舰副舰长杨鸿庥名字命名鸿庥岛等。采用这样的岛礁命名，能够让读图者更容易产生文化上的认同感，也更有助于强化岛礁属我的主权意识。

---

① 《内政部阅送南海各群岛图公函》，1947年9月4日，20－26－9－19，台北“中研院”近代史研究所档案馆藏。

② 刘南威：《中国政府对南海诸岛的命名》，《热带地理》2017年第5期。

第二，在地图标绘上，有更确切的主权声索意涵。在此次公布的《南海诸岛位置略图》中，南海海域绘制有十一段断续线，这代表民国政府对海洋领土主张范围的进一步明确。断续线西起中越边界北仑河口，东至台湾东北，最南绘到曾母暗沙以南，线内分别标注东沙、西沙、中沙和南沙各群岛整体名称，同时标注有曾母暗沙及部分经最新核定的岛礁名称。与20世纪30年代公布的地图相比，另一点显著变化是，在南海海域注明了“中华民国”，这是以文字注记形式，明确表达的领土主张。

这份《南海诸岛位置略图》在此前的讨论中即已被明确赋予标准地图的作用。“现西南沙群岛范围既经确定，自应依照前项决议案将南海诸岛位置绘制详图并将名称重予拟定，以便通告全国周知，并据以审订各级教科书及舆地图。”[①] 自此，全国各地图出版机构出版之地图，凡涉及南海诸岛，均照此图标准绘制。直至今天，《南海诸岛位置略图》以及按照其制定标准绘制的涉南海地图也还是民国时期维护南海海洋权益的有力佐证。

三　民国地图中海权展现的积极作用及其历史局限性

民国时期既是我国现代海权观念形成与发展的重要时期，也是海洋领土意识成型的重要时间节点。地图是国家疆域最直观的表现形式，具有高度的可辨识性和象征性，其中也呈现了海权观念形成与发展及海洋领土成型的全过程。这一时期绘制的地图既起到向读图者宣扬海权观念的积极作用，也展现了海权观念发展过程中所具有的历史局限性。

（一）民国地图中海权展现的积极作用

民国时期的海权观念影响着当时地图主题的选择、制图范围的大小、地图符号的标绘等地图编绘的方方面面。与此同时，地图也在一定程度上影响民众对海洋疆域范围、岛礁分布等的具体认知。通过阅读地图，读图者能够培养海洋疆域观，在潜移默化中强化海权观念。

第一，涉海地图能够影响民众对于海洋疆域范围的认知。地图将自然及人文地物有选择地抽象化和符号化展现，在这一过程中，地图能将地理空间

① 《内政部呈送南海诸岛位置图等件核属可行转呈核备由》，1947年8月，内031-24，台湾内政部门藏。

政治化，最终影响读图者头脑中的边界意识。由于我国传统的“重陆轻海”观念，加之受当时技术条件所限以及海洋流动性影响，长期以来，社会各界均缺乏对海洋疆域范围的正确认识。面对这种情况，一方面，以葛绥成为代表的地理学者对九小岛的位置进行了详细论证研究，比较了法国使馆所提供的岛屿名称及位置以及日方报道中提到的岛屿名称及位置，说明其中的不正确之处，并绘制海南岛及西沙群岛在中国南海位置图以及西沙群岛图方便民众了解真相。[①] 另一方面，如上一节所述，民国政府也出台了有关南海诸岛地图标绘的指导文件，要求政区疆域图必须完整绘制东沙、中沙、西沙、南沙各群岛范围。自此，地图中将中国南至点绘到曾母暗沙。其中，1936 年白眉初所绘《海疆南展后之中国全图》是较早直接呼应水陆地图审查委员会会议指导意见而绘制的地图。这里的“海疆南展”实质上是在现代海权观念下对于海洋疆域的一种厘清，并非毫无理据的地图南扩。图中，在南海海域标有东沙群岛、西沙群岛、南沙群岛和团沙群岛，并在海域中绘制范围线，以示南海诸岛属我。其中最南绘至北纬 4 度，包括曾母暗沙。图中文字注记明确说明：“廿四年七月，中央水陆地图审查委员会会刊发表中国南海岛屿图，海疆南展至团沙群岛，最南至曾母滩，适履北纬四度。”此后，完整绘制南海诸岛的地图逐步普及。受这样绘制的地图影响，国人心中的海洋疆域范围也起了变化，转而认为“南疆不在堤坂闸海角还有詹姆沙”[②]，或者“赤道近旁有国土”[③]。国人心中的南海疆域范围也自然延展到曾母暗沙。

另外值得一提的是：国人对于海洋岛礁方位的认知方式也完全受地图影响，是地图化的。例如，描述各群岛方位时常常用到的“南沙群岛在北纬四度至十二度，东经一一〇度至一一七度之间”[④]，又或者西沙群岛“介于北纬十五度四十六分至十七度五分，东经一百十一度十四分至一百十二度四十七分的海上”[⑤] 等，本质上均是基于投影地图的方位描述方式。人们要理解这些方位描述，首先需要了解和接受以经度、纬度定位世界的方法。否则，类似表述将会完全失去表征性，变得毫无意义。而以经纬度定位世界又

---

① 葛绥成：《海南九岛问题（附图）》，第 515—521 页。

② 佚名：《西沙之南是团沙，团沙南有詹姆沙：南沙群岛（附图）》，《地图周刊》1947 年第 26—49 期。

③ 沈钦克：《赤道近旁有国土：东西南沙群岛纪行》，《南侨通讯社》1947 年第 3 期。

④ 渔父：《南沙群岛的位置及资源（附表）》，《华侨工商导报》1948 年第 7—8 期。

⑤ 李次民：《西沙群岛的现状》，《政衡》1947 年第 4 期。

是投影地图绘制的基础。因此，从某种意义上甚至可以认为人们在读到这些数字时就已经在头脑中绘制地图了。

第二，透过地图的帮助，国人培养了海洋疆域观。根据地图学理论研究，投影地图在现代民族国家边界确定及领土认同形成过程中发挥了重要作用。将自然空间中并不天然存在的政治分隔，创造性地以线状界线形式绘制到地图上，借助一套科学的知识体系予以编码并解读，最终生成了客观意义上的边界线以及主观感受上的对界线以内事物的认同感和界线以外对象的疏离感。有学者在阐述地图对于国家领土认同的影响时曾经这样论述，“地图的拥有者可以对一个地形空间及其居民产生认可。结果，国家开始经历漫长且往往痛苦的过程，发展出一种行政上的稳定性和地理现实，有助于激发国民产生前所未有的情感依赖和政治忠诚”①。这一点在海洋疆域形成的过程中同样适用。

我国幅员辽阔，海洋疆域集中分布在我国东部及南部，部分岛礁远离大陆，受历史因素影响，与国人心理距离较远。直到 1933 年“九小岛”事件爆发时，仍有人在报上撰文，提出放弃九小岛。② 但随着标绘有南海诸岛的地图的不断出版，情势逐渐转变。当人们适应了包含海洋领土的地图，便很难面对这块领土可能失去时的那种“舆图易色，非昔比矣”③ 的心理落差。由于地图已经深深渗透进国人的国家想象之中，维护地图不变几乎成为一种下意识的选择。这一点在二战结束后讨论南海诸岛收复范围时得到微妙呈现。当时讨论结果认为南海领土范围应维持战前公布不变，其中给出的理据是，“此项范围抗战前，我国政府机关学校及书局出版社，均依此为准，并曾经内政部呈奉有案，依照原旧不变”。④ 也就是说战前出版的涉南海地图很大程度上固化了人们心中的海洋领土认知，因此，也最终影响到了关于战后领土收复范围的决定。

（二）民国地图中海权展现的历史局限性

虽然受当时的海疆危机刺激及新兴海权观念影响，民国地图中对海权有

① 〔英〕杰里·布罗顿：《十二幅地图中的世界史》，林盛译，浙江人民出版社，2016，第 272 页。

② 中夫：《南海九岛放弃论（附图）》，《中华周报（上海 1931）》1933 年第 90 期。

③ 宋弼：《随感录：绘历史地图志感》，《弘毅日志汇刊》1920 年第 2 期。

④ 《西南沙群岛范围及主权之确定与公布案会议纪录》，外交部西沙群岛案（1947 年 1 月—5 月），020000023233A，台北“国史馆”藏。

更多的展现，也如本文上一部分所分析的，这些地图在一定程度上影响了当时人们的海权观念，但需要指出，民国地图中的海权展现也存在一定的历史局限性。

地图中对南海诸岛名称的标注多使用英文译名。我国是最早发现、命名并开发利用南海诸岛及其相关海域的国家。在中国历代典籍，从东汉《异物志》到清代《海国闻见录》中，均有很多关于南海诸岛名称的记载，如涨海崎头、九乳螺洲、石塘、万里长沙等。明清时期形成的《更路簿》中对南沙群岛岛、礁、滩、沙的命名也有70余处。[①] 但在民国时期出版的很多地图中，却忽视这些传统地名，使用英文译名标注南海诸岛。以1924年，苏甲荣编绘《中华七省沿岸图》为例分析。苏甲荣是著名的地图学家，曾担任内政部水陆地图审查委员会委员[②]等职，苏甲荣非常注重使用地图维护国家领土和主权完整，唤起国民爱国热情。抗战时期他曾因绘制抗日地图遭日军囚禁拷打，后于1946年1月因伤重不治去世，国民政府内政部还特别发布政令对其予以褒奖。[③] 但即使是这样一位了解并且重视地图作用的爱国人士所编绘的《中华七省沿岸图》，也与这一时期出版的其他地图相类似，对南海诸岛地名都用其英文名称的译名标注。在《中华七省沿岸图》之“南海北部中国沿岸图”中，标绘有西沙群岛中的“莺菲士莱特列岛”，即今宣德群岛，莺菲士莱特为英文名Amphitrite之音译，而当地渔民则习惯称之为上七岛、东七岛或者上峙；“林康岛”，即今东岛，林康为英文名Lincoln之音译，当地渔民更习惯称之为猫兴岛或巴兴岛；“土莱塘岛”，即今中建岛，土莱塘为英文名Triton之音译，当地渔民更习惯称之为半路峙或螺岛；“傍俾礁”，即今浪花礁，傍俾为英文名Bombay之音译，当地渔民更习惯称之为三筐；“树岛”，即今赵述岛，取英文名Tree Island之意译，当地渔民更习惯称之为船暗岛或者船晚岛；等等。

出现这样的名称标注，可以从当时地图的数据来源中寻找原因。民国时期，绝大部分地图编绘者没有进行海上地物测绘的能力，对于涉海地图的编

① 外交部：《中国坚持通过谈判解决中国与菲律宾在南海的有关争议》，2016年7月13日，https：//www. fmprc. gov. cn/web/ziliao_ 674904/tytj_ 674911/zcwj_ 674915/t1380600. shtml，2020年12月26日。

② 行政院编《行政院工作报告》，行政院，1934，第59页。

③ 部会署令：《内政部令：礼字第一〇三二号（三十六年五月八日）重与地学家苏甲荣，编制各种抗日地图，警惕国人……》，《国民政府公报（南京1927）》1947年第2838期。

绘多翻译、整合自国外成图，或者此前编绘较为精良的地图。其中，重要数据来源是晚清陈寿彭《新译中国江海险要图志》及其援引的英国海道测量局1894年《中国航海指南》（*The China Sea Directory*）（第三版）。在苏甲荣的《中华七省沿岸图》中，各岛礁标注很明显受到《新译中国江海险要图志》影响，采用了与陈寿彭几乎完全一致的翻译习惯及用字对南海岛礁进行标注。例如，将group（群岛）译为列岛，对于绝大部分岛礁名称的标注使用音译，但在“树岛”等的少数标注上使用意译，与陈书一致。只在个别岛礁名称标注上苏甲荣对陈寿彭书中地名做了微调。在宣德群岛的标注上，陈寿彭将之注为“莺非土来特列岛”，而苏甲荣则将之微调为“莺非士莱特列岛”。盘石礁（Passu Keah），陈寿彭将之注为“巴徐崎”，而苏甲荣则微调为“巴徐屿”。这说明苏甲荣不只单纯沿用陈寿彭《新译中国江海险要图志》，还结合《中国航海指南》原文，对《新译中国江海险要图志》的地名进行过检校。在当时，不仅很多地图中均不同程度采用了这套英文译名的岛名标注体系，并且在1935年公布的《中国南海各岛屿华英名对照表》中，以官方文件的形式将这套译名固定下来，成为当时官方认可的南海诸岛正式岛名。虽然如本文第二节所述，公布南海诸岛正式地名的举动，象征着当时海权维护由被动应对逐渐向主动声索的转换，但是，就此次公布的具体岛名而论，基本是在英文岛名基础上通过音译或者意译确定中文岛名，并未对当地渔民在长期生产生活中对这些岛屿约定俗成的名称有所体现。这一点，甚至不如晚清部分官员及知识界在掌握相关西方地图资料基础上，将地方知识加入其中，而最终形成的对于东沙岛与西沙群岛的知识积累[①]那般深入。特别是在“九小岛”事件之后，国内知识界已经意识到可以并且应该根据国际法以渔民对于这些岛屿的“最初占有权”来主张主权，[②] 但无论是政府、知识界还是地图绘制者，均未在南海诸岛地名确定或者标注时体现这种“最初占有权”，这是一种遗憾，也说明当时对海权认识有限。

---

① 周鑫：《宣统元年石印本〈广东舆地全图〉之〈广东全省经纬度图〉考——晚清南海地图研究之一》，《海洋史研究》2014年第1期。

② 厉鼎勋：《中国领土最南应该到南海九岛（中学用地理教材）：附地图》，《中华教育界》1935年第8期。

结 语

地图以图形方式表达制图者对自然及人文要素的空间分布、组成、相互关系、变化过程的认知。民国时期是国人接受现代海权观念的关键时期。其间，由于海权频遭侵犯，国人对海权问题产生深深焦虑。为缓解这种焦虑，知识阶层引入西方海权理论，并与中国实际相结合，广泛宣传。在这一过程中，地图制图者也受之影响，在所编绘地图中越来越多地反映海权观念。读图人在阅读这些充满海权观念的地图时，在潜移默化中接受其中的制图理念，了解海洋疆域范围，培养海洋疆域观念，也强化了海权观念。其中部分地图也为后世海洋权益维护提供了宝贵历史资料。特别是 1947 年内政部方域司《南海诸岛位置略图》，一直到今天，都是我国主张南海领土主权及海洋权益时的重要历史依据。但同时也需要意识到，当时所绘涉海地图中仍然带有一定历史局限性，主要包括地图中对南海诸岛名称的标注多使用英文译名以及海洋疆域范围绘制存在偏差。特别是在 20 世纪 30 年代中期以前，上述问题体现得尤为明显。这说明当时绘图者虽然接受海权观念，也希望在地图中展现海洋疆域，但在特定历史时期，对南海知识的了解仍然不够全面，对中国传统的南海诸岛文献的了解也待完善，因此，地图中的海洋疆域绘制也经历了逐步变化、逐渐成型的过程。这一点，在研究和解读民国时期绘制的涉海地图时是需要格外注意的。

Comment on Sea Power Consciousness Embodied the Maps of the Republic of China

Xia Fan

Abstract: During the period of the Republic of China, stimulated by the invasion of our islands and reefs, the exploitation of resources and the control of shipping routes by Western powers, the attention to maritime rights from government and the people is far greater than before. The new concept of sea power is displayed through the map carrier. In all aspect of cartographic subject, map scope and cartographic elements. Marine elements are enhanced on maps. Marine connectivity has also been more clearly demonstrated. Moreover, maps also express the changing process of safeguarding to maritime rights from passive to active. These maps played a positive role in the understanding of the territory of the sea and the maintenance of its integrity. But at the same time, especially in the map of the early Republic of China, the names of the islands in the South China Sea were mostly translated names from their English names, and the description of the sea territory was wrong. This limitation and its subsequent changes also showed that the cognition of sea power at that time was not perfect, which was still undergoing gradual changes and shaping.

Keywords: Map; Sea Power; the Republic of China; Alfred Thayer Maham

（执行编辑：江伟涛）

海洋史研究（第十九辑）
2023 年 11 月　第 139 ~ 160 页

明初中日佛教交流与朝贡关系

赵 伟　陈 缘*

唐代，日本向中国派遣遣唐使，与中国保持比较密切的关系，到 894 年日本停止派遣遣唐使，唐朝与日本之间的官方关系基本停止。明朝甫一建立，朱元璋就派遣使臣到日本宣谕，两国又开始了使节的往来，不过两国关系主要围绕朝贡、倭寇、海禁和佛教交流展开，屡经波折，非常复杂。明初中日关系中，被称为“文臣之首”的宋濂发挥了重要作用。本文根据宋濂的记载及其他相关中日史料，阐述明初中日之间的佛教交流与明日关系。

一

宋濂被视为明初的“文臣之首”，朝廷大量的诏书由他起草，宋濂因此对明日关系可谓了如指掌。作为亲历者与记载者，宋濂的著述中对于当时明朝与安南、高丽、勃尼国等国家之间的来往有着清晰的记载。

在与明朝廷有交往关系的国家中，宋濂提到次数最多、交往最为密切的是日本。宋濂涉及日本和日僧的文章有 14 篇，包括《佛日普照慧辨禅师塔铭》（《銮坡前集》卷五）、《日本砚铭》（《翰苑续集》卷六）、《送无逸勤公出使还乡省亲序》（《翰苑续集》卷七）、《恭跋御制诗后》（《翰苑续集》

* 作者赵伟，青岛大学历史学院教授、副院长；陈缘，青岛大学历史学院硕士研究生。
本文为国家社科基金重点项目“明代佛教与儒学思想互动关系研究”（21AZJ001）阶段性成果。

卷八)、《佛真文懿禅师无梦和上碑铭》(《翰苑别集》卷三)、《日本梦窗正宗普济国师碑铭》(《翰苑别集》卷四)、《日本瑞龙山重建转法轮藏禅寺记》(《翰苑别集》卷四)、《跋日本僧汝霖文稿后》(《翰苑别集》卷七)、《赠简中要师游江西偈序》(《翰苑别集》卷七)、《赠今仪藏主序》(《翰苑别集》卷八)、《日本建长禅寺古先源禅师道行碑》(《翰苑别集》卷十)、《住持净慈禅寺孤峰德公塔铭》(《翰苑别集》卷十)、《杭州集庆教寺原璞法师璋公圆冢碑铭》(《芝园后集》卷二)、《勃尼国入贡记》(《芝园后集》卷五)。这些文章记载的日本僧人当时都有较大名气和影响，如梦窗禅师颇受镰仓幕府时期后醍醐天皇的器重，文珪禅师曾作为日本使臣来明朝贡，颇受执政者重视。这些文章为后来研究这些日僧保存了珍贵的传记资料，《补续高僧传》卷十三《日本梦窗国师传》《日本古先原公传》就是在宋濂这些文章基础上润改的。

元末明初来明朝的日本僧人与赴日的中国僧人可分为两种类型：一是作为两国政府的使臣，二是专程来中国学佛的学问僧。第一种类型反映了中日之间的政府和贸易往来，即朝贡外交；第二种类型体现了中日之间佛教和文化交流。宋濂关于上述几位日僧的文章资料，基本上反映了明初中日关系、日本禅宗发展脉络、元末明初中日佛教交流和贸易往来的大体状况。

宋濂记载当时众多来华日僧事迹，与他的盛名和特殊的身份地位有直接关系。宋濂的文章不仅在国内家喻户晓，在邻邦日本亦多有知晓者，据说日本来华使臣曾以重金购买宋濂之文：

> 学士宋濂，文章名世，荒夷朝贡者，数问安否。日本得《潜溪集》板刻国中，高句丽、安南使者至购《文集》，不啻拱璧。权要及有力者，苟非其人，虽置金满橐，求一字不肯与。纵不得已与之，亦不受其馈谢。日本使奉敕请文，以百金为献，却不受。上以为问，濂对曰："天朝侍从之官，而受小夷金，非所以崇国体也。"上深然之。[①]

入明后，宋濂深受明太祖朱元璋信任，在朝廷各种事务中发挥重要作

① 黄佐编纂《翰林记》卷十九，《文渊阁四库全书》第596册，上海古籍出版社影印本，1987，第1073—1074页。

用，朝廷“四裔贡赋赏劳之仪”[①] 多由其确定。来华日僧要到朝廷觐见，往往要和宋濂打交道。宋濂为日僧所撰之文，一些是奉朱元璋之令而撰。如洪武八年（1375），日本遣使臣来明，请为梦窗禅师赐碑铭，考功监丞华克勤奏曰：

> 日本有高行僧梦窗禅师，其入灭已若干年，而白塔未有勒铭。其弟子中津、法孙中巽有慕中华文物之懿，特因使者而求之。然人臣无外交，非奉敕旨不敢遽从所请，敢拜手稽首以闻。[②]

朱元璋很高兴，特诏宋濂为之撰碑铭。另外一些，是日僧慕名而来，直接请宋濂撰文，不得已而撰。如为印原所作《道行碑》，“因其徒大宣介范堂仪上人持状请铭禅师之塔，有不得辞也”[③]。

宋濂精通佛教，被视为明初佛教护法者。日本所派遣的使臣主要是由僧人组成，这些僧人乐于与宋濂结交。宋濂为日僧所撰文，也是出于佛教所谓如来化境天下为一家的思想，如谓朱元璋之化天下与如来化天下相同：“洪惟大明皇帝，执金轮以御宝历，声教所授，与如来化境相为远迩。”[④] 天下既然一家，中国和日本自然也就是一家了，“夷而华，四海一家，此非文明之化邪?”[⑤] 又说日本与中国同为震旦之国，佛法同样流布其间：

> 予闻佛书，一须弥山摄一四天下，一四天下共一日月。须弥有百亿，则日月有百亿焉。如是乃至恒河沙不可算数之天下，佛法未尝不流布其间，况震旦一国邪？日本在东海，同为震旦之国，又可分疆界之内外邪？此所以同慕真乘，而至人摄化者，亦未尝遗之也。达摩氏自身毒西来，既至中夏，复示幻化，持只履西归。后八十六年，当推古女主之世，达摩复示化至其国。世子丰聪过和之片冈，达摩身为馁者，困卧道

① 张廷玉等：《明史》卷一二八《宋濂传》，中华书局，1974，第3787页。

② 宋濂：《日本梦窗正宗普济国师碑铭》，《翰苑别集》卷四，罗月霞主编《宋濂全集》，浙江古籍出版社，1999，第1011页。

③ 宋濂：《日本建长禅寺古先源禅师道行碑》，《翰苑别集》卷十，罗月霞主编《宋濂全集》，第1134页。

④ 宋濂：《日本梦窗正宗普济国师碑铭》，《翰苑别集》卷四，罗月霞主编《宋濂全集》，第1011页。

⑤ 宋濂：《日本砚铭》，《翰苑续集》卷六，罗月霞主编《宋濂全集》，第885页。

左，世子察其异，解衣衣之。已而入寂，遂藏焉。及启棺，无所有，唯赐衣存。事与只履西归绝类，所异者，当时无人嗣其禅宗尔。自时厥后，橘妃遣慧萼致金缯泛海来请齐安。国师卒，今义空比丘入东，其首传禅宗之碑，信不诬矣。至觉何之嗣佛海远，道元之承天童净，达摩之宗，骎骎向盛。①

宋濂说达摩化日本之事迹，如同在中国只履西归的传说，存在着一些想象的成分。如史料所显示，宋濂基于共同信仰而不辞辛苦为来华日僧撰文。

二

接下来讨论明初中日两国的朝贡外交。与朝鲜同明朝保持良好的关系不同，日本与明朝的关系始于倭寇，相当复杂。万历《大明会典》记载：

祖训：日本国虽朝实诈，暗通奸臣胡惟庸，谋为不轨，故绝之。按：日本古倭奴国，世以王为姓，其国有五畿、七道及属国百余，时寇海上。洪武五年，始令浙江、福建造海舟防倭。七年，其国王良怀遣僧朝贡，以无表文却之；其臣亦遣僧贡马及茶布刀扇等物，以其私贡却之。又以频年为寇，令中书省移文诘责，自后屡却其贡，并安置所遣僧于川陕番寺，十四年，从其请遣还。②

朱元璋建立明朝时，日本处于南北朝时代。各种势力割据独立，有些日本人到中国沿海地区烧杀抢掠，使得中国沿海地区颇不安宁。明初中国人对日本的印象是：

日本，古倭奴国。唐咸亨初，改日本，以近东海日出而名也。地环海，惟东北限大山，有五畿、七道、三岛，共一百十五州，统五百八十七郡。其小国数十，皆服属焉。国小者百里，大不过五百里。户小者千，多不过一二万。国主世以王为姓，群臣亦世官。宋以前皆通中国，

① 宋濂：《赠令仪藏主序》，《翰苑别集》卷八，罗月霞主编《宋濂全集》，第1097—1098页。
② 申时行等修《大明会典》卷一百五，中华书局影印民国《万有文库》本，1989，第572页。

朝贡不绝，事具前史。惟元世祖数遣使赵良弼招之不至，乃命忻都、范文虎等帅舟师十万征之，至五龙山遭暴风，军尽没。后屡招不至，终元世未相通也。[①]

所谓“终元世未相通”，是指政府间没有交往，并非完全断绝来往。这个时期日本仍有不少来华的僧人，也有不少赴日的中国僧人。朱元璋即皇帝位之后，相继消灭方国珍、张士诚等割据力量，他们的余部流亡到日本，与当地军事力量结合在一起，不断骚扰山东沿海地区：“诸豪亡命，往往纠岛人入寇山东滨海州县。”[②]

倭寇骚扰山东沿海始见于洪武二年（1369）一月。为了消除倭寇对沿海的侵扰，洪武二年三月，朱元璋派杨载、吴文华一行七人出使日本，“诏谕其国，且诘以入寇之故”，诏谕中说：“宜朝则来廷，不则修兵自固。倘必为寇盗，即命将徂征耳，王其图之。”[③] 此时日本北朝由足利家族掌握实际政权，称为室町幕府时期。在朱元璋建立明朝的同一年（1368），足利义满出任幕府的第三代将军，室町幕府进于全盛时代。明朝对日本政治不了解，杨载等一行七人，将朱元璋的诏谕送到了控制着博多、大宰府的南朝征西将军府将军良怀[④]手里。杨载等人当时还携带着朱元璋写给日本的国书，书云：

故修书特报正统之事，兼论倭兵入海之由。诏书到日，如臣则奉表来庭，不臣则修兵自固，永安境土，以应天休。如必为盗，朕当命舟师扬帆诸岛，捕绝其徒，直抵其国，缚其王，岂不代天伐不仁者哉！唯王图之。[⑤]

朱元璋警告日本要么臣服大明，要么不要骚扰明境，否则要出兵征讨日本。这时蒙元残余对明朝的威胁仍然很大，明朝根本无暇派兵征讨日本，朱元璋只是口头警告而已，还是希望与日本建立和平的国际关系。良怀看到朱

① 张廷玉等：《明史》卷三百二十二《外国三》，第8341页。
② 张廷玉等：《明史》卷三百二十二《外国三》，第8341页。
③ 张廷玉等：《明史》卷三百二十二《外国三》，第8341—8342页。
④ 《明史》卷三百二十称为“良怀”，日本史书则写作“怀良”，现在多认同“怀良”一说，如浙江大学日本文化研究所编著的《日本历史》（高等教育出版社，2003）中称“怀良”。
⑤ 汪向荣、夏应元编《中日关系史资料汇编》，中华书局，1984，第388—389页。

元璋要出兵征讨的威胁，毫不畏惧，拒绝接受国书，对明使态度很不友好，史书言“日本王良怀不奉命”，悍然杀害五位使团成员，将杨载、吴文华拘留三个月才放回，而且“复寇山东，转掠温、台、明州旁海民，遂寇福建沿海郡”①。

洪武三年（1370）三月，为了平息倭患，朱元璋再次派遣莱州府同知赵秩出使日本，这次的态度是“责让之”。这次明朝使臣到达的还是良怀的统治区，“守关者拒弗纳。秩以书抵良怀，良怀延秩入。谕以中国威德，而诏书有责其不臣语”。良怀的态度很强硬，说：

> 吾国虽处扶桑东，未尝不慕中国。惟蒙古与我等夷，乃欲臣妾我。我先王不服，乃使其臣赵姓者訹我以好语，语未既，水军十万列海岸矣。以天之灵，雷霆波涛，一时军尽覆。今新天子帝中夏，天使亦赵姓，岂蒙古裔耶？亦将訹我以好语而袭我也。②

良怀上述言论，是针对元世祖曾派赵良弼使日，招降不成，乃派忻都、范文虎率师征讨之事而发的。元代三次远征日本，都以失败而告终，使日本的统治者有些狂妄自大，不把中国放在眼里，有元一代，倭寇猖獗，时常骚扰沿海地区。

朱元璋告诫日本不要因抵御住元朝军队就忘乎所以，在诏书中警告说：

> 今彼国以败元为长胜，以疆为大而不可量。吾将尔疆用涉人而视，令丹青绘之，截长补短，周匝不过万余里陆……今彼国迩年以来，自夸强盛，纵民为盗，贼害邻邦，必欲较胜负、见是非者欤？辨强弱者欤？至意至日，将军审之。③

元朝攻打日本失败的原因很多，有天气原因，更重要的是日本非元朝所必攻略之地，因此元朝才会“微失利而不争”。朱元璋警告日本若坚持“自夸强盛，纵民为盗，贼害邻邦”，就要和日本真正地“较胜负、见是非”。

① 张廷玉等：《明史》卷三百二十二《外国三》，第8342页。

② 张廷玉等：《明史》卷三百二十二《外国三》，第8342页。

③ 朱元璋：《明太祖集》，黄山书社，2014，第385—386页。

又在同时写给日本国王的《设礼部问日本国王》中表达了相同的意志："若夫叛服不常，构隙中国，则必受兵……俘获男女以归。"①

对于朱元璋的警告，良怀不为所动，且欲杀赵秩。赵秩颇有外交家的胆识和气度，说："我大明天子神圣文武，非蒙古比，我亦非蒙古使者后。能兵，兵我。"良怀为赵秩气度所动，"下堂延秩，礼遇甚优"。随后，"遣其僧祖来奉表称臣，贡马及方物，且送还明、台二郡被掠人口七十余，以四年十月至京"②。祖来等人于洪武四年（1371）十月到达南京，宋濂时任礼部主事，所有与日本往来之事，应该由他来主管。宋濂记载此次日僧祖来作为使臣来华时说：

> 皇帝廓清四海，遂登大宝。遣使者播告诸蛮夷，俾知元运已革，而中夏归于正统。其称臣者，高句骊最先，交趾次之，流求、琐里又次之。于时日本良怀亦令僧祖来奉表而至。③

宋濂曾记载福建行省都事沈秩出使勃尼国的情状，说：

> 洪武三年秋八月，秩与监察御史张敬之等奉诏，往谕勃尼国。冬十月由泉南入海……明日王辞曰："近者苏禄起兵来侵，子女玉帛尽为所掠，必俟三年后国事稍纾，造舟以入贡尔。"秩曰："皇帝登大宝已有年矣！四夷之国，东则日本、高丽，南则交趾、占城、阇婆，西则吐蕃，北则蒙古诸部落，使者接踵于道，王即行已晚，何谓三年？"王曰："地瘠民贫，愧无奇珍以献，故将迟迟尔，非有他也。"秩曰："皇帝富有四海，岂有所求于王，但欲王之称藩，一示无外尔。"④

沈秩等人于洪武三年十月出发去勃尼国，洪武四年八月与勃尼国使臣返回南京，此时日本使臣还没有到达明朝，沈秩说日本使者已入明朝贡，应该只是一种外交辞令而已。

祖来的入明，意味着日本与明朝建立了邦交关系。"奉表称臣，贡马及

① 朱元璋：《明太祖集》，第383页。
② 张廷玉等：《明史》卷三百二十二《外国三》，第8342页。
③ 宋濂：《送无逸勤公出使还乡省亲序》，《翰苑续集》卷七，罗月霞主编《宋濂全集》，第894页。
④ 宋濂：《勃尼国入贡记》，《芝园后集》卷五，罗月霞主编《宋濂全集》，第1399页。

方物"[①]，"奉表而至"等语，表明日本已承认了明朝的地位，日本成为明朝朝贡体系中的一员。良怀派遣祖来入明朝贡，朱元璋非常高兴，"宴赉其使者"的同时，考虑到日本信仰佛教之风俗浓厚（"念其俗佞佛"），"可以西方教诱之也"[②]，思以僧者为使臣，送祖来等还日本。根据宋濂的记载，禅师祖阐主动请缨，"天宁禅师祖阐仲猷，以高行僧召至南京。会朝廷将遣使日本，诏祖阐与克勤俱。祖阐不惮鲸波之险，毅然请行"。[③] 朱元璋"壮之"，以祖阐、无逸等八人为赴日使团，赐良怀《大统历》及文绮、纱罗。《明太祖实录》记载：

> 日本国王良怀遣其臣僧祖来进表笺、贡马及方物，并僧九人来朝，又送至明州、台州被虏男女七十余口……至是奉表笺称臣，遣祖来随秩入贡。诏赐祖来等文绮帛及僧衣，比辞，遣僧祖阐、克勤等八人护送还国，仍赐良怀《大统历》及文绮、纱罗。[④]

祖阐等人出发之前，朱元璋为使团制定了"以善道行化"[⑤] 的方针，日本伊藤松记载："旨彼佛放光，倭民大欢喜。行止必端方，毋失经之理。"[⑥] 祖阐等人到达日本时，日本发生了内乱，良怀被驱赶，新将军[⑦]认为祖来入

---

① 张廷玉等：《明史》卷三百二十二《外国三》，第 8342 页。

② 张廷玉等：《明史》卷三百二十二《外国三》，第 8342 页。

③ 宋濂：《恭跋御制诗后》，《翰苑续集》卷八，罗月霞主编《宋濂全集》，第 926 页。

④ 《明太祖实录》卷六十八，中华书局影印台北"中研院"历史语言研究所校印本，2016，第 1280—1282 页。

⑤ 宋濂：《恭跋御制诗后》，《翰苑续集》卷八，罗月霞主编《宋濂全集》，第 926 页。

⑥ 伊藤松『隣交征書』国書刊行会、1975 年、140 頁，转引自王介林《简明日本古代史》，天津人民出版社，1984，第 286 页。据严从简《殊域周咨录》卷二《东夷》，祖阐出使日本，当时僧人宗泐作送行诗，朱元璋和诗，这四句是朱元璋和诗中之句，文字稍有差别，朱元璋和诗原文为："诸彼佛放光，倭民大欣喜。行止必端方，毋失经之理。"但宗泐《全室外集》并不载此诗，《明太祖集》中亦不载朱元璋和诗。

⑦ 据《明史》卷三百二十二，新将军名为持明。据黎光明考证，"持明"不是人名，而是日本北朝皇室统系之持明院系（黎光明：《明太祖遣僧使日本考》，《普门学报》2019 年第 54 期）。日本史料记载，朱元璋在派遣祖阐、克勤出使日本之前，已经知道良怀失势，持明为"天皇"，其召见二僧时说："朕三遣使于日本，意在见其持明天皇，今关西之来（使者），非朕本意。以其关禁非僧不通，故欲命汝二人密以朕意往告之。"（『善隣国宝記』上『続群書類叢』卷八百七十九、続群書類叢完成会、1901 年、342 頁。）《明太祖实录》卷六十八云，此次遣使去日本"仍赐良怀《大统历》"，显然朱元璋并不知道此时日本已是持明执政。

明，是到中国“乞师”，疑心祖阐、无逸等人是祖来请来帮助良怀的。钱谦益转述了《明太祖实录》的记载并评述说：“祖来为良怀所遣。良怀方以窃据被逐，日本疑祖来，因疑护送祖来归国者，此其情也。”[①] 于是将祖阐和无逸等人拘闭，关了两年。

宋濂记载了日本内部的政变和祖阐、无逸在日本的经历：

> 先是，日本王统州六十有六，良怀以其近属窃据其九都于太宰府，至是被其王所逐，大兴兵争。及无逸等至，良怀已出奔。新设守土臣疑祖来乞师中国，欲拘辱之。[②]

《明太祖实录》也记载了祖阐、无逸等人在日本被拘闭的情况，卷九十载朱元璋敕中书省：

> 向者国王良怀奉表来贡，朕以为日本正君，所以遣使往答其意。岂意使者至彼，拘留二载。今年五月去舟才还，备言本国事体，以人事言彼君臣之祸有不可逃者……今日本蔑弃礼法，慢我使臣，乱自内作，其能久乎！[③]

卷一百三十八载朱元璋命礼部再次移书责日本征夷将军：

> 往者我朝初复中土，日本之人至者，云使则加礼遇，商则听其去来，斯我至尊所以嘉惠日本，故遣克勤、仲猷二僧行。及其至也，加以无礼，今又几年矣。[④]

可见朱元璋对于祖阐等使臣在日遭拘之事一直耿耿于怀。

祖阐等人滞留日本期间，与室町幕府的第三代将军足利义满取得了联系，不过主要还是与南朝的征西将军府打交道。祖阐“一遵圣训”，按照朱

---

① 钱谦益：《太祖实录辩证》三，《牧斋初学集》卷一百三，上海古籍出版社，2009，第2121页。

② 宋濂：《翰苑续集》卷七，罗月霞主编《宋濂全集》，第894—895页。

③ 《明太祖实录》卷九十，第1581—1582页。

④ 《明太祖实录》卷一百三十八，第2175页。

元璋的旨意，“敷演正法，无非约之于善”[1]，“为其国演（佛）教，其国人颇敬信”[2]。日人颇服之，请之主日本天龙禅寺：

> 听者耸愕，以为中华之禅伯，亟白于王，请主天龙禅寺。寺乃梦窗国师道场，实名刹也。祖阐以无上命，力辞之。且申布威德，罔间内外，所以遣使者来之意。[3]

祖阐和无逸被拘闭以后，无逸力争得免，并迫使日本新将军再次向明朝派出僧人使团，宋濂《送无逸勤公出使还乡省亲序》中记载：

> 无逸力争得免，然终疑勿释。守臣白其事于王，王居洛阳，欲延阐住持天龙寺，无逸独先还。无逸奉扬天子威德，谕以祸福，必期与阐俱。王闻其志不可夺，命舆马来迎，经涉北海。时近六月，大山高插霄汉，积雪如烂银。行一月始至，馆于洛阳西山向阳精舍。执国政者，犹申天龙之请。无逸曰：“我使臣尔，非奉帝命不敢从。王如欲阐敷宣大法，宜同往请于朝，否则有死而已。”[4]

新将军听了无逸的话，非常敬佩，派净业、喜春两个僧人为使臣再次出使明朝：

> 议遣总州太守圆宣，及净业、喜春二僧，从南海下太宰府，备方物来贡。所虏中国及高句骊民，无虑百五十人，无逸化以善道，悉令具大舶遣归。[5]

祖阐和无逸的这次出使，在外交上可谓取得了很大的成功。[6]《明史》卷三百二十二的记载与宋濂所记有所不同，云：

---

① 宋濂：《恭跋御制诗后》，《翰苑续集》卷八，罗月霞主编《宋濂全集》，第926页。

② 张廷玉等：《明史》卷三百二十二《外国三》，第8342页。

③ 宋濂：《恭跋御制诗后》，《翰苑续集》卷八，罗月霞主编《宋濂全集》，第926页。

④ 宋濂：《翰苑续集》卷七，罗月霞主编《宋濂全集》，第894页。

⑤ 宋濂：《翰苑续集》卷七，罗月霞主编《宋濂全集》，第894页。

⑥ 黎光明《明太祖遣僧使日本考》中说，此次出使后，中国和日本的外交关系没有密切起来，倭寇之患也没有减少，故这次出使可以说是徒劳无功。

其大臣遣僧宣闻溪等赍书上中书省，贡马及方物，而无表。帝命却之，仍赐其使者遣还。未几，其别岛守臣氏久遣僧奉表来贡。帝以无国王之命，且不奉正朔，亦却之，而赐其使者，命礼臣移牒，责以越分私贡之非。[①]

《明太祖实录》载宣闻溪等僧来中国事与《明史》所记大致相同，云：

日本国遣僧宣闻溪、净业、喜春等来朝贡马及方物，诏却之。时日本国持明与良怀争立，宣闻溪等赍其国臣之书达中书省，而无表文，上命却其贡，仍赐宣闻溪等文绮、纱罗各二匹，从官钱帛有差，遣还。[②]

朱元璋对这几次僧人来明的朝贡却之不纳，可能是对祖阐等人在日遭到拘闭不能释怀，也对在此期间倭寇仍然不时侵扰中国沿海感到恼怒。

洪武九年（1376）四月，日本再次派僧人文珪（《明史》记为圭廷用，宋濂记载为文珪，字廷用）来朝贡，朱元璋“恶其表词不诚，降诏戒谕，宴赉使者如制”[③]。宋濂记载了文珪此次使明事：“文珪近受王命，出持使节，贡方物于上国。大明皇帝嘉其远诚，宠赉优渥。”[④] 二者关于朱元璋对文珪态度的记载有差异。

文珪在日本建禅寺，保存佛教典籍，借出使明朝之机，让先来中国的僧人令仪（即范堂禅师，又作“今仪”）请宋濂为禅寺作碑铭，宋濂记载了文珪在日本建禅寺并保存佛藏的情况：

本国平安城北若干里，有禅寺曰转法轮藏，旧名宝福，废坏已久，无碑碣可征，莫知其何时建立。正应元年，肯庵全公从周防法眼藤道圆之请，尝就遗址而一新之。而僧本觉及梅林、竹春、岩玲相继来莅法席，自时阙后，风雨震凌，又复摧塌弗支，白草荒烟，刍荛之迹交道矣。贞治三年，众以文珪或可以起废，力举主之。初，寺无正殿，唯有

① 张廷玉等：《明史》卷三百二十二《外国三》，第 8343 页。

② 《明太祖实录》卷九十，第 1581 页。

③ 张廷玉等：《明史》卷三百二十二《外国三》，第 8343 页。

④ 宋濂：《日本瑞龙山重建转法轮藏禅寺记》，《翰苑别集》卷四，罗月霞主编《宋濂全集》，第 1011—1018 页。

藏室一区。藏之八楹，皆刻蟠龙，作升降之势。数著灵异，因祀之为护伽蓝神。至应安三年，文珪欲建殿于其前，忽神降于一比丘曰："我神泉苑善如龙王也，伽蓝神来云，大藏将倾，乃视之漠如，而欲有事于殿功，是弃所急而不知务也。宜亟易为之，否则我足一摇，此地当为湖。苟遵吾言，改奉王家神御，则国祚、佛法皆悠长矣。"言讫仆地，觉而询之，绝无所识知。事闻于王，王大悦曰："余忆幼时，乳母时祷八龙之神，事正相符。"即遣中纳言藤元赐今额。元之行，有双白鹭飞翔前导，至寺而止，人异之。未几，王逊位，号太上天皇，给地若干亩，以广寺基。文珪殚厥智虑，出衣盂之资，简材陶甓，使其坚良。崇室上覆，机轮下承，巨木中贯，方格层列，经匭栉比，绘像精严，神君鬼伯，翼卫后先。所谓楹上八龙者，涂以金泥，鳞介焜耀，角鬣森张，阴飙肃然，似欲飞动。国人聚观，无不庆惬。文珪复奉今王之命，请赎一《大藏经》安置柜中，规制整饬，视旧有加焉。经始于某年月日，讫功于某年月日，縻钱若干贯，米若干斛，役人若干功。太上既弃群臣，文珪别于寺东若干步建盘龙院，以奉神御，如神之所言云。①

文珪的这些事迹，是范堂禅师转述给宋濂的，宋濂对文珪致力于弘扬佛教非常赞赏："日本初无轮藏，有之，其从兹寺始。文珪承国君之命，孜孜弗懈，以起废为已任，亦可谓流通大法者已。"并在文末作偈，进一步为文珪宣讲佛教的"真实了义"。②

上文中提到"奉表称臣，贡马及方物""奉表而至"等语，表明日本成为明朝朝贡体系中的一员。不过，从主要与明朝打交道的良怀、持明对明朝使者的态度来看，日本并不甘心向明朝朝贡，对明朝一直有着抗拒的态度。如洪武十四年（1381），良怀派僧人如瑶出使明朝，带给朱元璋一封信，信中说：

盖天下者，乃天下之天下，非一人之天下也。臣居远弱之倭，褊小之国，城池不满六十，封疆不足三千，尚存知足之心，陛下作中华之

① 宋濂：《日本瑞龙山重建转法轮藏禅寺记》，《翰苑别集》卷四，罗月霞主编《宋濂全集》，第1016—1017页。

② 宋濂：《日本瑞龙山重建转法轮藏禅寺记》，《翰苑别集》卷四，罗月霞主编《宋濂全集》，第1017页。

主，为万乘之君，城池数千余，封疆百万里，犹有不足之心，常起灭绝之意……臣闻天朝有兴战之策，小邦亦有御敌之图。论文有孔、孟道德之文章，论武有孙、吴韬略之兵法。又闻陛下选股肱之将，起精锐之师，来侵臣境，水泽之地，山海之洲，自有其备，岂肯跪途而奉之乎？顺之未必其生，逆之未必其死。相逢贺兰山前，聊以博戏，臣何惧哉。倘君胜臣负，且满上国之意。设臣胜君负，反作小邦之羞。自古讲和为上，罢战为强，免生灵之涂炭，拯黎庶之艰辛。特遣使臣，敬叩丹陛，惟上国图之。[①]

良怀表明不接受明朝皇帝的册封之意，不愿意加入明朝的朝贡体系之中，朱元璋看后"愠甚"，命礼官致书良怀亲王及将军义满，"表示将出兵讨伐"[②]。迫于北方蒙古的压力，朱元璋最终并没有派兵征讨日本。

日本多次派遣到明朝朝贡方物的使臣，有很多并不是日本幕府派出的，甚至不是良怀或持明等掌握权势的人派出的，而是日本的一些地方执政者派出的。《明史·日本传》所记载的日本于洪武七年、九年、十二年、十三年、十五年、十九年等来贡，都是这种情形。因为使臣们无法携带国书和表文，被明朝拒绝。日本地方官向明朝派遣使臣，主要是为了从明朝获得物质利益，不是真心朝贡。有些打着朝贡名头的日本人其实是一些海盗商人，《明史》云："倭性黠，时载方物、戎器，出没海滨。得间，则张其戎器而肆侵略，不得，则陈其方物而称朝贡。东南海滨患之。"[③]

由上可知，从洪武二年（1369）初次派遣使者到日本，至洪武十年（1377）期间两国反复派使者往来，宋濂或参与其事，或掌管其事，或是使者来往事件的记录者，宋濂在明朝与日本的朝贡关系中承担着重要角色，发挥了重要作用。

三

在古代中日文化交流史上，佛教僧人来往是重要方式之一。明初中日之

① 张廷玉等：《明史》卷三百二十二《外国三》，第8343—8344页。

② 木宫泰彦：《日中文化交流史》，胡锡年译，商务印书馆，1980，第515页。

③ 张廷玉等：《明史》卷三百二十二《外国三》，第8347页。

间的僧人往来虽然不及唐宋时期频繁，数量也没那么多，不过始终没有中断。宋濂在著述中记载了多位来华日僧的事迹。从佛教宗派看，这些日僧都属于禅宗，或作为使臣来华，或专门来华习禅。

禅宗在中国兴起以后，很快传到日本。日本学者研究认为："远在奈良时代以前，禅宗已传入日本。据说在孝德天皇朝的白雉年间（650—654），道昭大僧都在唐学法相宗的同时，又从相州慧满禅师学禅宗，回国后在元兴寺开设禅院。这是日本有禅宗的开始。"[①] 杨曾文提到："镰仓时代以前，一些僧人曾陆续把中国禅宗传入日本，但没能流传开。"[②] 虽然日本习禅人数众多，却一直没有创立本土的禅宗宗派，直到荣西禅师从宋朝回国，才正式开创了日本的禅宗。

荣西禅师号明庵，是备中吉备津人。仁安三年（1168）四月，乘坐商船从博多出发，来到中国，同年九月带着天台宗的三十余部章疏返回日本。文治三年（1187）再次来到宋朝，从黄龙派的第八代嫡孙、万年寺的虚庵禅师学习禅宗，得以继承临济宗法脉。建久二年（1191）回到日本，传播禅学，创立了日本的禅宗。宋濂记道：

> 佛法之流于日本者，台衡、秘密为最盛。禅宗虽仅有之，将寥寥中绝矣。千光院有大善知识，曰荣西和上，以黄龙九世嫡孙握佛祖正印，唱最上一乘，飙驰霆铂，逢者瞻落。达摩氏之道，借是以中兴。[③]

与荣西差不多同时及稍后，许多宋朝的禅僧陆续来到日本。"当时的宋朝，禅宗极为盛行，日本入宋的僧侣，几乎全受到禅宗的影响。另外，到了宋朝将灭亡的时候，一些不满意元朝统治而避乱到日本的禅僧，前后陆续不绝，因此这期间，禅风得到大大的宣扬，对于其他各宗几乎占了压倒的优势。"[④] 受宋代禅风的影响，日本人习禅的风气日益浓厚。

荣西之后，无学祖元禅师于日本文应元年（1260）来到日本，但因思念宋朝心切，于日本弘长三年（1263）又回到中国。适逢元兵侵入南宋，

① 村上专精：《日本佛教史纲》，杨曾文译，商务印书馆，1981，第172页。

② 杨曾文：《日本佛教史》，人民出版社，2008，第283页。

③ 宋濂：《日本建长禅寺古先源禅师道行碑》，《翰苑别集》卷十，罗月霞主编《宋濂全集》，第1133页。

④ 村上专精：《日本佛教史纲》，第175页。

无学禅师差一点被乱兵所杀，弘安二年（1279），日本派使者入元把他再次接到日本，主持建长寺。无学禅师在日本广收门徒，门下有著名弟子高峰国师，高峰国师又收弟子梦窗禅师，梦窗大兴禅学。宋濂记载禅宗在日本传播和梦窗在日本大兴禅学的情况时说：

> 宋南渡后传达摩氏之宗于日本者，自千光禅师荣西始。厥后无学元公以佛鉴范公之子附海舶东游，大振厥宗。高峰纂而承之，师（梦窗）为高峰之遗胤，益有显于前烈。重徽迭照，光于海东。止恶防非，有裨朝政。功用丕阐，人思弗忘。[①]

可见宋濂对禅宗在日本传播的情况相当清楚，在为梦窗禅师作的碑铭中，以“勒此塔铭，龟趺螭首，焯德序功，以示不朽”称赞他为日本禅宗所做的贡献。[②] 如宋濂所云，梦窗禅师在日本禅宗史上具有不朽的地位。

梦窗禅师在跟从高峰禅师学习禅学之前，先跟随由中国入日的禅师一宁一山学习禅学。上文提到元世祖曾派忻都、范文虎东征日本，此次东征是在至元十八年（1281），“命日本行省右丞相阿剌罕、右丞范文虎及忻都、洪茶丘等率十万人征日本”[③]。东征船队在海上遇到飓风，损失巨大，军中将军各自择坚舰先走，结果军士有二三万之众被日本俘虏。元世祖耻之，本想再派军队东征，因安南事起，欲派僧人到日本劝降，一宁一山禅师被选中，于正安元年（1299）前往日本。一宁一山禅师到达日本以后，执政的北条贞时把他当作间谍拘留在伊豆修禅寺。后来有人向北条贞时进谏，一宁一山禅师才被释放出来，主持建长寺，复主持圆觉寺，最后又主持京都的南禅寺。后来宇多上皇对他十分敬重，日本文保元年（1317）一宁一山重病时，上皇亲临慰问。同年十月，一宁一山禅师病逝。[④] 宋濂记载了梦窗禅师向一宁一山学禅学的情况，云：

---

① 宋濂：《日本梦窗正宗普济国师碑铭》，《翰苑别集》卷三，罗月霞主编《宋濂全集》，第1015页。关于梦窗禅师，村上专精《日本佛教史纲》第二十章“梦窗国师及其门徒”中有较为详细的说明。

② 宋濂：《日本梦窗正宗普济国师碑铭》，《翰苑别集》卷三，罗月霞主编《宋濂全集》，第1015页。

③ 宋濂：《元史》卷二百八，中华书局，1976，第4628页。

④ 参见村上专精《日本佛教史纲》，第178—184页。

禅师讳智曤，姓源氏，势州人，宇多天王九世孙。父某，其母某氏无嗣，默祷观音大士，梦吞金色光而孕，历十又三月始生，有祥光盈室之异。九岁出家，依平盐教院以居。授之群书，一览辄能记。暨长，绘死尸九变之相，独坐观想，知色身不异空华，慨然有求道之志。十八，为大僧，礼兹观律师，受具足戒。寻学显、密二教，垂三年。未久，然恐执滞名相，建修期道场，以求玄应。满百日，梦游中国疏山、石头二刹，一庞眉僧持达摩像授之，曰："尔善事之。"既寤，拊髀叹曰："洞明吾本心者，其唯禅观乎?"遂更名疏石，字梦窗。谒无隐范公于建仁寺，继至相州巨福山。山之名院曰建长，锱（缁）锡之所萃止，时一山宁公主之。一山见师，甚相器重，令为侍者，朝夕便于咨决。俄出游奥州，闻有讲天台止观者，师往听之。且曰："斯亦何碍实相乎?"自是融摄诸部，昭揭一乘之旨，辨才无碍。然终以心地未明，怅怅然若无所归。洊修忏摩法，期至七日，感神人见空中，益加振拔。时一山自建长迁主圆觉寺，师复蓬累而往，备陈求法之故，至于涕泣。一山曰："我宗无语言，亦无一法与人。"师曰："愿和上慈悲，方便开示。"一山曰："本来廓然清净，虽慈悲方便，亦无如是者。"三返，师疑闷不自聊。结跏澄坐，视夜如昼，目绝不交睫。久之，往万寿禅师寺见佛国高峰日公，扣请如前。高峰曰："一山云何?"师述其问答语甚悉。高峰厉喝曰："汝何不云和上漏逗不少?"师于言下有省，辞归旧隐常牧山，唯分阴是竞，誓不见道不止。①

一宁一山禅师给梦窗禅师的启悟，是梦窗禅师最终悟道的基础，从中可见一宁一山禅师对日本禅学的发展做出了很大的贡献。此后，日本不断派使者到中国邀请禅师，甚至使用强迫的手段。宋濂记载日本曾图谋抢劫文懿禅师："日本国王虽僻在东夷，亦慕师道行，屡发疏迎致之，师坚不往。王与左右谋，欲劫以归。浙东宣慰使完者都藏之，获免。"② 宋濂所说有些夸张，却反映出日本希望更多禅师渡日宣讲禅学的想法。

宋濂所载的应日本邀请而赴日的中国僧人还有清拙正澄禅师和明极楚俊

① 宋濂：《日本梦窗正宗普济国师碑铭》，《翰苑别集》卷三，罗月霞主编《宋濂全集》，第1011—1012页。

② 宋濂：《佛真文懿禅师无梦和上碑铭》，《翰苑别集》卷三，罗月霞主编《宋濂全集》，第1005页。

禅师。《日本建长禅寺古先源禅师道行碑》提到清拙时说："会清拙澄公将入日本，建立法幢。"①《住持净慈禅寺孤峰德公塔铭》提到明极时说："会日本遣使迎明极为国师，师（明德禅师）送至海滨。"② 清拙禅师于嘉历二年（1327）应执权者北条高时之请来到日本，先后主持建长寺、建仁寺和南禅寺等。清拙禅师以《百丈清规》治寺，使寺院的礼乐更加兴盛。明极禅师于元德二年（1330）来到日本，时年已 69 岁，先后主持建长寺、南禅寺和建仁寺等。

在中国禅僧入日的同时，许多日本禅僧也来到中国学习禅学。《佛日普照慧辨禅师塔铭》记述了日本僧人向慧辨禅师学习禅学："内而燕、齐、秦、楚，外而日本、高句丽，咨决心要，奔走座下。得师片言，装潢袭藏，不啻拱璧。"③ 又记禅师汝霖遍参名山：

> 汝霖，禅家之流也。荡空诸相，视五蕴、四大犹为土苴，况身外之文乎？苟执此而不迁，或将与道相违矣。虽然，汝霖遍参名山，精于禅观，其于此义，未尝不知之，特以如幻三昧，游戏于翰墨间尔。游戏翰墨非难，而空其心为难。所谓心空则一切皆空，视诸世谛文字，虽有粗迹，而本无粗迹；虽有假名，而实无假名。惟一惟二，惟二惟一，初何碍于道哉？④

汝霖在中国无所不学，并非仅仅学习禅学。宋濂说："右日本沙门汝霖所为文一卷。予读之至再，见其出史入经，旁及诸子百家，固已嘉其博赡。至于遣辞，又能舒徐而弗迫，丰腴而近雅，益叹其贤。颇询其所以致是者，盖来游中夏者久，凡遇文章巨公，悉趋事之，故得其指教，深知规矩准绳而能使文字从职无难也。"⑤ 如汝霖这样广泛学习中国文化的日本僧人，唐宋以来可谓不少，即使在中日出于战争状态而无邦交的情况下也很多；来华的日僧都如汝霖一样，到中国后必然会多方面地接触到中国的文化。

---

① 宋濂：《日本建长禅寺古先源禅师道行碑》，《翰苑别集》卷十，罗月霞主编《宋濂全集》，第 1132 页。

② 宋濂：《住持净慈禅寺孤峰德公塔铭》，《翰苑别集》卷十，罗月霞主编《宋濂全集》，第 1136 页。

③ 宋濂：《銮坡前集》卷五，罗月霞主编《宋濂全集》，第 452 页。

④ 宋濂：《跋日本僧汝霖文稿后》，《翰苑别集》卷七，罗月霞主编《宋濂全集》，第 1073 页。

⑤ 宋濂：《跋日本僧汝霖文稿后》，《翰苑别集》卷七，罗月霞主编《宋濂全集》，第 1073 页。

宋濂记述的日本禅师，比较著名的还有原要禅师、印原禅师和范堂禅师。原要字简中，姓藤氏，为日本贵族。《赠简中要师游江西偈序》叙述了其来华学习禅学的情形：

年九岁，依能仁国济国师，给洒扫之役。久之，国师为剃落，受具足戒。寻往建仁，与闻在庵禅师大法要旨，遂使侍香左右。每慕中夏禅宗之盛，洪武甲寅夏，不惮鲸波之险，航海而来，憩止南京大天界寺。闻江右多祖师道场，欲往礼其灵塔。①

印原字古先，世居相州，姓藤氏，亦为日本贵族。《日本建长禅寺古先源禅师道行碑》记其在中国学禅学的情形：

禅师生有异征，垂髫时辄刻木为佛陀像，持以印空。父奇之，曰："是儿于菩提有缘，宜使之离俗学究竟法。"甫八岁，归桃溪悟公，执童子之役。年十三，即剃发受具足戒。自时厥后，遍历诸师户庭，咸无所证入。乃慨然叹曰："中夏乃佛法渊薮，盍往求之乎?"于是不惮鲸波之险，奋然南游。初参无见睹公于天台华顶峰，公语之曰："汝之缘不在于斯，中峰本公以高峰上足，现说法杭之天目山，炉鞴正赤，远近学徒无不受其锻炼，此真汝导师也。汝宜急行。"禅师即蓬累而出，往见中峰。中峰一见，遽命给侍左右。禅师屡呈见解，中峰呵之曰："根尘不断，如缠缚何?"禅师退，涕泪悲泣，至于饮食皆废。中峰怜其诚悫，乃谓之曰："此心包罗万象，迷则生死，悟则涅槃。生死之迷，固是未易驱斥；涅槃之悟，犹是入眼金尘。当知般若如大火聚，近之则焦首烂额，唯存不退转一念，生与同生，死与同死，自然与道相符。脱使未悟之际，千释迦，万慈氏，倾出四海大水，入汝耳根，总是虚妄尘劳，皆非究竟之事也。"禅师闻之，不觉通身汗下，无昼无夜，未尝暂舍。积之之久，一旦忽有所省，现前境界一白无际，急趋杖室告中峰曰："原已撞入银山铁壁去也。"中峰曰："既入银山铁壁，来此何为?"禅师超然领解，十二时中触物圆融，无纤毫滞碍。禅师辞去，中峰再三嘱之曰："善自护持。"当是时，虚谷灵公、古林茂公、东屿海公、月

① 宋濂：《翰苑别集》卷七，罗月霞主编《宋濂全集》，第1080页。

江印公各据高座，展化于一方，禅师咸往谒焉。诸大老见其证悟亲切，机锋颖利，以丛林师（狮）子儿称之。[1]

正巧日本邀请清拙禅师入日，印原送清拙到四明，清拙问他："子能同归以辅成我乎?"印原说："云水之纵，无住无心，何不可之有?"立即收拾行李，与清拙一起返日，为日本禅学的发展做出了重大的贡献，"其后澄公能化行于遐迩者，皆禅师之力也。禅师出世甲州之慧林，瓣香酬恩的归之中峰，黑白来依，犹万水之赴壑"。[2] 宋濂对印原的评价很高，范堂请其为印原作铭文，宋濂铭中以"师虽后起乘愿轮""法派端自天目分"[3] 等语称赞印原禅师能承担起禅宗在日本发展的重任。

范堂禅师，为印原禅师之徒。《赠今仪藏主序》记载："范堂仪公，日本之人也，俗姓藤氏。修习禅观，夙夜匪懈。至正壬寅秋，航海自闽抵浙，参叩尊宿，咨决法要。"范堂很快得到中国禅师们的印可："范堂遍参诸方，诸方尊宿以范堂精进，多所印可。"宋濂对范堂的期望很高，说："予见范堂向道之切，故举百亿须弥皆有佛法。佛法肇兴于日本者，稍著见焉。而末复申之以此者，卫法之事严，而利物之心急也。"[4]

宋濂为日本僧人所撰的这些文章，除叙述其事迹与在日本传播禅学之外，还为其宣讲禅学的"真实义"，给范堂禅师所撰文中表现得最为清楚。《赠简中要师游江西偈序》中，范堂请宋濂为原要禅师赠文，二人有一段对话：

（范堂曰）："……颇闻古有赠言之礼，世恒相因，先生能不废之乎?"予曰："此吾俗间事也，简中学绝俗之道，文字且不当立，况予之剩语邪?"范堂曰："请为一偈何如?"予曰："杳冥之中，其光如瞰，不依形立，常与道存。虽偈亦奚以为?"范堂曰："此姑置之第二门中，何事不可说？先生自通一大藏教，乃欲遏绝初机之士乎?"予曰："本

① 宋濂：《日本建长禅寺古先源禅师道行碑》，《翰苑别集》卷十，罗月霞主编《宋濂全集》，第1131—1132页。

② 宋濂：《日本建长禅寺古先源禅师道行碑》，《翰苑别集》卷十，罗月霞主编《宋濂全集》，第1132页。

③ 宋濂：《日本建长禅寺古先源禅师道行碑》，《翰苑别集》卷十，罗月霞主编《宋濂全集》，第1134页。

④ 宋濂：《赠今仪藏主序》，《翰苑别集》卷八，罗月霞主编《宋濂全集》，第1098—1099页。

自现成，谁为初机？一且不有，孰居第二？强生分别，去道滋远也。”范堂曰：“先生辨固辨矣，吾无以酬之。简中必欲徼片言之赐，慈悲者果能拒耶？”予笑曰：“如此则或庶几也。”于是合十指爪而唱偈曰：“诸法本无灭，是故无所生。其意果云何？本性不变故。众生堕虚妄，常见有生灭。因缘十二支，犹如玉连环。钩锁不可断，正滞无明根。根断枝叶枯，岂复能滋生？若能断其生，而死自然灭。不见有一法，灭将从何起？如来最方便，示此思惟修。荡相而明空，功德难思议。如执金刚剑，寒铓湛秋水。斩除诸烦恼，智慧即现前。转移刹那间，不见有真妄。如种钵特摩，出自淤泥中。华虽未敷荣，其实已全具。双举复双收，不见有先后。如然长明灯，于彼昏暗室。明生暗即亡，非暗往它所。明暗本无二，不见有出入。沙门汝当知，此乃真实义。回光自返照，照性亦并亡。前灭既不接，后起亦不引。前后际皆断，无思心正住。所谓诸因缘，销賈无余者。江右多古塔，骨朽已千载。塔前诸树林，昼夜谈妙法。炽然虽不停，无耳乃得闻。沙门汝当知，勿堕于色声。有佛与无佛，不可生执著。行行早休歇，契彼无上道。”①

范堂请宋濂赠文，宋濂以禅宗不立文字、文字乃世俗间事婉拒，在范堂以慈悲者不拒人的要求下遂为之作偈。偈中宣明禅宗人人具有佛性之说，心中不可执著于求佛，若不执著则佛在自己的心中。

关于文字与悟禅之间的关系，宋濂在《赠今仪藏主序》中说道：

予谓三藏灵文，琅函玉轴，世所严奉者，凡五千四十八卷，六百亿三万一千八百八十八言。其刊定因果，穷究性相，则谓之经；垂范四仪，严制三业，则谓之律；研真显正，核伪摧邪，则谓之论。三者莫不具焉。范堂既司之矣，司之宁有不受持读诵之乎？脱若以言，演说之多无逾于此也；如曰直指人心，片言已为余剩，何在于博求耶？虽然，万钱陈于前，非缗无以贯之；万法散于事，非心无以摄之。假言以明心，挈其纲而举其要，亦古人之甚拳拳者也。大抵人有内外，佛性无内外，人有东西，佛性无东西。一真无妄，充满太虚，大周沙界，细入藐微，光辉洞达，皆含摄而无所遗。范堂于此而证入焉，一念万年，何今何

① 宋濂：《翰苑别集》卷七，罗月霞主编《宋濂全集》，第1080—1081页。

古？寂然不动，谁佛谁生？当此之时，殆非世谛文字之可形容也。达摩氏之所传，其大旨不过如是而已。[①]

佛经文字虽多，皆为明心。学禅者当以佛经为明心之用，不当执着于文字本身。佛性无内外，无处不在，学禅者当借助文字领悟无处不在的佛性，直指人心，不在追求文字之多寡。这才是禅学的“真实了义”。

结　语

中日两国隔海相望，双边交往以海洋为纽带。宋濂对明初中日关系及佛教僧人来往的记载，实际上是一部中日海上交流史。透过这些海洋历史叙事，可以得出如下结论：第一，朱元璋在建立明朝之初，即派遣使臣到日本去宣谕，希望日本臣服，变成明朝的海外藩属。第二，明朝使者不止一次从海路出使日本，日本执政者终于派出了由佛教僧徒担任的使者，日本成为明初朝贡体系中的一员；当然，日本执政者并不是真心向明朝朝贡。第三，在日本派出以僧人为代表的使团后，朱元璋亦以僧人为使者，两国的朝贡关系带有浓重的民间外交色彩。第四，佛教僧人担任两国的使者，固然具有政治与外交色彩，毫无疑问也加强了两国佛教交流、文化交流。在两国官方相互对抗博弈的情况下，民间文化交流继续发展。日本僧人遍访中国名山禅林，学习禅学，回国后发展本国的禅宗；东渡入日的中国僧人，在日本传播佛教、禅学，为日本佛教的发展做出了巨大的贡献，在近世东亚佛教交流、海洋传播史上占有重要地位。

Sino-Japanese Buddhist Exchange and Tributary Relationship in the Early Ming Dynasty

Zhao Wei, Chen Yuan

Abstract: Song Lian, who was regarded as the head of civil servants in the early Ming Dynasty by Zhu Yuanzhang, recorded and wrote a large number of

① 宋濂：《翰苑别集》卷八，罗月霞主编《宋濂全集》，第1098页。

materials and biographies about Japanese monks who came to China in the early Ming Dynasty. These documents have become an important source for exploring Chinese and Japanese Buddhism in the early Ming Dynasty. According to Song Lian's records, there were two main types of Buddhist exchanges between China and Japan in the early Ming Dynasty. One was that some monks served as envoys of the two governments, and the other was that some Japanese monks came to China to study Buddhism. Serving as diplomats between the two countries, on the one hand, these Buddhist monks' activities carried political and diplomatic features, and on the other, they strengthened the religious and cultural exchanges between the two countries. Even under the circumstance that the rulers of the two countries were confronting each other, still they enabled the non-governmental cultural exchanges to continue to move forward. Japanese monks visited Chinese Zen monks all around China, studied Zen, and developed their own Zen Buddhism after returning to Japan; Chinese monks who entered Japan spread Buddhism and Zen practice widely there, and made great contributions to the development of Japanese Buddhism.

Keywords: Song Lian; China-Japan; Buddhist Exchange

（执行编辑：申斌）

海洋史研究（第十九辑）
2023年11月　第161～179页

不知火海的渡唐船

——战国时期相良家族的外交与倭寇

田中健夫（Tanaka Takeo）*

序　言

不知火海位于九州西海岸，它以球磨川河口所在的八代为中心，也称“八代海”。不知火海被天草群岛包围，形成一个内海，而从天草滩又可以通往中国的东海，所以是海上交通的要地。本文主要考察以八代为中心的不知火海在日明关系史上的几个问题。

战国时期，八代是相良家族的领地。关于相良家族外交的基本史料，笔者所见仅存《大日本古文书　家分第五　相良家文书之一》[①]（简称《相良家文书》）和《八代日记》[②]。菊池武荣的《历代参考》和田代政融的《求麻外史》等文章不过是对上述两份史料的引用以及诠释而已。这两份史料都以

---

* 作者田中健夫（Tanaka Takeo），日本东洋大学文学部教授。译者黄荣光，中国科学院大学人文学院科技史系教授。

原文刊载于『日本歴史』512号、1991年。本文在写作过程中得到中岛敬氏的大力协助，特此鸣谢。

① 『大日本古文書　家わけ第五　相良家文書之一』東京帝国大学史料編纂掛、1917年。東京大学出版会、1970年覆刻。

② 熊本中世史研究会編（代表工藤敬一）『八代日記』青潮社、1980年。该书还附录了“历代参考”战国时期的部分与“相关未刊文书”六份。附带藤木久志的介绍文（『日本歴史』396号、1981年）。

天文年间（1532—1555）为中心，该时期相良家族的领主依次为：义滋〔延德元年（1489）—天文十五年（1546）〕、晴广〔永正十年（1513）—弘治元年（1555）〕以及义阳〔天文十三年（1544）—天正九年（1581）〕。

一　相良家族的琉球贸易与勘合船护卫

《相良家文书》中所记载的相良家族的外交活动主要涉及两方面：与琉球的通商，以及为勘合船提供护卫。

首先引用描述相良家族与琉球通商的史料。

> 三五〇　琉球圆觉寺全丛信函
>
> 宝翰三薰捧读，万福万福。抑国料之商船渡越之仪，万绪如意，千喜万欢，无可表述。殊种种进献物，一一达上听，御感激有余，□（无法辨认）至于愚老，科科御珍贶拜纳，不知所谢。为表菲礼，不腆方物砂糖百五十斤进献，叱留所仰也。此方时义，船头可有披露，万端期重来之便，诚恐不备。
>
> 大明嘉靖壬寅闰五月廿六日
>
> 全丛（花押）
>
> 晋上
>
> 相良近江守殿（义滋）　台阁下

从折叠的信笺最外面的文字可以得知，发函人全丛是琉球圆觉寺的僧人。日期为嘉靖壬寅即嘉靖二十一年（天文十一年，1542）。从圆觉寺在琉球国内的地位来推测，这封信函应当是全丛为琉球国王代笔写给相良义滋的。

对文中提及的“国料之商船”，小叶田淳曾这样解释：“相良家族的贸易船只，携带写给全丛的信函，载着献给国王的贡物从事贸易。这就是当时常见的贸易船只的实态。”[①]

虽然这里使用了“常见的贸易船只”这一说法，但当时日明两国之间

---

① 小葉田淳『中世南島通交貿易史の研究』日本評論社、1939 年。刀江書院、1968 年覆刻、46 頁。

原则上只允许勘合船的往来。所以他这里说的“常见的贸易船只”，应该指的是相良家族派出的，类似与琉球国通商的博多商人、对马商人、岛津氏、种子岛家族或是南方各地贸易所用商船的船只。无论如何，该史料显示，从天文初年开始，相良家族作为九州战国大名的一员，就对琉球贸易抱有浓厚的兴趣，还派遣了“国料之商船”。

以下两封信函是关于大内家族派遣的勘合船的护卫的。

四一五　室町幕府奉行众奉书

就御船渡唐奉行事，已授命于大内大宰（义隆）大式讫。令存知之，并令往还共同警备、驰走。命令如上。

天文十四

十二月廿八日

（饭尾）尧连（花押）

（松田）晴秀（花押）

相良宫内大（少?）辅殿（或指义滋）

四二三　杉宗长、吉见弘成连署状

（天文十五年十一月十六日到达八代）

就渡唐御船之仪，从京都有御下知之条到府，必须有请文以申言上之由。恐恐谨言。

十月十日

弘成（花押）

宗长（花押）

相良右兵卫佐（晴广）殿

御宿所

四一五号史料的发件人是幕府的奉行，内容是幕府让大内家族派遣勘合船，并命令相良家族为其提供护卫。四二三号史料是大内家族的老臣写给相良家族的，他向对方传达了幕府的意向。这两封信函的日期隔了一年，但笔者认为可视为相关史料。

渡明勘合船的护卫，是幕府为了保护受其认可的贸易船只免于海盗等的侵害而设立的。为了防止濑户内海和九州沿岸等航路上的海盗袭击，幕府向沿海地区的大名、豪族发布命令，要求他们负责护卫。初期渡航船的航路是从兵库出发，过濑户内海驶出博多，再从五岛横渡东海，直奔中国大陆。所以内海、北九州、对马、松浦党等各家族负责担任护卫。应仁之乱以后，贸易船只的航路发生改变，不知火海也成了需要护卫的区域，所以幕府要求相良家族负责担任护卫。如后文所述，不知火海是一个海盗猖獗的区域，随着相关人士逐渐认识到该地在日明交通中的重要性，掌握该海域控制权的相良家族也变得相当重要。

关于《相良家文书》，还有两份信函不可不提。

四八二　朽纲鉴景信函

大和守出头，予御音问候之事，惶恐之至。此次进奉漆千筒，俱公开展示，以示悦喜之由，御书来临，亦倍加珍重。然者其表更无异仪显示，千秋万岁，期待来便，不能一二。惶恐谨言。

二月八日

鉴景（花押）

相良殿　御报

四八三　朽纲鉴景信函

又及

蒙赠漆百筒之情意，实为丁宁之至，不胜惶恐，次就唐船在津，所需药材之事了解。但此地有许多养性之人，需用药材已经无货。说予唐人听，大笑大笑。

四八三号文书的编纂者在其后注释说："本文书从原件来看，和前面第四八二号文书的笔迹相同，可能原本在同一封信里。"所以可以认为这两份信函原本是一封。

最重要的是四八三号信函。发信人朽纲鉴景是丰后大友家族的老臣。信中的内容显示：发件人知道相良家族明确掌握"唐船"也就是中国船只停靠丰后的消息，希望通过其得到进口药物。还可以看出，中国船只停靠的信息能够以极快的速度在丰后和肥后之间传递，两地经常进行进口物资的相互流通。在此需要关注的事实是，在16世纪，日明贸易不再被幕府与其周边的大名、商人垄断，这一状态是以极快的速度形成的。

日本的最后一条勘合船回国是在天文十九年（嘉靖二十九年，1550），而中国船开始航海到日本，比这还要早十多年。

下边这段记事，出自郑舜功《日本一鉴·穷河话海》[1] 卷六的“海市”，它记录了中国人航海到日本的原因。

> 嘉靖甲午，给事中陈侃出使琉球，例由福建津发，比从役人皆闽人也，既至琉球，必候泛风乃旋。比日本僧师学琉球，我从役人闻此僧言日本可市，故从役者即以货才往市之，得获大利而归致使。闽人往往私市其间矣。

嘉靖甲午是嘉靖十三年（天文三年，1534），陈侃是珍贵的琉球史料《使琉球录》[2] 的作者。闽人指福建人。从上文中我们可以得知，1534 年，陈侃的福建侍从听日本僧人说到日本贸易获利颇丰，此后福建人出海去日本就开始盛行。

但是，明人航海到日本的真正原因在于他们的活动和明初实施的海禁政策之间的矛盾。对于靠海谋生的福建人来说，“片板不许下海”（《明史·朱纨传》）这样严苛的政策肯定是行不通的。[3]

下面以日本史料为主，按时间顺序列举明船到达日本的记录。

1539 年（天文八年、嘉靖十八年），明船来到周防（《续本朝通鉴》）。

1541 年（天文十年、嘉靖二十年），明国 280 人来到丰后神宫寺海岸（《丰萨军记》）。

1542 年（天文十一年、嘉靖二十一年），明船到达平户港（《新丰寺年代记》）。

1543 年（天文十二年、嘉靖二十二年），明国人王直和葡萄牙人一起漂流到种子岛（《南浦文集》）；同年，五艘明船到达丰后（《丰萨军记》）。

1544 年（天文十三年、嘉靖二十三年），在日本贸易完毕的明船漂流到朝鲜（《朝鲜明宗实录》）；同年，明船到达萨摩阿久根港（《八代日记》）。

---

① 保科富士男、中島敬「『日本一鑑』本文の比較研究（一）」（『東洋大学大学院紀要』二六集、文学研究科、1990 年）中，有关于《日本一鉴》的概述及对现传本、成立年代的考证。

② 那覇市役所『那覇市史』資料篇第 1 巻 3、冊封使関係資料所収、1977 年。

③ 田中健夫『中世対外関係史』東京大学出版会、1975 年、195—199 頁。

1545 年（天文十四年、嘉靖二十四年）明船来到肥后天草（《八代日记》）；同年，明船漂流到朝鲜（《朝鲜明宗实录》）。

1546 年（天文十五年、嘉靖二十五年），明人在山城清净花院留宿，并经营贸易（《后奈良院宸记》）；同年，明船来到丰后佐伯海岸（《丰萨军记》）。（之后，在永禄年间又有数次前来。）

1547 年（天文十六年、嘉靖二十六年），341 名福建人来到日本贸易，漂流到朝鲜，朝鲜把他们遣送回明朝（《明世宗实录》）；同年，明船到达石山本愿寺（《石山本愿寺日记》）。

1549 年（天文十八年、嘉靖二十八年），北条氏康将生丝献给江岛神社，作为遣唐船的祭品（《岩本文书》）；同年，明船漂流到伊势（《松木氏年代记》）。

1551 年（天文二十年、嘉靖三十年），明船到达越前三国港（《贺越斗争记》）。

以上就是在所谓的嘉靖大倭寇时代到来之前，明船到达日本的记录。当然，还有很多明船没有载入记录。葡萄牙人也早就来到日本，所以天文年间应该几乎每年都会有外国船到日本。其中尤以福建人居多，其数量极为庞大。我们以嘉靖二十六年（天文十六年，1547）三月朝鲜送明人回国时的《明世宗实录》中嘉靖二十六年三月乙卯条的记事为例，来看这一情况。

> 朝鲜国王李峘遣人解送福建下海通番奸民三百四十一人，咨称：福建人民故无泛海至日本国者，顷自李王乞等始，以往日本市易，为风所漂。今又获冯淑等，前后共千人以上，皆夹带军器、货物。前此倭奴未有火炮，今颇有之，盖此辈阑出之故，恐起兵端，贻患本国。

可见，这是人数超过 300 人，甚多达 1000 人的大型集团，而且他们还以“御倭”为名目，持有火炮之类的兵器。

郑若曾《筹海图编》中的《福建倭变纪》中也写道：“倭寇之患自福建始，乃内地奸民勾引之也。”说明是内陆地区的奸民参与其中。

当时有一种风潮，就是这些受“内地奸民勾引”的福建人都航海来到日本。而不知火海也自然地成为目的地之一。

《八代日记》中记载，天文十三年（1544）七月二十七日与二十九日，有明船来到萨摩的阿久根，同年九月十四日与二十九日各自返回。次年七月十六日，有明船来到天草的大矢野。这些记录的留存，正说明了八代相良家族对外国船只来往的信息有多么的敏感。前面说到的《相良家文书》中的朽纲鉴景信函中就写到了对于舶来品的欲求，这也可以说是西国大名之中一种普遍存在的倾向。

二 《八代日记》中的对外关系记事

《八代日记》的副标题是“御当家八代郡御城日记”，它记载了文明十六年（1484）至永禄九年（1566）的83年间，相良家族统治八代时期的历史。前半部分记事比较简略。天文年间以后的记事比较详细。一部分干支记载有错误，所以在过去的研究中几乎未被利用。后来胜俣镇夫拿它作为研究“相良家法度”的史料，[①] 它才开始受到关注。而后服部英雄也开始研究该史料，[②] 于是《八代日记》研究不断深入，成为肥后中世史研究的重要史料，1980年得以全文刊行。[③]

东京大学史料编纂所藏有乾坤二册的誊写本，卷末记有“右八代日记 子爵相良赖绍氏藏本 明治二十九年五月誊写”，但是不知原本现存何处。蓑田鹤男曾经写道：“我从昭和十七年开始，在人吉市住过两年。当时我在图书馆看过《八代日记》，记得那时我发现有些部分和八代有很深的关系，觉得很惊喜，还摘抄了下来。”[④] 但是他说的这本书目前并没有找到。印刷版是以史料编纂所藏誊写本为底本的。

《八代日记》中的记事包括了相良家族当时的活动、社会经济的动向、气象等内容，记载较为详细。胜俣推测，日记的记录者应该是的场内藏助，他是相良家家臣，他的记事少有个人主观性，日记的前半部分是后来添加的。服部英雄支持胜俣的推测，但他也指出，日记中也有一部分是以的场的记述为基础做了添加与修改的。而工藤敬一则主张日记的成书年代是元和六年（1620）。[⑤]

① 勝俣鎮夫「相良氏法度についての一考察」、宝月圭吾先生還暦記念会編『日本社会経済史研究 中世編』吉川弘文館、1976年。后改标题为「相良氏法度の一考察」、收录于勝俣鎮夫『戦国法成立史論』東京大学出版会、1979年。

② 服部英雄「戦国相良氏の三郡支配」、『史学雑誌』86編9号、1977年。

③ 参见熊本中世史研究会編（代表工藤敬一）『八代日記』。

④ 蓑田鶴男『八代市史』第三巻、八代市史編纂協議会、1972年、357頁。

⑤ 参见熊本中世史研究会編（代表工藤敬一）『八代日記』概述部分。

笔者在此把《八代日记》中涉及对外关系的史料顺次罗列出来，也可以看成一个年表。日本的年号、公元纪年和开头的数字为笔者所加。

天文七年（1538）

1. 同（六月）十九日辛酉，市木丸御船开始建造。

天文八年（1539）

2. 同（三月）三十日，为参观一木丸①，夫人（或许是晴广夫人）来到德口。

3. 四月十三日辛亥，市木丸出船。

天文十三年（1544）

4. 七月二十七日，阿久根的唐船到达；二十九日另一艘到达。

5. 九月十四日，阿久根的唐船出发。

天文十四年（1545）

6. （七月）十六日，天草大矢野有唐船到达。

天文十五年（1546）

7. 同（二月）十八日，一木丸船长兵部左卫门去往博多，四月三十日回来。

8. 同（八月）九日，二阶堂先生自甑岛到达八代，言唐船可进。

天文十七年（1548）

9. 四月七日，阿久根伐木工在八代制作的唐船出发至江口。

天文二十二年（1553）

10. 天文廿二年癸丑，此年，日本船只远渡大明国，追捕杂物后回朝。

天文二十三年（1554）

11. 天文廿三年甲寅，去年、今年两年日本船只渡唐，被大明追捕后回朝。

12. 同（三月）廿三日，晴广殿下命令建造的御船市木丸下水，晴广殿下、赖兴先生到达德渊，休惠斋招待。

13. 三月二日，市木丸准备渡唐，不久到江内。

14. 同四日，市木丸出发至江口。

---

① 译者注：即“市木丸”。“一木丸”日文读作 ichikimaru，与“市木丸”发音相同。日本战国时代，汉字以表音为主，相同读音记作不同汉字是常见现象。

15. 同（七月）十二日，渡唐船市木丸到达德渊，三月二日出发渡唐。

16. 九月六日，御屋形（菊池义纲）先生上国、渡唐行、钱款之事，此三条由赖兴又奉老者之命咨询众议。

天文二十四年（弘治元年，1555）

17. 三月四日，自八代出发的唐船数艘，今日出港。

18. 同五日，（晴广）殿下、赖兴先生所派遣唐船出港，应观朱雀图。

19. 同二十日，伞屋唐船出发。乙卯、四（“日”字或缺）不出。

20. （四月）八日渡唐之船出发，十一日尽遭风浪海难吹碎，十八艘中十六艘为八代船。

21. 二十一日又有渡唐之船出发，二十三日遭大风吹回，回归原地。

22. 同二十五日，五岛有名为关船者，盗船。于五岛宇久先生之职员奈留先生之留宿处被打碎，杂物尽被取走。

23. 同（六月）七日，植柳有日州肝月（付）渡唐者四十余人，曰本舟为进献大矢野（久种?）殿下之物。

24. 同（七月）三日，细江渡唐之船向殿下（晴广）进言，（相良）赖直命五郎三郎传达。

弘治二年（1556）

25. 同（三月）四日，德渊森之渡唐船出发。

永禄元年（1558）

26. 同（五月）廿九日，去年春季渡唐之船到达德渊。

从上述26条记事中，我们可以得知，八代为交通要地，是一个海外局势、来往船只信息、海盗动向等各类情报交汇的地方，这里有建造赴外洋船只的能力，作为商业地区也很繁荣。最重要的一点是，这里曾经是渡唐船队的启航地。

笔者将在下文中对上述事实加以具体分析。

三 不知火海与渡唐船

《八代日记》中关于造船的记事之中，第1、2、3、7、12、13、14、15

条是关于“市木丸”这艘船的。根据上述记事可以得知，市木丸从天文七年开始建造，次年完工。就连相良晴广的夫人都前去参观过，可见它是一艘相当大的船。市木丸在天文十五年向博多回航，两个月以后抵达。第12条记述了市木丸二号的入水仪式，这条船是在天文二十三年即最初的一艘船建成16年之后完工的。晴广等人前去观摩了入水仪式。第13条则提到市木丸准备渡唐。第14条中提到的“江口”，据蓑田鹤男推断应该是扬子江口，[①]但是三月二日出发的船想要在三月四日到达扬子江口实在不太可能。如第15条所示，三月二日出发的船七月十二日回到了八代的德渊，说明市木丸这条船是以远洋航行为目的而建造的。

第9条也是一条关于造船的记事。如果只看史料编纂所的誊写本里的字迹，其实是读不出“阿久根伐木工”的，但是在此我们遵从《八代日记》（熊本中世史研究会编纂本）和《人吉市史》[②]的说法，认作“阿久根伐木工”。这样一来，这里说的就是萨摩阿久根的伐木工人了，但是让伐木工人造船是否有点不妥？但不管怎样，我们可以认为这条记事讲述了相良家族之外的人物——或许是日本其他诸侯国的人物——在八代造过远洋船只这一事实。

对于研究不知火海在对外关系史上的历史性特点而言，关于渡唐船的记事是最为重要的资料。第11、13、14、15、16、17、18、19、20、21、23、24、25、26条就是关于渡唐船的内容。

第8条说的是二阶堂某人从萨摩的甑岛来到八代，叫唐船（渡明船）出航。只凭这条记事，还不能明确到底是八代成为渡唐船的启航地，还是说这条记事只是写下了关于渡唐船的传闻。

第10、11条是关于所谓倭寇的传闻，可以确定是后来加上去的。《明史·外国传·日本》中，在第10条所记载的天文二十二年，即嘉靖三十二年（1553）有如下记载：

> （嘉靖）三十二年，三月，汪直勾诸倭大举入寇，连舰数百蔽海而至，浙东西、江南北滨海数千里同时告警，破昌国卫，四月，犯太仓，破上海县，掠江阴，攻乍浦，八月，劫金山卫，犯崇明及常熟、嘉定……

① 蓑田鶴男『八代市史』第三巻、358頁。
② 人吉市史編纂協議会『人吉市史』第一巻、1981年、350頁。

在第 11 条所记载的天文二十三年，即嘉靖三十三年（1554），有如下记载：

> （嘉靖）三十三年，正月，白太仓掠苏州，攻松江，复趋江北，薄通、泰，四月，陷嘉善，破崇明，复薄苏州，入崇德县，六月，由吴江，掠嘉兴，还屯柘林，纵横来往，若入无人之境……是时，倭以川沙洼、柘林为巢，抄掠四出……

天文二十二年、二十三年这两年，被称为嘉靖大倭寇的鼎盛时期，也是盘踞日本五岛的王直活动最为猖獗的时期。可以想见，参与其中的日本人数量也必然大增。[①]

第 13、14、15 条是关于前边提过的市木丸的记事，这条船三月出航，七月归航，其间应该是在中国与倭寇船队进行了走私活动。第 16 条的“唐行”指的是派遣渡唐船，这也应该是与市木丸有关系的。胜俣镇夫在研究相良家族法度的时候，主张相良家族政权在做出决策的时候，是有“众议”这个重要的审议机构存在的，第 16 条记事正是他如此主张的依据。[②] “唐行”也是相良家族需要众议的重要事项之一。

第 17 条说明了八代是唐船的启航地，但是未提供更多信息。第 18、19、25 条各说明了派遣渡唐船的是相良晴广、相良赖兴，伞屋，德渊森。第 19 条里的伞屋用的是商铺名称，可以推测他应该是商人。第 25 条里的森几乎也可以推定是在球磨川河口的德渊拥有住宅的商人。根据《角川日本地名大辞典》（熊本县）中的记载，伞屋、森是“大商人”，[③] 如果把他们看成拥有足够实力、可独自经营渡唐船的人物的话，称他们为“大商人”也就不为过了。我们再来看《八代日记》天文二十二年（1553）二月二十七日条的记载：

> 萨摩人有至八代德渊经商者，兄弟三人中，行三的弟弟刺死了德渊

① 关于天文二十二、二十三年倭寇活动的情况，可参考郑樑生《明史日本传正补》，台湾文史哲出版社，1981，第 524—553 页，以及氏著『明・日関係史の研究』雄山閣、1985 年、301—332 頁，田中健夫『倭寇——海の歴史』教育社、1982 年、132—148 頁等的记述。

② 勝俣鎮夫『戦国法成立史論』、132 頁。服部英雄「戦国相良氏の三郡支配」。

③ 「角川日本地名大辞典」編纂委員会『角川日本地名大辞典』43、熊本县、角川書店、1981 年、766 頁。

当地人，他们当即责令萨摩商人杀死其弟。

德渊是一个其他地区商人也会前来经商的地方。第 12 条中的记载表明德渊是市木丸入水的地方，第 26 条写道德渊是渡唐船归航停泊的地方。

第 20、21 条的记载显示渡唐船是在八代编成船队，主力船只十八艘，其中的十六艘是八代船，船队是从八代启航的。这是两条非常有价值的记事。

第 23 条的意思不明确，或许讲的是在德渊以南的植柳有四十多个肝付（可能是指大隅肝属）的住民，他们也是有渡航经验的人，据他们说渡唐船被交到了天草的大矢野氏手上。应该是当作一条渡唐船信息写下来的。

不知火海是海路要地，是渡唐船频繁来往的一个场所，这从过去的考察中已经可以确定了。而这片海域同时也是海盗横行的地方。第 22 条讲的就是五岛海盗的事。海盗自然是掠夺者，反过来说，正是这里有东西可抢，所以才会有海盗横行。包括不知火海在内，九州西部的多岛海是一片丰饶的海域。

那么，众多渡唐船为什么会在这一时期出航呢？它们的目的是什么？它们得到了什么呢？关于这些问题，日本国内的史料并没能给出答案。下一节我们从中方的史料来验证不知火海渡唐船的意义所在。

四　倭寇与不知火海

如前文所述，渡唐船从不知火海出航的时期，正好与嘉靖大倭寇的时期重合。为了厘清渡唐船与倭寇的关系，首先来确认一些有关倭寇特点的内容。

这一时期，倭寇的主要成员不是日本人而是中国人，现在这已经算是常识了。[①]《洋防辑要》[②] 中记载：

> 嘉靖壬子（嘉靖三十一年、天文二十一年，1552），倭初犯漳、泉，仅二百人，真倭十之一，余皆闽浙通番之徒，顶前剪发，椎髻向后以从之。

① 参见石原道博『倭寇』吉川弘文館、1964 年、82—111、215—308 頁。

② 以郑樑生《明史日本传正补》中第 563 页的引用为准。

《明史·日本传》嘉靖三十四年（弘治元年，1555）条中记载：

> 大抵真倭十之三，从倭者十之七。

再来看《明世宗实录》嘉靖三十四年五月壬寅条，南京湖广道御史屠仲律的《条上御倭五事》，首先就写道：

> 夫海贼乱，起于负海奸民通番互市，夷人十一，流人十二，宁绍十五，漳泉福人十九，虽概称倭夷，其实多编户之齐民也。臣闻，海上豪势为贼腹心，标立旗帜，勾引深入，阴相窝藏，辗转贸易，此所谓乱源也。

上述一文和《洋防辑要》中所说的真倭，也就是真正的日本人只有“十之一”，以及《明史》里说的“十之三”对比，显得更为具体。倭寇集团中的夷人，也就是外国人，占十分之一。流民，也就是脱离自己土地的人占十分之二，浙江省宁波、绍兴的人占十分之五，福建省漳州、泉州、福州的人占十分之九。之所以这里写的是夷人而不是倭人，可能是因为作者想表达除了日本人以外，还有琉球人、葡萄牙人、朝鲜人等其他国家的人。倭寇集团向来并不固定，所以不清楚这里的数字到底是表达比例还是人数，而且也不能说是绝对正确，但是可以认为这种记述表示了一种大概的倾向。还有一点值得注意的是，除了福建人（闽人）与浙江人之外，还显示了流民的存在。文章后半部分写到“海上豪势”，说的是土豪、乡绅这些地方势力在背后支持倭寇活动。前边引用过的《筹海图编》《福建倭变纪》中“内地奸民”指的也是那些乡绅。倭寇之所以能够长期活动，其中一个不可忽视的原因就是这些乡绅的存在。

嘉靖倭寇发生的年代，根据《日本一鉴·穷河话海》卷六记载是在嘉靖丙戌年（嘉靖五年、大永六年，1526）：“倭寇始自福建邓獠。初以罪囚按察司狱，于嘉靖丙戌，越杀布政查约流逋入海，诱引番夷，往来浙海，繫泊双屿等港，私通罔利。”（“流逋”）越狱犯邓獠逃到海上，招来外国人，在浙江省扬子江入海口附近的双屿港等地开始非法贸易，这就是倭寇的开端。许氏兄弟四人顺势招来葡萄牙人，双屿成了大型走私交易的据点（“海市”“流逋”）。

关于日本人出现的最早记录是在嘉靖乙巳年（嘉靖二十四年、天文十四年，1545）；“嘉靖乙巳，许一伙伴王直等往市日本，始诱博多津倭助才门三人来市，双屿港直浙倭患始往生矣。”（“流逋”）这说的就是许一（许松）伙同手下王直，多次前往日本，把博多的助才门（从发音推测可能是助左卫门）等三人带到双屿港，有日本人参加的倭寇活动就此出现。

王直在《明史》中记作“汪直”，《日本一鉴》的“海市”中称他“名锃，即五峰”。他接替许家兄弟，不仅当上了倭寇的大头目，还一手创造了倭寇的鼎盛时期。王直在青年时期混迹于游民之中，据传是一个有江湖义气、有头脑、出手大方、颇具威望的人。王直第一次来到日本的时间，据中方史料记载是在前边提到的天文十四年（1545）。但是根据日本史料，也就是文之玄昌的《铁炮记》（收录于《南浦文集》），在天文十二年（1543）来到种子岛的船上，有个大明国的儒生叫五峰，他在笔谈时告诉日本人船上有被称为“西南蛮”的外国商人。既然称他为儒生，那么可以推测他应该是有一定教养的。

嘉靖二十六年（天文十六年，1547），朱纨任浙江巡抚，严厉执行海禁，坚决不与沿海乡绅妥协。1548 年，他命令都指挥卢镗攻打双屿。据说当时贼党死尸无数，双屿彻底被攻破，许栋和王直当时逃跑了，但是许栋不久就被逮捕。许栋死后，王直就成了倭寇集团的首领，他放弃了被攻陷的双屿，寻找稳定的贸易场所，把根据地转移到了日本的五岛，自己在平户建宅居住。平户当时贸易盛行，非常繁荣，甚至被叫作西都。王直手下有两千多人，他住豪宅，着锦衣，港口停泊着能搭乘三百多人的大船，他指挥三十六岛的法外之民，犹如国王一样，人们称其为“徽王”。[①]

倭寇的活动范围非常广，涉及中国、日本、朝鲜、琉球、菲律宾等的周边海域。王直移居日本，直接使得日本人更方便加入倭寇团伙，人数也急剧增加。

郑若曾《日本图鉴》中“日本纪略”一项写道：

> 入寇者，萨摩、肥后、长门三州之人居多，其次则大隅、筑前、筑后、博多、日向、摄摩、津州、纪伊、种岛，而丰前、丰后、和泉之人亦间有之，因商于萨摩而附行者也。

① 田中健夫『倭寇——海の歴史』、119—138 頁。

这里记录的“入寇者”也就是倭寇的出生地。这些地区的一些日本人、日本船加入王直等倭寇的团伙后南下。在《日本图纂》的日本地图中，五岛被画得和九州差不多大，而且九州和五岛加在一起的面积，几乎赶得上本州和四国加在一起的面积。中国人透过倭寇形成的日本观，在地图上得到了充分体现。①

那么，上述倭寇的活动时期中从不知火海起航的渡唐船，在中国大陆以及东海地区是被如何看待和处置的呢？郑若曾《筹海图编》卷十二《经略二·开互市》条中有下列记事：

> 或云互市之说，即入贡之说也，若我之威有以制之，则彼以互市为恩，不然，则互市之中变故多矣。
>
> 予按，今之论御寇者，一则曰市舶当开，一则曰市舶不当开，愚以为皆未也。何也，贡舶与市舶一事也，分而言之则非矣；市舶与商舶二市也，合而言之则非矣；商舶与寇舶初本二事，中变为一，今复分为二事，混而言之亦非矣，何言乎一也。凡外夷贡者，我朝皆设市舶司以领之。（后略）

在是否要“开市舶”以御倭寇的大讨论中，郑若曾提出了上述看法。他认为：入贡船（贡舶）与贸易船（市舶）本来是一回事；贸易船与走私船（寇舶）原本是两回事，但是现在二者之间的区别不太明显。外国朝贡船只的相关事宜应该全部归市舶司管理。

然而，日明之间有明成祖永乐皇帝时代以后制定的勘合制度。从原则上讲，从日本来到明国的船，有义务持有明皇帝赋予日本国王的勘合，所有的朝贡船都由宁波市舶司管理。

《日本一鉴·穷河话海》卷七“奉贡”一项中，记载了日本的入贡情况。首先，我们摘出宁波之乱以后嘉靖年间日本人来贡的记事：

> 嘉靖甲辰（嘉靖二十三年、天文十三年，1544），夷僧寿光等一百五十人来贡，以不及期却之。

① 田中健夫「海外刊行の日本の古地図」、『対外関係と文化交流』思文閣出版、1982 年、357 頁。

嘉靖乙巳（嘉靖二十四年），夷属肥后国得请勘合与夷王宫，遣僧御俫来贡，以不及期却之。

嘉靖丙午（嘉靖二十五年），夷属丰后国刺史源（大友）义鉴得请勘合与夷王宫，遣僧梁清（也作清梁）来贡，以不及期却之。

嘉靖丁未（嘉靖二十六年），遣僧周良（一名策元，乃山城国都天龙禅寺之僧）等三船来贡，又宋素卿子东瞻船一艘追随而至。

嘉靖丙辰（嘉靖三十五年），日本西海修理大夫六国刺史丰后土守源义镇遣僧清授报使，先是布衣（臣舜功）奏奉宣谕日本国行至丰后，得彼之情。一面着令从事沈孟纲、胡福宁赍书往谕日本国王，一面晓谕西海修理大夫源义镇，禁止贼寇，故遣僧清授附舟报使。

嘉靖丁巳（嘉靖三十六年），源义镇遣僧德阳来贡。

嘉靖戊午（嘉靖三十七年），日本国属周防国遣僧龙喜来贡。

我们会发现，渡海而来的除了宋素卿以外，寿光、御俫、梁清、周良、清授、德阳、龙喜这些人都是僧侣。派遣者则是肥后国的——大友义鉴、大友义镇、周防国等人。《日本一鉴·穷河话海》卷七中“勘合”“贡期”项中也有同样的记事。甲辰、乙巳、丙午、丁巳等年份的贡使既不是日本国王的使节，也没有遵守每十年一贡的贡期，所以他们的入贡没有得到批准。丙辰年，郑舜功来到日本，目的在于劝说王直并把他带回中国。清授就是在郑舜功回国时搭其船来到中国的。

至于寿光等人的贡船，栢原昌三认为，就是《种子岛家谱》中记载的天文十二年（嘉靖二十二年，1543）出海，天文十四年回国的二合船。[①]

关于御俫的渡海，《日本一鉴》“勘合”项中记载：“嘉靖乙巳，肥后刺史得请勘合，遣僧御俫来贡，以未及期，照例沮回，此勘合仍贮肥后。”说的是嘉靖二十四年(1545）肥后刺史从夷王宫——幕府那里取得勘合，派使僧前往入贡，但是没有得到批准，于是回国，勘合仍留在肥后。小叶田淳推论肥后刺史就是相良家族，他认为作为使节的僧人御俫与（第二年被派遣的）梁清都是真正持有勘合的。[②] 或许应当认为，勘合不再被幕府持有后，

① 栢原昌三「日明勘合貿易に於ける細川大内二氏の抗争」、『史学雑誌』25 編 9—10 号、26 編 2—3 号。

② 小葉田淳『中世日支通交貿易史の研究』刀江書院、1941 年、452—453 頁。

分别被周防大内家族、丰后大友氏、肥后相良家族三家保存。另外，肥后刺史下令渡航的嘉靖二十四年（天文十四年，1545），正是王直引诱博多的助才门到双屿进行走私贸易的年份，也是《八代日记》中记载的唐船来到天草大矢野的年份，同时是室町幕府奉行命令相良义滋护卫渡唐船（《相良家文书》）的年份，还是搭乘了大量明人的"荒唐船"在朝鲜半岛南岸活动的年份。①

王直移居日本以后，嘉靖三十四年（弘治元年，1555）有蒋洲、陈可愿来到日本，第二年有郑舜功来到日本，目的是劝说王直回国。蒋洲在嘉靖三十五年回国，郑舜功在次年即嘉靖三十六年回国，清授、德阳分别与他们同行渡海。德阳、龙喜渡海也是因为王直。嘉靖三十六年，妙善也渡海了。

根据中方史料记载，可以得知肥后刺史（相良家族）派遣过入贡船，但是日本没有与此对应的史料，而中方史料里也完全找不到关于《八代日记》中出现的大量渡唐船动向的记事，相良家族的大船市木丸、包括八代船在内的十八艘船组成的大型船队全都不见踪影。这就说明《八代日记》中的渡唐船不是明国官方认可的朝贡船，同时意味着它们不是由市舶司管理的正式的外国贸易船只。不持有勘合的伞屋、森等个人的船，不遵守规定贡期和船数限制的船队，都没有受到日本国王的许可，所以也就是没有获得中方批准入港的私人船只，即走私船。其中还有像天文二十二年（1553）、二十三年（1554）为掠夺而来的船只。中方的原则是，除了正式入贡的船只，所有的外国船都是倭寇船，所以不知火海来的渡唐船全都被中方视为倭寇船。王直、徐海这些倭寇首领在中国勾结沿海地区的乡绅，在日本联合九州大名与豪族。可以认为，相良家族和大内、大友、松浦、岛津及其他豪族共同构成倭寇强有力的后援，相良家族就是他们之中的一员。对于拥有广阔腹地的八代相良家族来说，通过倭寇活动到手的生丝、绸缎、铜钱、药材、陶瓷器、工艺品，② 是充满魅力的商品。王直等倭寇以五岛为中心，盘踞在九州西部海域，他们的存在对于相良家族来说绝对是正合心意。

---

① 『朝鮮明宗実録』卷一，即位年七月丙戌、丁亥、戊子，八月壬辰、甲午、乙未、丙申、辛丑条等。参考高橋公明「十六世紀の朝鮮・対馬・東アジア海域」、加藤栄一、北島万次、深谷克己編著『幕藩制国家と異域・異国』校倉書房、1989年、156—163頁。

② 关于倭寇的贸易品，可参考田中健夫『倭寇——海の歴史』、169—172頁。

结 语

16世纪的倭寇，无论从亚洲史还是从世界史的角度来看，都是应当探讨的课题。但是相关史料大部分都是中国史料，日本、朝鲜、琉球、葡萄牙这些中国以外国家与地区的史料极少，仅有一些只能算是旁证的史料而已。

原本“倭”指日本人，“寇”指敌人、侵略者，所以这两个字在日本国内的史料里不曾出现也不难理解。只要日本人没有意识到自己是侵略者甚至罪犯，这两个字就不会被用于其国内史料中。第二次世界大战期间甚至有人企图将“倭寇”二字从教科书中抹掉。①

本文引用的《八代日记》中天文二十二年、二十三年的记事，可以推测是后世补充上去的，值得注意的是这里明确使用了“远渡大明国，追捕杂物”等文字，这说明他们承认了自己是掠夺者，这正是该史料引人注目之处。但是，除了这两条记事以外，有关渡唐船的记事就只是轻描淡写地记录了发船、回港、遇难的情况而已，完全体现不出作为掠夺者、侵略者的自我意识，甚至无法推测记述者有作为走私贸易者的自我认识。我们可以认为，文中的“渡唐船”一词的意思就只是一般的通商贸易船。《八代日记》中记载的渡唐船来往的实际情形，是无法利用中方史料明确地一一印证的，难免有些隔靴搔痒。然而无可否认，在当时王直等以日本为据点的倭寇们展开活动的大背景下，这些渡唐船必然是与倭寇们联动的。中方站在“除朝贡船之外的外国船全都是非法贸易船，也就是倭寇”这一立场上，即使不知火海的渡唐船在日方眼中只不过是一般的通商贸易船，在中方眼中它们也只能是不折不扣的倭寇船。

笔者认为《八代日记》是日本国内现存的为数不多的关于倭寇的史料之一。其中不仅有关于渡唐船的记事，还有关于造船、情报传达、各诸侯国大名的动向、商业问题等方面的记事，可说是用以观察倭寇活动背景的珍贵资料。今后，笔者将继续关注日中两国在历史认识上的差异，展开更为深入的研究。

---

① 宮崎市定『日出づる国と日暮るる処』星野書店、1934年、74頁。

The Ships Going for Ming Dynasty from Shiranuhi Sea: The Diplomacy of Sagara Family and Wako Pirates during the Warring State Period in Japan

Tanaka Takeo

Abstract: With regard to the smuggling trade between China and Japan (including the smuggling trade with Wang Zhi and others) in the 16th century, which was also known as the Warring State Period in Japan, there are only few original historical data left in Japan. After researching deeply into the *Yatsushiro Diaries* of Sagara Family (compiled by the Historiographical Institute of the University of Tokyo), combined with relevant notes in *History of Ming Dynasty*, Tanaka Takeo (1923 -2009), expounded that the ships going for Ming Dynasty from Shiranuhi Sea operated by Sagara Family in Kyushu Higo were not officially recognized by the Ming Dynasty government, while meaning that they were not official foreign trade ships managed by maritime trade commissioner. Sagara Family, as one of members, together with Oouchi, Ootomo, Matsura, Shimadzu, Sou and other noble families jointly constitute a powerful support for Wako Pirates.

Keywords: Wako Pirates; Sagara Family; Relationship Between Japan and Ming Dynasty; Sengoku Daimyo

（执行编辑：吴婉惠）

海洋史研究（第十九辑）
2023 年 11 月　第 180 ~ 200 页

历史上人们对鲎的认识、利用及其在岭南的地理分布变迁

倪根金　陈桃仪*

鲎，剑尾目鲎科海生动物。目前世界上仅存四种：中国鲎、美洲鲎、巨鲎和圆尾鲎。在我国，鲎分布于长江以南海域，有中国鲎、巨鲎、圆尾鲎等三种，又名马蹄蟹，民间俗称海怪、鸳鸯鱼、三刺鲎、两公婆、夫妻鱼等。形似蟹，身体分为头胸部、腹部及剑尾三部分。作为动物界有 4 亿年历史的珍贵"活化石"，鲎在动物学、生态学、医学及环境保护等方面具有重要的研究价值。故从 19 世纪初，西方就开展了关于鲎的研究工作，先是对鲎进行命名与计数，后为有关鲎的形态结构方面的研究。进入 20 世纪，对于鲎的研究进入描述胚胎学与实验胚胎学的阶段。我国古代虽很早就有关于鲎的记载，但真正科学意义上对鲎的研究则要等到 1949 年以后。① 然而，从历史

* 作者倪根金，华南农业大学中国农业历史遗产研究所教授；陈桃仪，湖南师范大学历史文化学院硕士研究生。

本文为国家社科基金重大项目"岭南动植物农产史料集成考汇与综合研究"（16ZDA123）阶段性成果。

① 民国时期有关鲎的介绍，主要有刘丕基《鲎考》（《科学画报》第 1 卷第 16 期，1934 年）、林化贤《鲎》（《科学画报》第 7 卷第 5 期，1940 年）。1949 年后，主要有周楠生、郑重《厦门鲎的初步研究》（《厦门水产学报》1950 年第 4 期），洪水根、吴仲庆《中国鲎（Tachypleus tridentatus Leach）的电刺激催产》（《福建水产》1985 年第 3 期），洪水根、汪德耀《中国鲎卵膜发生的研究》〔《厦门大学学报》（自然科学版）1986 年第 2 期〕，洪水根、汪德耀《鲎的卵黄发生》（《海洋与湖沼》1987 年第 3 期），廖永岩、李晓梅 （转下页注）

学角度对鲎的研究至今尚付阙如，虽偶有研究引用或提及历史上有关鲎的记载，以及认识和利用情况，但未见有专门、系统研究的论著。因此，本文在爬梳有关鲎的史料特别是岭南方志的基础上，对历史上人们对鲎的认识和利用情况做一梳理，并归纳出鲎在岭南地区的分布与变迁情况，就教于方家。

一 历史上人们对鲎的认识

鲎，始见于西晋典籍。著名文学家左思（约250—305）《吴都赋》中有“乘鲎鼋鼍”句。张勃[①]《吴录·地理志》记载：“交趾龙编县有鲎，形如惠文冠，青黑色。十二足，似蟹，长五寸。腹中有子如麻子，取以作酱，尤美。”[②] 郭璞（276—324）《江赋》亦有“蜦螷鲎蝞”之文。[③] 另外北宋真宗时期陈彭年、丘雍编修的《广韵》引用了一段郭氏逸文：“鲎，郭璞注《山海经》云：‘形如惠文，青黑色，十二足，长五六尺，似蟹。雌常负雄，渔者取之必得其双。子如麻子，南人为酱。’”[④] 左思文中“乘鲎”之“乘”，其字形最早见于商代甲骨文，为会意字，字形像一个人在树上，“乘”的本义就是登上去，引申为乘坐，古代文言中又可表示“成双成对”。“乘鲎”反映了西晋时人们已认识到“雌常负雄”、出入成双的习性。而张勃和郭璞对鲎的认识更全面，文中对鲎甲青黑色、十二足、子小且多，以及与蟹相似的外形描述都十分准确；而且兼述了“南人”对鲎的利用方式，

（接上页注①）《中国海域鲎资源现状及保护策略》（《资源科学》2001年第2期），廖永岩、李晓梅、洪水根《中国南方海域鲎的种类和分布》（《动物学报》2001年第1期），翁朝红、洪水根《鲎的分布及生活习性》（《动物学杂志》2001年第5期），陈章波等《鲎的保护与族群恢复之研究》（《福建环境》2003年第4期），翁朝红等《福建及中国其他沿岸海域中国鲎资源分布现状调查》（《动物学杂志》2012年第3期），洪水根《中国鲎生物学研究》（厦门大学出版社，2011）等。国内对鲎的研究多为生物学研究，即便少量引用古代关于鲎的文献，也常有不妥之处，另外探讨鲎的地理分布变迁的论文，未论及我国历史时期鲎的地理分布情况。目前，只有宋正海等《中国古代海洋学史》（海洋出版社，1989）有几百字涉及古人对鲎的认识。目前仅见的一篇国外学者论文是 Ralph Kauz and Beate Mittmann, “Zum Pfeilschwanzkrebs (Tachypleus tridentatus) in der chinesischen Literatur, Medizin und Küche,” in Roderich Ptak, ed., *Marine Animals in Traditional China*, Wiesbaden: Harrassowitz, 2011, pp. 3 - 20。

① 张勃，生卒年不详，但其父张俨曾以使节身份出使西晋，其兄张翰为西晋文学家，《晋书·文苑》有记，其当为西晋人。

② 李昉等：《太平御览》卷九百四十三《鳞介部十五》，中华书局，1960，第4188页。

③ 萧统编，李善注《文选》卷五《赋丙》，中华书局，1977，第185页。

④ 周祖谟：《广韵校本》，中华书局，1960，第439页。

即将其子作为酱食用。当然，两者关于鲎尺寸太小的说法存在明显差异，张勃说法与实际明显不符。

东晋南北朝时期，由于南方的开发，特别是与岭南交流的加强，有关鲎的记载增多。如晋宋间人裴渊撰《广州记》曰："鲎，广尺余，形如熨斗，头如蜣螂，腹下有十二足。南人重之，以为鲊。"① 晋宋间人刘欣期《交州记》云："鲎鱼，其形如龟，十二足，子如麻，子可为酱，色黑，足似蟹，在腹。雌负雄而行，南方作炙啖之。"刘宋间人沈怀远《南越志》记载："张海口有鲎，每过海辄相积于背，高尺余，如帆乘风而游。"② 北魏前期郭义恭《广志》也云："鲎鱼，似便面，雌常负雄行，失雄则不能独活，出交阯南海中。"③ 当时人们对鲎的认知更全面，增加了"形如熨斗""失雄则不能独活"等认识。

唐代文献有关鲎的记载以晚唐刘恂的《岭表录异》最具代表性。该书"卷下"载：

> 鲎鱼，其壳莹净，滑如青瓷碗，鏊背，眼在背上，口在腹下。青黑色，腹两旁有六脚，有尾长尺余，三棱，如棱茎。常雌附雄而行，捕者必双得之。若摘去雄者，雌者即自止，背负之方行。腹中有子如绿豆，南人取之，碎其肉脚，和以为酱食之。尾中有珠如粟，色黄。雌者小。置之水中，即雄者浮，雌者沉。④

从光感与形状角度描写鲎甲，善用比喻，让人从字面上即可想象其状。尾有三棱如棱茎的描写是新的记载，可知其不是圆尾鲎（圆尾鲎尾部横截面为圆形）；鲎子的外表"如绿豆"，与"如麻子"相差不远；对雌鲎与雄鲎的判别，亦比前人更加清晰具体。通过上述描写，可知时人对鲎的认知更为深入。有意思的是，早期记录鲎的作者多不是岭南人，如《吴都赋》撰者左思是山东临淄人，《广志》作者郭义恭是中原人，⑤《岭表录异》撰者刘恂为河北雄县人，他们用外地人或北方人的眼光观察"异域"之"异物"，体现了当时陆域人群对海域生物的好奇。

① 李昉等：《太平御览》卷九百四十三《鳞介部十五》，第4188页。
② 李昉等：《太平御览》卷九百四十三《鳞介部十五》，第4188页。
③ 李昉等：《太平御览》卷九百四十三《鳞介部十五》，第4188页。
④ 刘恂：《岭表录异》，中华书局，1985，第17页。
⑤ 王利华：《〈广志〉成书年代考》，《古今农业》1995年第3期。

宋元时期关于鲎的记载与前代大多相似。宋代《集韵》称："鱼名。似蟹，有子可为酱。"[①] 但也出现一些新知。首先，观察到鲎善候风，即利用风向游行。《南越志》称鲎"如帆乘风而游"，陆佃《埤雅》则称鲎"壳上有物如角，常偃高七八寸，每遇风至即举，扇风而行，俗呼鲎帆。旧云'视鸥创柂，观鲎制帆'是也"[②]。另，南宋罗愿《尔雅翼》云："大率鲎善候风，故其音如候也。"[③] 此说也为后人所沿袭，清代李调元《南越笔记》卷十说鲎"背有骨如扇，作两截，常张以为帆，乘风而行"[④]。鲎在海面游行之时，自身游泳较费气力，因而选择利用海风海浪游动，以鲎足所在的腹部一面仰天随波浮动，随风而行。也是其善候风的又一表现。其次，注意到鲎的毒性。南宋周守中《养生类纂》记载："鲎，黑而小者，谓之鬼鲎，食之害人。"[⑤] 古人通过颜色、体型区别出哪种鲎具有毒性。再次，观察到鲎畏蚊习性。李石《续博物志》称："鲎，皮壳甚锐，然性畏蚊。蚊小，螫之辄毙。《燕山录》曰'煮羊以鼺，煮鳖以蚊'，物相感也。"[⑥] 最后，发现鲎血色蓝，尾珠燃可引鼠之功能。元朝贾铭《饮食须知》载："其血碧色，尾有珠如粟，烧脂可以集鼠。"[⑦] 鲎血为碧色（蓝色），是因为鲎血中钒含量较大，并靠含铜的血蓝蛋白将氧运输至全身，所以血色不同于其他物种（红色）。这一认识为后人所熟知，明代屠本畯说："其血蔚蓝，熟之纯白。"[⑧] 而"烧脂可以集鼠"，则由于燃烧鲎的尾脂能产生一种特殊气味，可以诱捕鼠类。

明代对于鲎的生长环境、习性和结构都有了更深入的认识。明嘉靖时《本草纲目》《食物本草》，对鲎的记载均甚详备。李时珍《本草纲目》记载：

> 鲎状如惠文冠及熨斗之形，广尺余。其甲莹滑，青黑色。鏊背骨眼，眼在背上口在腹下，头如蜣螂。十二足，似蟹，在腹两旁，足长五

① 丁度：《集韵·下》，中国书店，1983，第1275页。
② 陆佃：《埤雅》卷二，王敏红校点，浙江大学出版社，2008，第16页。
③ 罗愿：《尔雅翼》，石云孙点校，黄山书社，1991，第315页。
④ 李调元辑《南越笔记》卷十，《清代广东笔记五种》，林子雄点校，广东人民出版社，2006，第315页。
⑤ 周守忠纂集《养生类纂》卷十七，上海中医学院出版社，1989，第77页。
⑥ 李石：《续博物志》卷三，商务印书馆，1936，第8页。
⑦ 贾铭：《饮食须知》，中华书局，1985，第44页。
⑧ 屠本畯：《闽中海错疏》卷下，中华书局，1985，第30页。

> 六寸。尾长一二尺，有三棱如棕茎。背上有骨如角，高七八寸，如石珊瑚状。每过海，相负于背，乘风而游，俗呼鲎帆，亦曰鲎簰。其血碧色。腹有子如黍米，可为醯酱。尾有珠如粟，其行也，雌常负雄，失其雌则雄即不动。渔人取之，必得其双。雄小雌大，置之水中，雄浮雌沉，故闽人婚礼用之。其藏伏沙上，亦自飞跃。皮壳甚坚，可为冠，亦屈为杓，入香中能发香气。尾可为小如意。脂烧之可集鼠。其性畏蚊，螫之即死。又畏隙光，射之亦死，而日中暴之，往往无恙也。南人以其肉作鲊酱。小者名鬼鲎，食之害人。①

书中还有治疗之方，是历代本草著述中最全者。

明万历年间屠本畯撰《闽中海错疏》记载：

> 头如蜣螂……熟之，纯白而味甘美。当脊一行两旁有刺，壳覆身上，腹下十二足，长五六寸，环口而生。尾锐而长，触之能刺，断而置地行，其行郭索。……雄少肉，雌多子，子如绿豆大而黄色，布满骨骼中。……鲎产子时先往石边周身擦之，罅裂而生。……又暴之日，往往无恙，隙光射之即死。②

其中有关生产场景的描写是它书所未见。

明代对鲎的认识的另一新变化是描绘鲎的形状。李时珍《本草纲目》，万历年间王圻、王思义父子编撰的《三才图会》，均附有鲎的图绘（见图1、图2）。但是所绘鲎的图像与实体模样有较大偏差，应是循着前人文字想象而画，作者并未见过实体的鲎。

明末开始，人们还关注到鲎蟹的关系。崇祯《肇庆府志》云："岭海蟹产卵，相传鲎子所化，十九为蟹，十一为鲎也。"③ 此书认为蟹子十分之九为鲎子所化。这一思想源于中国传统的"化生说"，所谓生物上的化生，指

---

① 李时珍编撰《本草纲目》卷四十五《鲎鱼》，刘衡如、刘山水校注，华夏出版社，2002，第1666—1667页。

② 屠本畯：《闽中海错疏》，中华书局，1985，第30—31页。

③ 崇祯《肇庆府志》卷十《地理志三》，《广东历代方志集成》肇庆府部第2册，岭南美术出版社，2009，第316页。

生物的起源，即物种的起源，也指生物个体的发生。[①] 此说产生很早，如《夏小正》"鸠化为鹰"，《逸周书·时训解》"田鼠化为鴽"，当然是无稽之谈。

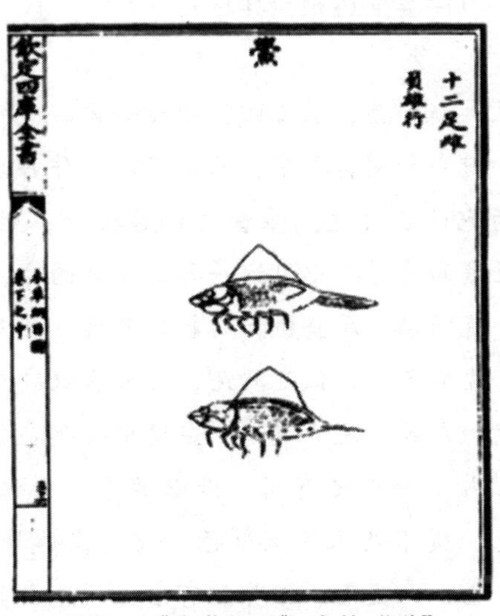

图1 《本草纲目》中的"鲎"

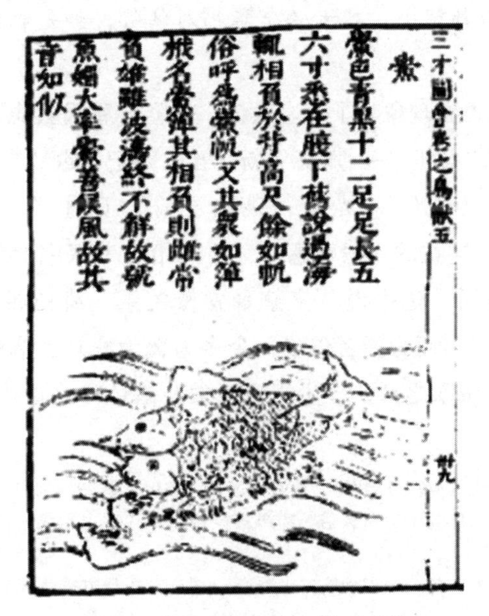

图2 《三才图会》中的"鲎"

① 李思孟：《化生说——从生物学学说到道教学说》，倪根金主编《生物史与农史新探》，万人出版社有限公司，2005，第90页。

清代对鲎的认识更全面，描绘更精准，体现了对海洋生物的认识由传统向近代转变的趋势。康熙年间聂璜《海错图》收录了张汉翁《论鲎》之说，对鲎的形状、结构、习性等描述相当详尽：

> 鲎初生如豆，渐如盏，至三四月才大如盂。壳作前后两截，筋膜联之，可以屈伸。前半如剖匏之半，而两腋缺处作月牙状。前半壳纵纹三行，直六刺，两泡两点目也。雌鲎至秋后放子，则明而有光，捕者难取。后半截似巨蟹而坚厚，中纵纹一行，三刺两旁，壳边各八刺，每边又出长刺各六，皆活动。尾坚锐，列刺作三棱，长与身等，亦能摇曳自卫。腹卜藏足，左右各六，似足非足，又皆有双岐如螯状。末两大足如人指作五岐，变幻尤异。足皆绕口，在腹中心簇芒如针。后半壳下一膜覆软肉，叶各五片，如虾之有跗，借以游泳。肠仅一条甚短，而无脏胃。其背黑绿色，腹下及爪足黑紫色。牝者满腹皆子，子如小绿豆而黄，其脂背沉香色，血蓝色。但剪鲎有方，须先出其肠，勿令破，然后节解之。如肠破少滴其秽，臭恶不堪食矣。在水牝牡相负，在陆牝牡相逐。牝体大而牡躯小，捕者必先取牝则牡留，如先取牡则牝逸……①

清人对鲎性喜群游现象有了普遍认识。乾隆《番禺县志》记载鲎“群行则相接如帆乘风，谓之鲎帆”②。嘉庆《新安县志》记载鲎“喜群游，善候风，壳两截如扇，常张以为帆”③。光绪《茂名县志》记述鲎“善候风，性喜群游”④。清人除了描述鲎的一般观感外，还开始思考探究鲎的某些生理特性及其成因，例如普遍用“化生说”来解释鲎蟹关系。清初屈大均《广东新语》载：“其子如粒珠，出而为鲎者仅二，余多为蟹为蚝虾、麻虾及鱼族。盖淡水之鱼，多生于鱼，咸水之鱼，多生于鲎，鲎乃诸鱼虾之母也。”⑤ 范端昂《粤

---

① 参见文金祥主编《清宫海错图》，故宫出版社，2014，第296—297页。

② 乾隆《番禺县志》卷十七《风俗·物产》，《广东历代方志集成》广州府部第19册，岭南美术出版社，2007，第413页。

③ 嘉庆《新安县志》卷三《舆地略二·物产》，《广东历代方志集成》广州府部第26册，第255页。

④ 光绪《茂名县志》卷一《舆地志·物产》，《广东历代方志集成》高州府部第4册，岭南美术出版社，2009，第279页。

⑤ 屈大均：《广东新语》卷二十三《介语·鲎》，李育中等注，广东人民出版社，1991，第505页。

中见闻》载："卵满腹中，出而为鲎，十仅其二，余多为蟹，为蛴虾及诸鱼族。盖鲎乃鱼虾之母也。"① 对蓝血现象的解释，如《广东新语》："其血碧，凡诸血皆赤，惟鲎碧色。碧生于咸，赤生于淡，海之水咸，故色碧。鲎之血与海水同得咸之气多故也。"② 用五行说解释某些现象，如《广东新语》："取之又多以夜，凡海中夜行，举棹拨浪，则火花喷射。鲎蟹之属，缘行沙滩，亦一一有火花。水咸成火，渔者每拾一火，则得一鲎蟹之属。盖海族多生于咸，咸，火之渣滓也。海族得水之清虚者十之三四，得火之渣滓者十之五六。介之类属离，离为火，鲎蟹者，火之渣滓所生者也。水之清虚所生者知雷，火之渣滓所生者知风，豚鱼与风相乎，鲎亦然。"③ 用传统的化生说、五行理论解释鲎的一些现象，当然是没有科学依据的，与近代生物科学认识不可等同视之，但也反映了中国传统科学对海洋生物的认识特色和水平。

晚清西学东渐，西方动植物学、博物学、考古学等知识、方法、理论对近代中国动植物知识建构、学科发展产生了越来越大的影响，国人开始利用新知识、新方法观察海洋上的各种生物，获取关于鲎的新知见。1907 年，诗书画称三绝的广东顺德人蔡守（1879—1941）为《国粹学报》绘制《鲎鱼图》（见图 3），"置一双［鲎］于院中"，仔细观察，还参考国外博物学研究资料，加以叙述，"考渴德《天择图说》"所载"三叶虫"（Tribolite），发现这种地质时代的古生物化石"与鲎相类也"。④ 渴德（James Dennis Hird），近代博物学家，蔡氏将其著作 *A Picture Book of Evolution* 译为《天择图说》。由此可知清末西方近代博物学在中国的传播，大大提升了国人对鲎的认识水平。故蔡氏在绘画效果上达到"精细逼真，正面与背面都能纤毫毕现"⑤。

民国时期，人们有关鲎的知识已逐步吸收西方博物学知识，开始引进西方的动物学分类方法对动物进行分类。1915 年出版的《中华大字典》对"鲎"字的解释，有"今动物学以属诸剑尾类"⑥ 一句，其余仍引古籍

① 范端昴：《粤中见闻》卷三十四《物部十四·鲎》，汤志岳校注，广东高等教育出版社，1988，第 370 页。

② 屈大均：《广东新语》卷二十三《介语·鲎》，第 505 页。

③ 屈大均：《广东新语》卷二十三《介语·鲎》，第 506 页。

④ 蔡有守：《博物图画四：鲎鱼图》，《国粹学报》第 3 卷第 7 期，1907 年。

⑤ 程美宝：《复制知识：〈国粹学报〉博物图画的资料来源及其采用之印刷技术》，《中山大学学报（社会科学版）》2009 年第 3 期。

⑥ 陆费逵、欧阳溥存等编《中华大字典》亥集，中华书局，1915，第 36 页。

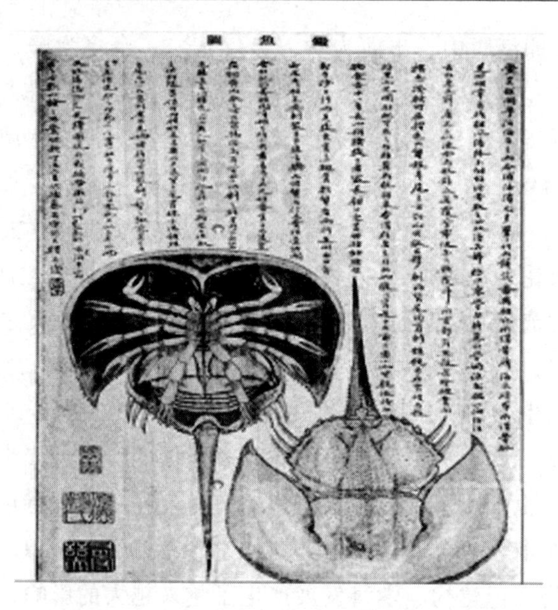

图 3 蔡守所绘《鲎鱼图》

所述（见图 4）。1932 年出版的《动物学大辞典》则是从动物学角度对鲎进行专业描述（见图 5）：

> 鲎，Limulus Longispinus V. D. Hoew Horseshoe crab 或 King crab Molukkenkrebs，カブトガニ。属节肢动物、甲壳类、腿口类、剑尾类、鲎科。体分头胸及腹两部。头胸部广阔，下面穹起，前缘形圆，后缘形凹。头部之上面具无柄眼一对，此两眼之中间又有一小眼，下面有口，口缘有脚六对。腹部呈六角形，边缘有针状突起，腹之下面具瓣状肢五对。头胸部与腹部之间有可动之关节。甲壳坚硬，尾端有强直之剑状物。全体深褐色。体长二尺至三尺，体阔约一尺。栖于近海之多藻之砂泥底，以剑状物反跳而运动。产卵在初夏。卵如绿豆大，色黄。产于南方及南洋群岛。血液蔚蓝色。肉白，味美。鲎之现存于世界者，只五种。由地质上考之，知其初生于中生代之三叠纪中，最盛于白侏罗纪。又鲎之幼虫，甚似三叶类，可知其系统上与三叶类甚有关系。①

① 杜亚泉等编《动物学大辞典》，商务印书馆，1932，第 2584 页。

辞书中对鲎的描述基本上都使用了动物学知识与术语，但仍有少数字句引自古籍。

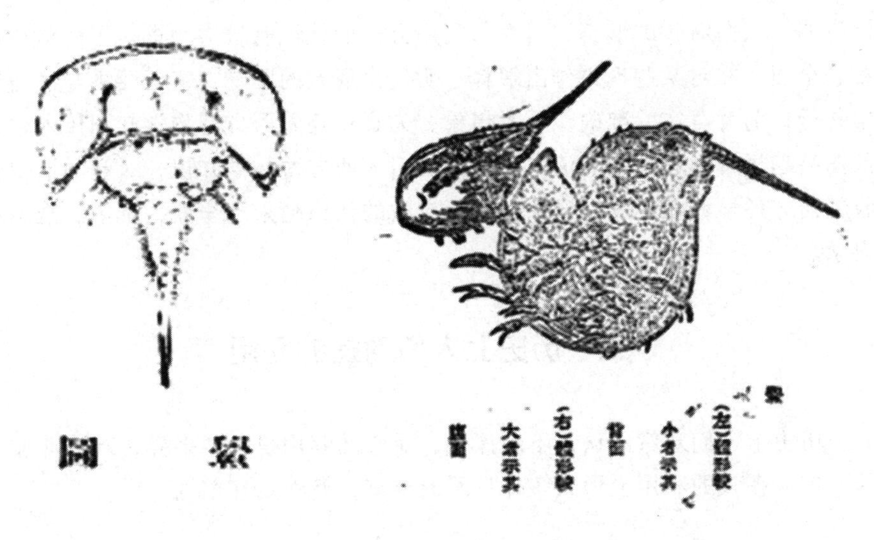

图 4　《中华大字典》中的鲎　　　　图 5　《动物学大辞典》中的鲎

1934 年，刘丕基发表《鲎考》一文，引用《动物学大辞典》文字，提及“前年定海水产学校闵君菊初送我数只，足证王蟹与鲎为一物”[①]。可知是参照了实物。1936 年，林祝敔在《常识画报 · 中级儿童》刊登《海陆空的奇观：鲎》一文，强调“鲎是一种极古的动物，要寻出跟它相像的，只有到化石里去找”，并言“它的分布极广，西大西洋、西太平洋、印度洋，都有它的足迹”。[②] 1936 年《上海市水产经济月刊》第 5 卷第 11 期《鲎鱼》[③] 与 1940 年林化贤于《科学画报》所登《鲎》[④]，皆是专门论述鲎的文章。前者篇幅较短，内容简练；后者则从多个角度，如“外形和内部构造”“雌雄的嬉戏”“鲎的一生”，即形态构造、生活习性、繁殖等几方面十分详细地进行论述。可见 20 世纪 30 年代以后，国内学界关于鲎的认识与研究，基本上都采用了西方近代科学研究模式，多引用国外动物学研究成果，注重

① 刘丕基：《鲎考》，《科学画报》第 1 卷第 16 期，1934 年，第 625 页。

② 林祝敔：《海陆空的奇观：鲎》，《常识画报 · 中级儿童》第 29 期，1936 年，第 4—6 页。

③ 上海市市立渔业指导所：《鲎鱼》，《上海市水产经济月刊》第 5 卷第 11 期，1936 年，第 21 页。

④ 林化贤：《鲎》，《科学画报》第 7 卷第 5 期，1940 年，第 291 页。

实际考察，引入西学，科学分类。

综上所述，晋至唐时，人们对鲎的认识主要在其形态、生活习性以及初级利用等方面；宋元时期，人们对其功能和药理学方面的认识有所增加；明清时期，人们对鲎的形态、习性与利用方式的认识有较大增进，了解愈加详细、全面，并对某些现象作出解释。明代出现鲎的图绘，宫廷绘本与民间绘本并行，前者写实、准确，后者想象、失真；随着西方博物学知识传入，鲎的图绘趋于科学和精确。清末民初开始引入西方博物学知识，对鲎的认识吸收了西方各学科相关研究成果，国人对鲎的认识越来越全面、具体、准确和科学。

二　历史上人们对鲎的利用

历史上人们对鲎的认识不断深化，对它的利用也日益多样，观察愈加全面。古人在鲎的利用上形式多样且不断丰富，岭南走在前列。

（一）食用

食鲎之风在东南沿海颇为普遍，历史悠久。早在晋代，《吴录·地理志》就指出鲎“腹中有子如麻子，取以作酱，尤美”。唐人韩愈贬谪潮州，有《南食》诗谓：“一曰鲎，二曰蚝，三曰蒲鱼，四曰蛤，五曰章举，六曰马甲柱。”“南食”以鲎为首，清人屈大均指出：“鲎亦佳味，故昌黎首言之。”[①] 唐人段成式《酉阳杂俎》记载：“南人列肆卖之，雄者少肉。”[②] 反映了鲎在当时是南方常见海产，售卖于市，数量可能还不少，人们认识到“雄者少肉”。宋代温州人李纲也说：“于海物中，厥味尤珍。”[③] 乾隆《潮州府志》记述鲎“腹中有子如粟，潮人以为常食之味”[④]。

据史料记载得知，人们食用鲎最为常见的方法是酱食，也就是将鲎可食用的身体部分做成鲎酱，或将鲎子作酱。段成式《酉阳杂俎》即记录有

① 屈大均：《广东新语》卷二十三《介语·鲎》，第506页。

② 段成式：《酉阳杂俎》卷十七《广动植之二·鳞介篇》，中华书局，1981，第164页。

③ 李纲：《放鲎文》，李纲《梁溪先生文集》卷一百五十九，《文渊阁四库全书》第1126册，上海古籍出版社，2003，第1页a面。

④ 乾隆《潮州府志》卷三十九《物产》，《广东历代方志集成》潮州府部第2册，岭南美术出版社，2008，第976页。

"鲎酱"，还说："至今岭、闽重鲎子酱。"[①] 北宋陶谷《清异录》记载："典酱大夫（鲎，名长尾先生）：令长尾先生，惟吴越人以谓用先生治酱，华夏无敌，宜授典酱大夫仙衣使者。"[②] 南宋吴自牧《梦粱录》记述当时开封海味美食有"酒鲍鲎"[③]。元代周密《武林旧事》记述临安"醒酒口味"的海味有"鲎酱"[④]。明杨慎《异鱼图赞》云："子如麻子，南酱是供。"[⑤] 宋诩《竹屿山房杂部》载："鲎子，腌宜醋。"[⑥] 民国《赤溪县志》称"或碎其肉脚以为酱食之"[⑦] 者，即为鲎肉酱。有地方志记载，鲎"肉如黄粟，子累缀成房，夏月出，味最佳"[⑧]。

煮食、煲鲎汤、煮鲎血、做鲎生等也是常见食法。屈大均《广东新语》谓："渔者杀而卖之，中有清水二升许，不肯弃，云以其水同煮，味乃美。非水也，血也，以色碧，故不知其为血也。"[⑨] 民国《海丰县志・物产》中说，鲎"和血煮之更佳"[⑩]。张汉翁《论鲎》曰："温、台、闽、广俱产，夏末最盛。腌藏其肉及子，醉以酒浆，风味甚佳。其血调水蒸，凝如蛋糕。其跗叶端白肉，极脆，嫩美。尾间精白肉和椒醋生啖，胜鱼脍。"[⑪] 相传清康熙年间粤东地区流传一种以甘薯粉、大米、鲎肉和汁为主料制作的小食，近代以来馅料加上香菇、鲽脯、花生等，更为讲究。

古人食鲎讲究烹饪环节和安全，因为鲎"肠甚臭恶，不可伤动"。明彭大翼《山堂肆考》云："鲎肠甚腥，醯时去之，和以糟酱方可食。"[⑫]《竹屿山房杂部》详述烹饪方法："用刀当其背，刳之取足，内向者去，其肠甚臭恶，不可伤动，切为轩。以胡椒、川椒、葱、酱、酒浥，借以原壳入甑蒸，其水别入锅。烹如腐，宜浇以胡椒醋腌。"[⑬] 明清地方志也有记载，指出鲎

---

① 段成式：《酉阳杂俎》卷十七《广动植之二・鳞介篇》，第164页。
② 陶谷撰《清异录》卷上，李锡铃校，《惜阴轩丛书》，1846，第67页b面。
③ 吴自牧：《梦粱录》卷十六。
④ 周密：《武林旧事》卷六。
⑤ 杨慎：《异鱼图赞》卷一，中华书局，1985，第4页。
⑥ 宋诩：《竹屿山房杂部》卷三。
⑦ 民国《赤溪县志》卷二《舆地下・物产》，《广东历代方志集成》广州府部第30册，第494页。
⑧ 乾隆《澄海县志》卷二十四《物产》，《广东历代方志集成》潮州府部第28册，第284页。
⑨ 屈大均：《广东新语》卷二十三《介语》，第506页。
⑩ 民国《海丰县志・物产》，《广东历代方志集成》惠州府部第12册，岭南美术出版社，2009，第418页。
⑪ 文金祥主编《清宫海错图》，故宫出版社，2014，第296页。
⑫ 彭大翼：《山堂肆考》卷一百二十五，《文渊阁四库全书》第976册，第30页b面。
⑬ 宋诩：《竹屿山房杂部》卷三。

“肠有毒，剖时误破其肠便置勿食”[①]。

圆尾鲎因体型小，常被误认为中国鲎的幼鲎。现代学者研究认为，圆尾鲎有毒，但毒性与中国鲎毒性不同，甚至更大，与河豚毒素中毒特点相似。[②] 古人视为“鬼鲎”，强调不可食用。宋养生家温革《琐碎录》云：“鲎黑而小者，谓之鬼鲎，食之害人。”民国《赤溪县志》记载：“单者及身小名鬼鲎者，与尾有锯齿者，不可食。”民国《阳江志》记载：鲎，“一种小者，色黄，俗名黄鲎，或名鬼鲎，不可食”。

古人食鲎注意调料，烹煮时加荜拨等物。荜拨为胡椒科胡椒属攀缘藤本，作用如肉桂、茴香、胡椒。万历《阳春县志》记述，土人采荜拨叶煮蛤及鲎，故名蛤蒌。[③] 食鲎不宜过多。南宋周守中《养生类纂》称：“多食，发嗽并疮癣。”[④] 张汉翁《论鲎》建议：“食后戒饮茶。”由于饮食习惯、爱好及食材增加等因素影响，清代广州人对鲎的食用兴趣并不大。光绪《广州府志》中说：“鲎味不甚美，故会城少鬻者。”[⑤]

（二）药用

现代科学表明，鲎具有很高的药用价值，肉辛、咸、平，清热解毒，可明目，治青光眼、脓疱疮；壳咸、平，有活血祛瘀、解毒作用，含溴、铁、锌等元素，主治跌打损伤、创伤出血、烫伤、疮疖；尾咸、温，有收敛止血功效，用于治肺结核咯血、疮疖。历史上鲎的药用价值很早为人们所认识，肉、壳、尾皆可入药，用以治病。唐代孟诜《食疗本草》“卷中”记载：鲎，“微毒。治痔，杀虫。……尾：烧焦，治肠风泻血，并崩中带下及产后痢”。这是历史上关于鲎的药用价值的最早记载。北宋唐慎微《证类本草》所载相同。

明代对鲎的药用价值有更多的了解，史料记载更加具体详尽，例如朱橚《普济方》记载：

---

① 咸丰《文昌县志》卷二《舆地志·物产》，《广东历代方志集成》琼州府部第24册，岭南美术出版社，2009，第399页。

② 廖永岩、李晓梅：《中国鲎和圆尾鲎组织毒性的初步研究》，《卫生研究》2000年第3期。

③ 万历《阳春县志》卷七《赋役略二·物产》，《广东历代方志集成》肇庆府部第23册，第164页。

④ 周守忠纂集《养生类纂》卷十七，上海中医学院出版社，1989，第77页。

⑤ 光绪《广州府志》卷一百六十三《杂录四》，《广东历代方志集成》广州府部第9册，第2573页。

治肠风泻血，用鲎鱼尾，平，微毒。烧为黑灰，研作末，酒下先服生地黄，蜜等煎讫，然后服鲎尾，无不断也。

治咳……鲎鱼壳半两。猪牙皂荚一梃，去黑皮涂酥，炙焦黄，去子。

贝母一两，炒微黄。桔梗一分，去芦。右为末，炼蜜和丸如弹子大，每含一丸，咽其汁，服三丸即吐出涎便瘥。

治产后痫，右用鲎鱼骨尾，其尾长二尺，烧为黑灰为末，酒下先服生地黄汁，蜜煎讫，然后服之无不断也。①

李时珍《本草纲目》分别记述了鲎各个部位的药用功效：

【肉】气味辛、咸、平……主治治痔杀虫。

【尾】主治烧焦，治肠风泻、血崩中带下及产后。

【骨及尾】烧灰，米饮服，大主产后痫。但须先服生地黄、蜜煎等讫，然后服此，无不断。

【胆】主治大风、癞疾、杀虫……用鲎鱼胆、生白矾、生绿矾、腻粉、水银、麝香各半两，研不见星，每服一钱，井华水下，取下五色涎为妙。

【壳】主治积年呷嗽……用鲎鱼壳半两，贝母（煨）一两，桔梗一分，牙皂一分（去皮酥炙），为末，炼蜜丸弹子大。每含一丸，咽汁。服三丸，即吐出恶涎而瘥。

【骨】带下〔是湿热夹痰有实有虚〕。②

到李时珍那个时代，对鲎的药用价值的认识与利用已经达到古代的顶峰，清代出现的一些医书都没有超越《本草纲目》。

（三）器用

鲎体质结构独特，壳可以加工出多种器物，例如制作酒樽。唐代诗人皮日休《五贶诗·诃陵樽》曰：

① 朱橚：《普济方》卷三十八，《文渊阁四库全书》第748册，第57页。

② 李时珍：《本草纲目》卷四十五《介部一》，明万历二十四年（1596）金陵胡承龙刻本，第15页a、b面。

一片鲎鱼壳，其中生翠波。买须饶紫贝，用合对红螺。尽泻判狂药，禁敲任浩歌。明朝与君后，争那玉山何。①

宋代傅肱《蟹谱》“卷下”记载：“诃陵酒，樽用鲎鱼壳，谓之涩锋鱟角，内玄外黄。”说明唐宋时期人们常用鲎壳作酒樽。

又以鲎壳、鲎尾制作冠与如意。唐段成式《酉阳杂俎》记载：“鲎十二足，壳可为冠，次于白角，南人取其尾为小如意。”② 南宋罗愿《尔雅翼》谓：“鲎形如惠文，亦如便面。惠文者，秦汉以来武冠也……壳可以为冠，次于白角。亦屈以为杓，镣釜辄尽。又取其尾为小如意。”③

制作汤杓。永乐《广州府辑稿·风俗形势》引元《一统志》云，鲎“壳如蓬，可以为杓”④。“鲎杓”非常适用于舀热汤，诚如前引《尔雅翼》所言，可以“镣釜辄尽”，将锅中汤一滴不剩地舀尽。

制作瓢，用作取水工具。明杨慎《丹铅总录》记载：“今闽、广之地以鲎鱼壳为瓢，江淮之间或用螺之大者为瓢。”⑤ 清代海南、南澳等地也以鲎壳为瓢。⑥ 屈大均《广东新语》谓：“日以鲎鱼之壳戽水者三，而沙田始不涸也。以鲎鱼壳者，以其坚而耐咸不易坏也。”⑦ 用鲎壳制瓢，作戽斗用。清代厦门、泉州、南台、涵江等地海关日常货物税则有“鲎杓”一项，每百枝厘金五分。⑧ 说明闽南地区也有以鲎壳制作“鲎杓”的习惯，并运到各地贩卖。

（四）除用

至迟在唐代，鲎壳就被用作制香，以驱除蚊虫，清净空气。唐代孟诜《食疗本草》“卷中”称鲎壳“入香，发众香气”。明屠本畯《闽中海错疏》

---

① 陆龟蒙编《松陵集》卷五，《文渊阁四库全书》第1332册，第9页a、b面。

② 段成式：《酉阳杂俎》卷十七《广动植之二·鳞介篇》。

③ 罗愿：《尔雅翼》卷三十一。

④ 永乐《广州府辑稿·风俗形势》，《广东历代方志集成》广州府部第48册，第85页。

⑤ 杨慎：《丹铅总录》卷十三，《文渊阁四库全书》第855册，台湾商务印书馆，1983，第490页。

⑥ 咸丰《文昌县志》卷二《舆地志·物产》，《广东历代方志集成》琼州府部第24册，第399页；乾隆《南澳志》卷十《物产》，《广东历代方志集成》潮州府部第32册，第100页。

⑦ 屈大均：《广东新语》卷十四《食语》。

⑧ 佚名《常税则例》卷二，清雍正古香斋刻本，第8页a面。

云："其尾烧烟，可避蚊蚋。"[①] 屈大均《广东新语》谓："鲎壳可代甲香以合香，其势力均，尾尤佳。"[②] 由于鲎壳坚硬，剑尾锋利，民间认为它有驱邪镇宅之用。今台湾金门地区居民仍有将鲎腹部的壳彩绘成老虎模样，名之"虎头牌"，悬于门楣之上以驱邪镇宅。

（五）祭用

岭南社会迷信，重家族传承，鲎谐音"后"，民间以鲎为祭拜祖先之祭品。同治《番禺县志》谓："郡城人清明上坟辄以鲎祭，取其音曰有后也。"光绪《广州府志》云：新会"二、三月间特多，殆清明节迄闭墓暨诹吉上冢，回者各买以祀其先。倘未获，辄以为憾。盖鲎、后音同且多子故"[③]。民国《阳江志》云："土人清明扫墓，多以鲎，荐取其音，曰有后也。"[④]

（六）吉用

鲎有"海中鸳鸯"之称，是自然界最痴情的动物之一。明人张萱说："鲎特恋于情。"[⑤] 鲎成年后，雌雄相结合同居，雌常负雄于背上不分离，尤其雄鲎更痴情，捕鲎渔民只要捉住下面雌鲎，雄鲎随之就擒，故古人把鲎"雌常负雄，虽风涛终不解"的生活习性称为"鲎媚"，用来比喻忠贞的爱情。此外，民间还存在食用鲎可以去除善妒之心的说法。

鲎代表着忠贞、美好，东南沿海地区一些渔家若遇单个或抓取单个，则视为不祥。乾隆《会同县志·土产·介属》载，鲎"有二相负，若遇单个，疍人以为不祥则不取也"。若捉到成对成年鲎中之一只，好像拆散他人的好姻缘，会带来厄运，故俗语云："抓鲎公，衰三冬"；"抓鲎母，衰一斗仔久"。[⑥]

总的来说，古代人们对鲎的利用多种多样，在对鲎特性的认识基础上尽量做到物尽其用，为酱、为药、为樽、为冠、为珠饰、为如意、为杓、为香、为祭品、为吉祥物、为肥料，其中以食用、药用为主。到了民国时期，

---

① 屠本畯：《闽中海错疏》，第 31 页。

② 屈大均：《广东新语》卷十四《食语》。

③ 光绪《广州府志》卷一百六十三《杂录四》，《广东历代方志集成》广州府部第 9 册，第 2573 页。

④ 民国《阳江志》卷十六《食货志四·物产》，《广东历代方志集成》肇庆府部第 28 册，第 433 页。

⑤ 张萱：《西园闻见录》卷一，台湾文海出版社，1940，第 256 页。

⑥ 乾隆《会同县志·土产·介属》，《广东历代方志集成》琼州府志第 25 册，第 520 页。

倡导使用化肥，连西沙、东沙群岛的鸟粪也开发作为磷肥，因而也有将鲎材作为肥料的。林化贤在《鲎》一文中提到，鲎“可利用来作田圃之肥料”。

三 鲎在岭南沿海的分布与变迁

近几十年，岭南沿海鲎资源大量减少，并出现濒危趋势，人们开始重视对鲎资源的保护。鲎的分布变迁情况可为保护鲎资源、制定相关政策提供历史依据。下面分古代、近现代和当代三个时期，考察鲎的分布与变迁及其成因。

（一）古代鲎在岭南沿海的分布

唐人李善引西晋刘渊林注左思《吴都赋》谓：“鲎……南海、朱崖、合浦诸郡皆有之。”可见六朝时人们已关注鲎在岭南沿海的存在。另外《吴录·地理志》称：“交趾龙编县有鲎。”《广志》谓：“鲎鱼……出交阯南海中。”此后岭南方志对鲎多有记载。永乐《广州府辑稿·风俗形势》记载：“鲎，元《一统志》云：‘县十七都，东莞场咸水海底生。疍人采取货卖。’”[①] 康熙《东莞县志》记载：“有龟，有鼋，有鳖，有鲎。”[②] 光绪《饶平县志》物产甲类有“螺（香螺、花螺）、鲎”[③]。此外，肇庆府阳春、阳江，雷州府海康、遂溪、徐闻，高州府茂名、电白、化州、吴川、石城，惠州府归善、海丰、陆丰，广州府南海、番禺、东莞、新宁、香山、新会，潮州府海阳、潮阳、揭阳、饶平、惠来、澄海、南澳，琼州府琼山、澄迈、定安、文昌、会同、乐会、儋州、万州、崖州、感恩，廉州府合浦、防城、钦州等县，均有鲎分布。

（二）近现代鲎在岭南沿海的分布

近代以后，鲎在岭南沿海的分布呈现往南与向外海方向缩减的趋势。道光二十年（1840）以后，琼州府鲎分布变化不大，潮州府、惠州府、广州府变化较大，海康、电白、石城、归善、定安、会同、南海、新宁、

---

① 永乐《广州府辑稿·风俗形势》，《广东历代方志集成》广州府部第48册，第85页。

② 康熙《东莞县志》卷四《物产》，《广东历代方志集成》广州府部第22册，第435页。

③ 光绪《饶平县志》卷十一《物产·甲类》，《广东历代方志集成》潮州府部第18册，第506页。

新会、海阳、揭阳、惠来、澄海等13个沿海县地方志中不再出现关于鲎的记载。

（三）当代鲎在岭南沿海的分布

受环境变化和人为因素的影响，在许多曾盛产鲎的海域如潮汕、珠江口、雷州湾、北部湾等，鲎资源急剧减少，而且个头越来越小，极少见到上岸的鲎，大多只能用底拖网才能捕获。20世纪90年代以前，北部湾成熟鲎的数量可以达到60×10^4对至70×10^4对，到2000年数量已少于30×10^4对。如今有鲎上岸的地区仅广东遂溪、吴川、湛江、徐闻、东海岛、企水，广西北海、钦州、防城，海南儋州、临高、澄迈、文昌等地。上述地区邻近海域鲎资源占中国总量的95%以上。①

（四）岭南沿海鲎地理分布变化的原因

首先是沿海百姓过度利用，大肆捕杀。近40年来对海味的追求，以及认为鲎具有“催奶通乳”“清热解毒”等食补保健功能，使鲎的需求量大增，价格飙升。在浙江、福建，鲎已灭绝，餐馆从广西、广东大量走私。②另外，20世纪80年代兴起鲎试剂的生产。鲎试剂是鲎变形细胞溶解物，遇到内毒素可以迅速凝结成胶显示检测结果，在医学、工业上的需求量十分大。湛江、厦门等地众多专门生产鲎试剂的工厂，大量收购鲎，鲎取血后“物尽其用”，鲎壳作为几丁质原料卖给工厂，鲎尸体用作堆肥或作食物卖，导致鲎需求旺盛，鲎资源极速耗减。

其次是缺乏保护意识。在岭南沿海，鲎是常见、普通之物，种群数量众多，人们往往以为可以取用不竭，根本没有考虑保护鲎。迟至2012年，我国才开始将鲎列入濒危物种红色名录，认定为国家二级保护动物，但至今还没有形成有效的保护机制，民间保鲎组织人数只有200余人。2019年6月，第四届国际鲎科学与保护研讨会在北部湾大学召开，将每年6月20日定为国际鲎保育日，推动全社会对鲎的保护。

再次是栖息地遭到破坏，致使鲎数量减少。海岸的滩涂与河口，是鲎的

---

① 廖永岩等：《中国南方海域鲎的种类和分布》，《动物学报》2001年第1期。

② 翁朝红等：《福建及中国其他沿岸海域中国鲎资源分布现状调查》，《动物学杂志》2012年第33期。

觅食、产卵之地。明清以来，珠江三角洲沙田围垦和堤围修筑量增多，破坏了鲎以及其他鱼类的栖息环境，扰乱了其繁殖。民国《东莞县志》指出：

> 近日沙田涨淤，江流渐浅，咸潮渐低，兼以输船往来，搅使惊窜，滋生卵育栖托无由，不惟海错日稀，即江鱼亦鲜少矣，此亦可以观世变也。①

新中国成立后，因建设需要，开展了围海造田、采掘海砂、近海养殖等活动，陆地向海洋排放的工业废弃物、生活废弃物，导致海水有害物质严重超标，海洋垃圾增多，严重恶化了近海水质环境。对于对生活环境十分敏感的鲎群而言，无疑是生存家园的丧失。

复次是捕获技术影响。传统社会对鲎的需求量、捕获量并不大，技术上以手捕或浅海拖网捕捞为主。20 世纪 80 年代以来，沿海捕鱼技术发展迅速，海底拖网、定置网捕捞技术和装备的推广，使捕鲎变得十分便捷高效。鲎在夏季成群游往海岸产卵，其余时间多在海上，冬季潜于海底过冬。由于海底拖网等技术的使用，渔民在非夏季可往远海捕鲎。渔民捕鲎不分大小，捕获上岸再挑选，不符合要求者随意扔弃，任其自生自灭。近几十年国内鲎的捕获量大幅上升，鲎资源迅速衰退，濒临枯竭。

最后是鲎自身的弱点。鲎生长周期长，13—15 年才能成年繁殖下一代，而且鲎必须在洁净的沙滩上产卵，鲎受精卵又必须在带泥质的沙滩中才能孵化，对环境有较高要求，自然孵化率极低。在鲎长大之前，许多天敌如鱼类、海龟、飞禽，都会将其当作美餐。

余 论

从历史时期文献记载可以看出，随着时间推移，人们对鲎的认识不断丰富，对其利用也不断增加，鲎由稀奇之物转变为常见多食多用之物。面对捕杀和环境恶化等影响，鲎的数量以惊人的速度减少，分布范围在不断地退缩，其种群恢复困难，甚至到了濒危的程度，今天珠江口海域以北沿海地区

---

① 民国《东莞县志》卷十五《舆地略十三·物产下》，《广东历代方志集成》广州府部第 24 册，第 191 页。

已难见自然状态下分布的鲎。

鲎的祖先出现在地质历史时期古生代的泥盆纪，当时恐龙尚未出现。鲎从4亿多年前在海洋生存至今，仍保留其原始而古老的相貌，有“活化石”之称。为挽救濒危物种，保护这一古生物，人类必须加大对鲎的重视与保护力度，加强立法与规划保护，规定禁捕期，强化对鲎试剂生物公司的监督管理，促进鲎资源的合理利用与可持续发展。

The Understanding, Utilization and Geographical Distribution Variation of Horseshoe Crabs in Lingnan Region in History

Ni Genjin, Chen Taoyi

Abstract: Horseshoe crab is a kind of marine life, which began four hundred million years ago and is called "living fossils" . In history, there were many records about horseshoe crabs in China, with "sailing on horseshoe crabs and turtles" being the earliest, written in "To the Capital of Wu" by Zuo Si in the Western Jin Dynasty. From the Jin Dynasty to the Tang Dynasty, the understanding of horseshoe crabs was mainly focused on the shapes, living habits and the primary utilization of horseshoe crabs. From the Song Dynasty to the middle of the Qing Dynasty, the pharmacological description was added, besides the traditional contents and the description of the shape, living habits and utilization became more detailed. There are pictures of horseshoe crabs since the Ming Dynasty. The drawings of the court and the drawings by ordinary people exited aside, with the former realistic and the latter untrue. Up to the Republic, the drawings became scientific and standard. In the late Qing dynasty, the record of horseshoe crab began to follow the foreign natural history. From the 1930s, the understanding of horseshoe crabs mainly based on the discovery of western science. On the base of the progress of understanding, the utilization became varied, making horseshoe crabs into sauce, medicine, cups, hats, juries, scratching sticks, spoons, joss sticks, sacrifice, fertilizer, mainly used as food and medicine. Before Opium War I, the geographical distribution of horseshoe crabs south of Five Ridges was along the coast. From the Opium War to the founding of the People's Republic of China, the horseshoe crabs along the coast south of Five Ridges decreased but in small scale. From the founding of the People's Republic of China up to now, no horseshoe crabs can be found north of the mouth of the Pearl River. The sources of horseshoe crabs declined rapidly during the last 40 years. The decline was mainly caused by humans. Lack of the concept of protection and the increase of need of food and even greater need of industry, people caught and killed too many horseshoe crabs. From the 1970s to the 1980s, the fishery technique progressed rapidly and it became easier to catch horseshoe crabs. Filling the sea to grow the grain, getting the sea sand, growing seafood along the coast, and pollution spoiled the habitat of horseshoe crabs, causing the decline. The research on the history of utilization of horseshoe crabs, especially the history of their distribution, can help with the protection of horseshoe crab sources.

Keywords: Horseshoe Crab; Geographical Distribution Variation; Lingnan Region

（执行编辑：申斌）

海洋史研究（第十九辑）
2023年11月　第201～212页

琉球的进贡

——元明时期江南海贝的来源

杨　斌*

引子：云南的贝币

大约从9世纪开始，一直到明清易代之际的17世纪中期，位于我国西南边疆的云南（包括南诏和大理王国）一直使用海贝作为货币（贝币）。尤其在元明时期，海贝与纸钞、黄金、铜钱特别是白银一起构成了当地的多元货币体系，并在相当长的时期内承担了关键的作用。海贝不但用于民间贸易，也被官方认可和接受，用来交纳赋税以及支付文武官员和军士的俸禄；海贝也不仅仅用于日常的小额交易，还被用作房屋田地买卖等的大额支付手段。在民间，市场自发产生了海贝与白银的兑换率，并随着各地供需变化而波动；与之同时，元明两代政府对海贝和其他货币的兑换也有官方的规定。此外，至少在16世纪下半叶，云南出现了所谓的巴行，也就是海贝的兑换点，表明海贝作为货币对于云南社会和市场具有重大意义。①

---

* 作者杨斌，澳门大学历史系教授。

① 国内有关云南贝币的研究，从20世纪三四十年代起，国内学者如江应樑、李家瑞、方国瑜等学者就做了许多研究。参见杨寿川编著《贝币研究》，云南大学出版社，1997；钱江《马尔代夫群岛与印度洋的海贝贸易》，《海交史研究》2017年第1期；万明《明代白银货币化：云南海贝货币消亡的新视野》，《澳门研究》2017年第3期。有关英文研究，（转下页注）

在云南，海贝被称为海肥、海𧴩、贝子、𧴩子、海巴等。云南并不临海，那么，云南的海贝是从哪里来的呢？现在绝大多数学者都认为，从南诏开始，云南使用的贝币是从印度洋的马尔代夫群岛来的。马尔代夫盛产货贝（monetaria moneta），这种海贝从史前就流入了亚非欧大陆；等到航海技术发达时，海贝就从马尔代夫作为压舱物被运到孟加拉地区换取那里的大米。到了公元5世纪，印度北部和孟加拉地区开始使用海贝作为货币，并逐渐向东传到阿萨姆，而后又传到了下缅甸的勃固地区以及东南亚大陆的泰人世界。在清迈王国、素可泰王国以及后来的暹罗王国，海贝也被作为货币使用。马可波罗在13世纪末经云南到达缅甸时曾亲见东南亚地区使用的贝币。大约在9世纪，从东南亚大陆，使用贝币的习俗又向北传入了南诏王国（7世纪—902年），并持续到明清易代时期。因此，云南使用贝币，可以说是印度洋货币制度的影响。

既然云南使用的海贝最终来源是印度洋的马尔代夫，那么，云南和东南亚的通道便成为海贝进入云南的最初和最主要的路线，这并没有什么可以怀疑的。可是，在元代的时候，江南居然存有大量的海贝，政府曾经一度运输江南的海贝到云南；到了明代，江南依然存有大量的海贝。这便引出了本文

（接上页注①）参见 Paul Pelliot, *Notes on Marco Polo*, Vol. 1, Paris: Imprimerie Nationale, librairie Adrien-Maisonneuve, English Version, 1959; Hans Ulrich Vogel, *Marco Polo Was in China: New Evidence from Currencies, Salts and Revenues*, Leiden and Boson: Brill, 2013; Hans Ulrich Vogel, "Cowrie Trade and Its Role in the Economy of Yunnan: From the Ninth to the Mid-Seventeenth Century (Part I)," *Journal of the Economic and Social History of the Orient*, Vol. 36, No. 3 (1993), pp. 211 - 252; Hans Ulrich Vogel, "Cowrie Trade and Its Role in the Economy of Yunnan: From the Ninth to the Mid-Seventeenth Century (Part II)," *Journal of the Economic and Social History of the Orient*, Vol. 36, No. 4 (1993), pp. 309 - 353; Bin Yang, *Cowrie Shells and Cowrie Money: A Global History*, London: Routledge, 2019; Bin Yang, "Cowry Shells in Eastern Eurasia," in Mariko Namba Walter and James p. Ito-Adler, eds., *The Silk Road: Interwoven History, Volume 1 Long-distance Trade, Culture, and Society*, Cambridge, MA: Cambridge Institutes Press, 2014, pp. 250 - 283; Bin Yang, "The Bengal Connections in Yunnan," *China Report*, Vol. 48, No. 1 and 2 (Feb. and May 2012, Special Issue: Studies on India-China Interactions Dedicated to Professor Ji Xianlin 1911 - 2009), pp. 125 - 146; Bin Yang, "The Bay of Bengal Connections to Yunnan," in Rila Mukherjee, ed., *Pelagic Passageways: The Northern Bay of Bengal Before Colonialism*, New Delhi: Primus Books, 2011, pp. 317 - 342; Bin Yang, "The Rise and Fall of Cowry Shells: The Asian Story," *Journal of World History*, Vol. 22, No. 1 (Mar. 2011), pp. 1 - 26; Bin Yang, *Between Winds and Clouds: The Making of Yunnan (Second Century BCE - 20th Century AD)*, New York: Columbia University Press, 2008 & Gutenberg - e book. www. gutenberg - e. org/yang/index. html; hard copy, 2009; Bin Yang, "Horses, Silver, Cowries: Yunnan in a Global Perspective," *Journal of World History*, Vol. 15, No. 3 (Sept. 2004), pp. 281 - 322。

要讨论的问题，那就是江南海贝的来源。作者经过阅读《明实录》和《历代宝案》，认为元明时期江南的海贝除了少部分是由马尔代夫或者东南亚诸国进贡的外，绝大多数是从琉球而来。

一 元代江南的海贝

元明两代的文献都提到了江南的海贝。自元代起，云南海贝绝大多数是从缅甸和暹罗而来，也有一些是从交州（东京）和江南而来。

1276 年，中书省就江南海贝的事上奏，内中详细透露了江南的海贝与云南的关系以及中央政府的政策。[①]《通制条格》卷十八“私叭”详载此事，全文如下：

> 至元十三年四月十三日，中书省奏：云南省里行的怯来小名的回回人，去年提奏来，“江南田地里做买卖的人每，将叭子去云南，是甚么换要有。做买卖的人每，私下将的去的，教禁断了。江南田地里，市舶司里见在有的叭子多有。譬如空放着，将去云南或换金子或换马呵，得济的勾当有”。奏呵，“那般者。”圣旨有呵，去年的叭子教将的云南去来。那其间，那里的省官人每说将来，“云南行使叭子的田地窄有，与钞法一般有。叭子广呵，是甚么贵了，百姓生受有。腹里将叭子这里来的，合教禁了有”。说将来呵，两个的言语不同有。“那里众官人每与怯来一处说了话呵，说将来者。”么道，与将文书去来。如今众人商量了文书来，“将入来呵，不中，是甚么贵了，百姓每也生受有。百姓每将入来的，官司将入来的，禁断了，都不合教将入来。”么道，说将来有。“俺商量得，不教将入去呵，怎生?”奏呵，“休教将入去者”，圣旨了也。钦此。[②]

① 方慧：《从金石文契看元明及清初云南使用贝币的情况》，杨寿川编著《贝币研究》，云南大学出版社，1997，第 149—151 页；方慧：《关于元代云南的“真叭”“私叭”问题》，杨寿川编著《贝币研究》，第 211 页；Hans Ulrich Vogel，*Marco Polo Was in China*：*New Evidence From Currencies*，*Salts and Revenues*，pp. 250 – 251.

② 方龄贵校注《通制条格校注》，中华书局，2001，第 552 页。傅汉思推测怯来可能是云南行省的一个高级官员。按，方龄贵认为怯来就是《元史》卷一百三十三有传的“怯烈”，“西域人，世居太原，从平章政事赛典赤经略”。则傅汉思之推测无误。引文改动了个别明显的错字，即将“贵子”“禁子”的“子”改为“了”。

以上引用的是元代白话，不大好懂。大致意思是，至元十二年(1275)，云南行省有个叫怯来的“回回人”上书中书省说，江南的商人经常把江南的海贝运到云南；这事情虽然是禁止的，可是，他们仍然私下偷运；现在江南市舶司里有很多海贝，目前都空空地放着，不如运到云南去换镜子和马，这可是很好的生意。怯来的意见就被批准了，于是朝廷把江南的海贝运到了云南。可是，云南行省的官员上奏说，云南省内使用海贝作货币的地方有限，海贝一多了，物价就上涨了，东西就贵了，老百姓承担不起。因此中书省让云南行省的官员和怯来商议此事，大家同意应该禁止商人私运江南的海贝去云南，也同样要禁止官府把江南市舶司的海贝运到云南。忽必烈就同意了这个建议。

《通制条格》关于“私贝八”的记录很有意思，值得细细推敲。首先，我们知道，在元初之际，江南已经是云南海贝的来源之一。伯希和曾指出，在明代，云南的海贝“由正常的海洋贸易进口而来”[①]，这难道是说，江南的市舶司从海洋贸易中得到了大量的海贝？江南当然不产海贝，江南市舶司或者江南民间的海贝只能从东南亚或者孟加拉湾而来；而且，很可能就是作为压舱物而来，因为海贝在江南既不是畅销的商品，更不是货币。其次，江南的商人知道，在帝国遥远的西南边疆云南，那里的人们使用海贝作货币，因此，他们从江南运送海贝到云南去，很可能是交换金银或者马等特产。元朝政府是禁止他们这样做的，所以他们运去的海贝叫作“私贝八”，如《通制条格》所记。[②] 金和银在云南都相对便宜，而马在江南很贵，因此，江南—云南的海贝贸易理论上利润可观。[③] 注意到江南商人偷运海贝的暴利后，云南省的官员有两种反应。第一种是认为海贝从江南涌入云南带来巨大灾难，也就是物价飞涨，民生艰难；第二种是认为官府把存放的海贝从江南运到云南，购买当地的金银和马，可以获得丰厚的回报。最后，云南行省商议后达成共识，一致认为应该禁止从江南输入海贝，并报请中央批准。

那么，元代江南的海贝是从哪里来的呢？目前没有发现直接的史料可以回答这个问题。假如从明代的史料看，元明时期江南的海贝最终来源都是马

---

① Paul Pelliot, *Notes on Marco Polo*, Vol. 1, p. 548.

② Hans Ulrich Vogel, *Marco Polo Was in China: New Evidence from Currencies, Salts and Revenues*, p. 252.

③ Hans Ulrich Vogel, *Marco Polo Was in China: New Evidence from Currencies, Salts and Revenues*, p. 252.

尔代夫，其途径有四种：第一，马尔代夫直接进贡，这主要是在明代；第二，郑和宝船直接带回；第三，东南亚如马六甲、爪哇、暹罗诸国辗转进贡到中国；第四，也就是本文分析的，琉球进贡到中国。其中第二、三种还只是推测，目前没有相关史料，故本文略过不提。

二 马尔代夫的进贡

到了明代，郑和下西洋直接促成了马尔代夫和明王朝的朝贡关系。普塔克（Roderich Ptak）分析指出，马尔代夫于1416年、1421年和1423年曾经三次向明王朝进贡，可惜的是，《明实录》记载的进贡礼物中只写了马和"方物"。[①] 海贝当然属于马尔代夫的"方物"；也许海贝就是作为压舱物来到了中国，这样就可以解释为什么在江南的仓库里有天文数字的海贝存在了。

明末以郑和下西洋为主题的小说《三保太监西洋记》就记录了"溜山国国王八儿"向明朝元帅献上"银钱一万个，海贝二十石"，并对海贝加以说明，"其国堆积如山，候肉烂时，淘洗洁净，转卖于他国"。[②] 此外，马尔代夫国王的礼物当中还有各种宝石、降真香、龙涎香、椰子杯、丝嵌手巾、织金手帕、马鲛鱼干，这些或是马尔代夫的特产，或是马尔代夫从斯里兰卡和印度（两地均以各种宝石著称）交换而来。这些与元代汪大渊和明代马欢的记载基本一致，由此可见罗懋登此段叙述之可靠。汪大渊记载，"北溜"也就是马尔代夫，"地产椰子索，贝八子、鱼干、大手巾布"；马欢记载了椰子索、龙涎香、海贝八、马鲛鱼干、手巾等。[③] 因此，罗懋登这个关于海贝的信息应当有着真实的历史基础。

三 明代江南的海贝

正统二年（1437），"行在户部奏，云南系极边之地，官员俸除折钞外，

① Roderich Ptak, "The Maldives and Laccadive Islands (liu-shan 溜山) in Ming Records," *Journal of American Oriental Society*, Vol. 107, No. 4 (Oct. – Dec. 1987), p. 681.

② 罗懋登：《三保太监西洋记》，昆仑出版社，2001，第624页；Roderich Ptak, "The Maldives and Laccadive Islands (liu-shan 溜山) in Ming Records," *Journal of American Oriental Society*, Vol. 107, No. 4 (Oct. – Dec. 1987), p. 692.

③ 汪大渊：《岛夷志略校释》，苏继庼校释，中华书局，1981，第264页；马欢：《明钞本〈瀛涯胜览〉校注》，万明校注，海洋出版社，2005，第74页。

宜给与海贮、布、绢、叚、匹等物。今南京库有海贮数多，若本司缺支，宜令具奏，差人关支。从之”[①]。三年之后，正统五年（1440），由于云南此年税粮不足，户部再次请求将南京的海贝运到云南，“折支余俸”。《明英宗实录》记载：“行在户部奏，云南夏秋税粮数少，都、布、按、三司等官俸月支米一石，乞将南京库藏海贮运去折支余俸。上命支五十万斤，户部选官管送，不许迟误。仍饬云南布政使司务依时直准折，以称朕养贤之意，俟仓廪有储，即具奏闻，如旧支米。”[②] 明英宗还强调了两点：第一，海贝的兑换要按照当时的市场价格折换，以免让官员吃亏；第二，一旦云南粮食充足了，就仍旧发米给各级官员。

由此可见，15 世纪的明代中央政府确实掌握着相当数量的海贝。这些海贝，主要收藏于南京官仓。从正统五年调拨的 50 万斤海贝看，这就是一个天文数字。以马尔代夫所产的货贝而言，大约 400 个重一磅[③]，则 50 万斤海贝至少相当于 2 亿个海贝。此外，这些海贝不是云南省藩库里的储备，而是主要贮藏在南京。按，明代中央政府既然能从南京调拨海贝去云南，则如元代一样，在江南官库里必然贮存有海贝。查《明实录》可知，在洪武和永乐两朝，户部每年进行人口、财政统计时，确实有关于海贝的记录（见表 1）。

表 1　《明实录》洪武、永乐两朝户部统计海贝数量

单位：索

年份	海贝	年份	海贝
洪武二十六年(1393)	316000 余	永乐十年(1412)	341144
洪武三十五年(1402)	48894	永乐十一年(1413)	338689
永乐二年(1404)	321721	永乐十三年(1415)	343328
永乐四年(1406)	342322	永乐十四年(1416)	333389
永乐五年(1407)	33720	永乐十八年(1420)	331006
永乐六年(1408)	340465	永乐二十二年(1424)	332006
永乐九年(1411)	334883		

资料来源：韩国《明实录》电子版，http：//sillok. history. go. kr/mc/main. do，2020 年 7 月 10 日。

① 《明英宗实录》卷三十五，台北“中研院”历史语言研究所校印，1962，第 2529 页。

② 《明英宗实录》卷六十八，第 2684 页。

③ 1 磅相当于 0.9 斤左右。

从表1可知，除了个别年份（1402年和1407年）外，户部统计每年年底国家贮有海贝数都在33万索左右。这个数字，虽然不能和元代云南省的官库相比，甚至和1440年的50万斤海贝比，也只是个零头。以1424年计，332006索海贝等于2656万个海贝，不过是2亿个海贝的八分之一左右。这提醒我们思考以下几个问题。首先，假如永乐年间的统计是正确的（正确的可能性很大），则从永乐到正统年间不过一二十年，为什么国库突然多了这么多海贝？我们不能排除郑和宝船后期从印度洋带回的海贝。可是，查永乐年间海贝的数目基本都在33万和34万索左右，宝船带回的可能性不大。最大的可能是郑和宝船吸引了东南亚乃至印度洋的商船到来，它们带来了许多海贝。其中最主要的供应者，很可能就是琉球和马尔代夫（正统年间三次入贡）。其次，这些海贝藏在何处？笔者以为这30多万索海贝，主要在南京的户部仓库，如前所引正统二年户部的奏折："云南官俸除折钞外，宜给海肥等物，今南京库海肥数多，若本司缺支，宜令具奏关领。"

明代江南海贝最主要的供应者，除了马尔代夫（直接进贡）外，应当是琉球王国，由此我们不得不讨论海天之遥的琉球王国。

四　琉球来的海贝

琉球在明清时代是中国的一个海上朝贡国家，从地理上看，琉球群岛处在亚热带的海洋水域，那里可以生长海贝。不过，琉球输入明王朝的海贝最有可能来自马尔代夫。首先，历史上并没有证据表明琉球列岛有采集、使用或者向邻近地区出口海贝的习俗。其次，从1373年到1570年的两个世纪里，琉球王国和东亚以及东南亚建立了广泛而紧密的贸易联系，有数百艘船只前往东南亚的安南、暹罗、北大年（Patani）、马六甲、苏门答腊、吕宋、爪哇，以及东亚的中国、日本和朝鲜。[①] 此外，明王朝1433年颁布的禁海令结束了郑和下西洋的航程，给琉球发展海洋贸易带来了黄金机遇。这样，位于东亚边缘的琉球迅速成为连接东北亚和东南亚的枢纽。在1430—1442

① Shunzō Sakamaki, "Ryukyu and Southeast Asia," *The Journal of Asian Studies*, Vol. 23, No. 3 (1964), pp. 383 - 389. 北大年位于泰国南部，目前属于泰国，主要人口是信仰伊斯兰教的马来人。

年的12年间，至少有31艘琉球船舶前往阿瑜陀耶、旧港和爪哇。[①] 这些船只一般满载中国的货物，如瓷器，以交换东南亚生产的或者转口的货物；返航后，琉球便将这些东南亚的货物转口到东亚各国，特别是中国。因此，1434年琉球朝贡时带到中国500多万个海贝并非偶然。此前郑和下西洋的宝船曾经到达马尔代夫，元代汪大渊和明代马欢的相关记载，以及江南市舶司中的海贝记录都指向一个推论，那就是，元明时期，马尔代夫的海贝也已通过东南亚到达了江南。

由于琉球在此期间和东南亚的紧密联系，海贝自然而然地也就被琉球的船只作为压舱物带回琉球。琉球本身不使用海贝，但琉球很可能知道云南使用海贝，也知道江南储有海贝，因此特意将海贝作为琉球的“方物”，贡献于明朝。此外，琉球的使臣也私下携带海贝，利用朝贡的机会，为自己牟利。明代规定，琉球朝贡的路线，主要是沿海路到福州，然后沿陆路到北京；由于风向的原因，也有海船到浙江宁波，然后沿陆路到北京。综上所述，琉球虽然本身不产海贝，但它将东南亚的海贝转口到了中国的东南（福建）和江南（浙江）地区。

我们不妨看下明代的中文文献，先看中方的《明实录》。凡琉球朝贡，《明实录》泛称“奉表贡马及方物”，偶尔提到的具体贡物，前期除了马之外，还有硫黄，后期增加了胡椒、苏木、香，而琉球《中山世谱》则记载贡方物、马、硫黄、胡椒、苏木，两国文献相符。[②] 我们知道，其实马、硫黄、苏木和各种香并非琉球特产，琉球本身虽然有矮种马，但马可能从日本而来，硫黄等物大致得自东南亚；那么，所谓方物，也就是特产，又是什么呢？

笔者遍查《明实录》，发现虽然绝大多数琉球进贡的史料没有提到具体的方物，但是，也有个别史料直接提到了海贝（海巴）。这些海贝，主要是琉球国的使臣自己携带到中国，用来交易获利的。理论上，朝贡使团除了朝贡礼品外，不可以携带其他物品，尤其是私自携带商品到中国来买卖。因此，琉球使臣私带的海贝，导致了接待方，也就是福建和浙江两省官员的干涉。

---

① Anthony Reid, “An ‘Age of Commerce’ in Southeast Asian History,” *Modern Asian Studies*, Vol. 24, No. 1 (1990), p. 6.

② 《中山世谱》，高津孝、陈捷主编《琉球王国汉文文献集成》第3—5册，复旦大学出版社，2013。

《明英宗实录》卷十五记载，正统元年（1436），“琉球国使臣漫泰来结制等言，初到福建时，止具国王进贡方物以闻，有各人附赍海螺壳九十、海巴五万八千，一时失于自陈，有司以为漏报之数，悉送入官，因乏赍装，恳乞给价。上命行在礼部悉如例给之”①。大致意思就是，琉球国使臣自己带了一些大的海螺壳90个、海贝58000个，因为这些是私人货物，所以没有在琉球国贡品的单子上；福建接待的官员发现了这些海螺壳和海贝（因为需要空间存放），认为琉球使臣漏报了贡品，就把海螺壳和海贝没收了。琉球国使臣就向英宗坦陈，这些海贝是用来补助自己的行程，希望官府能够按价补偿。英宗明白，各国使臣借公营私是朝贡的潜规则，所以命令礼部按照惯例补偿给琉球国使臣。

第二年，浙江又有官员就类似的事件发表了建议。《明英宗实录》卷二十七记载，正统二年（1437），“浙江市舶提举司提举王聪奏：琉球国中山王遣使朝贡，其所载海巴、螺壳亦宜具数入官。上谓：礼部臣曰，海巴、螺壳，夷人资以货殖，取之奚用？其悉还之，仍著为令”②。浙江市舶司提举王聪认为，琉球国使臣船只载来的海贝和海螺，应该全部没收入官仓。这里虽然没有直接说，海贝和海螺壳是使臣私自携带的，但参考场景，大致如此。英宗皇帝还是持宽容的立场，他引用礼部官员的话说，海贝和海螺壳是夷人用来牟利的，我们拿来有什么用呢？因此下令浙江市舶司把没收的海贝和海螺壳还给琉球国使臣。以上两事，均涉及琉球使臣私带海贝违禁的事，《明史》可以为证。《明史》记琉球国云：

> 正统元年，其使者言：“初入闽时，止具贡物报闻。下人所赍海 贝八、螺壳，失于开报，悉为官司所没入，致来往乏资，乞赐垂悯。”命给直如例。明年，贡使至浙江，典市舶者复请籍其所赍，帝曰：“番人以贸易为利，此二物取之何用，其悉还之，著为令。”③

则可与《明实录》互证，而琉球国使臣私带海巴明矣。

上述第一则史料提到的海贝数额似乎不大。我们知道，海贝作为压舱

① 《明英宗实录》卷十五，第2427—2428页。

② 《明英宗实录》卷二十七，第2493页。

③ 张廷玉等：《明史》，中华书局，1974，第8384页。

物，数目庞大，上岸需要房屋或仓库堆放。《明宣宗实录》卷八十九谈到了为宁波琉球馆驿建造“收贮之所”，似乎可以管窥海贝之事。

> （宣德七年）浙江温州府知府何文渊奏，瑞安县耆民言，洪武永乐间琉球入贡，舟泊宁波，故宁波有市舶提举司安远驿，以贮方物馆谷，使者比来，番使泊船瑞安，苟图便利，因无馆驿，舍于民家，所贡方物无收贮之所；及运赴京道经冯公等岭崎岖艰险，乞自今番船来者令仍泊宁波，为便行在。礼部言，永乐间琉球船至，或泊福建，或宁波，或瑞安。今其国贡使之舟凡三，二泊福建，一泊瑞安，询之，盖因风势使然，非有意也。所言瑞安无馆驿，宜令工部移文浙江布政司于瑞安置公馆及库，以贮贡物。上曰，此非急务。宜俟农隙为之。①

也是就说，琉球使臣因为风向的原因，其海船有时会到达浙江的宁波或瑞安登陆；而瑞安没有馆驿可以提供住宿，也没有库房可以作为贡物的“收贮之所”，因此请求同意修建馆驿和库房。我们或许可以猜测，修建“收贮之所”也是为了存放海贝。

以上是《明实录》中关于琉球海贝到江南的直接和间接的三则材料，依然太过简略模糊，不过，对我们理解海贝贸易，也不无裨益。我们不妨也看一下琉球本身的中文史料《历代宝案》，略加比较可知，海贝确实是“方物”之一，虽然实际上海贝也是从马尔代夫经东南亚转口而来。

《历代宝案》是琉球国保存的从1424年到1867年的官方档案，系中文文献，由琉球国本地学者编纂而成，涉及了自洪武年间到清末琉球国和中国、日本、朝鲜以及东南亚各国的政治和经贸往来，文献价值非常高。第一次提到琉球进贡海贝的是宣德九年（1434）。“宣德九年五月初一日”，琉球国中山王尚巴志向明朝进贡，除了各种刀、扇子、屏风、上漆果盒外，还有“硫黄四万斤、鱼皮四千张、各种磨刀石六千三百三十斤、螺壳八千五百个、海巴五百五十万个”②。明朝接到琉球使臣后，对贡品进行了清点，发现实际上有5888465个，“计官贯官报五千五百贯，等余三百八十八贯四百

① 《明宣宗实录》卷八十九，第2205页。

② 《历代宝案》卷十二，台湾大学图书馆，1972，第401页。

六十五个。”①

588万多个海贝，相当于13000多斤，这不是个小数目。可惜的是，在此后琉球国向明王朝的进贡礼单中，再也没有见到海巴。不过，根据《明实录》，琉球确实继续携带海巴入贡。康熙五年（1666），当清王朝和琉球国就进贡方物商讨时，永乐年间的成例被翻了出来。“永乐以来谕令二年一贡，进贡方物马、刀、金、银、酒海、金银粉匣、玛瑙、象牙、螺壳、海巴、折子扇、泥金扇、生红铜、锡、生热夏布、牛皮、降香、木香、速香、丁香、黄熟香、苏木、乌木、胡椒、硫黄、磨刀石。”② 则海巴是永乐以来贡品可知，而其只在礼单上出现一次的原因，恐怕是海巴还是被当作压舱物，上不了台面？何况，上述的将近30种贡品，一般在进贡礼单上出现的也不过几种而已。此外，以上所谓琉球国方物，除了磨刀石和螺壳外，其他基本上不是从日本来，便是从东南亚来。

综上所述，在元明时期，随着中国和东南亚以及印度洋来往日益密切，海洋贸易的发达，马尔代夫出产的海贝不仅早就通过东南亚大陆进入我国的云南地区，而且也在这段时期抵达了江南地区，数量相当可观，以至于元明政府都曾调拨这批海贝到云南使用。在江南的海贝，虽然其最初的来源都是马尔代夫，但到达江南的途径大致有四条，其中洪武年间和中国建立朝贡关系而后又和东南亚密切往来的琉球王国是明代江南海贝最主要的提供者。

Tributes from the Ryukyu Kingdom: Cowrie Shells Stored in Jiangnan During the Yuan-Ming Period

Yang Bin

Abstract: During the Yuan-Ming period, a great number of cowrie shells were stored in the Jiangnan treasuries and both the Yuan and the Ming state

① 《历代宝案》卷十六，第534—536页。一贯等于一千个。

② 《历代宝案》卷六，第188—189、196页。

ordered to move these shells to frontier Yunnan where cowrie shells were used as money. The paper hence explores Chinese, Ryukyu and Japanese sources concerning the origin and transportations of these shells, and argues that while the Maldives islands remained the primary source, the Ryukyu kingdom played a key role in purchasing cowrie shells from Southeast Asia and presenting to Ming China in its tributary missions.

Keywords: Cowrie Shells; the Maldives Islands; the Ryukyu Kingdom; Maritime Asia; Jiangnan; Yunnan

（执行编辑：申斌）

海洋史研究（第十九辑）
2023年11月 第213~225页

17、18世纪荷兰东印度公司对华檀香木贸易研究

陈琰璟*

檀香木，是一种半寄生性植物，因具有独特的芳香，常被用于制作香料，亦具备一定的药用价值，故《本草纲目》曰："檀香，善木也，故字从亶。"由于其产地分布极不均匀，需要通过国际贸易间的货物流通才能够到达目的国。印度历史学家朝德哈利指出，在中世纪的亚洲内部贸易体系之中，檀香木同丝绸、瓷器以及胡椒是最为重要的贸易商品。[①] 然而，从贸易量来看，由于受木材生长周期所限，檀香木的交易量远不及其他三者，并且在受众方面也有局限，以至于在以往诸多研究中，檀香木多被一笔带过，并未显示其在国际贸易体系中的重要地位。

近年来，多语种史料的整理，特别是地理大发现后葡、西、荷、英等语言文献的发掘，为檀香木贸易研究提供了基础，成果丰硕。[②] 不过，其中鲜

---

* 作者陈琰璟，上海外国语大学西方语系讲师、复旦大学历史地理研究中心博士研究生。
本文获中央高校基本科研业务费资助，项目名称：荷兰对华贸易政策研究（2014114078）。本文为国家社会科学基金冷门绝学专项复旦大学东亚海域史研究创新团队"16—17世纪西人东来与多语种原始文献视域下东亚海域剧变研究"（项目号：22VJXT006）阶段性成果。

① K. N. Chaudhuri, *Trade and Civilisation in the Indian Ocean: An Economic History from the Rise of Islam to 1750*, Cambrige: Cambridge University Press, 1985, p. 39.

② 其中代表性论文有：普塔克《明朝年间澳门的檀香木贸易》，《文化杂志》（中文版）1987年第1期；Arend De Roever, *De jacht op sandelhout: de VOC en de tweedeling van* （转下页注）

有探讨荷兰东印度公司对华的檀香木输入，这同荷兰人在17世纪未能获得中国官方通商许可有着很大的关联。这一时期，私人海上贸易是中荷之间的贸易常态，檀香木作为其中典型的输华商品，是荷兰人获得中国商品的重要保障之一，对其进行研究能够进一步厘清当时的中荷商贸往来。本文主要通过解读中文及荷兰语相关史料（如航海日志、游记、百科全书、占地日志、东印度公司报告、记账簿等），分析中国对域外檀香木产生需求的原因，并探寻17、18世纪中荷两国间的檀香木贸易情况。

一 中荷文献对于檀香木的描述

商品流通往往会伴随着文化价值的输出，瓷器、茶叶等中国特有物产在17世纪的欧洲刮起的“中国风”就是典型例子。同样地，檀香木成为早期国际贸易重要的商品，也是由于其本身价值及文化内涵被认同。中国和荷兰均非檀香木的原产国，但在同原产国的交流过程中，留下了诸多有关檀香木的文字资料，使得我们能够对其运用及文化内涵有更深的理解。

成书于东晋义熙十二年（416）的《法显传》是中国人最早以实地经历为基础，根据沿途见闻记载南亚及部分东南亚国家历史、地理和宗教的一部著作，亦是中国历史上第一次西行求法的重要成果，增加了中国人对于天竺及相关佛教知识的认知。[①] 法显对于檀香木在宗教活动中的使用的记载，让中国人第一次了解到了这一木材的应用。在途经那竭国、拘萨罗国及狮子国时，法显目睹了檀香木在法器制作、佛像雕刻以及高僧葬礼中的广泛使用，[②] 书中

（接上页注②）*Timor in de zeventiende eeuw*, Zutphen: Walburg Pers, 2002；何平《印尼弗洛勒斯及其附近岛屿上的“黑色葡萄牙人”》，《世界民族》2006年第5期；汤开建、彭蕙《明清时期澳门人在帝汶的活动》，《世界民族》2007年第2期；彭蕙《明清之际澳门和帝汶的檀香木贸易》，《暨南学报》（哲学社会科学版）2015年第8期；郭卫东《檀香木：清代中期以前国际贸易的重要货品》，《清史研究》2015年第1期。

① 王邦维：《法显与〈法显传〉：研究史的考察》，《世界宗教研究》2003年第4期，第20页。

② 《法显传》中有关法器制作的描述：“城东北一由延，到一谷口。有佛锡杖，亦起精舍供养，杖以牛头栴檀作，长丈六七许，以木筒盛之，正复百千人，举不能移。”（《法显传校注》“北天竺、西天竺记游·那竭国”，章巽校注，中华书局，2008，第39页。）佛像雕刻：“佛上忉利天为母说法九十日，波斯匿王思见佛，即刻牛头栴檀作佛像，置佛坐处。”（《法显传校注》“中天竺、东天竺记游·拘萨罗国舍卫城”，第61页。）有关高僧葬礼的描述：“既终，王即案经律，以罗汉法葬之。于精舍东四五里，积好大薪，纵、广可三丈余，高亦尔，近上着栴檀、沉水诸香木，四边作阶上，持净好白氎周帀蒙積上。”（《法显传校注》“师子国记游·摩诃毗诃罗精舍”，第135页。）

较为精准的描述为日后中国的宗教与世俗社会认识檀香木的价值及应用提供了一定的参考依据。到了唐贞观年间，同为佛教高僧的玄奘在《大唐西域记》中也对檀香木有所描述，与法显略有不同的是，除了檀香的宗教用途之外，玄奘还关注到了印度普通民众对于檀香的使用，“身涂诸香，所谓旃檀，郁金也”[①]，以除热恼。到了唐玄宗时期，传言权贵高官对于檀香木的使用更是到了几近奢靡的地步，宰辅杨国忠建四香阁，“以沉香为阁，檀香为栏槛，以麝香、乳香筛土和为泥饰阁壁”[②]。到了宋代，随着社会经济的发展，海外贸易日益发达，檀香木作为香药大量出口到中国，开始进入更多人的生活，[③] 因此需要对其品种及品质的优劣进行鉴定。赵汝适《诸蕃志》云：

> 檀香出阇婆之打纲、底勿二国，三佛齐亦有之。其树如中国之荔支，其叶亦然，土人斫而阴干，气清劲而易泄，爇之能夺众香。色黄者谓之黄檀，紫者谓之紫檀，轻而脆者谓之沙檀，气味大率相类。树之老者，其皮薄，其香满，此上品也。次则有七八分香者。其下者谓之点星香，为雨滴漏者谓之破漏香。[④]

宋代文人墨客常会用域外各种香药制作合香，以陶冶自身性情，陈敬《陈氏香谱》及张邦基《墨庄漫录》中有大量的香方使用到檀香，可见当时的中国人对于檀香的理解和运用已经有了自己的见解。除了作为香料来使用之外，宋人对檀香的药用价值研究也做出了一定的贡献，《证类本草》引用前人记载对檀香的药用价值进行了归纳整理，指出其能够去热消肿，治心痛、霍乱、肾气腹痛。[⑤] 到了明清时期，檀香木被赋予了更多的中国文化元素，其与中国传统文化产品的结合让檀香木进一步走入世俗生活，檀香扇之类文化元素已出现在脍炙人口的弹词小说之中。[⑥]

---

① 玄奘、辩机：《大唐西域记校注》卷二《三国·印度总述·七·馔食》，季羡林等校注，中华书局，2000，第 181 页。

② 王仁裕：《开元天宝遗事》卷下，中华书局，1985，第 28 页。

③ 夏时华：《宋代香药业经济研究》，博士学位论文，陕西师范大学，2012，第 1—2 页。

④ 赵汝适：《诸蕃志校释》卷下《志物·檀香》，杨博文校释，中华书局，2000，第 179 页。

⑤ 唐慎微：《证类本草》卷十二《檀香》，《文渊阁四库全书》第 740 册，上海古籍出版社，1989，第 619 页。

⑥ 汪藕裳：《子虚记》卷五，王泽强点校，中华书局，2014，第 192—193 页。“特请兄来题画扇，累兄久坐太荒唐。美人快取檀香扇，奉请高才咏两章。姊妹二人含笑应，呼鬟取扇出兰房。”

从宗教用途的记载，到成为日常器物，檀香木逐步走入中国大众视野，中国人对于这种木料的需求也逐步增长。东来的西方人正是看到了中国市场巨大的檀香木消费能力及其背后巨大的利润空间，[①] 才会不遗余力地控制原产国的木料贸易以及运输路线，以达到垄断的目的。同样是出于对商业利益的考量，当时主要的西方海上强国均对檀香木及其贸易做了较为详细的文字描述。

在荷兰语文献方面，荷兰在16世纪末才组织起船队前往亚洲进行通商尝试，因此详细记载东方物产的文字资料较中国要晚得多，不过荷兰人规模化、体系化、商业化的海洋活动让其在文字记叙的精准度方面具有较大的优势。目前已知最早对檀香木进行描述的荷兰语文献来自范·林斯豪登（Jan Huyghen van Linschoten）的《路线，关于葡属东印度航行及沿途国家、海岸的简要描述》。由于作者于1579年至1592年间受雇于葡萄牙商船队，其便有机会亲身接触到来自东印度地区的风土和物产。檀香木作为当时葡萄牙商船队中重要的商品，也被详细记录下来：

> 檀香木的品种可分为白檀、黄檀以及红檀。白檀、黄檀中品质较好的檀香木多数来自帝汶岛。这座岛上遍布檀香树林，即白檀树和黄檀树，这里的檀香木将会运往东印度各个地区以及其他地方，在这些地方檀香木都是大宗贸易商品。……这些檀香树长得很像核桃树，果实如同樱桃一般，先绿后黑，不过这些果实既没有价值也没有味道，牛头山上的居民只采集木材。[②]

该书的记载使得初涉航海事业的荷兰在短时间内掌握了葡西两国积累下来的珍贵航海经验以及有关东印度地区（包括其物产）的重要信息，以至于在荷兰船队初期出海时都会携带一本，以备参考。

随着时间的推移，荷兰人的航海技术不断精进，来自东印度地区的物产以及最新的消息也随着荷兰人的船队源源不断地进入普通民众生活中。17世纪中叶创刊的《真实哈勒姆报》是荷兰民众了解荷兰及欧洲各国动态的

---

① F. J. Ormeling, *The Timor Problem: A Geographical Interpretation of an Underdeveloped Island*, Djakarta: J. B. Wolters, 1956, p. 101.

② Jan Huygen van Linschoten, *Itinerario: voyage ofte schipvaert van Jan Huygen van Linschoten naer oost ofte Portugaels Indien 1579 - 1592*, edited by Hendrik Kern and Heert Terpstra, 's-Gravenhage: Nijhoff, Vol. 2, 1957, pp. 136 - 137.

重要渠道，其中关于联合东印度公司船队的消息更是牵动着许多投资人和民众的心。例如 1699 年 4 月中旬到 4 月底的多期报刊中均报道了有关阿姆斯特丹春季拍卖会的情况：

> 1699 年 5 月 13 日周三起，将会连续几天在阿姆斯特丹 Cleveniers Doelen 举行拍卖会，将由经纪人 Andreis van Vlietden 和 Jan Pieterszoon 主持，届时会有许多别致的中国金银细丝饰品、珍贵的东印度地区金银物件、锦缎、丝缎、薄丝、白绫、印花棉布、平纹细布、棉布、日本长袍、床垫、毛毯、床单、床毯、新老瓷器、黑白漆器、柜子、檀香木雕像、皂石雕像和其他商品。所有货品均可提前两日看到。①

在这场 17 世纪末的春季拍卖会上，檀香木以工艺品的形式同其他来自亚洲地区的商品呈现在荷兰人的面前。但与其他商品相比，檀香木雕像似乎更多的是生活的点缀，离荷兰的普罗大众尚存距离，这可能与当时荷兰运往本土的檀香木贸易量有关，荷兰将多数檀香木作为重要的媒介与中国进行贸易交换，18 世纪荷兰博物学家瓦伦蒂恩在其著作《新旧东印度志》中明确提到："帝汶岛出产的檀香木在中国是大买卖……檀香木贸易能够帮助我们更容易获得在华的通商许可。"② 而到了 18 世纪 40 年代，随着亚洲商品更大规模地进入荷兰市场，原本是稀罕物的檀香木也出现在了日常生活中，在《居家词典》（*Huishoudelyk woordboek*）中就涉及了檀香木的多种生活运用实例，如檀香木搭配玫瑰水可用于治疗心脏疼痛或者止咳，也可以作为香料用于苹果蛋糕的制作。③ 可见，随着贸易规模的持续扩大以及民众生活水平的提高，荷兰人开始结合自身生活特点，对檀香木的功效以及应用进行适应性的解读，发展了自己的檀香木文化。

---

① *Oprechte Haerlemsche Courant*, April 30th, 1699, visited on September 2, 2018, https://resolver.kb.nl/resolve?urn=ddd:011227141.

② François Valentijn, *Verhandeling der zee-horenkens en zee-gewassen in en omtrent Amboina en de naby gelegene eylanden, mitsgaders een naaukeurige beschryving van Banda en de eylanden onder die landvoogdy begrepen ...*, Dordrecht: Joannes van Braam, 1726, p. 124.

③ Noel Chomel, *Huishoudelyk woordboek, vervattende vele middelen om zyn goed te vermeerderen en zyne gezondheid te behouden*, Leiden: S. Luchtmans and Amsterdam: H. Uytwerf, 1743, Vol. 1, p. 280, 282, 299. Vol. 2, p. 1073.

二 17、18世纪荷兰对华输入檀香木情况

正如上文所提到的，到了明清时期，檀香木的应用同本土文化进行融合后，其在宗教、医疗、生活用品等方面都有了较为广泛的应用，因此中国对域外的檀香木产生了大量需求。然而，在西方人到达亚洲海域之后，原本亚洲国家内部的贸易体系被彻底打破，“欧洲倒爷”成为中国获取檀香木最为重要的途径。葡萄牙是欧洲最早到达帝汶岛的国家，葡萄牙人于1566年在索洛岛（Solor）建立起了工事，保护来到该岛的传教士以及这里的檀香木贸易。起初他们与当地土著达成协议，每年只运一船檀香木前往澳门，即便如此，中国对于檀香木的需求也使葡萄牙人收获颇丰。[①]

而随后到达该地区的荷兰人早已知晓葡萄牙人在亚洲贸易的全部秘密，对于利润如此丰厚的檀香木贸易，荷兰人自然也不会放过。1613年1月17日，在船长阿波罗纽斯·思豪特的带领下，荷兰舰队从葡萄牙人手中夺过了索洛岛的控制权，此后10年间，由于荷兰人成功封锁了帝汶岛运送檀香木的南部沿海地区，近乎垄断了当时的檀香木贸易，中国海商只能从荷兰人手中获取檀香木。其中关键的人物便是后来担任巴城首位总督的库恩，他敏锐地察觉到檀香木将是畅通中荷贸易的关键要素。在联合东印度公司成立后的30年时间里，荷兰人逐渐在东南亚以及日本取得了相对于其他欧洲竞争者的优势，但在同中国政府的交往中始终无法打开局面，只能以间接贸易的形式维持着其对中国货品的需求。1622年6月24日的荷葡澳门之战前夕，库恩给予舰队司令莱尔森的作战命令中就提到，作战前最好能同中国官员进行交涉，希望能够吸引中国海商同荷方进行贸易，如果中国方面愿意，将用钱来购买他们的货物并送回巴达维亚，同时带上一些中国急需的产品，如胡椒、檀香木、铅、镜子等稀罕物。[②] 但结果却事与愿违，由于荷兰方面自身准备不足，攻打澳门的计划惨淡收场，荷兰人不得不前往澎湖建立据点，并且在澳门以及厦门沿海地区进行封锁，打击前往东南亚的葡萄牙人和福建海商的船队。这样一来，原本想打开檀香木贸易的计划也受到了影响，巴达维

---

① Donald F. Lach and Edwin J. Van Kley, *Asia in the Making of Europe: A Century of Advance: Book 1: Trade, Missions, Literature*, Chicago: University of Chicago Press, 1993, p. 14.

② Willem Pieter Groeneveld, *De Nederlanders in China*, Leiden: Nijhoff, 1898, p. 65.

亚的檀香木库存急剧上升。[①]

1624 年初，明朝政府对于荷兰人强占澎湖的行为做出了回应，一方面从外交层面在巴达维亚同荷兰人进行谈判，劝说荷兰人退出澎湖地区，以此作为两国通商的前提；另一方面，福建巡抚南居益在军事层面对荷军开展进攻，由于澎湖地区自然资源比较匮乏，明军又具有压倒性的规模优势，荷兰人在权衡利弊后，决定放弃澎湖，前往大员（即台湾），以那里为中、荷、日三方的贸易中转站。不过，这种商贸形式并不是荷兰人最为心仪的自由贸易（即在中国沿海地区建立一个类似于澳门的贸易点，同中国官方建立稳定的贸易渠道）。17 世纪 30 年代初，福建当地官员曾下令禁止沿海居民或海商同荷兰人发生任何联系："无人能够容许荷兰人出现在中国沿海。如果有人和他们进行贸易的话，情节最严重者将处以极刑，并没收其所有货物。"[②] 因此，荷兰人只能透过那些拥有一定规模，且具有亦商亦盗背景的海上势力（如郑芝龙、李魁奇、刘香等），才能较为稳定地获得中国货物。

从《热兰遮城日志》33 年的记载来看，檀香木是中荷两国商人之间的经常性贸易品，大员也因此成为檀香木重要的集散地，特别是在 17 世纪的三四十年代，从东南亚产区运来的檀香木材会先行存放于大员，由福建海商前往采购；有时，也会有东印度公司的帆船载着檀香木前往漳州河以及厦门一带同当地商人进行交易，以换取中国货物。[③] 由此可见，私人海商在这一间接贸易的模式下发挥了不可替代的作用，也必然使贸易主动权控制在这些

---

① Arend De Roever, *De jacht op sandelhout: de VOC en de tweedeling van Timor in de zeventiende eeuw*, p. 179.

② *De dagregisters van het Kasteel Zeelandia, Taiwan, 1629 – 1662*, Vol. 1, 's-Gravenhage: M. Nijhoff, 1986, p. 59.《热兰遮城日志》1631 年 9 月 16 日、17 日、18 日三日的日志汇总。

③ 如：*De dagregisters van het Kasteel Zeelandia, Taiwan, 1629 – 1662*, Vol. 1, p. 77.《热兰遮城日志》1632 年 9 月 26 日、27 日、28 日三日记载，有一艘从暹罗出发的戎克船上载有 400 担檀香木以及 3 万条鹿皮，准备在大员停靠过冬。*De dagregisters van het Kasteel Zeelandia, Taiwan, 1629 – 1662*, Vol. 1, p. 22.《热兰遮城日志》1630 年 3 月 11 日、12 日、13 日、14 日四日记载，东印度公司在大员与前来的中国海商进行胡椒、象牙以及檀香木的贸易，并购买他们带来的中国商品。*De dagregisters van het Kasteel Zeelandia, Taiwan, 1629 – 1662*, Vol. 1, p. 29.《热兰遮城日志》1630 年 5 月 21 日记载，一艘荷兰快艇载着胡椒和 100 担檀香木驶往漳州河进行交易，并打探海盗钟斌及其手下暴力威胁、控制当地贸易的情况。6 月 4 日，这艘快艇被钟斌劫持，货物被搬走，快艇于次日被焚毁。*De dagregisters van het Kasteel Zeelandia, Taiwan, 1629 – 1662*, Vol. 2, pp. 80 – 82.《热兰遮城日志》记载从 9 月 12 日至 17 日，一共有 923 担檀香木运往中国沿海地区。诸如在大员以及东南沿海地区同中国海商进行檀香木贸易的记载在《热兰遮城日志》中屡见不鲜。

海商手中。如何在几大集团中周旋，最大化自身利益，是荷兰人在同中国海商打交道时不得不面临的问题。这些海商集团的恩怨盘根错节、利益冲突不断，荷兰人利用了他们的矛盾，采用和战结合、各个击破的方式来获取最大的收益。[①]

在与中国海商或是官员打交道的过程中，赠送檀香木、胡椒、象牙等域外商品是荷兰人笼络关系的常见手段：1629 年 12 月 13 日，荷兰人决议通过向李魁奇赠送价值 300 雷亚尔的象牙、檀香木、胡椒以及红呢绒，期待其能够在通商贸易方面予以更多方便；[②] 1632 年 10 月 7 日，大员总督及 6 位议员登上郑芝龙派来的戎克船，带上信件、檀香木以及其他一些礼物向郑方代表表示感谢，并请求郑氏将信件转交给海道，希望福建与大员间的贸易能够尽快畅通；[③] 1644 年 3 月 25 日，荷兰人写了一些恭维的信给郑芝龙，感谢他派遣船只运来他们急需的中国货物，并将一些胡椒和檀香木赠送给了福建海商 Bendiock 和他的儿子，同时表示期望促进双方的贸易。[④] 这一时期，荷兰人投海商之所好，赠送檀香木等礼物是为拉近彼此距离，为今后更大宗的贸易往来铺平道路。

到了 17 世纪 50 年代，由于郑氏集团在福建沿海地区的侵扰，荷兰人已察觉这支武装力量在日后必成威胁。出于对抗“共同敌人”的考量，荷兰人积极寻求同清政府合作的可能，并准备以此为契机，进一步与清廷达成通商的协议。[⑤] 1655—1657 年，荷兰使团首次访华，携带包括檀香木在内的大

---

① 林仁川：《评荷兰在台湾海峡的商战策略》，《中国社会经济史研究》2004 年第 4 期，第 65—72 页。

② *De dagregisters van het Kasteel Zeelandia*，*Taiwan*，*1629 - 1662*，Vol. 1，p. 8. 当时荷兰人已经得到消息，李魁奇与郑芝龙之间的冲突已经平息，前者被军门封为官吏，同其走得近可以获得想要的自由通商权。

③ *De dagregisters van het Kasteel Zeelandia*，*Taiwan*，*1629 - 1662*，Vol. 1，p. 78. 李魁奇在 1630 年 2 月已失势，随后荷兰人同郑芝龙展开合作。郑氏多次向荷兰人透露大员贸易已有获得海道的准许的希望，但在连续获得承诺并付出代价后，没有等来任何结果的东印度公司对郑芝龙失去了耐心。1633 年 4 月，巴达维亚的决策者决定以海上掠劫的方式逼迫中国方面答应其要求，也为料罗湾海战埋下了伏笔。

④ *De dagregisters van het Kasteel Zeelandia*，*Taiwan*，*1629 - 1662*，Vol. 2，pp. 242 - 243. 海商 Bendiock 在《热兰遮城日志》的记载中出现过数回，其身份有待进一步考证。

⑤ W. Philippus Coolhaas，*Generale missiven van gouverneurs generaal en raden aan Heren XVII der Verenigde Oostindische Compagnie 1639 - 1655*，Vol. 2，'s-Gravenhage：M. Nijhoff，2007，p. 606. 从 1652 年 12 月 24 日巴城总督写予东印度公司董事会的信件内容来看，当时耶稣会士卫匡国被俘至巴达维亚，并向巴城当局透露了中国当时最新的政局以及海外招商情况：（转下页注）

量贡品进京拜见顺治皇帝。[①]然而，由于耶稣会士在皇帝身边作梗，顺治只是名义上准许荷兰人定期进贡，并未真正打开直接贸易之门。康熙五年（1666），由于台湾已被郑氏家族控制，荷兰人失去了中国东南沿海唯一的商贸据点，由此所带来的损失是其无法承受的，因此荷方急于进贡，寻求新的通商机会，在贡物清单中包含檀香“三千斤”[②]；1686 年，由于台湾已为清朝收复，沿海地区局势得到稳定，荷兰使团再次来到中国，希望清朝政府能够满足自己多年来的通商请求，贡品中包含各类植物精油（丁香油、蔷薇花油、檀香油、桂花油各一罐）。[③] 荷兰并非传统朝贡贸易体系中的一员，如此大费周章地向清朝皇帝进贡无非想在对华贸易中获取巨大的商业利润，而多次携带的贡品中都有檀香木及其制品，至少在他们看来，这是能够打动中国高层的礼物。不过这些尝试均以失败告终，清朝政府自始至终都没有同意荷兰人的请求。

1690 年，看不到任何希望的东印度公司决定收缩自己同中国的贸易，寄希望于中国海商前往巴达维亚进行贸易，这也开启了中国帆船前往巴达维亚贸易的“全盛时代”。[④] 这一时期，荷兰人已意识到同中国进行直接通商

（接上页注⑤）尚、耿两王已经入主广州城，他们不仅对澳门的葡萄牙人开放了广东贸易，并且愿意同其他外国人进行自由和不受限制的贸易。除此之外，卫匡国还在其荷兰语版《中国新图志》的附录中提到了郑成功的威胁：“你们知道，我原本是要返回欧洲的，但中途被荷兰人俘获押往了巴达维亚，在那里居住了几个月。为了获取最新的信息，我从几个 1653 年 1 月到达巴城的中国人那里了解到，鞑靼人派了重兵去围剿国姓爷，国姓爷是目前福建省最大的隐患，是当地有名的海盗，郑芝龙（或‘一官’）的儿子。”Martino Martini, “Historie van den Tartarischen oorlog,” *Seste Deel van de Nieuwe Atlas oft Toonneel des Aerdrijcx*: *Nieuwe Atlas van het groote Rijck Sina*, Amsterdam: Joan Blaev, 1656, pp. 39 – 40.

① Johan Nieuhof, *Het gezantschap der Neêrlandtsche Oost-Indische Compagnie, aan den grooten Tartarischen Cham*, t'Amsterdam: Jacob van Meurs, 1665, p. 27.

② 梁廷枏总纂《粤海关志》（校注本）卷二十二《贡舶二》，袁钟仁校注，广东人民出版社，2002，第 443 页。

③ 王士禛：《池北偶谈》卷四《谈故四·荷兰贡物》，勒斯仁点校，中华书局，1982，第 80 页。

④ Leonard Blussé, “Chinese Trade to Batavia during the days of the V. O. C,” *Archipel*, Vol. 18, No. 1, 1979, p. 206. 包乐史称 1690 年至 1730 年为中国帆船前往巴达维亚进行贸易的“全盛时代”，一方面是因为 1683 年，在万丹与苏丹父子之间的战争中，荷兰人军事援助了老苏丹之子阿蒲加哈，老苏丹被俘后被送到巴达维亚囚禁至死。荷兰人遂同万丹订立条约，允许其垄断万丹和苏门答腊岛上臣属于万丹的兰蓬的贸易。同时，之前万丹对于巴达维亚的军事威胁也一并被解除，是荷兰人确立对爪哇控制的重要步骤。另一方面，1683 年，清朝收复台湾，遂开放海禁，海商得以下南洋经商。巴城周边局势的稳定，加上中国政府的政策开放，使得来往巴城的帆船数量增加，中荷之间的贸易模式也随之发生变化。

已非首选模式。由于中国帆船的人力成本相较于东印度公司的船队要低得多，加之福建当局在贸易中设置的重重行政障碍，到中国附近海域进行贸易已经不具备优势。[①] 另外，当时来自澳门的葡萄牙船队也会停靠巴达维亚，运来瓷器、茶叶等中国货物进行交易，并带回包括檀香木在内的东南亚商品。1691 年 3 月 26 日的《东印度事务报告》向东印度公司董事解释道："由于缺少船只，银、胡椒以及檀香木将不会运送至中国（指荷兰东印度公司方面），但是来自澳门的商人在巴达维亚是受欢迎的。从他们那里购买货物可能比我们自己派船过去有优势，并且在这里同中国人进行买卖已和在中国本土别无二致了。"[②]

直到雍正五年（1727），荷兰人才获准在广州设立商馆，追求了一个多世纪的"自由贸易"得以实现。由于荷兰人的檀香木货源主要来自帝汶岛以及索洛岛，巴达维亚也就自然成为中荷贸易中重要的货品中转站，檀香木同其他货物装载完成后，进入广州开始交易。这一时期，巴达维亚进出港口的记账簿为我们提供了当时中荷檀香木贸易的情况。[③]

1734 年从巴达维亚港出发的"奥巴拉色旦号"（Alblasserdam）以及"大坝号"（Den Dam）开启了中荷间正式的檀香木贸易。虽然两艘船所载檀香木不过 1837 荷磅（见表 1，1 荷磅约合 500 克），但对于荷兰人来说确实意义重大，为此当这批货物到达广州时，巴城总督极具象征意义地说道："我们开始向中国提供檀香木了。"[④] 此后 10 年间，中荷之间的檀香木贸易总体保持稳定，总交易量超过 25 万荷磅。不过，由于当时人们对于檀香木的生长习性并不十分了解，对檀香木的砍伐造成了其宿主的死亡，檀香木的产量因此大跌。尽管巴达维亚方面已向帝汶提出需要规范砍伐的要求，但仍

---

① Pieter van Dam, *Beschryvinge van de Oostindische Compagnie*, Vol. 2, 's-Gravenhage: M. Nijhoff, 1927, p. 751.

② W. Philippus Coolhaas, *Generale missiven van gouverneurs-generaal en raden aan heren XVII der Verenigde Oostindische compagnie*, Vol. 5, p. 407.

③《巴城总会计师档案》（*Boekhouder-Generaal Batavia*）收录了东印度地区 1700 年至 1790 年间，每年汇集到巴达维亚的各据点及商馆的记账簿数据（包括船只、货物、进出港、交易量、货物价格等信息）。这些整理过的数据经过复写后，每年都会发往阿姆斯特丹以及泽兰的总部商会，原件保留在巴达维亚。目前这些数据已经电子化，制成数据库。链接：http://bgb.huygens.knaw.nl/bgb/search。

④ Archive of the Governor-General and Councillors of the Indies (Asia), The Supreme Government of the Dutch United East India Company and its Successors (1612 - 1811), file 978, folios 885, 6th of September 1736.

出现了 1744—1749 年“无木可易”的窘境。[①] 鉴于此，荷兰方面将目光投向了马拉巴尔（Malabar）的檀香木，希望能够解决帝汶方面供货不足的问题。1764 年，根据清朝官商公布的进口货物价格，檀香木每担为 16 两银。而当年广州市场上流通价格为马拉巴尔木（一级和二级）每担 18—19.4 两银，帝汶木每担 12 两银，马德拉斯（Madras）木每担 10.5 两银，[②] 檀香木由于产地的不同，价格也存在着较大的差异。可见，当时马拉巴尔木的品质已经远超帝汶木。

到了 18 世纪 70 年代，虽然运往广州的荷兰商船载有来自帝汶的檀香木，但无论从品质还是数量来讲已大不如前，10 年间总共约运输了 16 万荷磅的木料，甚至不如 1751 年尖峰期一年的运量（208882 荷磅，见表 1）。而这一时期，由于中国对于檀香木的需求仍旧旺盛，由英国运送的一级檀香木已涨至每担 21 两银，二级木 16 两银，三级木 13 两银，荷兰人的帝汶大块木已沦为最次等级，每担 10—12 两银。[③] 从有文字记录的资料来看，荷兰人最终于 1787 年 6 月 2 日决定不再向中国提供檀香木。[④]

表 1　1734—1787 年，荷兰东印度公司运送至广州的檀香木贸易量

单位：荷磅

记账年份	数量
1734/1735	1837
1737/1738	27000
1738/1739	85000
1740/1741	50000
1741/1742	93097
1742/1743	1877
1750/1751	74627
1751/1752	208882
1752/1753	67299
1753/1754	323623

① “The Company on the Move, 1732 - 1761,” in Hans Hägerdal, ed., *Lords of the Land, Lords of the Sea*, Leiden: Brill, 2012, p. 349.

② 郭卫东：《檀香木：清代中期以前国际贸易的重要货品》，第 43 页。

③ 郭卫东：《檀香木：清代中期以前国际贸易的重要货品》，第 43 页。

④ Archive of the Governor-General and Councillors of the Indies (Asia), The Supreme Government of the Dutch United East India Company and its Successors (1612 - 1811), file 1069, folios 913, 2nd of June 1778.

续表

记账年份	数量
1754/1755	49000
1772/1773	7409
1775/1776	2500
1776/1777	50000
1777/1778	58170
1778/1779	48391
1786/1787	246215

资料来源：根据电子化的 *Boekhouder-Generaal Batavia* 数据库，输入记账年份、运输货品、运量、目的地等参数获得，http：//bgb. huygens. knaw. nl/bgb/search。

结　语

檀香木从最早的宗教用途，到之后被应用于医药、文化以及日常生活领域，这是其在不同文化环境下衍生出的属性，当其属性被越来越多的人了解、认可时，需求就随之产生。欧洲人来到亚洲海域后，阻断了亚洲传统的贸易网络，中国要获得檀香木这类典型的域外资源，便不得不依赖欧洲人的倒卖，而欧洲人也利用自己手中的稀缺资源换取在欧洲受到追捧的中国商品或者寻求更大的商业目的，世界性的商品流转就此形成。

不过，檀香木到达中国后就是其国际贸易的终点吗？我们在荷兰东印度公司的档案中看到了檀香扇、檀香木雕像等物件，这些工艺成品极有可能出自中国工匠之手，并以中国商品的名义再次出口到欧洲，这同现在的全球分工相似，原料进口—产品深加工—产品再出口的模式早已出现在当时。更多关于那一时期的贸易和产品生产的情况需要进一步研究。

再者，由于对檀香木这类植物缺乏足够的认识，又或者出于商业利润优先的考虑，欧洲植物学的发展显然滞后于其商业的扩张，对于帝汶等地的檀香木乱砍滥伐，最终造成了这些地区该种自然资源的枯竭，之前的商业繁荣景象也就不复存在了。其实，檀香木只是众多类似商品中的一种，粗放的经济增长模式只能带来一时之利，这也是为什么荷兰在 18 世纪后迅速衰败的原因之一。

Sandalwood Trade Between China and Dutch East India Company in the 17th and 18th Centuries

Chen Yanjing

Abstract: Although the international trading volume of sandalwood was far less than that of tea, silk and porcelain in the 17th and 18th centuries, the demand for this kind of natural resource increased greatly in China, for the Chinese gradually used this kind of wood in their life and formed a unique sandalwood culture. However, the arrival of Europeans broke the channel for China to obtain the wood in the East Indies. The Dutch even used sandalwood as one of the important intermediary products to open up the Sino-Dutch trade to obtain the much-needed Chinese goods. With the help of various types of Dutch and Chinese materials, this article focuses on the understanding and application of sandalwood in China and the Netherlands and the sandalwood trade between the two countries.

Keywords: Sandalwood; VOC; Sino-Dutch Trade; Maritime Trade

（执行编辑：王一娜）

海洋史研究（第十九辑）
2023年11月 第226～238页

17世纪闽南与东南亚的贸易活动和生活

——基于《闽南—西班牙历史文献丛刊一》之考察

张永钦*

2019年初，台湾清华大学出版社发布《闽南—西班牙历史文献丛刊一》(*Hokkien Spanish Historical Document Series I*) 复制套书，其中收录了两份17世纪手稿，分别是收藏于菲律宾圣多玛斯（Santo Tomas）大学档案馆的《西班牙—华语辞典》(*Dictionario Hispánico-Sinicum*) 手稿及西班牙巴塞罗那大学图书馆的《漳州话语法》(*Arte de la Lengua Chio Chiu*)。这两份手稿呈现了大航海时代下西班牙人与闽南人交流用的语言和生活情境，见证了西班牙人与闽南人的贸易活动，对现代学者了解400多年前西班牙人与闽南人的互动交流有极大帮助。但目前尚未见有学者对《闽南—西班牙历史文献丛刊一》做整体的研究。本研究将对此史料进行研究分析，配合各地现存史料，了解17世纪跨太平洋海上丝绸之路的形成与贸易活动，加深对西班牙人、东南亚闽南人与原住民一些日常生活的认识。

---

* 作者张永钦，闽南师范大学历史地理学院副教授。
本文系福建省社科西部扶持项目“闽台闽客族群人赘婚的比较研究”（项目编号：FJ2020X001）、闽南师范大学历史地理学院2020年度福建侨乡文化研究中心开放课题项目“17世纪闽南和东南亚的贸易活动和生活”（项目编号：20QXKT006）和闽南师范大学校长基金项目“闽台闽客族群人赘婚的比较研究”（项目编号：sk20006）的阶段性成果。

一 《闽南—西班牙历史文献丛刊一》简介

两份手稿都是西班牙道明会神父与马尼拉闽南人（唐人）合作编写的，勾勒出大航海时期的生活百态：航海器具的建造、贸易货物与币值、四季节气和民俗节庆、家庭宗族关系、婚丧仪式、为人处世的操守、金钱纠纷与法律诉讼、地理位置与命名、东西宗教信仰和礼仪之争。据编者推测，《西班牙—华语辞典》在“鸡笼、淡水”词条上的西文记载是“西班牙人所在的土地”，不仅验证了西班牙人在台湾和马尼拉的时间轴和互动关系，而且还可推断手稿编写期间为西班牙侵占北台湾时期，即 1626—1642 年[①]，这一点与手稿中所写的“大明国”相符。换言之，该辞典编纂时，明朝尚未灭亡。

《西班牙—华语辞典》手稿保存情况良好，除了前 10 页破损较为严重，导致部分文字难以辨识外，余者皆清晰可见。该辞典共计 1103 页，约 27000 个词，以表格的方式呈现，编者按照字母排列，制作了一个橘红色的表格，将纸张版面以一列 4 格、一行 22 格至 23 格的空间，来排列这些西班牙文及中文词汇，从左至右可分为四部分：西班牙文解释、汉字、漳州话拼音、官话拼音。[②] 西班牙语的标题字涵盖了一些在这场接触中出现的特定事物，反映了 17 世纪初西班牙人在东方的活动及其文化现象。此辞典是现今发现最完整最丰富的辞典，对于过去已经探讨的辞典和殖民史料具有破码、释疑、解谜、验证的价值，对大航海时代东南亚海域文化交流史，如航海交通、政治外交、贸易、东南亚华侨史等的研究来说，实为不可或缺之史料，且可补充中国史料记载之不足。

而《漳州话语法》是现今发现的最早使用罗马拼音来转写闽南语词汇与短语的文献。该书总共约 60 页，介绍近 2000 个字词，是 17 世纪道明会传教士对菲律宾中国移民语言的记录，可窥探当时传教士对早期闽南语音韵、词汇、词素、句法等的基本观念，以及他们如何记录并学习闽南方言。

---

① 据考证，西班牙人曾在 1597 年画下世界第一张艾尔摩莎（Hermosa，或称福尔摩沙，即台湾）的完整地图，地图上注记有“鸡笼”跟“淡水港”。在《漳州话词汇》中，鸡笼、淡水词条用西班牙文写“艾尔摩莎岛上，西班牙人所在的土地”（Tierra de Isla Hermosa ado estan los españoles），证明手稿制作于西班牙人殖民台湾期间，亦即 1626 年到 1642 年。

② 李毓中：《闽南—西班牙历史文献丛刊一》，台湾清华大学出版社，2019，第 xxxi 页。

借由手稿中的词条分析，可推测当时的传教士如何取得语料作为文法书的内容，并还原当时的中国移民实际使用闽南语的情况。

由上可知，这两部手稿的记载内容相当广泛，有许多值得研究的课题。以菲律宾、中国和西班牙之间的文化互动而言，辞典中菲律宾的他加禄语也被收录进去，反映了多种文化之间相互沟通的过程。其他如：中国政府的海外政策，如海禁；不同文化之间的冲突，如礼仪之争；中国国内的经济民生信息，如度量衡、米价、赋税、铜价；华人聚居地，如涧头、涧尾；闽南人原始的习俗，如洗门风、跪拜；家庭宗族关系，如亲属称呼等。但目前对《闽南—西班牙历史文献丛刊一》之相关研究，以闽南方言词汇为主，关于其对于贸易活动及文化交流等的史料价值的挖掘尚未开始。

二　大帆船贸易网络的形成和开发

随着大航海时代的来临，16 世纪葡萄牙人最早来到东方。葡萄牙人率先开辟并垄断了中—葡—日广阔的东亚贸易新市场。当时，对日贸易是“印度所有各地一切航行当中最好、最有利可图的航行”[①]。葡萄牙东亚贸易的巨额利润吸引了其他欧洲航海强国，接着西班牙人、荷兰人及英国人皆相继出现在东亚海域。他们来到中国东南沿海后，也试图开启中国贸易市场，但皆失败。于是，他们只好通过私下交易与闽粤海商接触。

自 1521 年葡萄牙人麦哲伦率西班牙远征队在菲律宾宿雾登陆后，西班牙国王腓力二世（Felipe Ⅱ）即以自己名字将菲国岛屿命名为菲律宾群岛。1565 年，西班牙远征军在利牙实备（M. L. de Legaspi）率领下入侵吕宋，将其纳为属地，试图开发岛上资源以赢得财富。然而，吕宋生产力十分低下，自然资源也很贫乏，“既无香料，又无金银”，根本无法从事资源开发与作物种植，连日常用品都缺乏，“贫瘠到每一个人都必须靠施舍来过日子”。因此，西班牙人不得不建立与中国的贸易联系。为了方便与中国商人直接贸易，西班牙人采取积极吸引中国商人的政策，招徕中国商船。1571 年，利牙实备将其司令部从宿雾迁至马尼拉，建立殖民政府。不久，马尼拉成为西班牙贸易的主要场所和中转地。西班牙人开辟了以中国为起点、吕宋的马尼

① 佚名：《市堡书（手稿）》，《文化杂志》第 31 期，澳门文化司署，1997，第 96 页。

拉为中点、墨西哥的阿卡普尔科为终点的“大帆船贸易航线”[①]。同时，为建立中日贸易的中转站，西班牙于1626年侵入台湾北部，在淡水和鸡笼筑堡。在200多年里，西班牙人与福建人开展贸易活动，确定西班牙殖民地经济生活的方向。

早在西班牙占领吕宋之前，福建沿海地区的商旅尤其是闽南人就已经在吕宋的马尼拉活动。根据宋赵汝适《诸蕃志》及元汪大渊《岛夷志略》记载，13世纪初至14世纪中叶之间，中国商船已经往来于麻逸岛（Mindoro）[②]、三屿[③]及吕宋岛西南海岸诸地。换句话说，中国商旅前往菲律宾贸易，和西班牙人航抵菲岛比较起来，在时间上早300余年。根据学者研究，在1600年菲律宾的中国商旅已达2万人，主要集中在马尼拉。在17世纪大部分时间内，其数目一直维持在2万至3万人。[④] 西班牙人把早期来菲的中国商旅称为“生理人”（Sangley），这说明了早期中国商旅到菲的目的，也反映了其中多数为闽南人的历史背景。

事实上，闽南人，尤其是漳州人是当时马尼拉大帆船贸易的主导者。正如何乔远《闽书》中所云：“而比岁人民往往入番商吕宋国矣。其税则在漳之海澄，海防同知掌之。民初贩吕宋，得利数倍。其后四方贾客丛集，不得厚利，然往者不绝也。”[⑤] 1639年西班牙殖民者在马尼拉屠杀华人佐证了这一点。据悉，在马尼拉被杀的华人达25000人，其中漳州海澄人“十居其八”。很自然地，闽南人将“闽南语”传播到马尼拉。

在长期的贸易往来过程中，语言是文化接触的先导，更显工具性。为了推行西方文化以及贸易往来，西方人学汉语、习方言，创造闽南方言罗马

---

① 16—18世纪西班牙—墨西哥—吕宋—中国的“太平洋航线”，西班牙船只被称作“马尼拉大帆船”（Galeón de Manila）或“中国船”（Nao China），为该航线的贸易载体。大帆船多由中国工匠在菲律宾建造。因此该航线又称“大帆船贸易航线”。

② 麻逸，又作摩逸、麻叶、磨叶，或误为麻远。《诸蕃志》卷上：“麻逸国在渤泥之北。”或谓为Mait（意为黑人国）之音译，或谓为Manyan（今孟渊族名）之音译，二说均认为指今菲律宾的民都洛岛（Mindoro）。也有的认为应指吕宋岛或吕宋岛的马尼拉湾一带，或兼指吕宋岛和民都洛岛等地。

③ 三屿，又称三岛，包括加麻延、巴姥酉、巴吉弄三处。一说指今卡拉棉（Calamian）、巴拉望（Palawan）、布桑加（Busanga）等岛；一说在吕宋（Luzon）岛西南沿岸；一说应在吕宋岛北部一带。

④ 魏安国：《菲律宾》，潘翎主编《海外华人百科全书》，三联书店（香港）有限公司，1998，第187—188页。

⑤ 何乔远编撰《闽书》卷三十九《版籍志》，历史系古籍整理研究室《阅书》校点组校点，福建人民出版社，1994，第976—977页。

字。因此，出现了教会闽南方言辞书和后来的各类闽南方言教材、闽南土白《圣经》译本、《论语》等中华典籍闽南方言译本。这些著作具有极高的研究价值：一来是因为编写的年代相当早；二来是因为它们不仅记录了几百年前的闽南话，更是记录了当时形形色色的生活面貌。而《闽南—西班牙历史文献丛刊一》便收录了《西班牙—华语辞典》和《漳州话语法》两份手稿，其价值不容小觑。

三 东南亚贸易活动的物质传媒及文化传播

《闽南—西班牙历史文献丛刊一》留下了丰富的历史信息，内容包含西班牙语、闽南语与官话的对照，甚至包含南岛原住民族语词汇，可增加现代人对于17世纪西班牙人、东南亚闽南人与原住民一些日常生活的认识，可了解当时贸易活动，可解读当时闽南的生活情境，也是洞察大航海时代中国与东南亚关系的一扇视窗。

（一）中西贸易商品及物产种类

17世纪，菲律宾由于土人文化水平低下、生产落后，既不能供应在菲西班牙人生活上的需要，也没有什么重要商品可以大量输往美洲。而相较于菲律宾，中国资源丰富、人口众多，且由于过去长期的发展，生产技术相当进步，物产的丰富性远在菲律宾之上。

由于资料的限制，17世纪中国与东南亚贸易的商品种类很难完整地记录下来。但我们从《闽南—西班牙历史文献丛刊一》词汇中可以间接地了解到中国与西班牙的贸易商品以及主要物产，具体如表1所示。

表1 中国与西班牙的贸易商品以及主要物产

种类	商品及物产
纺织品及原料	蚕丝、桔贝蕾、桔贝、桔贝绵、桔贝纱、棉花、纱、纱绵、清水锦缎、绸、罗、币帛、绮罗、扁头巾、麻巾等
日常生活用品	器具、器物、器用、家器、柜、皂隶、枕头、连枕、襟枕、靴底、皮靴、补靴、油靴、纽带、钮珠、帽珠、云巾、蚊帐筚、香炉、火盆、踏炉、炉电、围炉、砵盂、盆、缸、硐、面砵、盆砵、碇砵、烧瓶、扫帚、扁箱、锄头、袋盒、厨箱、抽箱、皮箱、帽仔架、鞋、履、屦、浅鞋、结底鞋、蒲鞋、鞋浅样、浅嘴鞋、云头鞋、线鞋、拖鞋、券鞋、色缎、桃红缎、葱艺缎、胭脂、胭脂粉、胭脂红、匏斗、匏靴、床、眠床、龙床、蜡烛、烛台、灯火、熨斗、灯台、头箍等

续表

种类	商品及物产
工艺品（包括珍玩）	戒指、镏、镶、镀、镏金、安金、贴金、镶金、勒金、镀金、镏金银箔、珍珠、珠玉、宝珠、夜明珠、环、耳钩、七宝铜、红珠、银珠、门屏等
农产品及植物	筛米、笞米、蒜头、蒜瓣、蒜仔、铁树、树木、树株、米粽、糙米、谷、禾苗、稻、稻杷、稻匏、稻种、糯米、梅子、菜脯、杨梅、高粱、莉藤、莉条、葱、韭、葱头、韭菜、大麦、苦瓜、萝莲菜、蜜茶料、蜜饯、疱茶、桃、杏、仙桃、金瓜、槟榔等
动物物种	麝猫、梨猫麝、鳗鱼、鳝鳗、鲈鳗、畜生、禽兽、狼、野番、蛆虫、蛆仔、蜘蛛、禽鸟、乌凤、鸳、鹞、天鹅、羊羔、羊母、羊仔、锤羊、项蛇、蜡蛇、骆驼、木鱼、铃铰、水牛、螺、田螺、鹦鹉螺、石螺、响螺、铁钉螺、蚪、螃、蟹膏、螃蟹、蜈蚣、地牛、牛仔、海鹅等
文化用品	笔萧、笔管、书札、纸稿、棋盘等
食品	扁食、肉包、菜果、胙肉、肉干、腊肉、火腿、面炙、粥等

由此可知，17 世纪中国与西班牙的贸易商品种类繁多，商品总量很大，且以日常用品为主体。据学者研究，在大帆船贸易中，中国出口的各种货物，以棉麻及丝货占较重要地位，这也反映在日常交流用语中。菲律宾的生产无法满足西班牙殖民地的消费需要，迫使西班牙人将所需物资之供应仰赖于菲岛近邻之地，这是推动中国与西班牙商品交易种类繁多，贸易突飞猛进的客观原因。

（二）闽南移民的初期历程、行业及分布

早期闽南人不仅以丝绸等商品换取来自墨西哥的美洲白银，也创设与垄断各种新的商业与服务行业，包括批发零售业、酿酒业、木器业、造纸业、制糖业、造船业、饮食业、制鞋业与剪裁业等，如“对店货”“饭店”“食店”“客店”“米店”“粿仔店”等，相关人员包括“木匠人”“漆匠”“招佐伙”“送文书人”“走报人”“伙计”等。其中做米黍、土产等杂货店的小店主或杂役，是闽南人一开始的谋生手段。他们通过小生意经营，累积经验及资金。值得一提的是，在文献中还出现“中人钱”“行江海人”“行海”“行船”“行旅”等词，这是当时闽南人的主要职业之一。行船者，有时又称船务，亦即在洋人的船上负责管理菲籍船员与货物，因为往来于菲律宾群岛各港口，有时也兼做小额土产贸易。行船的人，容易累积人脉，并有机会了解各地土产的情况，于是有些人在工作几年赚到资金之后，转做贸易商，进而致富。①

① 江柏炜：《近代菲律宾金门移民社群及其文化变迁：以乡团及家族为主》，《海洋文化学刊》2016 年第 19 期，第 67—116 页。

闽南人经济实力的增强，引起了西班牙人的猜忌。殖民当局限制闽南人的居住地区与经济活动，如沉重的税收、强制性征召劳力及强迫华人信奉天主教等，体现在辞典中就是出现了“惩戒”“责罚”“剥削”“枷责”“谴责”“遣罚”“严法”“重责”“儆戒”“炮烙刑”“从轻发落”“诉告”“诉冤枉”“诉状”“诉词”“流徒”“发徒”“问死罪”“问打皮鞭”“死囚”“犯罪”“解罪”“食罪”“招认”“供罪”“口词”等法律用词，也有“扰乱”“扰攘”“草闹”“变乱”“反乱”等暴乱词，还有“凶器”“兵器”“刀兵”“将军”“校尉军”“帅”“将”“兵头”“总兵”“将官”“总督”“都元帅”“哨官”“哨兵”“伏兵”等军事用语。

此外，文献中有“涧头”“涧尾”等地名，对照当时的马尼拉地图，华人聚居地位于“王城”之外，和原住民聚居地隔了一条河。这是西班牙对华人采取的划地居住及经商的限制措施，以便有效管理。1580 年（一说 1581 年）西班牙殖民政府将位于马尼拉对岸的巴石河（Pasia）沿岸一处大建筑物“阿路开希里”特设为绢市场，闽南人称之为涧内，这里既是商业区域，亦是居住地。[①] 文献中的地名特色亦体现了华人的地理观。

（三）海外闽南人日常生活用语

《闽南—西班牙历史文献丛刊一》有很多的俚语，甚至很多南岛语族的语言，呈现闽南人、西班牙人、南岛原住民共同生活的智慧结晶。一方面，伴随着移民，闽南习俗也进入移居地，体现在语言上就是出现了诸如“炉灶”（brasero hornilla）、“火盆”（brasero）、“香炉”（braserillogasloves）等词。我们以辞典中出现的“香”（camangulan）为例。辞典中出现的“香”即是闽南人祭拜用的“香”。用“香”祭祀是中国传统社会的特殊方式，据台湾学者黄典权考证，秦汉以后香就已经成为祭祀的象征。[②] 一般认为，香需要焚烧，因而有火，于是薪火相传逐渐为香火相传所取代，逐渐以香为中心，故传宗接代称为“香火相传”，神庙分衍称为“传香”，回归报本则为“割香”，拜神但称“烧香”，隆重祭拜则曰“进香”。这些说法都尚存在于闽南地区尤其是漳州。如在漳州，庙宇到每年农历十二月廿四日，有“挟

---

① 江柏炜：《近代菲律宾金门移民社群及其文化变迁：以乡团及家族为主》，《海洋文化学刊》2016 年第 19 期，第 67—116 页。

② 黄典权：《香火承传考索》，《成功大学历史学报》1991 年第 17 期，第 113—127 页。

火匏"的风俗，家家户户各出薪柴、团草等燃料一捆，集中于各角头的寺庙前的广场，等待"头家"祭拜后，起火，各家执火钳者赶紧随便夹起一束奔跑回家放进灶中，各唱"挟火匏，饲猪加大牛"。另一方面，闽南人的生活习俗深受海外影响，其语言文化与价值观念也与中原地区发生微妙区别。如"捞仔"（Borgon）、"柱"（arigue）、"抄阴"（bahaque）[①]、"马交鱼"（tangingue）[②] 和"佝脚"（vilango）[③] 等，很可能源自菲律宾的他加禄语（Tagalog）。外来词汇对闽南的影响就如现今粤港词汇对全国的影响。更重要的是西方市场意识对闽南地区的渗透。[④] 目前，闽南人称配偶为"牵手"，或是来自菲律宾西人携手入教堂成婚的习俗。其生意活动，更贯穿着"经济关系高于一切关系（包括亲属关系）"的西方市场经济原则，也反映了闽南文化的多元性与开放性。因此我们对西班牙语、闽南语和他加禄语彼此之间的互动及其产生的火花，有了初浅的了解。其中有很多词语至今仍在使用。

社会风俗。闽南民俗随着闽南人移民的脚步向海内外传播，例如闽南人习俗中，会要求犯错者拿着牌子在市场旁边道歉，即"洗门风"。《闽南—西班牙历史文献丛刊一》就明确记载了"Sey Muy Hong"。当时的西班牙人大概不能理解"洗门风"的文化情境，但西文解释仍算清楚，指出"洗门风"是为了恢复该人的名誉。类似的词语、俚语还有"秽门风""礼多人也诈""乡俗俗套""风俗风化""生子无孝""刎头兄弟""雇夫人""结义

---

① 据柏林洪堡大学韩可龙（Henning Kloter）研究："抄阴"一词源自菲律宾的他加禄语，是一种服饰，类似于"丁字裤"，后来多使用于台湾番俗服饰介绍中。参见李毓中《闽南—西班牙历史文献丛刊一》，第 xix 页。如王必昌于清乾隆十六年（1751）重修的《台湾县志》卷十二《风土志·气候风俗土产》："番妇衣短至腰，或织茜毛于领，或缘以他色。腰下围幅布，旁无襞积为桶裙，名抄阴"。参见王必昌（乾隆）《重修台湾县志》，故宫博物院编《故宫珍本丛刊》第 124 册，海南出版社，2001，第 240 页。又如《东瀛识略》载：男番之供役于官者，插鸡羽为识。腕带铜镯或铁环，或穿玛瑙珠为圈。足亦束以铜镯。衣以布及自织达戈纹为之，长不及脐，无袖，披其襟；女则前加以结。下体围布二幅，曰"抄阴"，亦曰"突勿"。参见丁绍仪《东瀛识略》，《台湾文献史料丛刊》第七辑，台湾大通书局，1984，第 75 页。再如朱仕玠在《海东胜语》中记载了台湾当地人的服饰："熟番自归版图后，女始着衣裙，裹双胫；男用鹿皮或卓戈纹青布围腰下，名曰抄阴。"参见朱仕玠《小琉球漫志》，台湾成文出版社，1970，第 82 页。

② "马交鱼"（tangingue）是一种鱼类。

③ 据马尼拉圣多玛斯大学档案馆雷加拉多·托塔·荷西（Regalado Trota Jose）研究，"佝脚"（vilango）即是警长的意思。参见李毓中《闽南—西班牙历史文献丛刊一》，第 xix 页。

④ 庄国土等：《菲律宾华人通史》，厦门大学出版社，2012，第 126 页。

兄弟”“舍人面皮”“父头母骨”等。闽南人在贸易交流过程中，也把闽南习俗中的吉祥物和吉祥习俗带到菲律宾，例如：“红灯笼”“红花”“红彩带”“红布”，以及喜庆事情一律用红色来表达等。另外，文献中“骑马”“打跤”“踏橇”“助曲”“叫歌”“吟诗”“唱曲”“歌曲”“歌唱”“作乐”“曲调”“歌诗”“唱歌”等词，反映出闽南人有很多种类的运动和娱乐活动。文献中还有很多关于酒、请客的词语，如“排酒”“请酒”“谢酒”“食酒”“陪酒”“醉酒”“臭醋不臭酒”“熬酒头”“筵席”“宴筵”“做主人”“请人”等，这间接说明当时菲律宾闽南人酒文化以及酿酒业的发达，也反映了闽南人好客的性格。而“烟桶”“烟管”等词则表明闽南人还制作相当数量的烟草，并且有抽烟的习惯。

婚丧仪式。《闽南—西班牙历史文献丛刊一》中众多的词语也反映了闽南人重视传统的养生送死的观念，死后希望葬于故土、落叶归根。婚丧嫁娶等方面的词语映射出闽南人在海外的传统习惯。其中跟婚事相关的词有：“新婚”“新婚酒”“婚书”“嫁”“媒”“水人”“牵手”“娶厶”“娶亲”“娶媳妇”“嫁出”“嫁婿”“暗相许”“脱妻”“嫁女子”“娶后姐仔”“同襟”“完亲”“做匏”“室家”“结发”“相嫁”“媒人”“合床”“改嫁”“替婚”“替亲情”“媳妇过门”“送亲”“聘”“凭准”“财礼”“定亲”“妆嫁”“聘仪”“聘金”“定亲成”“聘礼”“搬嫁妆”“排宴”“办茶”“设席”等。这些词勾勒出闽南人在海外的婚俗习惯，即男女及冠笄时，由媒人说合，男家向女方提亲，以定金、财礼送女家，订婚前先对“八字”看是否合婚，婚礼时要摆喜筵、闹洞房。此外，还有“冥婚”“丧婚”“娶妾”“纳婢”“随嫁简”“进赘”“改嫁”“别娶”“再娶”“续娶”“毛嫁”等词。同时，辞典还收集了与举丧出殡相关的词，如“揞墓”“纸人”“安位”“安座”“墓荫”“抢嫁”“棺材”“棺柩”“棺椁”“祭文”“祝文”“万人坟”“坟山”“义坟”“殡”“埋葬”“殡葬”“安葬”“送丧”“妆骷髅”“移尸”“葬棺柩”等。

宗教信仰。早期闽南人出洋谋生，故乡奉祀的各种神灵和信仰习俗随着华侨传入异国他乡。在《闽南—西班牙历史文献丛刊一》中记载着“鬼精”“人精”“鬼魔”“鬼怪”“鬼神”“妖精”“树精”“瘟鬼”“古怪”“鬼怪”“怪巧”“三魈”“天谴”等妖魔鬼怪，同时还有“开元寺”“寺观”“斋戒沐浴”“籤筒”“遭瘟”等民间信仰用词。此外，他们也把中国的风水、命相命理等观念带到了菲律宾，“占天文地理”“卜卦”“占卜”“看风水”

“看命”“相人面”“算命”“择风水”“择地理”“择来择去”等词语都出现在文献里。

（四）早期闽南人海外移民的伦理观念

家庭是闽南移民所在地移民社会的基础。所以，与家庭相关的诸如移民的婚配、移民的夫妻关系、移民同家庭其他成员（父母、兄弟等）的关系、移民的承嗣关系、移民的宗族观念等，都集中地反映在移民社会生活之中。在亲属称谓方面，分为血缘亲属关系和婚姻亲属关系，不仅区分父系亲属、母系亲属，长辈亲属、晚辈亲属、同辈亲属，而且在同一辈亲属关系中还按年龄区分长幼，且在直系和旁系亲属中区分性别。直系血亲称谓有“祖公”“祖代”“祖地”“祖宗”“祖翁”“老姐仔”“妹妹”等。旁系血亲称谓有“外公”“外婆”“外祖”“旧妗”“细旧”“妻旧”“表旧”“妻兄”“二妗”“三妗”“大妗”“细妗”“阮姆”“大伯”“细姨”“细婆”“细姨婆”等。而婚姻亲属关系有“老公”“老婆”“庶母”“嫔”“妾”“妃”“妾妇”“细厶”等。同时家庭以血缘为纽带，并十分重视男性继承人，以保证家族血脉延续，这就与收养关系、承嗣方式、养老问题相关联，辞典中“契子”“传位”“传后”“传后代”“传子及孙”“笄后人”“断根”“惜子”等词无疑反映了闽南人这种家庭观念。上述复杂亲属称谓系统包含有关辈分、性别、年纪长幼和父系母系的语义特征成分，突出反映了血缘亲疏、长幼有序、内外有别、男女有别、血脉延续等中国传统伦理观念。

早期闽南移民，绝大多数都是单身出洋，配偶留在故里，所以女性一方在祖居地单独支撑家庭。文献中出现了大量有关女性生活状态的词，诸如“改嫁”“随夫贱”“随夫贵”“烈女”“不识男人”“贞烈”“贞洁”“旺夫益子”等，不胜枚举。日常的家庭生活词语，同样体现了海外移民固守中国传统，保留着落叶归根以及乡亲邻里之间相互守望的伦理价值观，如“和睦”“和合”“和气”“和谐”“和顺”“和同”“平心气和”“家和”“友义重”“友情重”等。

（五）海外移民史上的疾病

菲律宾是一个热带气候岛国，其水土（地方性环境条件）曾是移民殚行的一个重要因素。在《闽南—西班牙历史文献丛刊一》中，记载地方性环境条件引起的疾病的词语有“瘴”“瘴气”“瘴疠”等，也出现了“疟疾”“疟痢”“疟”等疾病名称。“瘴”“疟”是两个平行用语，在汉宋间的文献中，“瘴”常见于南方，“疟”常见于北方。[①] 疟疾是东南亚地区最主要的风土性疾病，也是最重要的死亡原因。早期开拓过程中，在人烟稀少的地方，人们常常用“瘴气”来描述疾病以及他们的感受，所以在文献中也有所体现。除此之外，文献中还有表示其他疾病的词，如：流行病、风土病及传染病等——天疱、疡食鼻、过痨、风毒、蛊毒、疔疮、痢疾、口痢、红痢、白痢、小痢等；皮肤及皮下组织疾病——手疽、脚疽、水泡、涎泡、成瘤、疔、瘤疮癖、风癖、佝癖、痔疮、疮口奋、疡等；神经系统和感觉器官疾病——目上障、呆症；呼吸和消化器官疾病——吐黄、呕吐、腹乱吐泻、泄腹、泄肚、屎肚泄、上头脾胃、胃水、脾胃虚、脾胃衰、脾胃壮等。文献中还有较为丰富的表示人体内热的词——急心、心火、气急、脾胃火、燥急心热、火性、六凿心性等；也有介绍不同病况的词——咳嗽、降痰、风寒等。早期海外移民主要依靠中医来医治疾病，随着闽南人不断向海外移民，中医也传入移民地，对当地医药学的发展起到了重要推动作用。

结　语

《闽南—西班牙历史文献丛刊一》不仅是17世纪道明会传教士记录下来的菲律宾中国移民的语言，同时还是最早使用罗马拼音来转写闽南语词汇与短语的文献。文献中有些闽南词语现在都还是常用词，如“洗门风”、“目虱”（眼泪）、“回批”（回信）以及一些脏话等；当然语言在传播使用过程中也会出现变化，如“竹系蛇”（毒蛇青竹丝）、“火金星”（萤火虫）等则略有不同。通过大量的手稿可还原当时的中国移民实际使用闽南语的情况。总之，该文献不仅收录的内容广，而且数量极为丰富，反映了当时闽南方言语音、词汇、语法的基本面貌和发展脉络，是研究闽南方言史的宝贵材料，也为闽南方言的研究开启了另一扇大门。

总体来看，《闽南—西班牙历史文献丛刊一》一书收罗400多年前海外闽南人日常生活所需的、包罗万象的词汇与俚语，呈现了大航海时代闽南人

---

① 萧璠：《汉宋间文献所见古代中国南方的地理环境与地方病及其影响》，《历史语言研究所集刊》第63本，台北“中研院”历史语言研究所，1993，第105页。

在菲律宾与西班牙语世界交流的成果。文献对于闽南人的习俗所作的注释，也许会使西方读者感到有趣，并以之建构他们对 17 世纪海外闽南人日常生活的认识。文献中有关航海器具的建造、贸易货物与币值、四季节气和民俗节庆、家庭宗族关系、婚丧仪式、为人处世的操守、金钱纠纷与法律诉讼、地理位置与命名、东西宗教信仰和礼仪之争等方面的记载，虽有不少瑕疵，但还是为后人留下了珍贵的 17 世纪末南洋史料，特别是华侨、华人的人文信息。对《闽南—西班牙历史文献丛刊一》进行细致深入的考究，有助于重现 400 多年前闽南语的语音与闽南人生活状况，了解 17 世纪跨太平洋海上丝绸之路的形成历史与贸易活动。

Trade Activities and Life in Minnan and Southeast Asia in the 17th Century: Focus on *Hokkien Spanish Historical Document Series I*

Zhang Yongqin

Abstract: In terms of *Hokkien Spanish Historical Document Series I*, it is an integration of the historical material of Spanish-Southern Fujian dialect, in which most of the words outline the language and life situation used by Spaniards and Southern Fujian people (Tang people) at that time. At present, *Hokkien Spanish Historical Document Series I*, contains two manuscripts in the 17th century, which includes about 27000 entries of Southern Fujian dialect, and was completed between 1626 and 1642. As for the main contents, it introduces the conditions of politics, economy and trade in China and Southeast Asia, which also includes the construction of navigation instruments, trade goods and currency value, four seasons and folk festivals, family clan relations, marriage and funeral ceremony, the conduct of getting along with people in the world, money dispute and legal litigation, geographical location and naming, as well as the dispute over religious beliefs and etiquette between the East and the West, etc. As a result, it is the important history material for the study on the maritime economic and cultural exchange of Southern Fujian people in Southeast Asia in the late Ming Dynasty and the early Qing Dynasty, such as the nautical transportation, political diplomacy, trade, the history of overseas Chinese in Southeast Asia and so on.

Keywords: *Hokkien Spanish Historical Document Series I*; Southern Fujian People; Spaniards; Southern Fujian Dialect

（执行编辑：徐素琴）

海洋史研究（第十九辑）
2023 年 11 月　第 239 ~ 253 页

《1627 年澳门通官、通事暨蕃书章程》译文及考释

卢春晖*

译者按

《1627 年澳门通官、通事暨蕃书章程》（以下简称《章程》）现存两个版本。第一个版本（简作“甲本”）抄件现存于葡萄牙阿儒达图书馆（Biblioteca da Ajuda）“耶稣会士在亚洲”档案（Jesuítas na Ásia），原题为“Regimento do Lingua da Cidade，e dos Jurubaças menores，e Escrivaens”（《本城通官、通事暨蕃书章程》）。[①] 另一版本（简作“乙本”）题为“Anno 1627，Regimento da Lingua da Cidade，e dos Jurbaças menores e Escrivaens”（《1627 年本城通官、通事暨蕃书章程》），抄件亦藏于阿儒达图书馆。[②] 两个葡文版

* 作者卢春晖，澳门大学人文学院葡文系讲师。
本文的翻译和研究得到了暨南大学澳门研究院金国平教授的指导，中国科学院自然科学史研究所郑诚副研究员提供了《章程》第一部分的英译本供笔者参考，在此表示诚挚感谢。

① Biblioteca da Ajuda，Cód. 49 – V – 6（fls. 457v. – 463v.）. 该版本由冼丽莎（Tereza Sena）转写、注释，见 Maria Manuela Gomes Paiva 博士论文附录（Maria Paiva：“Anexo 1，” in *Traduzir em Macau*，2008，pp. 221 – 238）。

② Biblioteca da Ajuda，Cód. 49 – V – 8（fls. 245 – 251v.）. 转写版本见 “Documento n.º 76 – Regimento dos Jurubaças de Macau，de 1627，” in Elsa Penalva，Miguel Rodrigues Lourenço，eds.，*Fontes para a História de Macau no Século XVII*，Lisboa：Centro Científico e Cultural de Macau，2009，pp. 378 – 386。

本行文结构有所区别，内容未见很大差异。《章程》颁布的时间应在 1627 年 10 月到 12 月之间。[①]

首先解释一下标题中的五个关键词的译法。Cidade 在葡文中直译为“城市”，此处特指澳门。在古葡语中“Cidade”作议事亭（Senado，即元老院）解。[②] 该文中出现的“本城”与其政府组织机构“议事亭”为同一概念。Lingua 意思是“通事”，译为“通官”。Jurubaças menores，葡文意思是“小通事”，译为“通事”。这两个词的翻译参考葡人于崇祯三年（1630）进献给明朝皇帝的《报效始末疏》，其中提到：“先曾报效到京通官一名西满·故未略，通事一名屋腊所·罗列弟。”[③] Escrivão（即 escrivaens 的原形）译为“蕃书”，在议事会中从事文书誊抄、润色工作。《澳门记略》有载：“蕃书二名，皆唐人。”[④] Regimento 直译为“规章、制度、章程”等，本文译为“章程”。该词在明清时期的澳门使用较多，例如“澳门约束章程”。

《章程》分为两部分。第一部分主要介绍首任通官 Simão Coelho 的身份背景、通官和通事的工作职责和薪俸待遇；第二部分对蕃书的工作内容和待遇进行规范和说明。除此之外，《章程》展示了 17 世纪初期葡人议事亭对澳门社会的管治措施、对华务的处理模式以及广州贸易的情况，是研究早期澳门历史的重要原始史料。已有部分国内外学者引用、翻译了《章程》的部分内容。[⑤]

笔者认为，提供一个完整、准确的中文译文供学界参考很有必要。澳

---

① 根据《章程》后半部分中关于薪俸发放时间的描述“上一笔薪水支付于 1627 年 10 月”推测而来。

② 金国平：《司咛口词源新探》，《中葡关系史地考证》，澳门基金会，2000，第 250—251 页。

③ 汤开建：《委黎多〈报效始末疏〉笺正》，广东人民出版社，2004，第 172 页。

④ 印光任、张汝霖：《澳门记略校注》，赵春晨校注，澳门文化司署，1992，第 152 页。

⑤ 西方学者如裴曼娜（Maria Paiva）、弗洛雷斯（Jorge Flores），中国学者如金国平、吴志良、李长森介绍或引用了《章程》，见 Maria Paiva，*Traduzir em Macau*，2008，pp. 111 – 118；Jorge Manuel Flores，“Comunicação，Informação e Propaganda：os ‘Jurubaças’ e o Uso do Português em Macau na Primeira Metade do Século XVII”，in *Encontro Português Língua de Cultura – Actas*，*Macau*：*Instituto Português do Oriente*，1995，pp. 107 – 121；金国平《“盐课提举”（Taquessi，Mandarim do Sal）在澳职权重构》，郝雨凡、吴志良、林广志主编《澳门学引论——首届澳门学国际学术研讨会论文集》（下册），社会科学文献出版社，2010，第 503 页；吴志良《（序）翻译的神话与语言的政治》，汤开建、吴志良编《〈澳门宪报〉中文资料辑录（1850—1911）》，澳门基金会，2002，第 V 页；李长森《近代澳门翻译史稿》，社会科学文献出版社，2016，第 69—83 页。

门葡人历史学家白乐嘉（José Maria Braga）曾将《章程》第一部分译成英文,[①] 国内学者李庆参考白乐嘉英文译本将第一部分翻译成中文。[②] 在阅读、研究《章程》全文后，我们发现，第一部分与第二部分篇幅相当，内容相互补充。蕃书对于议事亭的重要性并不亚于通官和通事。第二部分译本的阙如对学界来说是很大的遗憾。而且，《章程》抄件在誊写过程中留下一些错误和遗漏，仅参考其中一个抄本会导致理解上的偏差，此时需要将甲、乙两个版本进行对照，方可得出较为准确的结论。再者，《章程》以古葡萄牙文写成，单词拼写、文法和句式结构与现代葡语差异较大，且存在较多不规范的现象。对于一些从汉文发展而来的葡语词，如中国官员职衔、广州客商的称谓、船只的名称等，翻译时需要结合上下文做严谨的考证。最后，笔者在翻译注释过程中还参考了近几年国内学者在澳门历史研究中取得的一些新成果，以解决《章程》中的个别疑难点。

本文以甲、乙两个抄本为底本，参考转写版本，将《章程》从葡文完整译出，并在前人研究的基础上进一步进行勘误考释。行文结构遵循甲本，若甲本中内容缺失或誊抄有误则参考乙本。若无特别指出，本文中所注的葡文原文均指甲本原文。为尽可能体现史料的价值，翻译以直译为原则；但为兼顾可读性，必要时不得不增字加词以确保逻辑清晰、译文流畅，所加内容以六角括号标示。中葡语言结构差异较大，在不影响文意的前提下，笔者对个别语序仅作细微调整。以下为《章程》全译文。

1627 年澳门通官、通事暨蕃书章程

第一部分：通官及通事章程[③]

本城决议设立通官一名，负责所有与中国官员及本城中国人相关的事

① José Maria Braga, *Interpreters and Translators in Old Macao*, paper presented in International Conference on Asian History (University of Hong Kong), 1964.

② 李庆：《〈澳门通事章程〉译释》，《澳门历史研究》2017 年第 16 期。

③ 小标题为译者所加。

务。〔首任通官〕为 *Simão Coelho*①，居民②，中国人。他得到信任与此前的办差经历和谨慎作风有关。他作为基督徒和本城一员，将怀揣对本城的全部忠心履行职责。另外，〔也考虑到〕他此前奉本城之命随炮手前往北京③，尽忠职守，得到了朝廷大人们的认可。兵部④授予其官衔⑤，凭此他在中国官员中享有权威。在宫廷中，他与其他葡人一同为本城获得一份圣谕，其中皇帝授予澳门〔葡人〕与华人相同的待遇。⑥ 如同华人一样，葡人凭其效忠应受到澳官⑦的优待及照顾。此外，还考虑到其父亲 Miguel Monteiro⑧

① 《章程》明确指出，此人为皈依基督教的中国人。但由于其葡文名与同时期葡籍耶稣会士翟西满（Simão da Cunha）相似，曾被误认为同一人，对此已有学者撰文澄清，见董少新、黄一农《崇祯年间招募葡兵新考》，《历史研究》2009 年第 5 期；李长森《澳门唛嚟哆〈报效始末疏〉通官考》，《澳门理工学报》（人文社会科学版）2013 年第 3 期。结合中葡文文献，可以判断 Simão Coelho 为天启二年（1622）随葡人铳师赴京指导炮术的通事。中文文献参考：汤开建《委黎多〈报效始末疏〉笺正》第 143 页。葡文文献参考：António de Gouvea（何大化），*Asia Extrema*：*Segunda parte-Livros I a III*，Horácio p. Araújo，ed.，Macau：Fundação Oriente，2005，p. 145；Padre Manuel Teixeira（文德泉），*Vultos Marcantes em Macau*，Macau：Direcção dos Serviços de Educação e Cultura，1982，p. 49；Padre Manuel Teixeira，*Macau no Séc. XVII*，Macau：Direcção dos Serviços de Educação e Cultura，1982，p. 48。崇祯元年（1628），葡人铳师再次护炮进京，Simão Coelho（中文音译西原文）再次作为通官前往（汤开建：《委黎多〈报效始末疏〉笺正》，第 172 页）。有学者根据《崇祯长编》卷三十三中崇祯三年四月条目中记载的“礼部左侍郎徐光启奏遣中书姜云龙同掌教陆若汉、通官徐西满等，祇领勘合，前往广东香山澳置办火器，及取善炮西洋人，赴京应用”推断 Simão Coelho 的中文名字为徐西满，见董少新、黄一农《崇祯年间招募葡兵新考》，《历史研究》2009 年第 5 期，第 70 页；李庆《〈澳门通事章程〉译释》，《澳门历史研究》2017 年第 16 期，第 97 页。

② 原文为“aqui cazado”。“cazado”（已婚的）在葡属印度的历史中并非单指婚姻状态，也是一个法律概念，指“定居者、永久居民”，见 Sanjay Subrahmanyam，*The Portuguese Empire in Asia*，*1500 - 1700*：*A Political and Economic History*，New Jersey：John Wiley & Sons，2012，p. 296。

③ 指前注天启二年赴京之事。

④ 原文为“Concelho Real de Guerra”（皇室战争委员会）。

⑤ 原文为“grao de official del Rey”（皇帝授予的官衔）。António de Gouvea（何大化）的 *Asia Extrema* 一书中对此次赴京报效的记录非常详细，不乏细节描写，却并未记录授官情况。在未发现其他史料佐证的前提下，我们推测此处的“官衔”很可能指下文所提及的“通事官”头衔，而非官位。

⑥ 暂未发现可佐证的史料。

⑦ 原文为“Magistrados”（执法官）。“1557 年，中国国王的执法官迁往澳门。”见吴志良、汤开建、金国平主编《澳门编年史》第一卷《明中后期（1494—1644）》，广东人民出版社，2009，第 113 页。

⑧ 中文姓名不详。在澳门，华人天主教徒经常取用西方天主教徒的姓氏。Miguel Monteiro 为 1610 年澳门仁慈堂（Santa Casa da Misericórdia）院长的名字，见 Jorge Manuel Flores，“Comunicação，Informação e Propaganda：os ‘Jurubaças’ e o Uso do Português em Macau na Primeira Metade do Século XVII，” in *Encontro Português Língua de Cultura-Actas*，Macau：Instituto Português do Oriente，1995，p. 112。

是一位正直的文人，曾担任本城的蕃书，因办差得力、忠诚，与〔Simão Coelho的〕胞兄[①]一道被中国官员抓捕，两人均因为本城效力而死于广州狱中。为了使其明白应如何服务本城，本城又将如何对待他，我们将本《章程》交予他，望他妥善保管。

首先，他应在议事会会议[②]中将手放在《圣经》上宣誓，以基督徒及市民的身份服务本城，尽忠职守。

Simão Coelho为本城通官。为了使其在处理与华人的事务中拥有更多权威，根据朝廷赐予他的"通事官"[③]委任书，我们授予他"本地通事首领"的称号。朝廷的委任仅赐予头衔，并没有授予他对其他通事的任何职权。

他负责向议事会禀报所有关于中国人或中国官员的事务。事务不分类型，包括所有的信[④]、札[⑤]、令[⑥]等。他应按照议事会的指示行事并作出回复，不得在未得到议事会指令的情况下私自回复，尤其对于重要事件。但他可以向议事会建议他觉得合适的处理方式。

所有来自中国官员的札或信都将通过他传递给议事会。他应首先与本城理事官[⑦]讨论，告知其事件内容，两人一同呈递给议事会。通官〔根据议事会决议〕经蕃书〔誊抄润色〕作出回复，但是在回复之前应首先告知议事会其中的内容。[⑧]

通官之下设两名议事会蕃书，应为忠诚之人，基督徒尤佳。其中一名为

---

① Manuel Flores指出Simão Coelho的胞兄名字为Jerónimo Monteiro，见Jorge Manuel Flores，"Comunicação, Informação e Propaganda: os 'Jurubaças' e o Uso do Português em Macau na Primeira Metade do Século XVII," p. 112。

② 原文为"meza"，此处指澳门议事会会议，见José Maria Braga，*Interpreters and Translators in Old Macao*，p. 10。

③ 原文为"Tumsuquon"。

④ 原文为"recados"（口信、书信、便条）。

⑤ 原文为"chapas"，即札，是官方下行文书的一种。刘芳辑，章文钦校《一部关于清代澳门的珍贵历史记录——葡萄牙东波塔档案馆藏清代澳门中文档案述要》，《清代澳门中文档案汇编》（下册），澳门基金会，1999，第862页。

⑥ 原文为"mandado"（命令）。

⑦ 原文为"Procurador"（检察长），中文里称"理事官"或"夷目唩嚟多"（音译自葡文"vereador"）。

⑧ 该句前半部分仅出现在乙本中，白乐嘉与李庆均未译出。前半部分原文为"e por sua via se farà a resposta pelos Escrivaens da Cidade"。若省去此内容，则后半句"e antes de a dar mostre primeiro a cidade para saber o que se escreve"（在给出它之前，首先应告知议事会，使其知道上面写了什么）难以理解。

主蕃书，即头目，掌管文书公廨[①]，目前由来自杭州[②]的文人 Leão[③] 担任。其薪俸为每月 10 巴尔道[④]，或每年 120 巴尔道。另一蕃书薪水为每年 30 巴尔道，每四个月支付一次，每年三次，每月 2.5 巴尔道。每次支付薪水的日期及每名蕃书在议事会的工作任务均须记录在案。除日常薪俸、纸张、所需墨水以及为 Leão 提供的住所外，〔议事会〕不提供其他东西。

通官之下还设一到两名通事以处理信件、赴广州办理日常事务以及前往香山[⑤]，收取固定薪俸。对奉命前往广州交易会[⑥]服务的通事，选出的买办[⑦]按定例支付酬劳，并应记录在案。

通官的职责包括谋求与中国官员和中国人在本城的和平相处，营造正直、

① 原文为“terá conta co'o Cartorio”。其中动词“ter conta com”为古葡语用法。白乐嘉译为“shall be in touch with the Cartorio”（与公廨保持联络）。查 1789 年《葡萄牙语词典》，ter conta com 有“照顾、照看、看护、遵从”（attender，olhar por，vigiar，ter respeito）等义，见 D. Rafael Bluteau，*Diccionario da Lingua Portugueza*（*Tomo Primeiro*），Lisboa：Officina de Simão Thaddeo Ferreira，p. 317。而 Cartorio（现代葡语为 cartório）意思是档案保管处，是旧时对官吏办公处所的通称，译作“公廨”。金国平：《耶稣会会宪所定义的“Procurador”及教内与中国官方译名》，叶农、邵建点校整理《人过留痕：法国耶稣会档案馆藏上海耶稣会修士墓墓碑拓片》，暨南大学、澳门基金会、上海社会科学院，2020，第 11—12 页。结合《章程》后文（蕃书章程部分）中“主蕃书有一间修缮完好的文书公廨”（Terá um Cartório bem consertado）的表述，可以判断该公廨即是蕃书的办事机构及场所。因此译为“掌管文书公廨”。

② 原文为“Hamcheu”。

③ 原文为“Leão”。白乐嘉注释说明应为汉字梁姓的音译。郑诚猜测此人为《祝融佐理》作者何良焘，见郑诚《〈祝融佐理〉考：明末西法砲学著作之源流》，《自然科学史研究》2012 年第 4 期，第 458 页。李庆亦持同样观点，认为 Leão 为其表字“列侯”之音译。黄一农称何良焘“曾在澳门充当通事”，见黄一农《明清之际红夷大炮在东南沿海的流布及其影响》，《历史语言研究所集刊》2010 年第 4 期。这个问题尚需进一步考证。

④ 原文为“pardaos”，也写作“pardaus”。1789 年《葡萄牙语词典》中解释为：葡属印度钱币，1 巴尔道约为 3 托斯通（tostão，葡萄牙古钱币），见 D. Rafael Bluteau，*Diccionario da Lingua Portugueza*（*Tomo Segundo*），p. 159。葡人来到东方后，以葡萄牙王室的名义发行钱币，与当地已有的货币同时流通，见金国平、吴志良《美洲白银与澳门币》，《早期澳门史论》，广东人民出版社，2007，第 355 页。参考 *Arquivo de Macau*（《澳门档案》）中一份 1641 年的议事会账单，巴尔道与银两的比例为 100∶85，即 100 巴尔道与 85 两价值相等，参见 *Arquivo de Macau*，Vol. I，N°6，Macau：Publicação Oficial，1929，p. 311。

⑤ 原文为“Ansam”。在其他葡语文献中还写作 Ansan、Ansão。

⑥ 原文为“feira”（交易会），此处指自 1554 年开始的广州交易会。从 1555 年起，葡萄牙人就开始参加广州交易会。金国平：《明末葡萄牙语文献所记载的“Queve”之汉名考——兼谈李叶荣外文姓氏的来源》，《澳门学：探赜与汇知》，广东人民出版社，2018，第 94 页。

⑦ 原文为“os eleitos”（被选举者），指由议事会从澳门葡人中选出前往广州交易会购买商品的买办。史料载：“为了满足我的愿望，当葡萄牙人去购买发往印度的货物的广州交易会或集市的时间来临时，我把我的现金交给了代表们。从澳门市民中选出四五人，任命他们以大家的名义去购货……”见金国平编译《西方澳门史料选萃（15—16 世纪）》，（转下页注）

善良的风气并保证所有食物和日常所需品的供应。须防止小贩切断鱼、肉、鸡等食材的供应以致物价上涨。①

通官应有一份地保②、店主、小贩及其他中国商人的名单。他要保证本城没有流民，与地保一同找出这类人并将其驱逐出城。这些人造成物价上涨，他们生性狡诈并以坑蒙拐骗为生。

通官在广州应有可靠线人，忠实、真实地告知与我们相关的一切事情，包括来自朝廷的信件。通官应设法获得这些信件以便让我们知道该如何行事。必要时还应派遣可靠信使前往广州。

通官应有一份本地所有船只的名单，包括舟③以及其他常规船只。应派密探④监视，如有不法行为、贿赂或盗窃则通知本城以采取措施。

通官应保证每月用舲艇船⑤从广州运来大米，仅供我们购买及运送。这样我们便无须依赖中国商人。通官也要设法吸引来自四面八方的卖主用船只运来食物并批发销售。

通官应特别注意不得凌辱或伤害中国人。若发生此等动乱应予重视并通知本城以采取惩戒措施。

（接上页注⑦）广东人民出版社，2005，第 272 页。金国平认为：“选出来的人，被称为‘Eleitos（被选举者）’或‘eleitos de Cantão（被推举前往广州者）’。这种方式在广交会之初便已采用，因为中国当局不可能允许所有的葡萄牙商人自由前往广州采货，必须推举代表代办。”见金国平《明末葡萄牙语文献所记载的“Queve”之汉名考——兼谈李叶荣外文姓氏的来源》，《澳门学：探赜与汇知》，第 100 页。

① 1635 年《要塞图册》载：“虽然内地食品丰富而且便宜，但本市食品供应不太好，因为要从中国人手中得到，一旦对我们有什么不满，他们立即阻止供应，当地人就无法到那边去运食品。”“我们与中国国王之间和平与否依他的愿望而定，因为中国离印度太远，它的实力要比葡萄牙人能纠集起来的人强大得多；所以，不论对他们多么恼火，我们从来也不曾也没有想过打破这种和平，由于只要阻止食品进入，他们便能扼杀本市，因为没有其他地方也没有办法运来食品。”葡文原文见 António Bocarro，“Livro das Plantas de Todas as Fortalezas,” *Revista de Cultura*（*Edição em Português*），n. 31，pp. 169 - 178. 中文译文见安东尼奥·博卡罗《要塞图册》，范维信译，澳门文化司署编《十六和十七世纪伊比利亚文学视野里的中国景观》，大象出版社，2003，第 222 页。

② 原文为“Cabeças das Ruas”（街道头目）。在 18—19 世纪议事会与广东地方衙门往来官文中，“地保”一词对应该葡文。

③ 原文为“chôs”。

④ 乙本原文为“espias”（密探、间谍）。甲本“esperas”为誊写错误。

⑤ 原文为“lanteas”，指一种中国船，有六七只桨，用来运输货物，见澳门文化司署编《十六和十七世纪伊比利亚文学视野里的中国景观》，第 272 页。对应中文为“舲艇”，见金国平《明末葡萄牙语文献所记载的“Queve”之汉名考——兼谈李叶荣外文姓氏的来源》，《澳门学：探赜与汇知》，第 99 页。

通官应寻找四五个相貌端正、天资聪明并具有一定中文基础的〔中国〕孩童，征得其亲生父母同意后卖给议事会。蕃书以中国文字、书籍、当地法律和习俗教导之，以培养成为未来的通事。这些孩童以成为通事为本分，并将开始在一些小事情上效劳。

通官应保持自身廉洁体面，像官人一样，以得到中国官员及其他中国人的尊敬。他应避免低劣的处事方式。为此，议事会也应对其以礼相待，当通官在议事会处理事务或陪同中国官员时应为其设座。同样，当通官前往议事会官员家中，也应该像对待包揽[①]以及经纪[②]一样为其设座，使其获得中国人的尊敬。通官不得前往广州、香山等路途遥远之地，除非陪同本城理事官或重要葡人前去与中国官员处理要务。

通官在与中国官员谈论本城官员时应使用尊敬的言辞。[③] 因为他们得到圣谕[④]的荣誉委任。同时，在中国官员与本城官员谈妥及处理〔事务〕的过程中，通官还应尽可能使用体面的处事方式。

当高级别中国官员如海道[⑤]、广州知府[⑥]和香山知县[⑦]前来澳门，根据惯

---

① 原文为"Queve"，为学界争议之词。金国平已撰文作研究综述及考证："'Queve'一词是中文借词，且历史十分悠久，最早可追溯至1556年海道副使汪柏设立的'客纲'和'客纪'……它是中国政府治澳的一个重要成员。一部分为'保商'型经纪人，一部分身兼经纪人和'舌人'的双重作用。"见金国平《明末葡萄牙语文献所记载的"Queve"之汉名考——兼谈李叶荣外文姓氏的来源》，《澳门学：探赜与汇知》，第110页。

② 原文为"corretor"，有"商贸代理、中介"之意。

③ 原文为"Quando fallar dos da Cidade com os Mandarins seja com palavras honradas conforme a Provizão do Rey, que os nomeão com honra"。白乐嘉译为"When the members of Senate speak with the Mandarins they should employ suitable words as required by the King's Provizao"（当议事会成员与中国官员交谈时，他们应该使用合适的言辞，正如圣谕所要求的那样）。此句的动词为单数，从上下文来看，该段描述的是通官的职责，因此主语应为"通官"而非"议事亭官员"。中葡官员会谈时，需要注意言辞的是负责传译的通官。

④ 指前文中提到的"在宫廷中，他与其他葡人一同为本城获得一份圣谕，其中皇帝授予澳门〔葡人〕与华人相同的待遇"。

⑤ 原文为"Aitao"。

⑥ 原文为"Quonchifu"。其中"chifu"对音"知府"，为一城之主官，见加斯帕尔·达·克鲁斯《中国概说》，《十六和十七世纪伊比利亚文学视野里的中国景观》，第100页。白乐嘉注解为"关知府"，即粤海关。此判断很难立足。粤海关的长官为"粤海关监督"，完整职衔为"督理广东省沿海等处贸易税务户部分司"，简称"户部"，外文写作"Hoppo"或"Hopo"，官场上则称"关部"。"关知府"一词并不存在。另外，粤海关监督于康熙二十四年（1685）才设立。对照18世纪末到19世纪初的澳门官方文书，我们发现"广州府"对应的葡语翻译有 Mandarim Quancheufú、Mandarim Kuang-chou-fu 和 Mandarim Quan-chou-fu，与 Quonchifu 较为接近。

⑦ 原文为"Mandarim de Ansão"。

例，议事会差役[①]前往〔迎接〕，与一名通事走在〔队伍〕前面。通事作为等级最高的陪同人员跟随在该官员的坐轿旁。[②] 两个人会举着两块牌子走在前面，一块用葡语书写[③]，字体很大；另一块用中文书写。这两人还会说：回避，肃静[④]。这是以中国官员的习惯向他们表示尊敬。

通官应书面与海道、香山知县、提举[⑤]约定同本城之间的礼节，以便万无一失、事情体面，讲明我们敬人的方式。

议事会开会固定在周三和周六。即使没有任何需要向议事会禀报或建议的事情，通官也应〔在此日期〕前往议事会效劳。通官总是需要对于一些额外的事情提供协助。

通官应保持住所整洁。因为他需要接待一些品级较低的官员，并陪同他们前往议事会处理事务。

若通官差事办理不当，或不遵守本《章程》，本城将根据其过错予以惩罚。若情况严重可撤销其职位。当然，这是我们所不希望发生的。

通官的薪水一年分两次提前支付，分别在1月和8月初。

支付给通事丈量船只[⑥]的规费[⑦]汇总后分发给本城通官及两名通事，同时也给予蕃书一些好处，这样所有人都能从差事中获利。〔酬劳中〕最大的

---

① 原文为“Meirinho”。查1789年《葡萄牙语词典》，释义为“司法差役，负责抓捕、传讯、查封及执行其他司法任务；法官（ouvidores）或地方法官（corregedor）随员”，见D. Rafael Bluteau, *Diccionario da Lingua Portugueza*（*Tomo Segundo*），p. 70。对应中文为“执达吏”。根据上下文，“Meirinho”为澳门本土葡人官员，且等级不高。李庆译为“守澳官”，为误。

② 原文为“e o Lingua hirú junto da cadeira do tal Mandarim como pessoa mais grave q' o acompanha”。白乐嘉译为“and the Principal Interpreter shall go beside the Cadeira of the highest ranking member he is accompanying”，为误。

③ 原文为“hua chara Portuguez”。其中“chara”意为“方式、形式”，直译原文为“一块〔为〕葡语形式”。白乐嘉在注释中将“chara”解为“charao”（应为charão），并翻译为varnish（清漆），为误。

④ 原文为“ninguém bula”。“bula”应来自动词“bular”，但查无此词。猜测应为“bulhar”，意为“喧哗、吵闹”。原文直译为：“谁也不得喧哗。”

⑤ 甲本原文为“Requivi”，乙本中写作“Re qui si”和“Re qui ci”。在其他葡文文献中写作“Taquessi”，在此应指盐课提举。崇祯年间，市舶提举司隶属于盐课提举司，具体负责丈抽，见金国平《“盐课提举”（Taquessi, Mandarim do Sal）在澳职权重构》，郝雨凡、吴志良、林广志主编《澳门学引论：首届澳门学国际学术研讨会论文集》（下册），社会科学文献出版社，2010，第500—509页。

⑥ 明中叶后，随着贸易的兴起，通事在沿海的对外贸易中承担重要角色，甚至参与洋人在华的一切事务，参考周振鹤、倪文君《十六至十九世纪中国的通事》，《九州学林》2005年第2期。

⑦ 原文为“costume”，指“陋规”“小费”。

一份归通官所有；〔剩余部分中〕两份给两名通事，一份分给两名蕃书。

本城通事水准不一，全部名单如下，需要时可从中挑选。

Ventura Nerete Antonio Lobo Pederoda	Ignacio Coelho Horacio① Cardozo

通事薪俸及来源

通事从每艘船只的丈抽中收取 5—10 巴尔道。当一年中船只数量很多时，通事的薪俸数目也不小。有些年有 30 艘，或至少 20 艘船，那么薪俸即为〔150—300〕或〔100—200〕巴尔道。

通事在船只丈量中还有其他收入渠道。如下所述。

船主通常与提举司书役商议以降低海关税。船主分别给蕃书及通事一笔好处费。这笔钱数目通常不小，例如今年（1627）每条船给通事们的数目达 200 两。这种模式对本城造成损害，其各种缘由在此不一一指明；国王②的税收因此降低，一部分被通事据为己有。通事会将大船按小船上报，而坏名声则落到议事会的头上。中国官员会说议事会丈量船只时将大船说成小船。船主则依据测量结果认为合情合理。这一现象促使本城建立总金库③。从这三项增加的收入④中分发一笔钱给通事，以公平为原则，按每人应得〔之数分配〕，避免一个人独占。有时候，经常不干活的人〔有收入〕，而干事的人却一无所得。由于所有人都参与其中，可以互相监督。

商人给参加广交会的通事 25 两银子。航行组织者⑤另外支付 25 两，共计 50 两。这笔钱是固定薪水之外的收入，因为〔前往广交会的通事〕差事很多，开销很大，并且有被鞭笞的风险。

① 即 Horacio Nereti，也写作 Oratio Nerenti。由于澳门的华人天主教徒常常使用西方天主教徒的姓氏，该名字很可能来自曾居澳门的意大利人 Orazio Neretti。Horacio Nereti 的中文译名为屋腊所·罗列弟，见金国平《明末葡萄牙语文献所记载的“Queve”之汉名考——兼谈李叶荣外文姓氏的来源》，《澳门学：探赜与汇知》，第 104—107 页。

② 指中国皇帝。

③ 甲本原文为“Monte Môr”，乙本原文为“Montemor”。

④ 原文如此。应指前文中提到的丈抽中的额外收入。

⑤ 乙本原文为“dono da viagem”（航行主人），此处指澳门商人和通事赴广州采购的组织者。甲本写作“abono da viagem”，为讹误。

第二部分：蕃书章程[①]

本城决议设立一名主蕃书，〔为〕中国文人、基督徒，以回复所有来自中国官员的信札，并〔处理〕任何本城与中国人之间的事务。他还负责用中文书写所有的禀文及必要的文件。主蕃书配有一名帮手即二等蕃书，服从于主蕃书。

该职位由皈依基督教、品格忠诚的中国文人担任，对于我们与中国人之间关系的重要性最大。因为〔主蕃书〕回复所有大小衙门，乃至都堂[②]、察院[③]及朝廷〔的信函〕，关系到本城存亡及我们与中国人的买卖。因为如果〔主蕃书〕不忠诚，与中国官员、包揽或其他华人流氓勾结，便会给本城带来灾祸。他是本城的手足，沟通我们和中国人，以合适的形式捍卫本城，并援引中国的法律和习俗，使得我们的事情有理有据，得以完成，令文体具有权威性和庄严性，以便代表一座城市行事。[④] 这不是随便哪个人都能做的。因为中国官员们也会招募务实的文人参与他们的差事，并且酬劳不菲。现任香山知县除了普通文书和书役外，还配有一名主书役，除了数额不小的赏银外，还向他支付200两上等银，同时包管伙食等。连中国官员都不能以其他方式与都堂、察院、布政使[⑤]和按察使[⑥]等谈事，何况本城有那么多事务要同这些衙门处理，对于〔行事〕方式、语言一无所知，甚至没有胜任的通事。

为本城配有这样一名蕃书，应聘以重酬。在安排他前去的差旅中给予他荣誉和恩赐。要他保持忠诚，因为通过他办理应办之事可以节省不少〔花

① 标题为译者所加。

② 原文为“Tutão”，即总督，在此应指两广总督。《亚洲十年》中有记述：“中国人称省的首长或主理为都堂（Tutão），统管行政、律政事务。”见若昂·德·巴罗斯《亚洲十年》（第三卷），古城译，澳门文化司署编《十六和十七世纪伊比利亚文学视野里的中国景观》，第63页。

③ 原文为“Chaem”。察院即都察院，为明清时期官署名，主管监察。此处指两广巡抚，加御史衔。“Chaem”在其他文献中也写作“Chaém”，可代指都察院御史：“同时，对定于该年度要到福建巡视的察院（Chaém）及福建省的布政使及按察使，都加以叮嘱，叫他们在此事上给予钦差及两位调查大员以一切必要的协助……”见加斯帕尔·达·克鲁斯《中国概说》，澳门文化司署编《十六和十七世纪伊比利亚文学视野里的中国景观》，第93页。

④ 该句在甲本中有缺省，因此照乙本译出。

⑤ 甲本原文为“Puchansù”，乙本原文为“Pú chen su”。

⑥ 甲本原文为“Anchansù”，乙本原文为“An cha su”。

销〕。中国官员及他们的书役和差役们[1]都很憎恨这位本城主蕃书，在禀文中多有提及。包揽同样憎恨主蕃书，因为他们希望葡人无人引导。如果可以的话他们希望这位主蕃书永远消失，正如他们之前对一对父子所做的那样。那对父子死于牢狱。[2]〔这么一来〕就找不到愿意从事该职的人，除非他遂了中国官员、随从以及包揽的愿，出卖本城。直到现在，这些人一直都这么做。

首先，应让主蕃书和二等蕃书在议事会会议上宣誓，以基督徒的名义尽忠职守，为了本城的利益履行职责，将所有知道的有用的事情告知本城。

主蕃书负责回复所有从外部发来的中国官员的信札以及其他任何文件，用中文书写所有的禀文及其他必要的文件，借皇帝和其他中国官员在信札[3]中〔赐予〕我们的道理、特权和习俗〔为本城〕进行辩护，必要时援引中国的法律和习俗。对于中国官员的无理行为、包揽和其他中国流氓制造的谣言、习俗和新的赋税等，他还负责以书面文字的形式捍卫本城〔利益〕。他还负责按照〔中国官员〕信札〔中的指示〕及旧例捍卫我们的自由。

他还负责通过通事向本城禀报中国人和中国官员的所有事务，包括信、札、令等。他应按照议事会的指示行事并做出回复，不得在未得到议事会指令的情况下私自回复。他可从本城利益和事务的需要出发，向议事会建议他觉得合适的处理方式。

他应将所有收到的札、令以及相应的回复汇编成册，以便他日查询。

他应有另外一本册子，上面写着所有我们应对中国官员拜访的礼节。当他们再次来访时，这就是本城与中国官员会见时要使用的礼仪。

他还应记录每年船只丈量〔的结果〕，其中包括每艘〔船只的情况〕以及相应规费。

他应有一份中国地保名字和店铺的清单。店铺都记录在这些地保各自的名册中。名单中还记录了惯例，这样可以防止这些人[4]受中国官员指使增加新的规定糊弄我们。在未经本城审查合适与否前，中国官员的札或令不得在公共道路张贴。不遵守该规定的地保将受本城处罚、驱逐，因为他们所居住

① 原文为“ministros”，在古葡语中有“司法人员”之意，见 D. Rafael Bluteau，*Diccionario da Lingua Portugueza*（*Tomo Segundo*），p. 84。此处应指官衙中的差役。

② 应指前文所述通官 Simão Coelho 的父亲和胞兄受迫害死于广州狱中一事。

③ 原文为“Chapas”。

④ 指地保。

的店铺都是我们的。在必要时，可将印有中文、盖有公章的告示张贴在本城所属的公共领域。这样，中国居民就会知道有何新指示。

不要容许任何写有“前山寨官员[①]在本城行使司法权”的内容。因为他是武官，负责监视海面；而一切均归香山知县、海道和都堂负责，他们是政府官员。

主蕃书有一间修缮完好的文书公廨，里面备有纸墨，用于回复信件、〔誊写〕禀请。

他应按照年份顺序，将所有的札、谕[②]以及其他记录本城免税[③]和规费的单子录入一个册子。〔按照〕文书的标题区别〔存放〕。

第一类标题：朝廷各部[④]关于本城的谕以及寄送给本城或本省[⑤]官员的谕。只要是与本城相关，各种事情的案卷，无论好坏〔都要保存下来〕。主蕃书应试图得到我们无法从中国官员公廨[⑥]处获得的谕。如往常一样，他应在各衙门内安排内线，以知晓关涉本城的一切。

第二类标题：现存于本城、来自本省都堂及察院的谕以及相应的回件。

第三类标题：来自海道的札以及相应的回复。〔还应存有〕前往〔广州〕交易会的安全通行证样板。必要时需要新增一些内容。还应索要通行安全所需的所有条款。交易会结束后，回收该安全通行证并保存在文书公廨。每年前往广州的所有人的安全通行证都要缝合在一起，以便赴交易会首领[⑦]前往广州时带上，可以帮他们处理可能出现的问题，资此证实安全通行证发放无误。因为海道会换人，〔新海道〕有时因不知前事，会在发放问题上犹豫不决。

第四类：其他与提举司相关的文件或东西，以及提举司的船引[⑧]。每年丈量船只的清单以及船长、船主的名字。该清单用以制定交易会的关税。主蕃书还应准备并保存一根棍子供提举司丈量船只，算出每条船只的长和宽，

---

① 原文为“Caza Branca”。

② 原文为“provisões”（命令、法令）。

③ 原文为“liberdades”。笔者在 *Arquivo de Macau*（《澳门档案》）中发现一份船员免税单。见 *Arquivo de Macau*, Vol. I, N°6, Macau: Publicação Oficial, 1929, p. 43.

④ 原文为“Concelhos Reaes”（皇家顾问团）。

⑤ 指广东省。

⑥ 原文为“Cartorio dos Mandarins”，指中国官员的公廨、衙门等办事机构。

⑦ 赴交易会首领（Capitão da feira）即指参加广州交易会的葡人买办（os Eleitos）的首领，见金国平《明末葡萄牙语文献所记载的“Queve”之汉名考——兼谈李叶荣外文姓氏的来源》，《澳门学：探赜与汇知》，第100页。

⑧ 原文为“despachos”（公文、批示）。

据此交付〔税金〕并记录在案。还应记录舲艇船引中的所有规费、每条船支付给提举司的〔酬劳〕和规费、内河[1]小船船引〔的规费〕以及船引中的其他职责。交易会首领或葡人买办带着这份手册〔前往广州〕，并以此为指引。因为中国人每天都会改变或增设新的规费。

第五类：其他类型的文件、香山知县的信札。香山知县负责掌管本城。〔记录〕每年对他及其文书、仆从[2]、武捕[3]等的拜访惯例，以及为舲艇来往船引支付的〔规费〕。

第六类：其他与前山寨官员及守澳官[4]相关的文件，以及对新上任的官员的拜访礼节。记录为得到前往广州或香山的护照[5]或札谕而支付的〔酬劳〕，以及支付给前往〔广州或香山〕的武捕〔的酬劳〕。另外还有支付给从香山或广州官员处带回札谕的武捕、捎信[6]前来的低级官员，以及陪同舲艇来回的人〔的酬劳〕。所有情况都应作细微区分。

蕃书应保存本城向中国皇帝发出的禀请或为其效劳〔事迹〕的刻版，以达到传播的目的。若有需要，在本城的命令及批准下，印刷其他的文书以达到相同的目的。如无本城之令，不得以本城之名做任何事情。这点至关重要。

本城制定支付给 Leão 的薪水为每年 120 巴尔道，〔为他提供〕干净的住宅、公廨，以及〔撰写〕文卷、禀请、回复等所需纸、墨、笔。〔作此说明〕是为了确定每年的〔开支〕数量，以免遗漏。预支半年薪俸。上一笔薪水支付于 1627 年 10 月，下一笔支付将在 1628 年 4 月 1 日。二等蕃书的薪水未经〔议事会〕决议。Tavares[7] 偶尔撰写禀请，其薪水为每年 30 巴尔道。该名蕃书可随葡人前往广州，如有需要，可前往广州交易会。Leão 则

---

① 指珠江。

② 原文为“pagens”，意为“随从、仆从”，见 D. Rafael Bluteau, *Diccionario da Lingua Portugueza* (*Tomo Segundo*), p. 146。

③ 甲本原文为“Vpùs”，乙本原文为“Upùs”。该词还写作 upo。有文献译为“法院职员”，见澳门文化司署编《十六和十七世纪伊比利亚文学视野里的中国景观》，第 276 页。在耶稣会中国年信中，该词被解释为“meirinho de mandarim”（官员的差役、执达吏）。据此处上下文及后文（第六类）可以判断其职位等级较低，并承担跑腿等差事。结合对音，我们翻译为“武捕”。

④ 原文为“Mandarins do Porto”。Porto 意为“港口”，大写特指澳门港。“Mandarins do Porto”直译为“（驻守）澳门的中国官员”，从复数来看，此处应指提调、备倭、巡缉。

⑤ 原文为“licenças”，意为“许可、许可证”等。

⑥ 原文为“recado”，意为“口信、便条”。

⑦ 应为第二名蕃书的名字。

须一直留在这里协助〔处理〕各项事务。另一个原因是他与葡人公开出行也有风险。当〔Leão〕前往广州拜访家人时，二等蕃书也与他一同去。两人应保持团结，并宣誓〔对议事会〕忠诚。

本城的普通通事可以与蕃书一同行事。目前可以是 Nerete，因为他最忠诚，识字，与澳门华官、前山官员有往来。另外，他在此定居并有恒产，家资殷实。

根据本章程〔招募〕重要人员负责华务并向本城汇报

本城选择两到三人及时处理华人的事务实属有益。当有事务需要处理时，他们与蕃书、通事、澳门华官、前山官员乃至广州府和香山官员等〔保持联络〕。

Translation and Annotation of the *1627 Regulation of the Principal and Assistant Interpreters and Scriveners of Macao*

Lu Chunhui

Abstract: *1627 Regulation of the Principal and Assistant Interpreters and Scriveners of Macao* is the first and the only official document in the history of Macao for regulating the interpreters' and scriveners' work in the Senate before the mid - 19th century. It is an important original historical material to the study of Macao's history, Translation history, and Language policy. This Regulation was written in Old Portuguese, and there is currently no complete Chinese translation. The author translated the entire document into Chinese, in accordance with two copies of the original document and provided annotations for the researchers' reference.

Keywords: Macao; Interpreter; Scrivener; Macao's History

（执行编辑：林旭鸣）

海洋史研究（第十九辑）
2023 年 11 月　第 254～269 页

曾德昭《鞑靼人攻陷广州城记》译注并序

董少新*

译者序

明清鼎革之际，广州两遭劫难。第一次是 1647 年初，李成栋、佟养甲率清军攻占广州，广州惨遭洗劫。次年因李成栋归附永历帝，广东重新回到南明政权控制范围。关于这一次广州劫难，当时在澳门的葡萄牙耶稣会士阿泽维多（Manuel de Azevedo，1581—1650）编纂的《中国的战争、起义、皇帝之死及鞑靼人侵入报告（1642—1647）》中有较为详细的记载。① 第二次为 1650 年 11 月，尚可喜、耿继茂率清军攻陷广州，广州再次惨遭屠城，史称“庚寅之劫”。

“庚寅之劫”期间，葡萄牙耶稣会士曾德昭（Álvaro Semedo，1585—1658）正在广州，亲历和目睹了整个过程，且差点命丧清兵屠刀之下。他以第一人称记录了这段经历，并将这份记录寄至澳门。1653 年，时在澳门的葡萄牙耶稣会士若泽·蒙塔尼亚（José Montanha），根据曾德昭的记录编

---

* 作者董少新，复旦大学文史研究院教授。
本文系国家社科基金重点项目“基于西文文献的明清战争史研究”（17AZS006）和 2019 年度上海市教育委员会科研创新计划冷门绝学项目“17—18 世纪有关中国的葡萄牙文手稿文献的系统翻译与研究”（2019－01－07－00－07－E00013）的阶段性成果。

① 这份葡文报告手稿有三份原抄本，藏于耶稣会罗马档案馆；还有一份 18 世纪抄本，藏于葡萄牙里斯本阿儒达图书馆。该报告长 80 余页，译者已将其译为中文并加注释。

纂了一份报告，题为《鞑靼人包围广州期间所发生的事情，以及在此期间和广州被攻陷期间神父们所做的事情》（*Relação do que se passou no cerco de Quantum pelos Tartaros*；*e do que os Padres obrarão*，*e padecerão nesse tempo*，*e quando se tomou*）。

这份报告所载的主体内容，是曾德昭在广州庚寅之劫期间的亲身经历，故可以被视为明清鼎革之际广州城及其百姓遭遇的第一手史料，尤为珍贵。因此，译者把这份报告翻译成中文，并添加一些必要的注释，以作为学界研究明清史、广州史、中国天主教史之参考。报告原标题过长，为方便起见，译注者将其改为《鞑靼人攻陷广州城记》，但在译文正文中保留原标题。

这份葡萄牙文报告完成于1653年末，目前有两个18世纪抄本，均藏于里斯本阿儒达图书馆，同在一个编号中，[①] 各约16页的篇幅。在此将前面一个抄本（49－V－61，ff. 252v－260）命名为“抄本一”，后面一个抄本（49－V－61，ff. 668－675v）命名为“抄本二”。本文以抄本一为翻译底本，同时对照抄本二。两者不同之处，尤其是抄本二多出的几段内容，笔者在译注本中做了补入并用注释加以说明。

抄本二没有署名，但抄本一的末尾署有若泽·蒙塔尼亚的名字。荣振华《在华耶稣会士列传及书目补编》中的第558位耶稣会士，或即此人。荣振华说此人为葡萄牙耶稣会士，曾签署了1660年福建和江西的耶稣会年信，[②] 说明至1660年他仍在华传教。但除此之外便无任何其他信息。蒙塔尼亚只能算此报告的编纂者，整个报告主体内容的真正作者则是曾德昭。之所以提出这一看法，主要有两个原因：一是报告中多处使用了第一人称，而在此期间一直身在广州的耶稣会士只有曾德昭；二是该报告有一处提到“现在你们来砍我这个老人的头了”，在这句话后面接着补充说这个老人“即曾德昭神父”。[③] 由此我们可断定该报告的记录者为曾德昭。

曾德昭，字继元，1613年来华时取汉名谢务禄，南京教案时被驱逐至澳门，1620年得以重返内地，改名为曾德昭，至浙江、江西、江南、陕西等地传教。1637年奉命返欧洲以招募更多会士来华，次年抵达印度果阿，并在那里完成《大中国志》。1648年，曾德昭返回澳门，1649年赴广州主

---

① 里斯本阿儒达图书馆（Biblioteca da Ajuda）藏《耶稣会士在亚洲》（*Jesuítas na Ásia*）系列档案文献，编号49－V－61，ff. 252v－260；668－675v。

② 荣振华：《在华耶稣会士列传及书目补编》（上册），耿昇译，中华书局，1995，第440页。

③ 抄本一，49－V－61，fl. 258v，抄本二，fl. 675。

持教务。[1] 也正是此次重返中国，使他经历了广州庚寅之劫，并留下了这份目击报告。报告从未出版过，费赖之和荣振华的书中也未把这份报告列入曾德昭的著述目录中。

该报告的主体内容可分为三部分：第一部分回顾了清军攻入北京后一路南下，先后消灭弘光政权和隆武政权的过程，李成栋率清军首次攻陷广州及其后来归顺永历政权等内容；其中涉及的毕方济、费奇观的去世，庞天寿的经历，对李成栋的评价，以及李将军部队中的葡萄牙士兵等内容，都很珍贵。第二部分讲述曾德昭从澳门前往广州途中在肇庆逗留22天的经历，其中详细描述了为永历的皇后做弥撒的经过，对皇后的小礼拜堂的描写不见于其他文献。第三部分是整个报告的主要内容，详细讲述了清军包围和攻陷广州城的过程，以及在此过程中曾德昭的亲身经历和所见所闻。

关于广州庚寅之劫，中文史料主要有王鸣雷《祭共冢文》、计六奇《明季南略》（1670）、释今释《平南王元功垂范》（1673）、钮琇《觚賸》（1700）等，除了王鸣雷所写祭文外，其他均属事后追述，且或失之过简，或因有意塑造尚可喜光辉形象而有所失真。曾德昭的第一手报告为我们提供了很多中文资料所没有的细节，可以补充中文资料的不足。[2]

《鞑靼人包围广州[3]期间所发生的事情，以及在此期间和广州被攻陷期间神父们所做的事情》

鞑靼人占领北京及其附近地区后，南直隶的官员在南京拥立另一位皇族成员，名为弘光[4]。弘光帝在宫廷接待毕方济[5]神父及其教友。这位皇帝让神父为他效劳，并命他前往广东省处理事务。

这期间鞑靼人乘胜挥师南下，军队中有很多汉人效力。鞑靼军队朝南京

---

① 费赖之：《在华耶稣会士列传及书目》，冯承钧译，中华书局，1995，第148—152页。

② 拙文《文献立场与历史记忆：以广州庚寅之劫为例》（待刊稿）即分析了有关“庚寅之劫”的中西文不同史料所体现出的不同立场，并强调在历史研究中使用不同立场文献进行相互参证的重要性。

③ 抄本一写作“广东”（Quantum），抄本二在“广东”这个词的旁边用另一笔迹注为“广州”（Cantão）。本译文根据此文献的实际内容，将“广东”改为“广州”。

④ 两个抄本均写作“洪武”（Hoam vu），误。

⑤ 毕方济（Francesco Sambiasi，1582—1649），字今梁，意大利耶稣会士，1610年来华，1649年在广州去世。

开来，攻陷南京，杀了（弘光）皇帝。

这时候，有另一位皇室血亲[1]抵达福建省，官员们立即拥立他为皇帝，名为隆武（Lum vû），统辖福建、广东和广西。

这位皇帝此前是毕方济神父十分要好的朋友。他登上皇位后，没有忘记毕神父。他命人召来毕方济神父，授予神父很多荣誉。皇帝也同样命毕神父前往广东处理事务，亚基楼[2]随同前往。亚基楼是一位教友，在北京期间就是我们的老朋友了。我们在书信中已经很多次提及他的名字。

亚基楼是高官，而毕神父在那里也有很多朋友，因此这些人给予了神父很多方便，资助了很多银两。神父用这些银子在该城购买了房产，并建了一座该城十分需要的教堂。

广东省陷入恐慌之中。人们想立一位皇帝。最后拥立了身在肇庆的一位皇族王爷。肇庆位于广东省西部，离广州有些距离。于是身处广州的主要官员以及亚基楼前往那里，拥护该王爷为永历帝。这位皇帝现在还活着，尽管被鞑靼人到处追杀。

永历帝驻扎肇庆，尽全力武装该城。皇帝立即招我们的亚基楼为其效力，于是亚基楼成为最贴近皇帝的侍臣，整个广东省都由他负责管辖，听他指挥。

短暂的平静很快结束了，因为鞑靼人（或者更准确地说，是协助鞑靼人的汉人）想彻底消灭这个王朝，他们通过一条隐秘的路，突然兵临广州城下，没费什么力便攻入城内，伤亡很少，因为没遭遇抵抗。整个过程仅持续了五天。[3]

这时候毕方济神父已经有一个同伴，即费奇观[4]神父。他们一同为接下来可能发生的事情做准备。他们撤到附近一位穷苦人家中，那里更安全一些，因为无人闯进去。

在我们神父的住院，士兵们以一贯野蛮的方式对待我们的神父。神父遭

---

① 即唐王朱聿键（1602—1646），为明太祖朱元璋第二十三子唐定王朱桱的八世孙。关于朱聿键与毕方济、何大化等耶稣会士的关系，参见拙著《葡萄牙耶稣会士何大化在中国》，社会科学文献出版社，2017，第 99—114 页。

② 亚基楼为庞天寿教名。关于此人，参见拙文《明末奉教太监庞天寿考》，《复旦学报》（社会科学版）2010 年第 1 期。

③ 此即 1647 年初李成栋率清军攻占广州。

④ 费奇观（Gaspar Ferreira，1571—1649），字揆一，葡萄牙耶稣会士，1604 年进入中国内地，1649 年 12 月 27 日在广州去世。

受重伤后，逃出了住院，或者说逃出了士兵们之手。

那支部队中有一些来自澳门的教徒士兵。他们是此前因其他事由来到这里的。其中有一位名叫巴雷托（Diogo Barreto）的，曾是我们耶稣会的成员，现在是一名军官，深得将军（Capitão Geral）的赏识。他见到身受重伤的神父，认出来了，便把神父带到将军面前。将军很友好地接待了神父，设宴款待，命令手下士兵把从神父那里抢夺的东西悉数归还给神父。于是，士兵们都遵命照办了，尽管如此神父的东西还是丢失了一部分。

神父在那里与鞑靼官员们相处融洽，这样的良好关系有重要影响，事关我们的住院、教堂和堂区等。除了将军之外，还有统治人民的总督（V. Rey）[①]。将军姓李[②]，是从事征服的主将，是一位有勇有谋之人。他征服了该省的很多军事要塞，而很多要塞在不久的将来将随他一同抵抗。

随后的事情就是这样发展的。这位将军（或许是因为朝廷对他不公，或许是因为朝廷偏爱其他人，或许因为遭到恶意诽谤）突然率领全省起事。他命令人们如从前一样蓄发；由于他掌控着整个军队，总督也别无他法，只能保持沉默，并退隐不再过问政事。

李将军（人们这样称呼他）立即派使节谒见永历。永历帝已做好准备，他希望李将军携广东省归顺，并恳请李将军让永历帝重新回到肇庆。[③]

这期间毕方济神父生重病了。多位医生想方设法让他恢复健康，但都无济于事。他去世了，享年 60 岁[④]。他于 1612 年入会[⑤]。他在南京学习了一部分语言和文字，极为勤勉和用心。随后他开始在教友中工作，创建了河南省开封府住院。那次大迫害[⑥]后，他在南京及其附近一些县传教多年，并创建了常熟住院。

费奇观神父在同一住院[⑦]，也没能坚持很长时间。除了因为他已超过 70 岁的高龄之外，生活必需品的匮乏也加速了他的死亡。他在中国传教团已

① 两广总督佟养甲（1608—1648），顺治五年（1649）被李成栋押至肇庆杀死。

② 即李成栋（？—1649）。顺治三年十二月十五日（1647 年 1 月 20 日），率兵攻占广州。顺治五年正月，归附南明永历政权。

③ 永历帝此时在南宁。

④ 此处应为 67 岁之误

⑤ 此应为进入中国之年。毕方济入会之年为 1603 年。

⑥ 指 1616 年南京教案。

⑦ 即耶稣会广州住院。

40余年，一直勤奋工作，是一位情操高尚的榜样。在两位神父遭遇疾病折磨直至去世期间，永历帝在李将军的邀请之下抵达肇庆。[①] 永历帝如以前那样武装他的宫廷，并且加强了防卫军力和武器。

随永历帝一起来的有亚基楼和瞿纱微[②]。瞿纱微神父已经为皇后、皇子、皇帝的母亲以及宫廷中的其他贵妇人洗礼了。[③]

由于两位神父去世，广州住院人手不足，因此必须帮助那个教区。1649年2月瞿纱微神父和我[④]（此前我已来到该学院[⑤]）从这里[⑥]出发。我们首先前往朝廷所在地，在那里我们得到了热情接待。皇后命我们立即拜访她，赐给我们10两银子用于当天斋期的午夜餐（当时正值四旬斋）。而接下来的每天，皇后总是赐给我们同样数量的银两，仿佛一位欧洲太太一样。

逗留22天后，我们讨论了我前往广州的事情。皇后请求我留在宫中，并为我提供一切开销和必需品。我以广州教会需要为由拒绝了，皇后听后表示同意。而瞿纱微神父留下了。

皇后希望我在她宫中的小礼拜堂里讲弥撒，她命我在白天讲。由于广州路途远，我得一大早起来。亚基楼邀请我在他的房间睡觉，他的房间也在宫中。我们大半个晚上都在愉快地聊天。凌晨三点的时候，有人来通知我一切准备就绪。我在亚基楼的陪伴下前往小礼拜堂，一路经过多个哨所，每所宫殿前都设有这样的哨所。小礼拜堂所在偏狭，且有武装把守，但其装潢很好。在祭坛中央有一个耶稣受难十字架，一侧有一个小耶稣雕像，是用印度象牙雕制的，另一侧是一个圣安东尼雕像。祭坛后面是一块大画屏，中央是一幅圣母像，两侧画屏则描绘我们的主基督的一生。祭坛前约四步之处放满了装在花瓶中的花束，中间有一个香炉，只用于燃香。

---

① 时在永历二年（1648）八月。

② 瞿纱微（Andreas Xavier Koffler，1612—1652），一名瞿安德，奥地利耶稣会士，1645年从澳门抵达广州，1646年至桂林，1651年12月于广西、贵州交界处为清兵杀害。参见费赖之《在华耶稣会士列传及书目》，第270—274页；荣振华《在华耶稣会士列传及书目补编》（上册），第337—338页。

③ 永历二年三月，在庞天寿的见证下，瞿纱微在南宁为永历后宫多人洗礼，王太后教名烈纳（Helena），马太后教名玛利亚（Maria），王皇后教名亚那（Ana），王太后之母教名朱莉亚（Julia），侍女教名雅嘉达（Agueda）；数月后，太子领洗，教名当定（Constantine）。

④ 即曾德昭本人。此处用第一人称，即表明此报告的主体内容为曾德昭本人所写。

⑤ 指澳门圣保禄学院。

⑥ 指澳门。

所有信徒都出席了弥撒，而据我观察还有更多的人。皇帝也参加了，站在摆放圣课书的一边，位于两个祭坛之间。一切都不失礼节，所有中国信徒也都举止得体。中国教友很多，接受站在另一侧的亚基楼的指导。

弥撒结束后，我准备从那里回房间。皇后带着许多信徒进来，在小礼拜堂尽头处的帷幕后面，向亚基楼咨询了一些疑惑。当我准备离开时，一些信友拦在路中，敲了敲我的头（这是对神职人员的一种礼节），而皇后命人对我的工作给予酬谢，并随即赏赐一餐皇室的膳食。[①] 由于当时仍很早，于是我又为亚基楼的随从们提供信仰服务。时间到了，她命我们返回住处。这个住所为皇室的所有人服务。

我要前往广州了，他们想以中国礼仪和礼节为我送行。这些礼节非常多，令人疲倦。他们免除了我应做的礼仪，给予我 40 两白银在路上用，而皇后赐给我 50 两，已切成小份，以便布施给穷人；而为了此类善举，皇后命人多次来这个城市送给我银两。

我在圣枝主日[②]的傍晚抵达广州。很多信友在那里等待着我，包括中国（大陆）信友，也包括从澳门来的信友，有男有女。他们是那年我们前往（澳门）招来提供帮助的，[③] 作为军人在广东军中效力，而妇女是跟随她们的丈夫或兄弟来的。所有人都尽了他们的义务，包括完成四旬斋的义务，以及此后在每个圣日聆听弥撒，且经常在圣日弥撒中提供协助。我则总是为他们按期提供其灵魂所需要的，这样的情况很多。

广东省反叛鞑靼人之后，人们总是担心再也不能稳定下来，因为鞑靼人已经征服了这么多的省份，不可能放过广东省。当看到李将军两次出征邻省，虽然两次都取胜了，但最后一次却丢了性命，[④] 人们就更为恐慌了。皇

① 此句原文为拉丁文（et statim secutos est me cibos Regi）。感谢 Isabel Murta Pina 教授帮忙译为葡文（e imediatamente me seguiu uma comida régia）。此文献中数处拉丁文均由 Pina 教授帮忙译为葡文。

② 圣周（四旬期的最后一周）的第一天为圣枝主日。1649 年的圣枝主日为 3 月 28 日。感谢复旦大学哲学学院朱晓红教授帮忙查询这一日期。

③ 此前有两批澳门武装到肇庆支援永历朝：第一次是 1646 年庞天寿随毕方济前往澳门搬兵，尚未返回之时，闻知福京已破，遂带领 300 名葡兵前往肇庆，拥永历帝；第二次是庞天寿奉永历帝命率使团于 1648 年 10 月 17 日抵达澳门，以答谢天主及澳门教会使皇子康复之恩，返回时澳门教会赠送了 100 枝火枪，并有一些葡国和澳门本地士兵随之前往肇庆助战。参见拙文《明末奉教太监庞天寿考》。这些澳门士兵中，一些人被派往广州参战，因其信奉天主教，故需要神父照料。

④ 1649 年清军接连攻陷南昌、信丰，乘胜追击，李成栋在撤退过程中坠马溺亡。

帝失去了一位伟大的将领，其他将领带着军队到广州集结，尽全力加强该城的防御。

该年以来，多次传来鞑靼人来了的警报，但都是虚惊一场，直到1650年4月，传来了确切的警报，鞑靼人已经越过山岭进入广东。而且在3月1日，从城墙上已经能够看到他们。他们有超过三万人，而守卫的广东兵力少很多。

他们休息了三天，第四天便开始攻城，用梯子和其他机械翻越和撞击城墙。传来的巨响，我们在距离半里格之遥的住院都能够清楚听到。他们被认为具有狮子的品质，用他们的吼叫声摧毁广东军民。

而广东军队用炮弹、火药包和弓箭猛烈还击，不给濒临城下的梯子和其他攻城机械留有空间。鞑靼人不得不撤退，死伤600余人。

经此一役，鞑靼人感到害怕了，而广东军民则备受鼓舞。围城已在进行中。除了这一次的胜利，广东军民还有很多值得高兴的事，不管是来自陆地还是海上。他们在海上有强大的舰队，沿海一直有两个口岸开放着，所有必需物资从那里进来，这样一来，尽管物价已经上涨，但一点都不短缺。因此，被围困的人们没有放弃希望，尽管仍在恐慌之中。

这期间广州教堂已经有三位神父，因为澳门方面不知道广州的状况，于是不合时宜地派遣了两位神父前来广州。他们一起抵达，带来了一些有关鞑靼人的消息。广州的形势已恶化，海上的形势也错综复杂，尽管此前已经到达广州的这位神父①设法帮助他们，情况也没有改善。但由于围城持续很长时间，有机会把这两位神父派遣回澳门，以让他们获得安全庇护。

围城已经持续九个月了，鞑靼人仍没有攻城的动作，不管对哪面城墙都没有展开攻击。在西城墙外有一个很大的郊区，几乎就是一座城市，被称为福建区（bairo dos Chincheos），因为那里居住着很多来自那个省的人。这个区没有城墙，人们把街道封堵上，并尽可能地修建防御工事；在最危险的那些区域，他们设置了三座堡垒，可以装备30门火炮，每座堡垒配备10门，并驻扎大量士兵。

11月22日晚，两千名士兵突然向这些堡垒扑来，点燃了一个火药桶，随后附近一座房屋也着火了，其他堡垒的士兵见该房屋已被鞑靼人攻占，便乱了阵脚，弃堡垒而逃，于是鞑靼人又夺取了其他堡垒及其火炮。鞑靼人立

① 即曾德昭。

即把这些火炮用于攻击城墙，加上他们原有的 20 门火炮，共计 50 门。[①] 攻城战开始于 23 日的晚上，非常激烈，没有一刻[②]听不见轰鸣的炮声。至 24 日清晨，城墙已被炸开两个大缺口；而由于战马无法攀爬城墙废墟，无数的鞑靼士兵便徒步强行涌入。然而他们在城墙脚下的空地上遭到大量长矛和火药包阻击，战场尸横遍野。鞑靼人猛攻三次，三次都遭到阻击。[③] 最出色的那些将领奋战在第一线，总督也亲自督战。总督带着两大箱银子，用以激励士兵英勇战斗，因为的确缺少英勇的战士。总督[④]奖赏了一位来自澳门的士兵，该士兵用一发大手雷造成敌军的一片惨叫，总督随即给了他 50 两白银。他们就是这样根据能力进行奖赏的。

由于双方战斗激烈，总督和在前线助战的主要官员们聚集一处商讨对策。军队的士气已开始低落了，一部分军队似已撤退。他们在附近有海军舰队，舰队一来，总督和主要官员便立即登上舰船，从而将靠近江岸一侧的城墙弃置不顾，于是鞑靼人几乎未动手就进来了。

战斗开始后，教友们决意与天主站在一起，保卫他们的灵魂。那天[⑤]一整个上午，神父在住院中忏悔，下午则聆听所有妇女教友的忏悔；第二天[⑥]上午又聆听了留在住院中的一些妇女教友的告解，下午前往城墙那边，努力帮助我们的人，聆听告解一直到五点多钟，在最后一批人告解时，神父的男仆大声喊道："神父，士兵们已经放弃城墙逃跑了！"

神父从他聆听告解的那个小房子里出来，看到事态的确如此，人们不顾一切地、漫无目的地逃窜。然而神父不放弃救助一位已接受过教理学习的摩尔人（mouro），这个摩尔人当时正在生病。神父孤身一人（他的男仆们因

---

① 释今释《平南王元功垂范》卷上（《北京图书馆藏珍本年谱丛刊》，影印乾隆三十年刻本，1999，第 156—157 页）载：十月"二十九日，（平南）王指授方略，以西关迤北一隅可以架炮攻取。分发两藩各镇总兵班志富、连得成、郭虎、高进库等，率兵弃马，徒步涉淖泥而前，奋勇砍开西关外濠木栅，自长桥南趋新筑小城，从垛口腾上，遂克西关"。十月二十九日为西历 11 月 22 日，"新筑小城"应即"福建区"，与曾德昭所记一致。

② 原文为 huũ Ave Maria，意指做一次万福玛利亚祈祷的时间。

③ 释今释《平南王元功垂范》卷上（第 157 页）载："十一月朔二日克广州：先一日三鼓，列炮攻城。日午，西门背面城崩三十余丈。时城身犹余丈许，攻者争上城上，炮火矢石如雨，死伤颇多。"可资对照。十一月朔二日为西历 11 月 25 日，"先一日三鼓"即 11 月 23 日晚 23 点至 24 日凌晨 1 点，与曾德昭所记时间完全一致。

④ 应指永历朝两广总督杜永和。

⑤ 11 月 24 日。为了使曾德昭的叙述读起来更为清晰，笔者以注释的形式将日期标出。

⑥ 11 月 25 日。

为害怕而不愿跟随他）翻过城垣和一座堡垒，来到城墙另一边。然而，在到达摩尔人的住处后，发现他不在。

神父来到市区，人们已不能在街上穿行，男人、女人和孩子带着能够带的东西慌乱逃跑，在匆忙翻越路障时都摔倒了，怀里抱着的婴孩也不能幸免。人们朝着临江的两个城门奔去，这两个城门已经开了。大批人群朝这两个城门跑去，骑马的人卡在人群之中无法通行，进退两难，一部分人被踩踏而死，一部分人因挤压而死，仅此处尸体便堆成了两座山。那些紧急之中摆脱了这一困境的人们，也没有更多自救的办法，因为鞑靼人的骑兵和步兵已经抵达江边滩涂，大开杀戒。

神父回到住院，看到摩尔人也在这里。神父为他施洗之后，他便死了。有与他同一族属的11位教徒士兵，以及大量的非教徒男人和女人，聚集在住院之中。神父立即带着教徒们来到教堂，听取他们的告解，以口头的形式领取圣餐，因为当他从城墙那边下来时，鞑靼人已经从几处城墙的缺口处进来了，神父很担心没有地方听更多人告解。

做完这些事后，神父烧掉已用过的圣物，诸如擦拭圣器的布、铺在祭台上的布等，仅留下讲弥撒的必需品，如果还有讲弥撒之处的话。

此时夜幕已经降临，白天受到惊吓的这些人都还没吃东西。神父给所有人提供食物。吃完后，所有教徒前往教堂，为死者向天主祷告。

神父见已经平静，鞑靼人在城市最安静的时刻来临之前并未采取进一步行动，于是又回到听告解工作上，听完所有人的告解，随后举行一次献给天主的总告解。神父问其中一个男人："你是为告解而特意留出这个时间的吗?"他回答："是的，神父，正是为此我才逃来教堂的。"

后半夜[①]两点多，神父讲了弥撒，授了圣体，更多的是以处于危险中的人领圣餐的形式进行的（per modum Viatici）。弥撒结束后，大家留在教堂中，向我们的主祈求保护，就像还剩数小时生命而数着时刻的人。

在持续围城期间，神父收到了一些书信，劝他离开广州，来澳门躲避正在发生的危险。但（来信的）这些神父不知道，这里有多么需要神父提供帮助，他不能抛弃这么多的教徒。在他看来这是很明确的，因为尽管他没有为更多的人提供帮助，而仅是在那天晚上和此前的两天帮助了一些教徒，但他对这些教徒也很好地完成了职责，即使他面临死亡的危险。而围城的时间

① 11月26日凌晨。

越长，就有越多的垂死病患需要他的帮助。

黎明，神父看到教堂中除了本住院的人之外，已无其他人。本住院的人中有四个男孩和一个青年。该青年是多年的教徒，教名福斯蒂诺(Faustino)，有一个年幼的儿子。其他人，如果没有逃跑也都躲到他们能躲藏的地方了。

快七点钟的时候，可以感到该城的动荡开始了，只听到哀叹的挽歌，犹如我们即将奔赴葬礼的歌（carmen，et vae)。大屠杀排山倒海般来临，暴风雨也到了我们的住院。四只“猎豹”闯了进来，手里拿着已出鞘的弯刀。他们随即杀了第一个人，是一名教徒士兵。神父双膝跪在祭坛前，身着白色圣衣和圣带，一动不动，等待弯刀落下。

这些士兵中的三人出了住院，他们的带头人进了教堂，看到了大而漂亮的救世主像、装饰美观的祭坛，以及燃着的蜡烛等。他眼睛看着神父，以柔和的语气和神父说话，翻了翻圣器室的财物，拿了一小部分，然后将神父带到里屋。

女人和儿童们被关进一间小室中。男人都被捆住了手脚。神父被从后面绑住双手。住院中的财物都被集中到一处，由于并不少，所以有一个监管人看管着。为了尽可能占用这里的一切，他们命人做吃的，然后乘机肆意大吃一通。

临近下午的时候，又突然来了一位有权势的武官，他要士兵们拿走财物，离开这些房子，这位武官企图占据这些房子。士兵们把财物都打包带走，有几位遭捆绑的人被松了绑，以搬运东西，其他大部分人则被用绳子拴住脖子，双手绑在背后。神父和他们一起被押离住院。这是一次公然劫掠和绑架的行径。由于士兵们还没有住所，于是就驻扎在那些空着的部分，并把妇女和儿童囚禁在里面一个房间，让捆着的男人们在他们的视线范围内。

冷血的夜幕降临，可怜的俘虏们被推到外面杀头，仅剩下几个。一个教徒士兵被推了出去，该士兵对他们说，有一些东西给他们，于是凶手们没有杀他。算上这位教徒士兵，一共仅剩不超过四人。

当晚，这位教徒和一位未入教的人一起商量逃跑而又不被发现的方法，但是他们没有逃过死亡，到处都有弯刀。这样，男人就仅剩下神父和年轻的福斯蒂诺，还有四头牲口。

天亮[1]之后，可怜的俘虏们担心晚上的到来。然而求生的欲望战胜了残暴。俘虏们决定穿着忏悔服离开。他们给福斯蒂诺松绑，赶着牲口，用牲口搬运行李衣物。这样住院仅剩一人[2]照看了。

这时有一些士兵从门口经过。他们认出了留下来的神父，行过礼后，问他被抢劫的情况和死伤的情况。他告诉他们，大部分东西都被抢走，男人都被杀。他又补充道（他跟他们说的话是官话，因为他们这些士兵中根本没有真正的鞑靼人）："现在你们来砍我这个老人的头了。"（即曾德昭神父）[3]

他们给了多条不同的路，通过这些路，看来足够把我们转移至不同的地方。他们在寻找住处，把我们转移走，他们就可以搬到这里住下。在实施过程中，他们将我们都松绑了，因为要让我们搬东西。他们让神父在背上扛着一个扁担（pinga），由于太重，神父无法迈步；于是他们让另一个更强壮的俘虏扛这个扁担，而让神父背一些公鸡和母鸡，神父虽能背得动，但摇摇晃晃的。

没走多远，遇见了一个军人，看上去像一个大帖木儿兰（grão Tamorlão）[4]，他骑在马上大声问道："为什么不把这个老头砍头？"这似乎成了当时的歌谣[5]，他们唱不出其他歌谣。

一行人穿过了城市的一部分，所经之处一片惨境。街上满是死尸，房屋里已经少有活口了，因为在鞑靼人进入该城以来将近两天的时间里，如果自己的家中什么都没有，那么要么被杀死，要么在其他人家中被俘虏。士兵们抵达了他们的房屋，但是由于房子不够，俘虏们被安置在一条回廊之中，没有任何遮蔽。这一年的冬天不寻常地寒冷刺骨，而俘虏们身上的衣物很少，难以御寒，很容易生病。而且他们只给俘虏少量黑米，尽管由于是急需的食物而使黑色的米也成了美味，但俘虏们很恐惧，害怕死去，也就没吃。

鞑靼人在城中屠杀了整整五天[6]，至少有一万五千人被杀。第五天[7]的

---

① 11月27日。

② 即曾德昭。

③ 括号为原文献中即有。这是该文献第一次提到曾德昭名字的地方，也是我们判定此报告原作者为曾德昭的重要依据。

④ 帖木儿（1336—1405），帖木儿帝国的创建者，绰号帖木儿兰。

⑤ 指当时清士兵见到人就喊杀头。

⑥ 如果从24日清军攻入城中开始算起，则屠杀一直持续到28日。

⑦ 11月28日。

下午，一份布告（chapa）颁布了，宣布不再杀害更多人。当整个城市更像一座坟墓，死的人比活的人还多之后，弯刀停下来了。

[尚活着的俘囚，见颁布了布告，给予他们此前无人拥有的安全，但这些可怜的人，在搬运完东西后，便被砍头了。

第二天①，也即鞑靼人攻入的第六天，福斯蒂诺走到神父面前，痛哭着问神父发生这一切的原因。神父回答说，他们想砍那些让人尊敬的人的头（…a VR em de VR）②，也将砍我们的头；神父认为，所能做的最好的，就是把命交到我们的主的手中，并等待弯刀落下之时。但是，或许是因为他们良心发现，或许是因为我们的主命令其不可继续为恶，神父就这样度过了基督降临节③，并说他从未度过这么好的基督降临节。]④

城外已经知道城中不杀人了，相反还通过派发粮食的方式来安抚他们，于是人们开始往城里聚合，特别是那些从城里逃出来的人和附近村镇的人。他们中有一些教徒，以救济物来帮助神父，因为神父已非常贫困；他们也募集到另一些救济品来帮助那些陷入困境和遭到虐待的人们。

在这支鞑靼军队中，有一位来自北京的奉教太监，名叫弥额尔（Miguel），给靖南王（Rey Cin nanvan）当差。这个靖南王我们称为“少王”（Rey Mancebo），以便与另一位年老的王爷相区别。⑤ 少王知道神父，立即前去拜访。⑥ 他与一位士兵交涉，想让（或者更准确地说，是恳请）他放了神父。然而该士兵站在旗下，拒绝照办，因为这个士兵不隶属于少王，而是属于老王的军队。这样一来，情况一如之前。

基督降临节接近尾声，在圣多马日⑦这天，弥额尔一大早来见神父，跟神父说（少）王爷要召见他。神父问是什么原因，弥额尔回答说，王爷看到了他的十字架念珠，便问他是不是教徒，以及这里是否有天主堂和欧洲神父；弥额尔将所知道的都告诉他，说这里有一位神父，于是王爷便命他召唤

---

① 11月29日。

② 这句话含义不明确，Isabel Murta Pina 教授帮忙将其中的缩略语转写为 a Vossa Reverencia em de（?）Vossa Reverencia，但译者仍无法确切明白其含义。

③ 圣诞节前四周为基督降临节。

④ 这两段为抄本一所无，此据抄本二补入，见 49 - IV - 61，fl. 673v。

⑤ 年少的靖南王为耿继茂（？—1671）。年老的王爷指的是平南王尚可喜（1604—1676），而非耿继茂之父耿仲明（？—1649）。耿仲明于1649年自缢身亡。

⑥ 耿继茂之所以全力解救曾德昭，可能是因为其父耿仲明曾是明末著名奉教士人、登莱巡抚孙元化的部下。

⑦ 12月21日。

神父。

神父前往见（少）王爷。王爷以高规格礼节相待，给神父赐座、上茶。聊了几句之后，王爷便命弥额尔把那个士兵带来（大家对这位士兵非常尊重，尤其是因为他在监狱那里的表现）。王爷说，如果神父想要另一个人，便给他；如果神父想要银子，也给他；如果神父什么都不想要，那么王爷将让这个士兵给他的王爷[①]传个口信，说将把神父释放出来。

这个士兵接到任务后，战战兢兢，但并未失去勇气，说他想亲自去和王爷说此事（即释放神父）[②]。他去了，宫殿中一直放着一张桌子，所以第一个动作就是赐他吃的和喝的。在完成他的使命后，（少）王爷叫来他，没有任何问答，便赐给他 50 两银子。这让他比他的老父（Pay Velho）还高兴，他就是这样称呼曾德昭神父的。[③]

少王爷命令弥额尔照料神父，在王府中为神父安排住处。神父向少王爷表达了感谢，但是没有接受住在王府的安排。神父去了弥额尔的房子。这些房子就在王府外面，是弥额尔用以安顿众多教徒的地方。这些教徒很希望与神父交流，每天来见神父的教友越来越多。他们来向神父忏悔，或者做其他与他们的灵魂有关的事情。

新年[④]到了，（少）王爷命人给神父送来齐全的衣物（神父已经没有多少衣服了，仅剩一件长衫，还是从囚牢中出来时穿的）、一头猪、几只鸡、两篓子白米。王爷谈到把自己住的几间房屋给神父。房屋是很短缺的，增加的整个军队以及其他很多从外面来的人都缺房子，因为城市乃至整个街区的房子被毁了很多。王爷安排神父住在与他住的房子连在一起的几间房屋中，这些都是非常好的房子。王爷命人给这些房子配备了家具，包括床和桌椅等，并一直提供米和柴火，还命令属下神父有什么需求就为他提供什么帮助。而他们其实不必做很多的，因为他们住得离王府都很近，任何情况下都用不着催他们做事。

后来事情是这样的：由于王爷的所有家人，包括他母亲、太太和子嗣们等，都从北方来了，王府中没有这么多房子，所以王爷命人为神父寻找其他房屋住。房子非常少，他们很努力地寻找，找到了几间，但是需要把原本住

① 应指老王爷，也就是尚可喜。

② 括号中为抄本二补入的内容。

③ 此处少王爷耿继茂称曾德昭为“老父”，显示出耿继茂非常尊敬曾德昭神父。

④ 1651 年 2 月 20 日为农历新年。（农历十一月为闰月。）

在其中的人们赶出去，神父不愿这么做。最后神父在一位教友的家中住下了。神父在这个家中配置了一个小礼拜堂用以讲弥撒，教友们在这里过信仰生活。（少）王爷面对面对神父说，好好休息一下，待事情平息下来，他将为神父建一座教堂。王爷已经对弥额尔这么说过几次。

这时，王爷往南出征了，那边还有四个城以及海南岛尚未被征服。

神父得了重病，被送到学院①，主要为了接受圣礼，并准备以圣礼安葬，当时并不指望他能活过来。然而我们的主被很好地服务到了，于是赐予他健康和生命。[广州的局势平静下来了，从长官们发布了命令来看，在那里居住将不会有困难。]

[接下来的事情大家都知道了。这就是我目前用翎笔记下的事情。我不记得更多了，也不能说更多了。澳门，1653 年。]②

1653 年末。③

今年，即 1653 年，管理澳门教区的是总督（Governador）若望·莫雷拉（João Marques Moreira），他是该城市的兵头。

这些就是我今年收到的消息。

若泽·蒙塔尼亚

Translation and Annotation of Álvaro Semedo's *Account of what happened in Canton while it was besieged by Tartars*

Dong Shaoxin

Abstract: Canton was besieged and captured for the second time by Manchu army led by Generals Shang Kexi and Geng Jimao in November, 1650. Portuguese Jesuit Álvaro Semedo was in Canton and wrote down what he saw, heard, and experienced personally. There are very few Chinese primary sources on this historical event, thus Semedo's report is extremely important for us to know the details of this Manchu capture. Now we translate and annotate this

① 指澳门圣保禄学院。

② 以上两个中括号中的内容据第二抄本补。

③ 本段以下的文字，应为蒙塔尼亚所写。

valuable manuscript to benefit the study of history of Ming-Qing dynastic transition and history of Canton.

Keywords: Canton; Álvaro Semedo; Shang Kexi; Portuguese Manuscript

（执行编辑：吴婉惠）

海洋史研究（第十九辑）
2023 年 11 月　第 270 ~ 292 页

《西浮日记》：1863—1864 年越南潘清简出使法国海陆旅程地名释说

郑永常*

一　前言

越南嗣德十六年（1863）五月至嗣德十七年（1864）二月，越南钦使团奉嗣德命出访法国和西班牙，这是越南阮朝嗣德帝（1848—1883）第一次派遣钦使团出访欧洲。[①] 这次越南钦使访欧团由正使协办大学士潘清简，副使吏部左参事范富庶和陪使广南按察使魏克憻，以及 20 多名使团成员组成。越使团通过海陆交通出使欧洲法、西两国，其所到之处，皆有日记记录，包括所见所闻、航海里数、船舵方位、风向浪涛，以及所经

* 作者郑永常，台湾成功大学历史系退休教授。

① 阮朝开国者阮福映为取得外援复国，曾接受法籍传教士百多禄（Pigneau de Behaine）的建议，遣派长子阮福景出访法国请兵，当时只有 7 岁的阮福景于 1787 年奉父亲之命，随同百多禄出使法国并签订《法越凡尔赛条约》，其后法国没有履行条约。这时距阮朝开国仍有 15 年。又明命帝十九年（1838）因传教士冒死入越传教，严禁、严刑也无效，故派使臣前往法国商讨此事，越使抵法，法王路易・菲力普（Louis Philippe）拒绝接见，使臣被迫无功而回，使臣抵顺化时，明命帝已经驾崩。参见〔越〕陈重金《越南通史》，戴可来译，商务印书馆，1992，第 343 页。

地名等等，形成《西浮日记》[1] 一册呈嗣德帝御览。由于没有刻印成书，故流通不广。

笔者发现作者能指出整个航海过程中船只航行的方位，显然他十分留意航海过程并记录了所经过的地方等内容，这可以还原 19 世纪中叶西方蒸汽轮船航海路径及其航海规范等问题。笔者怀疑作者是站在驾驶舱内观察航海过程并记录的，因此三位大使应是轮流值班或由成员当值记录，才能够完整地记录该次出使的航海旅程。作者虽然以汉文书写，但对于外国人名地名等的写法，又是另一套方式，亦没有规律，而且这是 1863—1864 年的作品，解读其海陆旅程并不容易，往往令人望而却步。

笔者近年研究耶鲁中国帆船航海图，花了很多心思在东亚海域的航海路线及途经地名上，对沿海地理有一些了解。因此对潘清简之《西浮日记》十分有兴趣，通过它也可了解当时蒸汽船航海路径。当时潘清简使团是乘坐法国蒸汽战船，其跟一般渡轮航线虽有所不同，不过大致上从东亚至地中海的航海路线差不多相同。本文利用 Google 地图 GPS 的定位系统，以地望、音近、方位和航海路径，以及手头上的各类地图信息，对海程所经地理位置，所到之港口，进行逐一解读，务求将这次海陆之旅的地理名称（今名）和路径一一指出，使读者不致摸不清究竟该蒸汽船所到何处？

本文企图还原 19 世纪中叶，在苏伊士运河开通前，从东亚航海至法国的海陆旅程如何转接，至于旅途中所见所闻，将另文分析论述。本文只讨论海陆旅程途经的地名、港口，加以今名对照，使读者易于阅读日记内容。如果原文中有不甚明白的叙述，笔者会在文字后加入简单释说，以求读懂该文。又在每一个路段适当处加入说明，使航行路径清楚明白。在每一段（笔者设定）完整的航程上，会加上航海路线图以协助读者读懂这本海陆路程日记。

二 越使团出使法西两国的时代背景

1862 年法、西二国入侵越南南圻，嗣德帝派全权大使潘清简与法国代

[1] 《西浮日记》（卷上）开卷提及："兹奉公回，除办公文书交项清册，另款缮进外，所有程途经历、闻见答问各款，谨奉会同，逐日登记，进呈，候奉洞鉴，谨奏。"潘清简等：《西浮日记》（抄本），第 1 页。本文版本为 1955 年法国远东学院在河内制作胶卷，是法国陈庆浩教授所赠影像副本，在此表示感谢。下称《西浮日记》（抄本）。换言之，这是一本诸位出使官员共同撰述的合订本，资料丰富而繁多，了解地名，对书中内容便可展开研究。

表海军少将铺那（Bonard）谈判，结果被法人迫使签署《壬戌和约》（又称《西贡条约》），割让边和、嘉定、定祥三省和昆仑岛予法。嗣德帝认为对方是文明理性之人，谈判是唯一可说服对方放弃占领的方式。嗣德帝根据《壬戌和约》最后一款"凡立和约章程后，三国大臣画押盖印奏上，奉画押盖印之日起约计限以一年，三国御览批准，即在南国京城互交存照"[①]，希望在一年缓冲期内通过谈判争取赎回边和、嘉定、定祥三省。

嗣德十六年（1863）二月，法国大使铺那和西班牙大使坡陵（Palanca）抵达顺化，提交议和书草稿并交还永隆省，嗣德帝任命潘清简为永隆总督，继续与法帅讨论收回失土的事。嗣德帝认为必须派员直接赴法国谈判，据理力争，才能修改和约内容，可见他的外交意识是积极而强烈的。因此，嗣德帝任命协办大学士潘清简为正使、吏部左参事范富庶为副使、广南按察使魏克憻为陪使，随同法、西二使出国访问，[②] 因而有这次出使法国和西班牙之旅。

潘清简所率领的钦使团到法国访问，换来法国的让步，拿破仑三世愿意把交趾支那（越南南圻）三省（边和、嘉定、定祥）交还越南，但要保留保护权及割让西贡等八处沿岸土地作为贸易之用。钦使团认为他们的任务已经完成，可是当他们回到越南时，顺化朝廷不接受法国的退让，而朝廷保守派大臣极力反对厘订新约，法军遂进攻南圻各省，双方再度陷入战争状态。潘清简已无力回天，孑然一身走了，留下一本《西浮日记》，记录着 1863—1864 年出使法、西两国的海陆行程，以及旅途中所见所闻。

我们可以透过这份 19 世纪中叶的汉文史料，了解蒸汽船时代初期，即桅帆和蒸汽轮并用的年代，苏伊士运河[③]仍未开通之际，从亚洲前往欧洲的海陆旅程，包括海上交通规则、海港设施、防疫方式、燃料补给，以及娱乐活动等。以下研究是针对海陆行程中的路线、经过的国家和港口，并以今之地名对照，以让读者对海陆行程一目了然。

---

① 郑永常：《越法〈壬戌和约〉签订与修约谈判，1860—1867》，《成功大学历史学报》2003 年第 27 期，关于该条约之内容见第 107—108 页。

② 郑永常：《越法〈壬戌和约〉签订与修约谈判，1860—1867》，《成功大学历史学报》2003 年第 27 期，第 111—114 页。

③ 苏伊士运河（Suez Canal）于 1869 年 11 月 17 日通航。

三 海陆旅程所到之处地名释说

（一）从顺化至嘉定

嗣德十六年五月初六日三位出使大臣——协办大学士潘清简、吏部左参事范富庶和广南按察使魏克憻等入宫拜别嗣德帝后，廷臣在礼部设宴送行，使团随即率随员出发。自皇宫附近的嘉津次（渡头），乘船往顺安汛等候乘坐法人的轮船前往嘉定。[①] 初七日越使团分坐汛船登上富浪沙（法国）[②] 权帅嘉棱移衣（六圈官[③]）派来接载的“鹭姑火轮船”（蒸汽渡轮），船长斘魞（三圈官）、佐属山铺（一圈官，稍晓越南语）等引领使团各人上船。下午 1—2 时点火起航，鹭姑火轮船向东南方行驶，入夜途经广南。第二天转向正南方行驶，过广义，经平定，入夜向西南行驶，经富安。初九日经过富安、平顺、边和。初十日上午 9—10 时进入芹蒢汛（摔拉普河口，Song Soai Rap）河道，下午 3—4 时抵达嘉定（今胡志明市，旧称西贡）牛江津次（俗号渗城）寄碇。也就是说，从顺安汛至嘉定，以当时蒸汽渡轮的航速差不多要四天才抵达。[④]

笔者发现以潘清简为首的越使团将整个航程，包括时辰、方位、地名、风讯、港口等都一一记录下来，[⑤] 也许是为了向朝廷提供现代航海技术知识，也反映出嗣德帝本人对于西方之长技并没有歧视或忽视，而是作为日后学习的参照。越使团抵达嘉定后，嘉定法帅参赞哱阿哂（三圈官，稍晓越南语）、权监督陆稜（原是传教士，名具填）等人接他们登岸。十一日陆稜率领马车来接潘清简等三位大使，至法海军司令官邸会面。法司令向越使团说明：一二日内有一艘渡船（普通火轮船）将抵嘉定，上落客后便出航，如要乘坐该船须讨论船费等问题，但该船的乘客十分多。如果选

① 《西浮日记》（抄本）卷上，第 1 页。

② 圆括号内的文字是笔者加入的释说，下同。

③ 军装官员的位阶配置，圈越多，官阶越大。

④ 《西浮日记》（抄本）卷上，第 2—3 页。

⑤ 在明命帝时曾指示出洋公务：“此行非为市货，正欲知外国山川风物。尔等所至，须熟看子午盘，记注明白，俾知方向。”阮仲合等：《大南实录·正编第二纪》卷十九，有邻堂出版，2005，总第 1675 页。换言之，记录行船子午盘，是出洋重要公务之一，已成为越南朝臣的传统。

择坐法国海军的气机师船（法国蒸汽机战船），日内自广东抵达嘉定，但须要多等六七日，因为该艘军舰稍作维修后，乘载久戍这里之法兵回国休假，越使团可乘坐这艘军舰。潘清简认为军舰没有渡轮那么猥杂，故决定乘搭军舰出使。① 由此可知，当时有法国轮船从中国开航，途经越南往红海航线。

候船时，法人先将越使团货物及旅行用品等运至码头，储库和检查，法司令先详细叙述使团状况寄回法国报告，而使团等亦誊写使团成员和物品等。越使团成员一行除协办大学士潘清简、吏部左参事范富庶、广南按察使魏克憻三人外，随行成员有：司礼郎中阮文质，员外胡文龙、阮文琚，协管阮文薰，主事谢惠继、黄文纪，四等阮有慎，五等阮有给，协管阮茂平，率队梁文彩、阮有爵，司务范有渡、陈济，② 通言阮文郎、阮文长③，医正阮文辉④，越使团在嘉定增聘晓识富浪沙语的阮弘协助翻译，而潘清简亲子潘蒹随行以备汤药等，另有弁兵（不知几人），越使团人数共有 20 多人。而法方伴随成员有法人哱阿喃，带同越籍通言张永记、阮文珊，记录尊寿祥、潘光效等，共五人。⑤

（二）从嘉定至新加坡

十八日傍晚上船，这是一艘法国战船“吁鲐椑嗎号”⑥，船长名嗜稽

---

① 《西浮日记》（抄本）卷上，第4—5页。

② 越使团成员根据在九月十三日在蚋嘏台（凡尔赛宫）晋见拿破仑三世时，讨论坐车成员及留馆的情况整理出来，参见《西浮日记》（抄本），第38页。

③ 通言阮文长于六月二十四日在阿颠澳（亚丁港）病逝，参见《西浮日记》（抄本），第18页。

④ 医正阮文辉于六月十六日逝世于亚历山大港，参见《西浮日记》（抄本），第34页。

⑤ 《西浮日记》（抄本）卷上，第4—5页。

⑥ 笔者案：当时的远程航运，从亚洲至欧洲已告别双桅横式帆船时代，进入蒸汽轮船的阶段。越使团乘坐的气机师船（火轮船），属于此时的蒸汽发动的轮船。蒸汽轮船大概在19世纪初期已实践于行驶中，而第一艘铁轮船 Aaron Manby 建造于1821年，该轮船载着旅客于1822年横渡英伦海峡抵达巴黎。而第一艘横渡大西洋的蒸汽船萨凡纳号（SS Savannah）（见图1），于1819年从美西乔治亚州萨凡纳港（Savannah，Georgia）出发，一个月后抵达英国利物浦（Liverpool）。这是一艘混合体的轮船，即利用蒸汽推动和风帆行驶。1857年一艘英国船大东方号（the SS Great Eastern）成功地经过好望角抵达印度，而不必中途停靠添加煤炭。事实上从事长程贸易的蒸汽轮船在1866年之前，没有足够的空间载运煤和货物，因此必须沿途停靠港口加煤，以便腾出空间载运货物。其解决办法就是采用海陆营运方式，即蒸汽轮船从远东地区经红海抵埃及的苏伊士，经陆路至亚历山大港，再上另一艘蒸汽轮船经地中海前往欧洲各目的地。在苏伊士运河1869年11月通航以前，欧亚海陆营运是当时最便捷的路线。潘清简所坐的气机师船（法国战船），基本依照此路径行驶。

（五圈官）。船身裹铁，长二十丈，宽二丈四尺，深三丈五尺。十九日辰时（7：00—9：00）起碇，出芹蒢汛，向午位（正南）驶，二十日子牌[①]（23：00—1：00）经过昆仑岛，二十二日寅牌（3：00—5：00）经过地盘山（廖内群岛之 Tobong）[②]，卯牌（5：00—7：00）经将军帽山（廖内群岛之 Tiangau）。然后转向丁位（正南偏西 15 度）驶，午牌（11：00—13：00）经母子猪屿（Telaga）（北向一屿，后随数四小屿）、东笠山（廖内群岛之 Air Pasir 的东北）、观音山（廖内群岛之 Air Pasir 的东南）（以上山岛，皆于船右望见）。入白石港[③]，港道左边有小石屿，名为白礁石。英吉利人（英国人）在海口处砌石台，树立灯塔，派兵（五六名）轮往驻守。每夜高灼玻璃灯（煤气灯）。又在港口左右或暗沙处，系上浮表（编滕如篓，长数尺，圆六七尺许）涂上颜色。在港内系上铁质篓（浮筒）为标志，以便船只于此下锚停泊，这是现代化港口设施，以指示轮船往来。这时西方各港澳，皆有灯塔。当时西方轮船刚从横式帆船（多索帆船）过渡至蒸汽轮船的阶段，因此船上仍保有帆桅和机动轮来航行，该艘法国战船亦是这一类型。未牌（13：00—15：00）抵达津嘉波澳（新加坡，又名下洲或新洲）码头寄碇。自芹蒢汛至该澳，舟行三日，凡 2030 余里（约 1015 公里）。[④] 越史《大南实录》常有关于船往下洲贸易的记录。[⑤]（此段航海路线如图 2 所示。）

---

① “牌”是越南人用语，标示时辰的牌子。

② 地盘山即 Tiuman/Tioman（刁曼岛），参考向达校注《两种海道针经》，中华书局，2012，第 224 页。若从昆仑岛向午位驶之航行路经，经过的第一个地方应是廖内群岛之 Tobong 岛，下一个是廖内群岛之 Tiangau 岛。

③ 白石港即进入新加坡的港口。吴调阳校《东南洋针路》谓：“柔佛一名乌丁礁林（今属英吉利，名新加坡）。罗汉屿有浅宜防，往来寻白礁石为准（今名白石口）。”转引自饶宗颐编《新加坡古事记》，香港中文大学出版社，1994，第 187 页。

④ 《西浮日记》（抄本）卷上，第 4—10 页。关于“里”，越南阮嘉隆五年（1806）黎光定编的《皇越一统志》谓：“按古法一步五尺，三百六十步为一里。”参见〔越〕黎光定纂修《皇越一统舆地志》，人民出版社，2015，第 26 页。而中国清光绪年间以 5 尺为 1 步，2 步为 1 丈，180 丈为 1 里，1 尺相当于现今 0.32 米，即 1 里等于 576 米，https：//zhidao. baidu. com/question/23700745. html ，2017 年 4 月 28 日。换言之，越南里数与清光绪年间里数相同。

⑤ 《大南实录・正编第二纪》卷五十二，第 27 页，记录了“嘉定商船多盗载米粒卖于下洲者”。

图 1　早期蒸汽轮船，American ship SS Savannah 1822

资料来源：维基百科，https：//cn. bing. com/images/search? q = american + ship + ss + savannah + 1822. &qpvt = American + ship + SS + Savannah + 1822. &form = IGRE&first = 1&tsc = ImageBasicHover，2018 年 6 月 25 日。

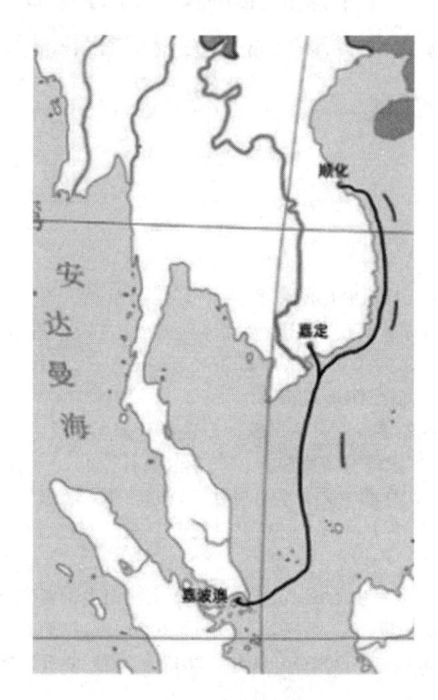

图 2　从嘉定至新加坡的航海路线示意

底图来源：自然资源部监制“世界地图轮廓图”GS（2021）5449 号。

（三）从新加坡出航：一段迷航之旅程

越使团二十三日至二十六日游览新加坡，等候该战船补给炭料等物。二十七日卯牌，该船雇用两名阇闾人（即马来人）为引道（引水人，或称带水、领港员、领航员），他们的工作是指引战船从新加坡至枢麻槎（苏门答腊，Sumatra）港外，每人三十元。可见当时西方船只对于当地海域的航海路径并不太熟悉，故须雇用当地人带路，不过聘请当地人为领航员，似乎是当时航海者不成文的规定。法国战船离开新加坡后，向巽巳（东南）退驶（逆向行驶）。原本西行海程自出新加坡港后，应该是向辛戌（西北偏西）行驶，才能进入麻罗歌（马六甲，Malaca）海峡，再经亚征（亚齐，Aceh）出海，经明哥梨（孟加拉湾，Bay of Bengal）才西向。据说因为刚遇上坤（西南）风，该船长决定放驶（慢驶）入下寮港（邦戛，Pemangkat）[①] 停泊，数小时后再出海。[②] 下寮位于婆罗洲三发（Sambas）的出海口，18世纪中叶这里是华人开金矿的社区。下寮的东边远处是辅鳕泥焉乌岛（清人称为苏禄国），该船离开下寮后，往南行驶。

二十八日辰牌，东边经过七岛〔从三发至坤甸（Pontianak）〕。未牌（13：00—15：00）入明族（坤甸）港，港口东边人烟稠密，水边设有望灯（灯塔）。西边名枢麻槎（指苏门答腊—巨港），原是阇闾人的地方，后被荷兰人占领。在坤甸市，富浪沙、英吉利和清人多来此买卖，这里的楼馆、铺市比新加坡更为繁荣，所生产的有百谷诸果、豆茶、精白砂糖等，都比其他地方更精良。距离入口远处汛口名波罗朋（万喇港，Tarap）[③] 是阇闾人聚落，各地商人喜欢在这里买卖。河道有300余里，宽五六里至八九十里不等。申牌（15：00—17：00）抵蒙图（东万律，Mandor）港口（清人称之为溢浦）寄碇。从明族至蒙图港，河道多而浅沙，且迂回曲折，不便夜行。[④] 为什么越南人叫坤甸为“明族”？《西浮日记》没有说明，笔者猜想

---

① 因为该船离开白石港后，以巽巳（东南）方向前进，航入婆罗洲西部地区。考虑下文蒙图港的因素，笔者认为下寮港即三发河口之邦戛港口镇，这里是三发河的出海口。参考罗香林《西婆罗洲罗芳伯等所建共和国考》，附地图《罗芳伯等所建兰芳大总制之疆域与交通及关系详图》，香港中国学社，1961。

② 《西浮日记》（抄本）卷上，第12页。

③ 参考罗香林《西婆罗洲罗芳伯等所建共和国考》，附地图《罗芳伯等所建兰芳大总制之疆域与交通及关系详图》。

④ 《西浮日记》（抄本）卷上，第12—13页。

这时虽然已是清末，但东南亚仍然有些明朝遗民维持原来的装束，没有剃发，故越人有此称说，如越南的明乡人。二十九日寅牌起碇，向午位驶，辰牌入蒙图港东边，经能哥诸岛（Kubu Raya）[①] 出海，向丁未（西南偏南）行驶。东有一岛名炉吹巴隰嵘（巴登蒂加岛，Pandang Tikar），西有沙咀称炉吹。三十日东经二岛，名低玻洟沱（马亚卡里马塔岛，Pelapis，西人称为兄弟岛），再经千山岛（卡里马塔岛，Karimata）、东南经群岛（勿里洞与邦加岛），中有钮岛、中岛、青尼姑罗岛、嗑嚟岛等岛屿。嗑嚟岛由荷兰占领后，筑城于此，故称嗑嚟城。荷兰人设官镇守该岛，城外港滨有灯塔一座，民居铺市与明族略同。[②] 换言之，这里也居住着很多明遗民。

在 1824 年英荷条约签订后，荷兰人拥有邦加和勿里洞二岛，荷兰人在海峡中的嗑嚟岛筑城建灯塔，原因是这里发现了锡矿，很多东南亚华人在这里从事开矿活动，因此越人说民居铺市与坤甸略同。明末清初一批义不臣清的明遗民留在东南亚，清代 1683 年开放出海贸易，东南亚便出现两种不同装扮的中国人，一是明朝遗民，一是留辫子的清人，如马六甲青云亭第二任甲必丹李为经（1614—1685）的遗像仍是明人服饰，越南明遗民被编户齐民成为明乡人。当地政府无论是殖民地政权还是在地政权，都很清楚地区分了两种中国人，如巴达维亚和广南国。明朝遗民大都归化为当地人，懂当地语言，成为当地政府信任的生意伙伴。

这艘战船，经椒港（因该港土地多种植椒树而名），两山双对，港口广百余丈。这个港口是指邦加与苏门答腊海峡入口处，越人称为双提港，海峡以北属枢麻槎地，以南属江流波（咬嚁吧/巴达维亚），这里原是阇冋故地。船向酉庚（西）驶，过双提港，先经枢麻槎南部，此地连接亚征咀，这里有恶蛮喜食人肉。船向西行经麻罗歌港、槟榔屿（Penang Island）往西，过缅甸和卬梓辛（印度）诸国岛屿。[③] 法国战船这段航路有点迷糊，原本应该是往西行的海程，却往东航行，进入西罗洲下寮港再南下入坤甸。坤甸原是阇冋人（达雅克人）的地方，后被荷兰人占领，而富浪沙、英吉利与清人多来此经商，这里的楼馆、铺市比新加坡倍胜。为什么这里（坤甸）比新加坡倍胜？

因为 1863 年时，新加坡开埠只有 44 年，仍然不是重要的贸易中心。但

① 能哥诸岛在坤甸河口，共由三岛组成，将万律河出口分为北南两边。

② 《西浮日记》（抄本）卷上，第 13 页。

③ 《西浮日记》（抄本）卷上，第 13—14 页。

在婆罗洲西部，以坤甸为对外港口的华人金矿公司仍然十分繁荣。大概在1777 年罗芳伯在此创立兰芳公司，荷兰人称之为兰芳共和国。自荷兰殖民者控制印尼及婆罗洲后，便找借口将开矿公司逐一击破，当时最强大的是兰芳公司，其次是大港公司和三条沟公司，这三个华人金矿公司之间时有冲突。1850 年大港公司与三条沟公司发生冲突，三条沟公司因此瓦解，荷兰殖民者介入其中，趁机联合兰芳公司打击大港公司，至此大港公司亦倒闭。西婆罗洲只剩下兰芳公司，它成为一方之霸，当时荷兰东印度公司利诱兰芳公司归顺，等机会将其击破。大概在 1885 年，荷兰人出兵征服兰芳公司，19 世纪初东万律有华人 2 万人左右，至 1849 年西婆罗洲华人人口数为49000 人，而其重要的出海港口就在坤甸。[①]

从坤甸出海后，向西南偏南前进，穿过勿里洞与邦加岛进入邦加与苏门答腊海峡（双提港）。这里遥对巽他海峡，是这一海域之分界，北属苏门答腊，南属巴达维亚。荷兰人在 1822 年已占领巴邻邦（Palembang），但巴邻邦中部以北仍然是当地苏丹王领地。1824 年的英荷条约中，荷人将马六甲交给英人，而英人将在苏门答腊南边明古伦（Benkulen）的统治权交与荷人。也就是说，1824 年英、荷二国基本上把马六甲海峡以中线为界分为两部分，以北属英人势力范围，以南为荷人势力范围。法人战船入西婆罗洲似乎是要观察大港公司的状况和当地形势，是否有机会乘虚而入，建立法人的殖民地。所以航海路径有点怪，原因或在此，并不是顺逆风的问题。（从新加坡出航的航海路线如图 3 所示。）

（四）自马六甲海峡至亚丁港

越使团乘坐的法国战船于六月初一日自双提港外，往印度洋方向行驶。潘清简谓，西人称“自阇问以上至东西二竺皆称阇间海”，自“双提以西至哥多披岛（索科特拉，Squtra）称印趋（印度）嗎（缅甸）海”。初七日，战船已抵孟加拉湾，遥对明哥梨澳（加尔各答，Calcutta）。当时西孟加拉已是英人在印度殖民地总部，法国战船并没有进入英属加尔各答停泊，继续向辛戌（西北偏西）行驶，也没有停靠法国殖民地本地治里（Puducherry）。本地治里最初是法国殖民地，但后易手给荷兰人和英国人。1850 年后英国

① 罗香林：《西婆罗洲罗芳伯等所建共和国考》，香港中国学社，1961；〔荷〕高延：《婆罗洲华人公司制度》，袁冰凌译，台北“中研院”近代史研究所，1996，第 101 页。

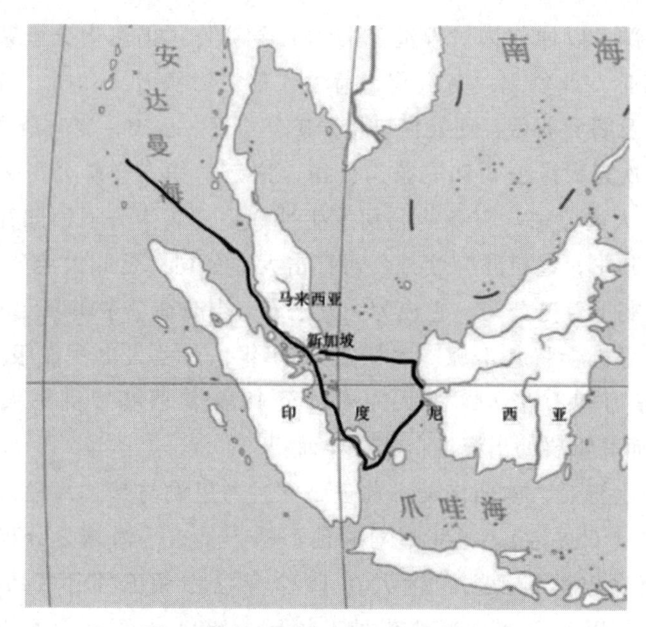

图3 从新加坡出航的航海路线示意

底图来源：自然资源部监制“世界地图轮廓图”GS（2021）5449号。

几乎控制整个印度，但允许法国保有本地治里统治权。为了避免英国人误会或赶行程，这艘法国战船没有停泊在本地治里。

初十日向辛戌行驶。已从嘏钗稜岛（锡兰/斯里兰卡，Sri Lanka）和印度的呱谟孖咀[①]南边经过。十二日，战船行经沙箬岛（查戈，Chagos，英属印度洋领地）和曼趍吽岛（马尔代夫，Maldives）之间，十五六日向戌干（西北）行驶，北边遥对啵嚁嘎啐（巴基斯坦，Pakistan），穿越赤道北行。十八日进入阿喰陂（阿拉伯，Arab）海，经哥多披（索马里东北角之Caluula），入亚丁湾，经趋姑哃𨁏（也门之Shoqra），二十四日抵达阿颠港（英属亚丁港，Aden）寄碇。自新加坡至该澳共航行27日，16890余里（约8445公里）。六月二十四日晚，通言阮文长病死，使团委请哱阿喕托法领事觅地安葬，船长用舢板将阮文长遗体运上岸，葬于阿颠山脚下。[②]（自麻罗歌海峡至阿颠澳的航海路线如图4所示。）

① 笔者按：呱谟孖咀或指科摩林角（Cape Comarin），印度半岛的天涯海角，《明史·外国列传》译作“甘巴里”，是航海路线上的重要站点，https：//zh.wikipedia.org/wiki/%E7%A7%91%E6%91%A9%E6%9E%97%E8%A7%92，2017年3月2日。

② 《西浮日记》（抄本）卷上，第15—19页。

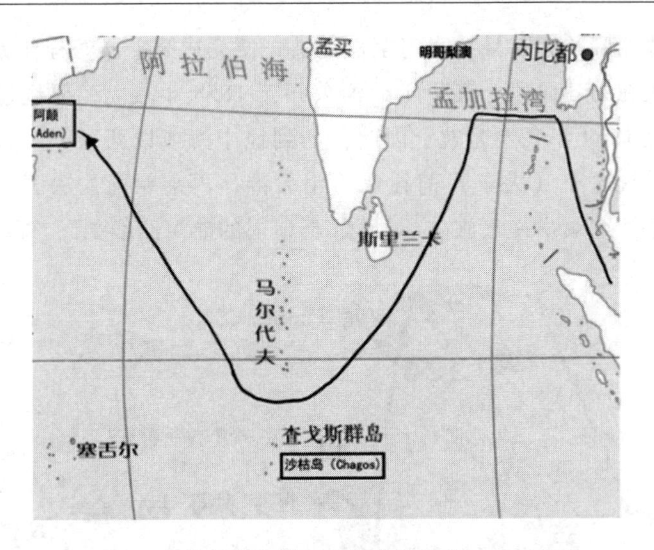

图 4　自麻罗歌海峡至阿颠澳的航海路线示意

底图来源：自然资源部监制“世界地图基础要素版”GS（2020）4395 号。

（五）从亚丁港至埃及枢谒港（So Khna）

法国战船在亚丁港补充炭料等物，二十六日船长雇用两名阿嗱陂人（阿拉伯人）为领航员自此至埃及枢谒[①]，每名价银 38 元。该日卯末（6：20—7：00）起火出港，经亚非利加洲的瘖模厘国（法属吉布地，Djibouti），北经阿嗱陂地，入赤海（红海）口。二十七日经喋哥铺，左经梨稽墨编岛，右经梨巴低屿等凡八个大小岛屿，左岸是非洲的菟陂国和梨编支除岛等，这些岛屿和地方都在红海内，无法一一对应地名。二十九日经哳多汛（吉达港，Jeddah），这里属于阿嗱陂管辖，从哳多汛上岸后，再陆行数十里便抵达嚱罗城（麦加，Mecca/Makkah），这里是“回道祖麻呼蔑（穆罕默德）墓所在”。七月初一日经北赤道线（北回归线）抵达伊牒国（埃及，Egypt），初二日东经低趍哮岛和兄弟岛〔在埃及胡尔加达（Hurghada）外海〕。初三日东经阿哥婆（属阿拉伯港口），西边入埃及的维盘港，东边为须油箕（土耳其，Turkey），初四日抵枢谒码头，这里属伊牒国管辖之地，但当时埃及在法国的势力范围内。自阿颠至此，船行七日，共 4641 里 69 丈余（约 2320.5 公里）。[②]

---

① 书中又作“枢喝”。

② 《西浮日记》（抄本）卷上，第 19—21 页。

法国战船吁鲐榫嗎号从嘉定至柩谒港，便完成第一段海程任务。当时苏伊士运河还在兴建阶段，苏伊士运河公司于1858年成立，要经过十一年的努力，及至1869年底才通航。因此，如到地中海或以西国家，必须在柩谒上岸，转乘火轮车（火车）前往亚历山大港，再乘船前往法国，越使团在柩谒港登岸，继续出使之旅。（从阿颠至柩谒的航海路线如图5所示）

图5 从阿颠（亚颠）至柩谒的航海路线示意

底图来源：自然资源部监制“世界地图基础要素版”GS（2016）2951号。

（六）自柩谒至亚历山大港的火车之旅

越使团一行20多人，初五日登岸候火车，初六日中午抵达埃及首都稽城（开罗，Cairo），埃及国长要接见钦使，当时接载越使团的法国船仍未到港。越使团在埃及展开参访活动，包括参观古器库、稽城、浰卢河（尼罗河，Nile）、铺市街道、工作场（铸炮炼剑所）、回教礼（宗教节日）等。十二日越使团中阮有爵感染疯病（应是指疯癫症，即精神病）。使团在稽城候车，终于在十四日登上火车，二时半左右抵达亚犁腔逞城（亚历山大港，Alexandria）[①]。从柩谒至亚历山大港的铁路于1856年才开通，使者们一定受到火车高速运输能力震撼，而不幸的是六月十六日医正阮文辉亦病故，客死

① 《西浮日记》（抄本）卷上，第23—31页。

异乡，下葬于亚历山大港。[①] 这段旅程中，使团中二死一疯病，为了谈判收回法人占地，越南人付出的代价不小。（从枢谒至亚历山大港的火车路线如图6所示。）

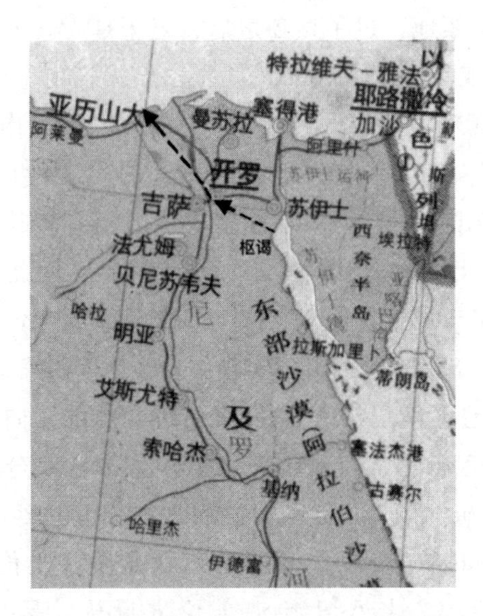

图 6　从枢谒至亚历山大港的火车路线示意

底图来源：《最新世界地图集》，中国地图出版社，1980，第 52 页。

（七）地中海的旅程：从亚历山大港至马赛

十七日富浪沙派专船“巴罗粃号”火机船（火轮船）来接使团，船长（五圈官）低啸吻咜来宾馆相会。船长说：“该船自秋龙澳（土伦，Toulon）来，要花二日时间整理和清洁船舱等。”因此越使团继续参观罗唊咄台（盖贝依，Qaitbay）[②]，该城有台三所，是埃及国长游览驻跸的地方。二十日亚历山大港城官准备马车八辆接载护送越使团登船，同日巳牌（9：00—11：00）起火出港，向壬（西北偏北）驶，东南是埃及海分，东北遥对须油箕国。这艘火轮船身裹铁，长十五丈，宽二丈五尺，帆樯三，烟筒

---

① 《西浮日记》（抄本）卷上，第 34 页。

② 即盖贝依（Qaitbay）城堡，它的前身是公元前 3 世纪建筑的“亚历山大灯塔”，这座灯塔于 7 世纪逐渐失去作用，且于 14 世纪毁于地震。15 世纪阿拉伯统治者盖贝依苏丹在原地建立一座碉堡，史称盖贝依城堡，肩负着守卫亚历山大港的责任。

一，船面放置可移动大炮四辆，上层和次层左右多为炮孔，这也是一艘战船。①

二十一日该船继续向壬驶，二十二日中午北边经矜趍岛（克里特岛，Crete），这是须油箕领地，过了该岛之后，遥望是喋晱（希腊，Greece），东南对淄铺厘（利比亚东部之 Cyrenaica）。二十三日由辛（西）转向戌（西北）行驶，北望喋晱和伊些厘（意大利，Italy）二国，南望淄铺厘国。二十四日经伊些厘之哥罗喃呜（卡拉布里，Calabria）、南边经嚱蚩那岛（西西里，Sicilia）与嗰苏山相对，海峡水湍急，多回澜。而嚱蚩那岛之南有山名噶诹，高 3650 尺，上常有火焰。② 二十五日向亥（西北偏北）行驶。北边是鲐麻国（罗马，Rome），南边是须湟国（突尼斯，Tunis）。二十六日南经咋唎丁岛（撒丁岛，Sardinia），北经呱喻咋岛（科西嘉岛，Corsica），这两岛咀间为逋尼訾乌港（博尼法乔，Bunifaziu），船继续向亥驶，经过这条海峡。二十七日转向壬（北）行驶，船已航入富浪沙海分。南边遥对安喈国（阿尔及利亚，Algeria），这里是富浪沙属地，而北边经过喻岛（法国的波克罗勒岛，Porquerolles-Hyères），至未牌抵秋龙澳（土伦，Toulon）法国海军基地，入澳寄碇。二十八日参观土伦港设施，是日酉末（18：20—19：00）开船出澳，向西（西）行驶，二十九日抵磨嘏澳（马赛，Marseille）寄碇。自亚历山大港至此，共用七日夜，4477 里。③

越使团从嘉定起航的海上之旅，至马赛港而结束。对于这批越南官员来说，这应该是一次艰辛的海上旅程。旅途中，通言阮文长和医正阮文辉二人病逝，该队阮有爵感染疯病，都可反映旅途之艰苦。为了国家出使，本身就是一项艰困的任务。他们还有一段火车之旅，才抵达法国首都巴黎。（从亚历山大港至马赛的航海路线如图 7 所示。）

（八）从马赛至巴黎的火车之旅

七月三十日磨嘏（马赛）城官员派马车接载越使团前往火车户（火车站），巳牌开车，申牌经阿为喲城（亚维农，Avignon），戌末（20：20—

① 《西浮日记》（抄本），第 33—36 页。

② 笔者按：明《坤舆万国全图》称西西里岛为西齐里亚，并附注：此岛有二山，一常出大火，一常出烟，昼夜不绝，https：//zh. wikipedia. org/wiki/% E8% A5% BF% E8% A5% BF% E9% 87% 8C% E5% B2% 9B，2017 年 3 月 7 日。

③ 《西浮日记》（抄本）卷上，第 36—40 页。

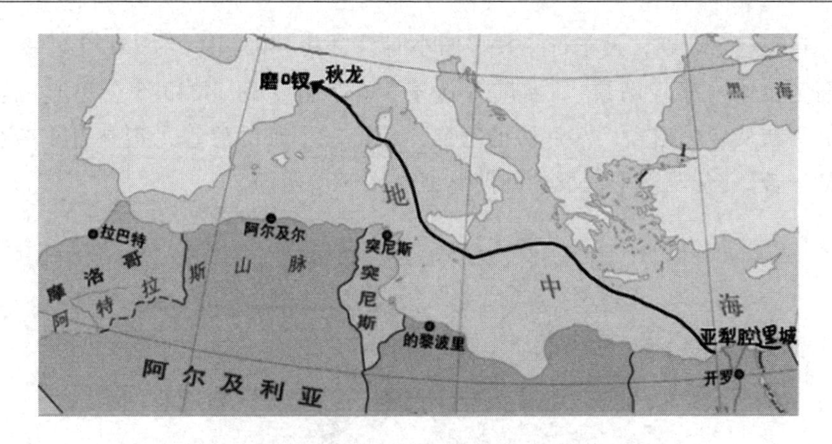

图 7 从亚历山大港至马赛的航海路线示意

底图来源：自然资源部监制"非洲地图"GS（2016）2940 号。

21：00）至梦西麻喻城（蒙特利尔，Montelimar）。[1] 八月初一日丑初（1：00—1：40）至璃翁城（里昂，Lyon），在里昂车站稍事停留。随同法人招待越使团用茶。卯初（5：00—5：40）至沙隆城（Sanoe），卯末（14：20—15：00）经盆铺（朋城，又称博纳，Beaune），这里是种植葡萄的地区，酿制葡萄美酒。辰中（7：40—8：20）至趁噂城（第戎，Dijon），午初（11：00—11：40）经麻除哪江石桥，午中（11：40—12：20）至哺头庯。午末（12：20—13：00）至沖蔙城（桑斯，Sens）。未初（13：00—13：40）过韦卢哪啵城（维尔纳沃拉，Villeneuve-la-Guyard），这里有条江叫伊温江（约讷河，Yonne），未中（13：40—14：20）经腔喻城（Cannes-Écluse），未末（14：20—15：00）经蒙丝嘛城（蒙特罗，Montereau-Fault-Yonne）。申初（15：00—15：40）经吗哝咖森林（Forest of Fontainbleau），这里是法王狩猎地区。申中（15：40—16：20）经梅兰城（梅内西，Mennecy）哢哪江（塞纳河，Seine）石桥，酉初（17：00—17：40）抵玻逞城（巴黎）。这是越使团出使法国的主要目的地，法国京师所在。[2]

---

① 从巴黎到马赛的铁路是法国重要的铁路线，全长 862 公里，通过第戎和里昂连接巴黎和南部港口城市马赛。这条铁路在 1847 年至 1856 年分几个阶段开通，当时通过里昂的最后一段开通了。参考维基百科 Paris-Marseille railway：https：//en. wikiped ia. org/wiki/Paris%E2%80%93Marseille_ railway，2017 年 4 月 20 日。

② 《西浮日记》（抄本）卷上，第 42 页；卷中，第 1—2 页。

自磨㗐至玻逞，火车行一日零四小时，合共1463里（约731.5公里）。[①]自嘉定至该国都（巴黎），水陆程途该28687里（约14343.5公里）。越使团五月初从顺化出发，八月初抵巴黎，足足三个月的旅程，正是舟车劳顿，备尝辛苦。（从马赛至巴黎的陆路路线如图8所示。）

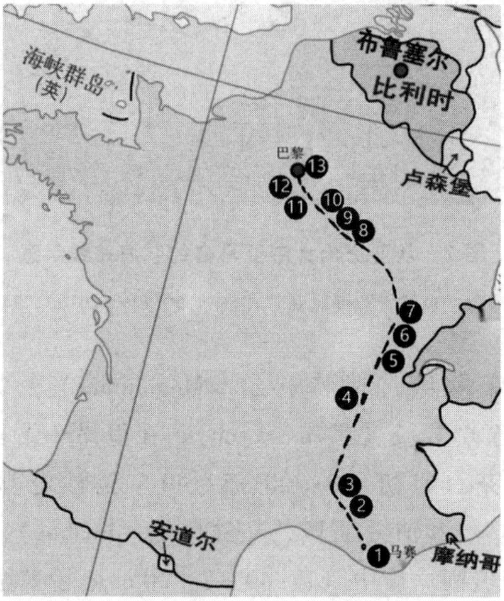

图8　从马赛至巴黎的陆路路线示意

底图来源：自然资源部监制“欧洲地图”GS（2016）2939号。

注：图中地名依次为：①磨㗐，Marseille；②阿为𠲎城，Avignon；③梦西麻𠻗城，Montelimar；④璃翁，Lyon；⑤沙隆，Sanoe；⑥盆铺，Beaune；⑦趍噂城，Dijon；⑧冲㳥城，Sens；⑨韦卢哪㗅，Villeneuve-la-Guyard；⑩蒙丝嚒城，Montereau-Fault-Yonne；⑪吗咳咖森林，Forest of Fontainbleau；⑫梅兰，Mennecy；⑬玻逞，Paris。

结　语

这是越南阮朝嗣德皇帝第一次派出钦差大臣出使欧洲，主动与法、西两

① 从巴黎开往马赛经过的路线和车站：Paris-Marseille railway Gare de Lyon in Paris（巴黎里昂）→Charenton-le-Pont（沙朗通勒蓬）→Crosne（克罗恩）→Forest of Sénart（塞纳尔森林）→Seine（塞纳河）-Melun（默伦）→Forest of Fontainebleau（枫丹白露）→Migennes（米热纳）→Dijon（第戎）→Chalon-sur-Saône（沙隆）→Lyon（里昂）→Valence（瓦朗斯）→Avignon（亚维农）→Arles（亚尔）→Marseille-Saint-Charles（马赛）。铁路总长862公里。换言之，从巴黎至马赛，1863年的铁路与现今的铁路线是相同的。据越使团的记录，从马赛至巴黎火车行一日四小时，共1463里即731.5公里，与现今的862公里，相差130.5公里。

国政府直接谈判南圻事宜。潘清简这次出使，目的是要说服法国修改《壬戌和约》的内容。潘清简使团于1863年9月（农历八月）抵达法国，因法皇出巡未归，越使团被安排到巴黎各机关或名胜古迹参访和游览，两个月后才获法皇接见。11月拿破仑三世偕同皇后及太子在杜乐丽皇宫（Tuileries Palace）接见越使团。潘清简要求法国皇帝准予赎回三省，当时法国因墨西哥之役受到挫折，扩张政策受到质疑。拿破仑三世决定把交趾支那（越南南圻）交还越南，但要保留保护权，并占领西贡、堤岸、头顿及同奈河一带，以及美荻等地，作为贸易之用。潘清简这次出使总算有所收获，法国愿意交还三省。其后使团继续前往西班牙访问，潘清简完成任务后，于1864年3月28日（农历二月二十一日）率领钦使团回抵越南京师顺化。

法国愿意归还三省并提出五款要求，对当时欧洲帝国主义来说，是一项比较宽大的做法，法人以为越南不应再有意见。可是，顺化朝廷对五款要求议论不一，最后拒绝法方《续约书》[①] 中所提及归还三省的条件。显然，顺化朝廷并没有感受到法国的诚意，没有把握住这一机遇，建构一套与法国的特殊外交关系。法国愿意归还嘉定、边和、定祥三省，只要求割八处地点作为经商殖民之地，当然并非有爱心于越南，而是未有全面占领南圻的准备，故有此退让。顺化朝廷把潘清简等人艰苦谈判回来的成果，弃之不顾，并要重新谈判。嗣德帝认为潘清简、范富庶、魏克憻等曾奉使出洋，稍知洋俗，再次任命潘清简等为全权大使与何巴理谈判了一个月。

潘清简清楚知道《续约书》中，法方的要求是最后的底线，不可能再退让，如朝廷不配合，谈判亦枉费心机。但在嗣德帝的心目中，潘清简仍是最佳人选。朝廷不承认《续约书》，潘清简与法方代表何巴理谈判了一个月，最后却毫无结果，法方谈判代表何巴理于嗣德十七年（1864）六月回国，离开顺化前获嗣德帝的接见。[②] 当时拿破仑三世正以军事涉入意大利、墨西哥、波兰及德国等国事务，本无时间处理越南问题，且又与潘清简协议在前，以为可以借此与越南建立某种关系，使法国在远东有立足的空间而不必背负侵略者之名。可是，何巴理与越南的谈判毫无进展，使法国海军反对归还嘉定、边和、定祥三省的声音大增。拿破仑三世终于改变主意，放手海

---

① 郑永常：《越法〈壬戌和约〉签订与修约谈判，1860—1867》，《成功大学历史学报》2003年第27期，第115页。

② 郑永常：《越法〈壬戌和约〉签订与修约谈判，1860—1867》，《成功大学历史学报》2003年第27期，第117—118页。

军处理越南问题，他下令何巴理停止谈判回国，并通知交趾支那总督海军准将拉格兰第·嘉棱移衣（de la Grandiere）执行《壬戌和约》的条款。[①] 这意味着法国将为全面占领越南做准备。

换言之，这次越南钦使团访法、西的努力，完全付之东流，而正使协办大学士潘清简更负上千古骂名。嗣德二十年（1867）五月十九日，法国终于展开入侵行动，威胁潘清简将永隆、安江、河仙三省立即让交，不然兵临城下。潘清简虽据理力争，也无法阻止法军入侵的事实，他只能劝谕法军入城“勿惊扰人民与仓库，现贮钱粮仍由我照管”。[②] 法军于1867年五月二十日入安江，二十三日取河仙，完成侵并南圻六省任务。潘清简已经七十四岁，在兵力又不足的情况下，无条件向法军投降，南圻全境为法军占领。嗣德帝得知南三省被占领后，下令修书法帅嘉棱移衣，请求护送三省大臣来京。嘉棱移衣答允派战船护送三省官员回顺化。而潘清简则“将三省钱粮现数，照扣是年赔银一百万两”，余额全部上缴，连同自己的朝袍、印篆并遗疏一封，纳交顺化朝廷，自己则“不食而死”，以身殉国。[③]

潘清简是明乡人的后代，位高权重，出使谈判，无负朝廷所托，然而朝廷政治生态并不利于解决问题，倾轧与政争所在多有，更麻烦的是新旧交替之际，旧价值观和新价值观、西方的价值观和东方的价值观，经常有冲突和矛盾，嗣德帝在外交方面的努力虽然值得肯定，[④] 无奈人在庙堂之上经常受到局限，历史上人物的功过是非得由后人说。然而越使团留下的《西浮日记》意外地将19世纪中叶蒸汽帆船时代的航海日志及所见所闻记录下来，供后世学者研究东方人眼中的航海路径、西式海港设施、蒸汽战船或轮船上的生活，以及使团在各处参观访问的闻见录。本文只侧重在苏伊士运河未开通之时，重构从顺化至巴黎海陆旅程中的地名和岛屿，标示今名对照并以海陆路线图展示，让读者不至于弄不清越使团旅途的路线。

① 谈判过程，详参郑永常《越法〈壬戌和约〉签订与修约谈判，1860—1867》，《成功大学历史学报》2003年第27期。

② 阮仲合等：《大南实录》卷三六，第17册，总第6466页。

③ 郑永常：《越法〈壬戌和约〉签订与修约谈判，1860—1867》，第122页。

④ 郑永常：《越法〈壬戌和约〉签订与修约谈判，1860—1867》（《成功大学历史学报》2003年第27期）、《越南阮朝嗣德帝的外交困境，1868—1880》（《成功大学历史学报》2004年第28期）等篇的讨论。

附表：潘清简《西浮日记》地名对照表（去程）

《西浮日记》书中地名	现今地名
富浪沙	法国，France
嘉定/西贡 Saigon	胡志明市，Thành phố Hồ Chí Minh
地盘山	廖内群岛之 Tobong
将军帽山	廖内群岛之 Tiangau
母子猪屿	廖内群岛之 Telaga
东笠山	廖内群岛之 Air Pasir 的东北
观音山	廖内群岛之 Air Pasir 的东南
白石港/白礁石/津嘉波澳/下洲/新洲	新加坡，Singapura
麻罗歌	马六甲，Malacca/Melaka
亚征咀	亚齐，Aceh
明哥梨	孟加拉湾，Bay of Bengal
下寮港	邦戛，Pemangkat。在西婆罗洲三发（Sambas）
辅鳍泥焉乌岛	苏禄群岛，Sulu Archipelago
明族港	坤甸，Pontianak。在西婆罗洲
枢麻槎	苏门答腊，Sumatra
波罗朋	万喇港 Tarap，在西婆罗洲
蒙图	东万律，Mandor，在西婆罗洲
能哥诸岛	Kubu Raya，在西婆罗洲
炉吹巴尿嵘	巴登蒂加岛，Pandang Tikar，在西婆罗洲
低玻演沱/兄弟岛	马亚卡里马塔岛，Pelapis，在西婆罗洲海上
千山岛	卡里马塔岛，Karimata，在西婆罗洲海上
中有钮岛、中岛 青尼姑罗岛、嗌嚟岛	邦加－勿里洞，Pulau Belitung-Bangka
椒港/双提港	邦加与苏门答腊海峡入口，Toboali
槟榔屿	槟城，Penang
缅甸	Burma/Myanmar
呷梓辛	印度，India
巴邻邦（旧称：三佛齐/旧港/巨港）	Palembang，在苏门答腊南部
明古伦	Benkulen，在苏门答腊西南部
阇回海/印趋（印度）嗎（缅甸）海	双提（Toboali）以西至哥多披岛（索科特拉岛，Squtra）
明哥梨澳	英属加尔各答，Calcutta，印度西孟加拉
本地治里	Puducherry，在印度东岸
暇稜	锡兰/斯里兰卡，Sri Lanka
呱谟砦咀	科摩林角，Cape Comarin，在印度南端
沙簩岛	查戈斯，Chagos，英属印度洋领地
曼毨玮岛	马尔代夫，Maldives

续表

《西浮日记》书中地名	现今地名
啵嚁嘎啐	巴基斯坦，Pakistan
阿喻陂	阿拉伯，Arab
哥多披咀	Caluula，在索马里(Soomaaliya)东北角
趋姑峒郲	Shoqra，在也门(Yaman)沿岸
阿颠港	亚丁港，Aden
疛模厘国	吉布地(Djibouti)
赤海口	红海，Red Sea
喋哥铺、梨稽墨编岛、梨巴低屿、菟陂国、梨编支除岛	这些岛屿都在红海两岸
啠多汛	吉达港，Jeddah
嚒罗城	麦加，Mecca/Makkah
伊牒国	埃及，Egypt
低逵哮岛、兄弟岛	在埃及胡尔加达 Hurghada 海上
阿哥婆	属阿拉伯港口，在 Suez Gulf 内
维盘港	属埃及港口，在 Suez Gulf 内
须油箕	土耳其，Turkey
枢喝/枢谒	So Khna，属埃及苏伊士省 Suez 港口
稽城	开罗，Cairo
滁卢河	尼罗河，Nile
亚犁腔逦城	亚历山大港/亚历山卓，Alexandria
矜逵岛	克里特岛，Crete
喋哵	希腊，Greece
淄铺厘	昔兰尼加，Cyrenaica，在利比亚东边
伊些厘	意大利，Italy
哥罗嘣呜	卡拉布里，Calabria，在意大利南端
嚒蚩那	西西里，Sicilia，在意大利
鲐麻国	罗马，Rome
须湟国	突尼斯，Tunis
啤喇丁岛	撒丁岛，Sardinia
呱喻咋岛	科西嘉岛，Corsica
逋尼訾乌港	博尼法乔，Bunifaziu，撒丁岛科－西嘉岛海峡
安嗜国	阿尔及利亚，Algeria
橡喇岛	法国之波克罗勒岛，Porquerolles-Hyères
秋龙澳	土伦，Toulon。在法国境内，下同
磨嘏澳	马赛，Marseille
阿为喃城	亚维农，Avignon

续表

《西浮日记》书中地名	现今地名
梦西麻嵞城	蒙特利尔，Montelimar
璃翁城	里昂，Lyon
沙隆城	Sanoe
盆铺/朋城，又称博纳	Beaune
趍噂城	第戎，Dijon
冲漇城	桑斯，Sens
韦卢哪𪡔城	维尔纳沃拉，Villeneuve-la-Guyard
伊温江	约讷河，Yonne（欧塞尔，Auxerre）
腔除城	Cannes-Écluse
蒙丝噝城	蒙特罗，Montereau-Fault-Yonne
经吗咴咖森林	Forest of Fontainbleau
梅兰城	梅内西，Mennecy
哖哪江	塞纳河，Seine
玻逕城	巴黎，Paris

Sậy PhủNhật Ký（*Xifu Diary*）: Explanation of the Names of the Nations and Harbors on the Journey of Vietnam's Envoy to France in 1863 –1864

Cheng Wing-Sheung

Abstract: In May 1863, The King of Vietnam Tu Duc ordered the court Highest Officer Phan Thanh Gian（潘清简）as the official envoy leading nearly thirty members to visit France and Spain negotiation to redeem Southern three provinces. After Phan Thanh Gian returned to Vietnam in February 1864, he collected the records of his colleagues and wrote the book *Xifu Diary*（《西浮日记》）and presented it to Emperor Tu Duc. The book recorded what he saw during the journey, including the number of miles, the position of the rudder, the direction of the wind and the waves, and the names of the islands, nations, harbors etc. Since the book was recorded in Chinese, but in 1863 –4, there was no unified Chinese translation for place names everywhere in the world, so it is not easy to interpret the place names of the land and sea journeys. This article's purpose would use the Google Map GPS to interpret the place names and ports or places of that voyage one by one based on the sight of map, pronunciation, azimuth, and navigation path, and mark it with the current name, so that readers can recognize the place when the steamship that passing through. When Phan Thanh Gian returned to Hue in February 1864. The Court did not agree with the results of the negotiations, the French army invaded and occupied the six provinces of South Vietnam in 1867. Phan Thanh Gian died on a hunger strike, martyring his country.

Keywords: Phan Thanh Gian（潘清简）; *Xifu Diary*（《西浮日记》）; Voyage; France; Ports or Places

（执行编辑：刘璐璐）

海洋史研究（第十九辑）
2023年11月　第293～320页

《西浮日记》：越南使团从西班牙回程途经地名今释

郑永常*

一　前言

1862年法、西二国入侵越南南圻，嗣德帝任命全权大使潘清简与法国代表海军少将铺那（Bonard）谈判，结果被法人所迫，签署《壬戌和约》（又称《西贡条约》），割让边和、嘉定、定祥三省和昆仑岛予法。嗣德帝认为对方是文明理性之人，谈判是唯一可说服对方放弃占领的方式。于是嗣德帝决定派钦使出访法国和西班牙，企图通过外交谈判，争回被占领的南圻边和、嘉定、定祥三省之地。这次越南钦使访欧团由正使协办大学士潘清简、副使吏部左参事范富庶和陪使广南按察使魏克憻，以及使团成员共二十多人组成。

潘清简使团于1863年9月（农历八月）抵达法国，因法皇出巡未归，越使团被安排到巴黎各机关或名胜古迹参访和游览，两个月后才获法皇接见。拿破仑三世决定把交趾支那（越南南圻）交还越南，但要保留保护权，并占领西贡、堤岸、头顿、同奈河一带及美荻等地作为贸易之用。潘清简这次出使总算有所收获，法国愿意交还三省。其后使团继续前往西班牙访问，潘清简完成任务后，于1864年3月28日（农历二月二十一日）率领钦使团回抵越南京师顺化。

* 作者郑永常，台湾成功大学历史系退休教授。

这次谈判的结果并未获得顺化朝廷接受，而法国人也失去耐心，逐步占领南圻六省，继而是中圻和北圻，全越南成为法国的殖民地。① 关于潘清简钦使团出使法国海洋之旅，拙文《〈西浮日记〉：1863—1864 年越南潘清简出使法国海陆旅程地名释说》已释说前往法国海陆旅程所经国家、地名、岛屿之今名，请先行参阅，有利于理解本文。本文目的是释说潘清简使团从西班牙回越南旅途中经过的地名，让读者知道使团船只航行路径。越南使团乘坐的战船在地中海又遇上风暴，帆桅折断，几经波折才回抵越南，其经过或停留的地点都有记录，唯因汉字译音不同，本文利用 Google Map GPS 寻找越南使团回程时所经的国名、地名、岛屿，以现今之地名释说，但文中不作烦琐考证。

二　从法国马赛至西班牙国都马德里

1863 年八月初一潘清简使团抵达玻逞城（巴黎，Paris），等候拿破仑三世召见，一个半月后即九月二十四日，在法方代表何巴理陪同下到骓嚧里台（杜伊勒里宫/杜乐丽宫，Tuileries）觐见法皇拿破仑三世。法皇、皇后及王子，以及三百多名新旧官绅、执枪械左右列队的步骑千人，迎接越南钦使潘清简、范富庶，仪式隆重。② 九月二十七日越南使团离开巴黎前往衣坡儒（西班牙，Espana/Spain），继续谈判归还南圻三省事。其实，越南与法国的谈判至关重要，且以法国谈判结果为准，到西班牙谈判，是尊重“法西同盟”的过场戏码。

潘清简使团离开巴黎前二日即二十五日，衣坡儒旧帅（驻嘉定元帅）巴朗歌，以及该国派往玻逞城的副使谟苏已经拟订“生意书”（和约）汉文和洋文（西班牙文）各一本，前来宾馆商议。此和约与富浪沙（法国）和约相同，与钦使大臣等审核和约内容，依照办理。钦使团此行前往衣坡儒，行程匆忙。二十七日，钦使潘清简等与陪同前往西班牙的法国翻译官何巴理分别乘车往火车站，而哱啊哂（法国官员）、阿苏咜（法国官员）皆来宾馆饯行，旧帅（法国驻嘉定元帅）铺那亦前往巴黎火车站送行。

火车晚上七时从玻逞出发，二十八日早上五六时至璃翁（里昂）少歇

① 郑永常：《越法〈壬戌和约〉签订与修约谈判，1860—1867》，《成功大学历史学报》2003 年第 27 期；郑永常：《越南阮朝嗣德帝的外交困境，1868—1880》，《成功大学历史学报》2004 年第 28 期。

② 详参潘清简等撰《西浮日记》（抄本）卷中，第 45—47 页。本文所用《西浮日记》（抄本）是法国陈庆浩教授影印给笔者的副本，在此致谢，下称《西浮日记》（抄本）。

（稍事停车），中午十二时左右抵达磨嘏（马赛）火车站。当时从巴黎前往马赛乘火车需 17 小时。在里昂少歇用茶，停车大概一小时。文中说：火车在卯时初（5：00—5：40）抵里昂，“卯行起中”（约 6 点）起行，午中抵磨嘏城。《西浮日记》说：“车行一时百七十余里，比初来，期有一倍数。”[①] 若是，此次行车约 16 小时，如果时速 170 里（85 公里，1 公里等于 2 里），则当时火车从巴黎至马赛铁路共长 1360 公里。

他在马赛港逗留一天，二十九日辰牌（7：00—9：00），便将物品搬上衣坡儒派来的渡轮。潘清简一行人由马赛城领事用马车、步骑护送上船，城头上发炮十七声。当日午初（11：00—11：40）起航出港，向未（西南偏南）行驶。这是一艘有帆的蒸汽客轮，船身裹铁，长十六丈五尺，宽一丈五尺，有风帆三幅，烟筒一只，共三层。[②] 这次顺道出使西班牙，越钦使团成员大为缩减，钦使潘清简、范富庶和魏克憻，带同率队梁文彩和木匠一名。陪同前往的，除了西班牙旧帅巴朗歌外，还有法国翻译何巴理及他带同的越南雇员记录尊寿祥、通言张永记及随人二名，共九位越南人。其余越钦使团成员共二十多人先行回埃及等候，原因是西方日常生活食用之费昂贵，经两个月，已花费超过六万贯，而火车船费还未包括在内。[③]

十月初一日，渡轮继续向西行驶，申初（下午 3：00—3：40）至色凇沦澳（吉诺纳，Selva?[④]）寄碇。色凇沦是从法国进入西班牙海面的第一个港口。从该澳港出海，转向丁未（西南偏南）驶，东南遥对眉如歌岛（梅诺卡，Menorca）、古犀隆城（巴塞罗那，Barcelona?）、安苏尼乌岛（马略卡，Mallorca?）、衣韦加岛（伊维萨，Eivissa）。十月初三日抵达阿厘根澳（亚利坎特，Alacant）[⑤]。从磨嘏至阿厘根约 1300 里（650 公里）。[⑥]

---

① 《西浮日记》（抄本）卷中，第 49—50 页。

② 《西浮日记》（抄本）卷中，第 50 页。

③ 《西浮日记》（抄本）卷中，第 49 页。

④ 加“?”表示可能是这里，但不确定。

⑤ 按：阿厘根/亚利坎特（Alacant）是西班牙瓦伦西亚自治区阿利坎特省的首府，在地中海旁，是重要的海港，有西班牙最古老的铁路连接。1863 年潘清简在这里乘火车去新德里。20 世纪初亚利坎特仍然是瓦伦西亚人的城市，使用加泰罗尼亚语。佛朗哥统治时许多瓦伦西亚人离开，自此官方以西班牙语称这个城市为 Alicante。现今，地方政府恢复用加泰罗尼亚语称为 Alacant，但西班牙语使用者仍占大多数。潘清简将之汉译为“阿厘根”（Alacant），应是当时加泰罗尼亚语的称谓。参见维基百科：亚利坎特，https：//zh. wikipedia. org/wiki/% E9% 98% BF% E5% 88% A9% E5% 9D% 8E% E7% 89% B9，2019 年 4 月 13 日。

⑥ 《西浮日记》（抄本）卷下，第 1 页。

阿厘根澳的港口宽广，约四里，“两边沙咀相对，商船停泊六七十艘。澳上石砌，屯垒铺行，数百户，依山居焉”。[①] 可见，阿厘根澳是西班牙地中海一大商港。抵达后，巴朗歌和何巴理登岸通报，该城提督（市长）歌酺知通知民户员（户政局长）麻移奴接待钦使等，使务员（礼部参知）即外务局长阿咻喟及随护四人与巴朗歌等迎接钦使上岸，有士兵仪仗队在码头排队迎接，并鼓乐护接钦使等人至官邸，该港官衙离码头十余丈远。[②]

初四日酉中（18：20—19：00）乘坐火车从阿厘根至西班牙首都马德里（Madrid），要经过长数里的隧道。初五日子初（11：00—11：40）至安麻加城（亚尔马格尔，Almaguer）停车休息一会儿，有茶水招待，继续北上，卯中（5：40—6：20）经阿𪨶俞縶城（阿兰惠斯，Aranjuez），辰中（7：40—8：20）抵磨逞（马德里）之东。从阿厘根至磨逞火车行驶 7 小时共 650 里（325 公里）左右。[③] 西班牙礼部尚书（外交部长）巴𢭏及属员数人在火车站迎接，已经准备“铺饰颇丽”的马车三乘接待，穿上铁甲的步骑百余人，左右随候，不时演奏军乐，将钦使送至宾馆。[④]

此次，越钦使团行程匆忙，初六日跟衣坡儒大学士（总理）眉𪑚铺卢檬商议递国书见国长（西班牙伊莎贝尔二世，Isabel II de Borbon）礼仪等事宜，西班牙无人知晓越南语，因此请法人何巴理代为翻译。初七日递国书，初八日觐见伊莎贝尔二世。初九日在钦使团宾馆前表演军操，未初（13：00—13：40），水兵尚书（海军部长）麻些縶阿嚧来告知，已派军舰一艘，从歌的城（加的斯，Cadiz）港口，驶往巴呤啤汛（瓦伦西亚，Valencia）等候使者上船。歌的城位于西班牙西南滨海的一座海港城市，经直布罗陀海峡、阿厘根，至巴呤啤汛等候，接载越使至亚历山大港。初十日参知阿咻喟、旧帅巴朗歌以步骑数十送行至火车站，亥初（晚 9：00—9：40）出发。十一日辰初（早 7 点）经阿厘咜车城（阿兰胡埃斯，Aranjuez），城外有三歧路：一往阿厘根；一往巴呤啤；另一往何处没有记录，应是往西南的支线。

这次以路轨向东南方的巴呤啤前进，途经谟看齐城（拉尔马尔查，La Almarcha）和何琵琶城（Honrubia）这段铁路在第一段铁路的北部。十一日午初（11：00—11：40）抵达巴呤啤城，计火车行七时辰（14 个小时）凡

---

① 《西浮日记》（抄本）卷下，第 1 页。

② 《西浮日记》（抄本）卷下，第 1—2 页。

③ 《西浮日记》（抄本）卷下，第 2 页。

④ 《西浮日记》（抄本）卷下，第 2 页。

660 余里（约 330 公里）。抵达巴呤啤城后，该城提督等官员用马车、步骑、军乐护送钦使入宾馆休息。[①] 巴呤啤城港口比起阿厘根更接近法国海域。越钦使团从马赛至马德里海陆路径如图 1 所示。

图 1　越钦使团从马赛至马德里海陆路径

底图来源：自然资源部 & NavInfo 审图号：GS（2021）3715 号。

三　从西班牙瓦伦西亚至意大利罗马航线

越使团从西班牙巴呤啤乘坐西班牙战舰梨咻苏号回埃及。潘清简等乘坐的是一艘裹铜船，前后桅樯，中有烟筒，高机双轮，左右大炮各六门，前后各置大炮，乌枪马枪数十等。西班牙又派磨逞公馆（迎宾馆）厨师四人随船，带备厨具等供应餐点。可谓招呼十分周到。[②]

十三日战舰梨咻苏号经过巴啤仑（巴塞罗那，Barcelona）汛后，天气

---

① 《西浮日记》（抄本）卷下，第 10—11 页。

② 《西浮日记》（抄本）卷下，第 12 页。

日霁，寒气稍减。船长说：女王伊莎贝尔二世有令，战舰行船宜近岸行驶，使船只安稳，食品必须新鲜，不得陈宿。船上又须增加些煤炭和食水，可在经过喈拏（热那亚，Genova）、岥醎梨（拿坡里/那不勒斯，Napoli）、蔑嗔（西西里岛，Sicilla）等处时，寄碇取办。十四日梨咻苏号向亥壬（西北偏北）驶，巳牌（9：00—11：00）经过噃吁喋嗏咀（Cap de Creus）后，抵达富浪沙海分，至察些澳（塞特港，Sete）寄碇。

察些澳是富浪沙三大海门之一，另二处是秋龙（土伦，Toulon）和磨嘏。十五日起碇，经磨嘏汛、秋龙汛。十六日向甲寅（东北偏东）行驶、经涅啤（尼斯，Nice）沿山航行，越过伊些厘（意大利）海分。这次西班牙战舰梨咻苏号沿海岸线行驶，来时法国战舰穿过啤嗏钉（撒丁，Sardinia）与箬嗏啤（科西嘉，Corsica）二岛的航道至秋龙，今次却在岛外沿海岸线经过涅啤行驶，因此海程稍远。[①]

十六日巳初向艮（东北）驶，巳末（10：20—11：00）经过殷嚧碑山（阿尔卑斯山，Alpi），阿尔卑斯山最高峰勃朗峰位于法国和意大利交界处，山头积雪十数里，望之如白沙。午牌（11：00—13：00），经籏那姑腔苏檬籏（Maurizio）。未中（13：40—14：20）经妈泥嗅厘阿（利古里亚，Liguria[②]），申牌（15：00—17：00）经歌逦奔（Savona）等处，墟市及民居都依山成聚，亥中（晚9：40—10：20）抵达喈拏寄碇。在热那亚船长雇请花标人（领航员）带路至蔑嗔岛的港口蔑蚩哪（墨西拿，Messina）。在喈拏停泊，等候补充炭料等事毕，至二十日午起（11：00—13：00）出航向巽巳驶，戌牌（晚7：00—9：00）向未（西南偏南）行驶。二十一日向丙（南）驶。卯末（6：20—7：00）经嗎嚧巴碑（Capraia）、翁秘奴（Protoferraio）二岛。午牌（11：00—13：00），西经蒙卑嚹徂岛（Giglio），东经夷厘鸟岛（Erole）。申牌（15：00—17：00）向巳（东南偏南）行驶，西经嗯猉嗗岛（Giannutri）。沿途经五个岛屿，岛上皆有民居屯汛，港中有小屿，上设灯塔。酉牌（17：00—19：00）向卯（东）驶入鲄麻国（罗马，Roma，指梵蒂冈）的海湾蚩韦些扬箕阿（奇维塔韦基亚，Civitavecchia）寄碇。以上这五日船行500里。蚩韦些扬箕阿港湾左右用石头砌筑二嘴，嘴之

① 《西浮日记》（抄本）卷下，第12—13页。

② 利古里亚是意大利西北部一个邻海大区，该区位于利古里亚海沿岸。

前为港道，其外另筑一石墩，以遮护之，嘴墩上砌炮台和灯塔。[①] 这里也是罗马对外的海上交通枢纽。

潘清简在《西浮日记》提及：由于鲔麻国在伊些厘（意大利）境内，可连接海滨，该教主（指教宗）势力积弱，伊些厘每欲兼并梵蒂冈，西方总教之富浪沙、衣坡儒入援，乃解梵蒂冈之危，因此法人派战舰一艘经常在蚩韦些扬箕阿湾汛内驻防，在岸上有兵营驻扎，以确保鲔麻的安全。[②] 该城衣坡儒副领事邀请潘清简与船长同游鲔麻都城，潘清简等推辞，可能是归心似箭，改命通言张永记、阮弘陪同船长前往游览。通言张永记原本是法使何巴理雇用的翻译员，因为何巴理在新德里与潘清简辞别后，从陆路回法国，所以他的翻译员张永记和记录尊寿祥便随潘清简一起回越南。从巴呤嗹至蚩韦些扬箕阿湾的路线如图 2 所示。

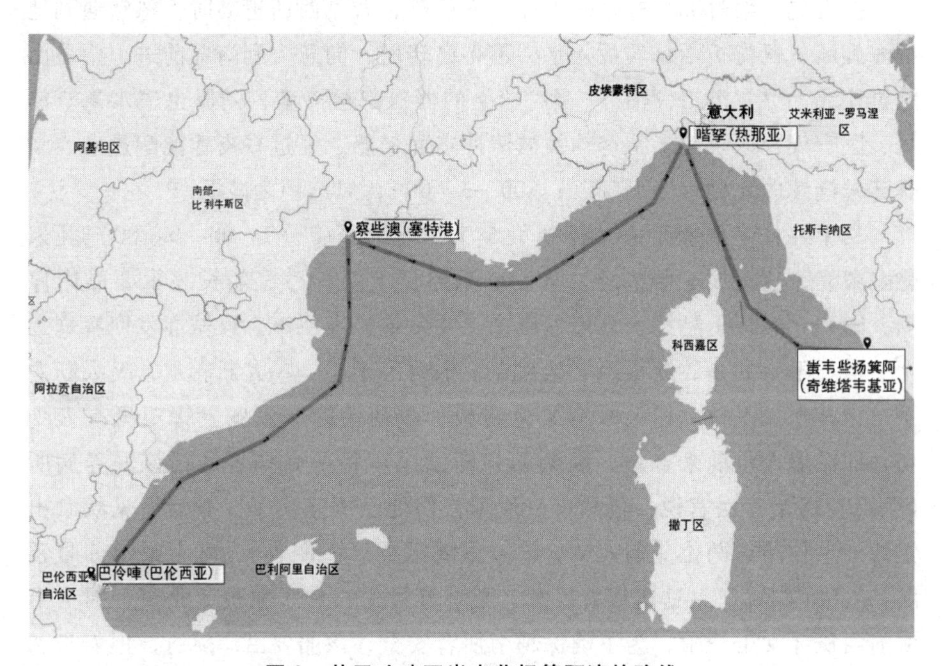

图 2　从巴呤嗹至蚩韦些扬箕阿湾的路线

底图来源：自然资源部 & NavInfo 审图号：GS（2021）3715 号。

---

① 《西浮日记》（抄本）卷下，第 13—16 页。

② 《西浮日记》（抄本）卷下，第 15—16 页。

四　钦使船遭遇地中海旋风困扰

二十七日梨咻苏号驶离鲔麻国的港口蚩韦些扬箕阿港，再度出海，向午（南）行驶，后向巳（东南偏南）、向丙（东南偏南）驶，朝着意大利南端的蔑嗔岛前进。蔑嗔也称蔑蚩哪，属于伊些厘。该船过了鲔麻海界，远望洋面横向就是蔑嗔。这时船行驶洋中，忽然大风盛发，船身震荡，海波撼上船面的蓬板，水淹进来，水深数寸有多。二十八日，风势愈盛，波涛如山，涌向船来，终于折断前帆桅杆等数处。未牌（13：00—15：00），梨咻苏号已经无法往前行驶，船长决定转舵半径行驶，经过8小时的航程，终于在亥牌（21：00—23：00）看见山脉，继续向亥（东北偏北）行驶。

换言之，梨咻苏号本来一直往南方行驶，看见西西里岛时，忽然遇到地中海旋风，帆桅折断，船板入水，不得已转舵，向意大利南部前进，望见山脉再往北上寻找港口停泊。① 当时船上的器皿都被撞破，图册也遭水淹。船员、医官等，以及船上乘客均被波涛冲击而晕船，经过昼夜才能醒过来。梨咻苏号继续向北驶，至丑牌（1：00—3：00），风涛稍为减弱。②

二十九日，梨咻苏号又行驶了5个小时，辰牌（7：00—9：00）驶入軜醽梨澳，这里属于伊些厘。拿坡里汛差员上船检察，船长表示要靠岸停船，随即在旗杆上悬挂入港停泊旗饰，并发炮二十一声。该城亦发回答炮二十一声。不幸的是，船头两名炮兵在发炮时不小心，一人断右掌，一人断左手三指并伤及手臂。船上医官紧急施救，敷药治疗。该城主管望见有人受伤，即派遣人员前来查看，顷刻船长即派医官将两名伤者送往该城养病所（医院）医治。医官说，仍然可以治理，伤处已成痼疾了。潘清简见状拿出银钱三十枚给这两位受伤人员。拿坡里港汛员（三圈官），登上梨咻苏号领航，入港内寄碇。③ 这次遇着风灾，梨咻苏号船长和领航员要负责，因为出航前西班牙女王吩咐，为了确保越南使者安全，该船要沿岸航行，但船长和领航员贪图方便，直接从蚩韦些扬箕阿经第勒尼安海（Tyrrhenian Sea）南下蔑嗔岛，没有按照原来的沿岸航线行驶。

在軜醽梨澳，三十日午牌（11：00—13：00）衣坡儒领事和副领事上船

① 《西浮日记》（抄本）卷下，第19页。

② 《西浮日记》（抄本）卷下，第19页。

③ 《西浮日记》（抄本）卷下，第19页。

探问，未牌（13：00—15：00）拿坡里城派遣二圈官一人，上船勘检樯帆、船舷、机械等处。十一月初一日潘清简等人上岸前往西班牙领事馆探访，既上岸，该正副领事备车邀接。初二日船长雇请工匠携材料上船修理损坏设备。初三日西班牙领事和船长雇火车邀请潘清简等一同游览碑俞韦乌山（赫库兰尼姆古城，Herculaneum），潘清简认为不宜出外游览，但仍然委派阮文质、胡文龙、阮友慎等陪同前往。[①] 笔者按：赫库兰尼姆古城在公元79年因火山爆发被摧毁，当时附近的庞贝古城和斯塔比亚古城同样受到波及。赫库兰尼姆被火山灰掩埋20多米，因此城内建筑保存良好，如食物和家具都保存下来，而且赫库兰尼姆古城原本就比庞贝城更为富裕，城镇上有用彩色大理石为外层、粉饰精致的房屋。这个城市曾被希腊统治过，是充满希腊元素的城市。[②]

几日后，即初七日梨啉苏号修理等事已经完成，船长决定初八日起碇出航，但西班牙领事随即通知收到电报说：海北大风未宁静，诸汛船暂宜停碇。[③] 经过十多天的维修、补给及等候风讯，至十六日（原文误写作初六日）卯牌末（6：20—7：00）才正式起航出澳。向丁（南）行驶，辰牌（7：00—9：00）经哥坡暹岛（卡普里，Capri），巳牌（9：00—11：00）经车嘀哧哪澳（萨莱诺，San Nicola）。向寅甲（东）驶，午末（12：20—13：00）经厘呱车咀（Faracchio ?），申牌（15：00—17：00）向巽（东北）行驶，经嘯厘嘞瘖澳（Policastro）。入夜向午（南）行驶，经嗎批眉阿澳（特罗佩亚，Tropea）。十七日向丁未（西南偏南）驶，辰牌（7：00—9：00）西经噂哥奴岛（Vulcano Porto），这个屿山上有火焰。巳末（10：20—11：00）向庚（西南偏西）航行，进入蔑嗔港寄碇。蔑嗔在港道之南，沙洲环起为港口，广可里许。这港口有数十艘商船寄泊，沙咀环绕，上面建有军营和炮台等设施，商铺临水依山，人口一万余。自軜酺梨至蔑嗔港澳约580里（290公里）。午牌（11：00—13：00），衣坡儒领事眉稽梨上船探望，欲邀钦使登岸游观，潘清简敬辞，不想游览。[④]

梨啉苏号开离鲐麻的港口蚩韦些扬箕阿港后，企图直航入蔑嗔港，途中

① 《西浮日记》（抄本）卷下，第21页。

② 参考维基百科：赫库兰尼姆古城，https：//zh. wikipedia. org/wiki/% E8% B5% AB% E5% BA% 93% E5% 85% B0% E5% B0% BC% E5% A7% 86% E5% 8F% A4% E5% 9F% 8E；https：//en. wikipedia. org/wiki/Herculaneum，2019年5月23日。

③ 《西浮日记》（抄本）卷下，第22页。

④ 《西浮日记》（抄本）卷下，第23页。

遭遇地中海旋风后，帆樯折断，梨啉苏号大受创伤后，回舵转往意大利沿岸避风，最后不得已进入拿坡里港维修。在拿坡里港维修、补给后，还要等候良好风讯才能再航行，而且为了确保船只及钦使团安全，船只几乎沿着海岸线往南行驶，终于进入蔑嗔与维拉圣焦万尼（Villa San Giovanni）海峡，抵达西西里岛西海岸的蔑嗔港口停泊。

从軜醽梨澳至蔑嗔港停泊总共花了20天时间。钦使整个行程延误了，潘清简急着回国报告与法、西谈判的结果，他和范富庶、魏克憻三位钦使都不敢出外游览，只派遣部属陪伴船长和当地官员出游了事。可见这几位都是国之重臣，在非常时期，归心似箭。梨啉苏号遭遇旋风的航行路线如图3所示。

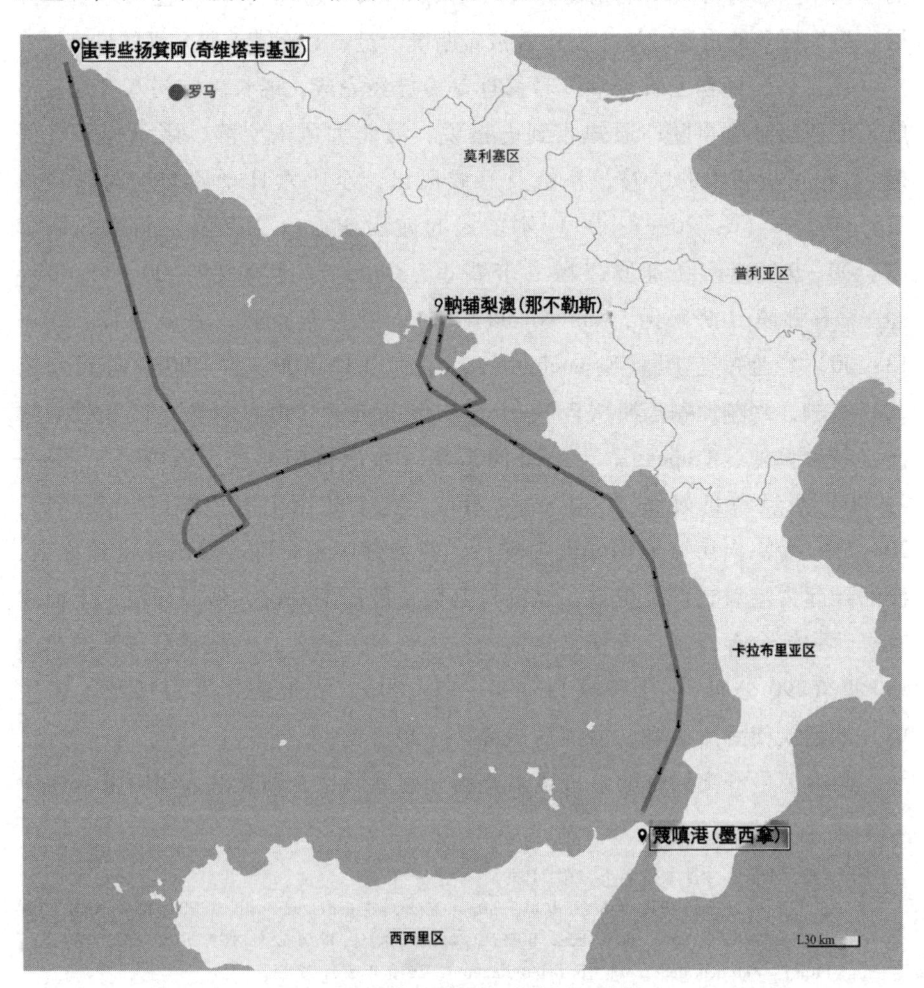

图3　梨啉苏号遭遇旋风的航行路线

底图来源：自然资源部 & NavInfo 审图号：GS（2021）3715号。

五 从蔑嗔回埃及海陆路程

十七日午牌（11：00—13：00），衣坡儒领事眉稽梨上船探问，且邀登岸游观，潘清简等辞谢。由于钦使坐的是西班牙战舰，进入蔑嗔港口要发21响礼炮致最高敬意，而城上炮台依数（21响）致答，表示友善来访。衣坡儒领事眉稽梨原是衣坡儒人，家计富裕，其后入籍伊些厘，颇能办事，因此获衣坡儒委任为蔑嗔领事。[①]

在蔑嗔停留时，梨咻苏号有二日时间补充煤炭，并换上新来花标从蔑嗔至腔逞（亚历山大港，Alexandria），每一人雇银一百元。二十二日（1864年1月1日）巳牌（9：00—11：00），梨咻苏号点火出港，向午（南）行驶。午牌（11：00—13：00）向辰（东南偏东）行驶，帆火（风帆与蒸汽机）齐发驶，速度加快。未牌（13：00—15：00）向寅（东北偏东）行驶，申牌（15：00—17：00）经过訾巴些嗰苏咀（叙拉古，Siracusa?）。酉牌（17：00—19：00）开始变天，阴云漫布，风涛盛发，船身震荡，战舰被强风所吹，船身倾侧，船长决定退驶（往回驶），于第二天（二十三日）卯牌（5：00—7：00），梨咻苏号又重新回到蔑嗔寄碇。[②] 这次从西班牙出发的航海之旅，第二次遭遇强风袭击，梨咻苏号战舰不得不再回头停在蔑嗔港内避风。

二十四日潘清简探访得知有渡船驶往腔逞，而另有一艘渡轮在枢喝（SoKhan）即将前往嘉定（胡志明市）。潘清简得知后随即缮写公文寄交该渡轮船长，另一公文寄交法国驻守嘉定统帅，请他将该公文代转发平顺省，由该省发函回礼部。从十一月二十三日至十二月初六日，连日阴云、雷电、大风、雨雹、雨雪、北风寒气，船长等候天气较好才开船。及至初七日丑牌（1：00—3：00），梨咻苏号船长起烟出澳，巳牌（9：00—11：00）经过訾巴些嗰苏咀。其后船向卯（东）行驶，向辰（东南）驶，初八日向乙（东南?）驶。[③] 笔者按：《西浮日记》这个方位可能有误，“向乙”是航向地中海的爱奥尼亚海（Ionian），二日不到的时间不可能抵达希腊的卡拉马塔

① 《西浮日记》（抄本）卷下，第23页。
② 《西浮日记》（抄本）卷下，第23页。
③ 《西浮日记》（抄本）卷下，第26页。

(Kalamata)。所以笔者认为“向乙驶”应是“向未（西南偏南）驶”抵达马耳他岛（Malta）东北海港。梨啉苏号于戌牌（19：00—21：00）抵达餐犀港（斯利马，Tas-Sliema），此港在马耳他东北，当时是英国殖民地，港之西为餐犀岛，东为嗦啪（希腊）国界。这二三日船行速度颇快，日行400余里（约200公里）。原本梨啉苏号将要进入海港内，因为夜太黑，波涛汹涌，船不能进，乃于港口附近徘徊行驶等待天明，至初九日卯末（6：20—7：00），才驶入餐犀港，并由港口长官派遣汛员上船指示抛锚地点。[①]

梨啉苏号投碇后，一刻间，餐犀港一位英吉利（英国）人，名叫哣咜逕歌喺多，登船向船长致意慰问。这个港口宽一里许，左边用石头砌成堤坝，以防护泊船，鱼商（船）寄碇者数十艘，汛外有师船（战舰）一艘游弋，商铺民居有千余家，沿岸建筑。询知该岛原属嗦啪国，以南以北共六岛，总名为依由年环岛（Isole Pelagie?），聚居在这里的都是嗦啪人，后被英吉利所占领，设官据守。[②] 从初九日至十六日，天气不太好，风雨大作，且该城镇守长官嚧峒厘嘣侯外出未归，该城官员二人（三圈和二圈）及镇守长官之妻，遣侄子来问候，邀请钦使上岸观戏及叙茶，潘清简以风寒为由，以范富庶、魏克憻同船长前往。十五日镇长嚧峒厘嘣侯与妻一同上船探问，并说：“因过岛出猎，是以迟接，该辖僻处海隅，使船到此，是非意想所及，得相见甚幸。”[③] 可见镇守这里，颇有孤独感觉，难得有东方国家的使团经过，当然要招待以示尊重，然而潘清简回国心切，也无心游观，等待梨啉苏号补充煤炭之后便出发回航。

十六日丑中（2：40—3：20）点火出航，向丙（南偏东）行驶，巳末（10：20—11：00）东边经过吧擨多饭屿（基西拉岛，Kythira Municipality）。这屿与山岸相隔半里许，属嗦啪国。未牌经歌吧溧䴬岛（?），此岛长数里。此时有北风，该船蒸汽机和桅帆并开，全速前进。申牌（15：00—17：00）经过磨些彭山咀（?），戌末（20：20—21：00）经沙逕哭咀（?）。此次海程大概是从马耳他港至克里特岛之间海面上。十七日向丙（东南）行驶，经过须油箕国（土耳其）的矜荄岛（克里特，Crete）。笔者按：矜荄岛17世纪被奥斯曼土耳其人征服，至19世纪末才由希腊人争取脱离土耳其统治。

① 《西浮日记》（抄本）卷下，第26页。

② 《西浮日记》（抄本）卷下，第26页。

③ 《西浮日记》（抄本）卷下，第26页。

十八日向巳（东南）行驶，午牌（11：00—13：00）南经伊牒（埃及）海分，寒气减弱，对于一位东南亚人来说，对天气寒冷的感受特别强烈。十九日向卯（东）行驶，巳末（10：20—11：00）抵达亚梨腔逞港口外。船上挂上钦使旗，入港前挂上招花标旗，即招呼领港员前来。领港员上船后，改挂钦使旗（黄底大南旗，见图 4）。午初（11：00—11：40）进港投碇。从餐犀（马耳他）至此，日行 550 余里（约 275 公里）。为了答谢梨咻苏号船上官员们以及花标的协助，潘清简馈赠金银钱等及纱纨茶帛等各项，赠与船上官兵人等。其实每到一处，得到协助或款待后，潘清简都以金银礼物来答谢，这似乎是当时东方人的礼节。

笔者按：当时越南没有所谓“国旗”，“越南”一名为清朝所敕封。缘起于 1802 年六月，阮福映统一全越后，遣使中国以“南越国”名求赐封，清仁宗以“南越”一词包括两广地方在内，不适合。故于 1803 年六月下旨：改安南国为“越南国”，遣使册封阮福映为越南国王。自此以后，安南便以“越南”一名著称于世。[①] 不过，越南阮朝传至明命十九年（1838），却自称“大南”。[②] 19 世纪初东亚国家无“国旗”概念，多以皇帝旗帜为国旗象征，所谓“钦使旗”，即“大南旗”也。

梨咻苏号进入亚梨腔逞投碇后，有富浪沙停泊该港的战舰一艘，船上兵丁排立樯上，呼祝如初以示欢迎。一刻间，富浪沙等候的五圈官费师稽和副领事�嚅你伊和伊牒派官员衫巴稜、亚绥和腔逞（亚历山大港）通言（翻译）陆续上船探问。费师稽说：“奉该国国长（法皇）敕命接送钦使回国。”又说：“员外郎陈文琚等由富浪沙歌哧号载来这里，现在安置在枢噶码头在嘉芁号船上等待。”嘉芁号就是费师稽所驾驶的。副领事嗬嚅你伊说：“何巴理已出发去枢噶，前往东方公干，使部如要回国及早登程去枢噶，最好是傍晚便上岸。”[③] 从蔑嗔回枢噶的路径如图 5 所示。领事些唰哃和费师稽即转告伊牒亚历山大港的城官，准备车辆护接钦使。

因此潘清简等及早上船，梨咻苏号发大炮二十一发，腔逞城发炮如数。潘清简记起已故医正阮文辉，询问是否可将他的骸骨带回越南？副领事嗬嚅你伊回复说：“故员骸骨新葬，掘拾未便，该车船于这欵，颇有难处。”阮文

① 赵尔巽：《清史稿》卷五二七《越南》，中华书局，1977，第 14643 页。

② 张登桂纂修《大南实录前编》，《表》，日本：庆应大学友邻堂影印出版，1963，总第 5 页。

③ 《西浮日记》（抄本）卷下，第 29 页。

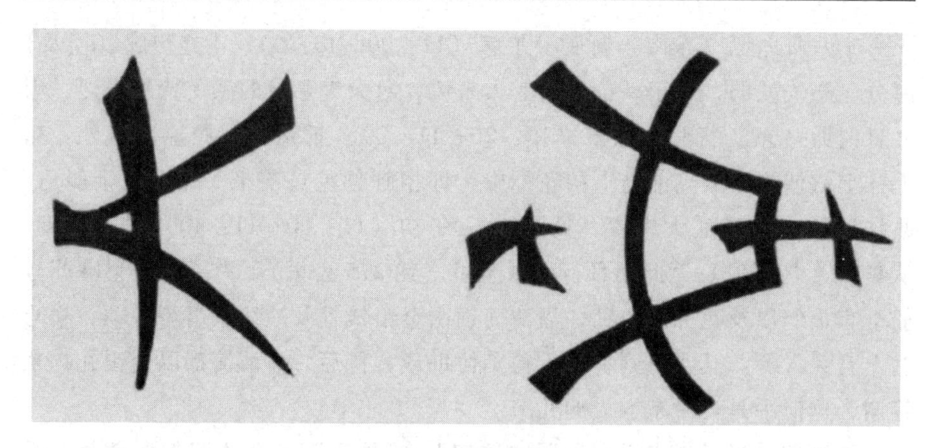

图 4　大南旗[1]

注：旗底颜色为黄色，大南二字为红色。

图 5　从蔑嗔回枢喝路径

底图来源：自然资源部 & NavInfo 审图号：GS（2021）3715 号。

辉是去年前往法国途中，于七月十六日病故埃及，客死异乡，下葬于亚历山大港。[2] 潘清简有此一问，是希望将其骸骨带回国内安葬。一般而言，尸

① 《盘点越南历史上的旗帜有两面国旗和中国有关系》，https：//wemedia. ifeng. com/20824113/wemedia. shtml，2019 年 5 月 23 日。

② 《西浮日记》（抄本）卷上，第 33 页。

化为白骨，据东亚风俗，下葬后须七至八年后才捡骸骨。十二月十九日未牌（13：00—15：00），衣坡儒领事官员上船探问，申牌（15：00—17：00）该城派出杉板船接送登陆，前往火车站。梨咻苏号兵丁齐立船上欢呼祝祷，并发礼炮十七声，而岸上腔逞城发炮十九声。法五圈官费师稽、些唎啁、亚绥等与潘清简一起登上火车。些唎啁有公干，要前往稽城（开罗），因此同行。潘清简一行人等十九日早上10点半才抵达亚历山大港，该日酉中（17：40—18：20）火车开动，二十日子中（12：40—1：20）抵稽城，时间很是紧迫。[①]

二十日当火车抵达稽城外时，费师稽、些唎啁先下车，并嘱咐张永记说，钦使回程经过稽城，定要向伊牒国长道别，潘清简也有此想法，因为来时得埃及国长很好的招待。因此钦使等在开罗入住宾馆，稍事休息，第二天一早前往拜见国长。午牌（11：00—13：00）费师稽等来报，伊牒国长以未中（13：40—14：20）相见。潘清简准备金银钱、折枕及广桂纱纨等各项礼物，偕法人费师稽和些唎啁至押�台楼梯前下车，押嚩台在深卢河（Nile）东岸。经一番入座礼仪后，国长慰问，使程安好。潘清简回答后，通言张永记请法人些唎啁转达准备的金银、礼物等项，并拜托些唎啁译述钦使感言谓："使者路经贵国，多蒙照顾，隆情厚意，实不敢忘。这些金银钱及诸物品，皆奉我皇上之意，留为永志，幸惟见存。"该国长答言："前者惠音，足见厚意，欢慰实深，珍品见遗，当藏之，永以为好。使部回程，一路康吉。"[②] 潘清简举手致谢，一揖，辞出，该国长起立送行，数步而止。[③]

这种礼节，各国不同，但礼尚往来，人之常情，两国交好，人情物重。越南使节，出使法西，途经各国，应酬交错，有为有守，不失国家风范。例如，当见完埃及国长后，费师稽等陪同至宾馆，些唎啁要回腔逞，潘清简等以皇上名誉支付银钱、桂纨帛等分赠二位法国官员，请他们代为寄送给腔逞镇官、法国副领事，以及前次护送属部员弁的歌赤号船长荣庄等人礼物，事事周到，有礼仪之邦的格局。

当时在位的埃及国王称号为赫迪夫（Khedive），他就是伊斯梅尔帕夏（Ismail Pasha），他于1830年登位，且于1863年继承为赫迪夫，但未获奥斯

① 《西浮日记》（抄本）卷下，第30页。

② 《西浮日记》（抄本）卷下，第30—31页。

③ 《西浮日记》（抄本）卷下，第31页。

曼帝国承认，及至1867年才获承认。伊斯梅尔帕夏是一位改革者，登位后随即改革关税与邮政，发展工商业，改良亚历山大港，展开铁路工程等，使埃及进入工业化时代。[①] 对于路经埃及的越南钦使团，以高规格礼仪接待，可见他重视对外关系以抵消来自奥斯曼帝国的压力。伊斯梅尔帕夏周旋于奥斯曼帝国和法兰西帝国间，争取区域的枢纽地位。

二十一日巳中（9：40—10：20），伊牒国长近臣，杉巴稜、亚绥备妥车马接送至火车站，法人五圈官费师稽同往枢噶，火车于未中（13：40—14：20）抵枢噶，车行三个多小时，由富浪沙驻该城领事医吹加接待，枢噶城镇守前来慰问。申初（15：00—15：40）由枢噶城镇守、杉巴稜、亚绥和医吹加陪同乘坐火机小船（小蒸汽船）前往嘉艽号上船，城中发炮十九声。当钦使登上嘉艽号船，船上兵丁齐列欢呼，船长嗬嗤及船官接待众人上船，顷刻送行者辞回，而潘清简等亦分房休息。申中（15：40—16：20）起烟出澳，可见时间是十分紧急的，嘉艽号出港后向巳丙（东南偏南）行驶，即向苏伊士湾往红海航进，嘉艽号船长雇用了一名伊蝶花标往阿巅港（亚丁港，Aden），工银一百元。[②]

潘清简在嘉艽号回忆起乘坐衣坡儒战舰在中海（地中海）受旋风滞留两个多月。他记起在法国玻逞城时，曾嘱咐部分成员先行回伊牒枢噶准备回国事宜。而陈文琚、阮茂平等一行二十人大概于十月二十九日便抵达枢噶，来往于亚洲的渡轮嘉艽号亦已抵达枢噶等待一个多月，其间法国收到梨咻苏号失踪消息，一度派海军遍寻各港，却找不到西班牙战舰梨咻苏号踪影。[③] 陈文琚向潘清简报告他们的旅程，他们在十月初四日从玻逞城出发，富浪沙知事蓝碑备车马接待，并把物项等送往火车站。初六日抵达磨嘏，歌哧号接送船已停泊在码头等候。是日法人哱啊喃帮忙购买瓷器五十口、土锅六件、猪二口、鱼三十斤，交歌哧号收藏，作为供应餐食，又随身多带一些鱼、水、米共用。初七日出航，十七日抵达腔逞码头。之后由法国领事些喲峒款待。二十九日接送至火车站，抵枢噶后登上嘉艽号船，款待食用等，十分妥当。[④]

这艘嘉艽号，在这里已等候一月余，听闻法皇派船遍寻钦使船不遇，该

① 参考维基百科：伊斯梅尔帕夏，https：//zh. wikipedia. org/wiki/% E4% BC% 8A% E6% 96% AF% E 6% A2% 85% E7% 88% BE% E5% B8% 95% E5% A4% 8F，2019年5月23日。

② 《西浮日记》（抄本）卷下，第32页。

③ 《西浮日记》（抄本）卷下，第32页。

④ 《西浮日记》（抄本）卷下，第32页。

船船长及通言阮文珊据报纸叙述："腔逞法国领事等，以衣国（西班牙）护船久等不至，而地中海适逢风雨，对洋商船航行非常不方便，因此打电报回玻逞城。富国长（法皇）敕令缪噶大船（大型战舰）遍往诸海门寻觅梨咻苏号，以接载潘清简等钦使。当缪噶大船航行入蔑嗔港口时，衣（西班牙）梨咻苏号已出港二日。"[①] 由于嘉芃号在枢噶津次等了一个多月，船上使团官员和属员皆心急如焚，而法人何巴理正在枢噶，十分关心钦使船状况，通过电报得知潘清简等安全抵达腔逞时，何巴理于二十日乘坐另一艘渡轮前往暹罗。他委托记录潘光效向潘清简汇报说："法国皇帝已任命何巴理为暹罗国正领事，以及负责往来大清、越南、日本等商舶事务。并委任他为正使与越南拟定续约条款，因此当嘉芃号抵达下洲（新加坡）时，请即寄信到暹罗，何巴理会酌量时程，前往嘉定办理签约事宜。"[②] 西方与亚洲的信息传递，除电报外，渡轮往来已负担起重要的功能，而当时报纸的新闻报道亦扮演着重要的信息传递者角色。

六 从枢噶回顺化海程之旅

嗣德十六年十二月二十二日越钦使团乘坐法国渡轮嘉芃号离开埃及枢噶港，船向巳丙（东南偏南）行驶，穿越苏伊士湾向红海前进，经过两天航程，在二十五日午牌（11：00—13：00）经赤道北限（北回归线），即红海中部。渡船上为了娱乐乘客，有一场"过赤道限礼"的表演活动。二十六日因为吹巽风（东南风），有点逆风，嘉芃号便将船帆降下，只用蒸汽机行船。经过四日航程已经差不多走出红海。三十日巳牌（13：00—15：00）经过仳廉屿（Perim Island）便出赤海口（红海）了。嗣德十七年正月初一日（农历新年）抵达英属阿巅港，嘉芃号抵阿巅港便挂起富号（法国）旗，英吉利海港巡逻船发炮一声，挂起向导旗，乃随之入汛，安全抵达阿巅港寄碇。嘉芃号船长向潘清简等敬酒，先敬祝大南国国运昌隆，再向钦使等人祝贺越南人新年。[③] 所谓礼多人不怪，宾客尽欢颜。

法国人对于越南钦使的礼节十分讲究，嘉芃号在埃及枢噶等候了一个多

① 《西浮日记》（抄本）卷下，第 32 页。
② 《西浮日记》（抄本）卷下，第 32 页。
③ 《西浮日记》（抄本）卷下，第 33—35 页。

月，目的是派来载运钦使团回越南。这艘接待船是一艘渡轮，上年十月才从嘉定驶回，因等候太久，原来的船长和船佐等照例得休息日，改派哥𪡏嗤为船长。这艘船四层，是一艘裹铁船。长二十五丈，宽二丈五尺，下层船舱是鱼尾机蒸汽引擎，桅樯三，烟筒一。第二层有厢房五十余间，潘清简、范富庶、魏克憻三人，郎中阮文质及该船船官与搭船西官等在这里安歇，其余属员于第三层架床安歇，船上兵丁和工匠于第三层列板安歇。乘客身份阶级十分明白。嘉芃号船上官员15人：五圈船长1人、三圈6人（内有原该布政符啰）、二圈3人、一圈2人、医官2人、守银钱1人。符啰原系水官（海军），该国船佐皆可以海军官员充任。此外船上兵丁共150人。船上架置大炮两辆，鸟枪数十支等。① 由此可知，当时一艘渡轮上工作的官员兵丁（包括船长）共165人。

这艘船还搭载法国官员工匠等33人，其中包括去嘉定掌管炮手五圈官1人、掌管步兵四圈官1人、三圈官3人、二圈官1人、一圈官6人、医官2人、官匠10人、妇女5人（官匠妻室）、商户2人、往日本代管原泊兵船五圈官1人、往大清道长（神父）1人，同时还有前往嘉定换班兵丁400人。船上还附载很多砖瓦、铁器等，是运到嘉定以备造桥修路之用。可见当时嘉芃号除了船上工作人员165人（船官15人及船兵150人），还载有其他乘客433人（包括换班兵丁），以及越南使团27人。换言之，嘉芃号渡轮总共乘载了625人。

嘉芃号为了等候潘清简几人上船，足足等候了两个月，延误了回程，可见法国人对越南钦使团的尊重。从初二日至初四日，钦使与富浪沙领事往来探访，以及该船维修蒸汽机和增办煤炭等事完成后，初五日申初（15：00—15：40），嘉芃号刚要出港，水流突然湍急起来，船后系在浮标上的绳子，竟然没法收起来，缠绊着鱼尾机（车叶），因此再次抛碇，修理鱼尾机。从初六至初七，都在修理中，初八日午中（11：40—12：20）才出海。船向卯（东）行驶，初九日、初十日仍然向东行驶。到了初十日未牌（13：00—15：00），遇到逆向的艮风（东北风），船转向乙辰（东南偏东）并加帆行驶，大概到了酉牌（17：00—19：00）才撤帆，全用蒸汽机航行。② 在这里遇到一艘法国籍渡轮前往埃及枢喝，据嘉芃号三圈官符啰说：法国渡轮船，都有往来日本、大清及五印度诸国港埠，而往嘉定的渡轮则每

① 《西浮日记》（抄本）卷下，第33页。

② 《西浮日记》（抄本）卷下，第35—36页。

月一返，如十九日抵枢嵑后，十日内便可连接到回法国的船程，比起法国的官船时间十分紧迫。[①] 由此可见，苏伊士运河未开通前法国马赛港与东亚海域的联结已经十分紧密，笔者认为当时英国在东亚的利益比起法国更大，英国渡轮转运应该更为紧迫。

初十日晚嘉芁号南边经过哥多披咀（Caluula）[②]、安嗷篛厘岛（?），然后向着卬趍嗎海（印度洋）前进。十一日艮（东北）风，升起风帆向卯乙（东南偏东）行驶，巳牌（9：00—11：00）北经呧阿咦、鲐麻（Darsah，Kilmia）二岛，申初（15：00—15：40）经过趋姑哃黜岛（索科特拉，Socotra）。十二日逆风，十三日未牌（13：00—15：00）经过啜嚁喈哰（阿拉伯海?）海域，十四日无记事，十五日逆风。十六日艮（东北）风稍劲，张开所有风帆行驶。十七日酉末（18：20—19：00），在船上西洋士兵演戏为乐，是夜经过印度洋。十八日子牌（11：00—13：00），经过嘞趍为、曼趍嗥群岛海域，这片海域中的嘞趍为群岛包括大小凡十余岛屿，曼趍嗥群岛约有万二千岛屿，皆在海中，相去七百里左右，大概是指今拉克沙群岛（Lakshadweep Islands）和马尔代夫（Maldives）之间。十九日未牌（13：00—15：00），北边对着咻篾黜咀（Muttom），潘清简从远处看说：那边是印度国南界。

二十日向辰（东南）行驶。未末（14：20—15：00）便抵达嘏稜岛（锡兰，今斯里兰卡）的哰矑港[③]（科伦坡，Colombo）外，嘉芁号升起旗饰召唤花标引领入港寄碇。这艘船自阿巅至钗稜，共航行十二日，航程 6962 里（3481 公里）。一般而言，当时有帆樯的蒸汽轮船，若顺风日行 600 余里（300 余公里），逆风日行 500 余里（约 250 公里）。[④]

二十一日嘉芁号船官符唎邀潘清简等登城观看，雇请车马，沿着城的北边观看山寺，顺路径登山寺远眺风景。可能使团已经回到东方，嘏稜又是佛教圣地，潘清简心情大好，故出外一游。二十二日嘉芁号补充煤炭及维修船机后便出发，前后不过三天而已。二十三日酉初（17：00—17：40）嘉芁号起烟出港，二十四日子牌（11：00—13：00）向甲卯（东北偏东）行驶，由于有艮（东北）风，加帆（张开所有风帆）行驶。

---

① 《西浮日记》（抄本）卷下，第 36 页。

② Caluula 位于非洲索马里东北角。

③ 元《岛夷志略》称“高郎步”。参考汪大渊著，苏继庼校释《岛夷志略校释》，中华书局，1981，第 270—271 页。

④ 《西浮日记》（抄本）卷下，第 36—37 页。

二十五日巳牌（9：00—11：00）向寅甲（东北偏东）航行，由于逆风，转向巽（东南）方向航行，午牌（11：00—13：00）北边经过明哥黎（小西洋/孟加拉湾），这片海域是印度和缅甸海分夹处（两者之间），当时英吉利已经占领印度西孟加拉省为殖民地总部，越南人称之为明哥黎澳/明歌镇（加尔各答，Calcutta）。[①] 潘清简说："年前越南朝廷派员公回，指这里即所谓小西洋者也。"[②] 这句话是指明命十一年（1830）派西洋战船奋鹏号、定洋号前往小西洋操演，其后停泊在英吉利明歌镇，[③] 一年后才回到越南。

这一天午饭时潘清简与船官符喇坐在一起，符喇讲起曾在钗稜遇见一位过客谈及东亚局势。符喇说："谓日本使今复往富浪沙议和，月前见搭香港渡船，计当近抵此海分。"潘清简追问究竟日本与法国发生何事，符喇说："去年日本已遣使往，而其国（法国）不欲和者半，近复惹事（冲突）。"潘清简才知道去年秋天，洋人（指法人）入日本近海汛城骚扰，被日本驱逐出境，其后捉获一法人，押解入城杀害。法国汛兵船（战船）闻讯，开炮攻击日本城。现时日本愿与法国修好，因此遣使往法谈判。日本使者由法国派战船护接至广东（广州），但广州无法国大型战船，而日本使者欲速程往法，因此改坐渡船。富（法）人原有官船专住日本海汛，但在广州只有小型火机船（蒸汽小轮船）。[④] 可见，当时东方国家，无论是中国、日本或越南，都被船坚炮利的西方国家强迫进入他们的条约体系框架中。

一月二十六日、二十七日和二十八日嘉芃号继续向卯乙（东）行驶，此时嘉芃号北边经过缅甸国分。二十九日继续向卯乙（东）行驶，大概在寅牌（3：00—5：00）北边经泥沽岛（Nicobar），而泥沽岛之北有嶆多蛮岛（南安达曼，Andaman），泥沽岛属于南安达曼群岛，这里的人犷悍好劫掠，而荷兰占领枢磨槎[⑤]（苏门答腊，Sumatra）后，境邻相近，荷人常以兵船哨捕安达曼人为奴。[⑥] 从亚丁港至亚齐海程示意如图6所示。

嘉芃号大概在二十九日傍晚进入马六甲海峡，酉牌（17：00—19：00）

---

① 李文馥：《西行见闻录》（抄本），第1页。复印件是法国陈庆浩教授送笔者参考，在此致谢。

② 《西浮日记》（抄本）卷下，第42页。

③ 李文馥：《西行见闻录》（抄本），第1页。

④ 《西浮日记》（抄本）卷下，第40—41页。

⑤ 枢磨槎即枢麻槎（苏门答腊）。当时位于苏门答腊之 Lang Kat 或 Deli Serdang 境内，这两处大概在1862—1865年被荷兰人征服。亚齐要在1874年之后才被荷兰统治。参见 Jan M. Pluvier, *Historical Atlas of South-East Asia*, Brill, 1995, p. 35（地图）。

⑥ 《西浮日记》（抄本）卷下，第39—41页。

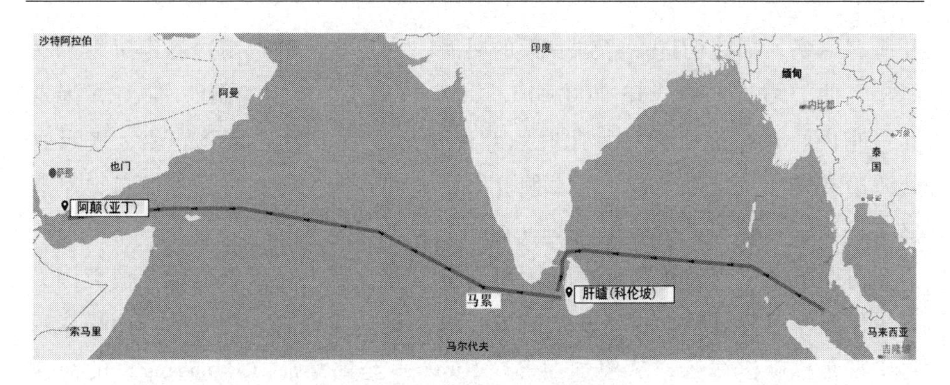

图6　从亚丁港至亚齐海程示意

底图来源：自然资源部 & NavInfo 审图号：GS（2021）3715 号。

前方东南经过亚钲咀（亚齐，Aceh），即苏门答腊西北端。潘清简说："亚钲一名亚呫，咀头连山，隔水稍北有圆屿（韦岛，Pulau We）突出，船行以为标望。"[①] 嘉芃号进入枢麻槎（苏门答腊）北部的闰阁冋（司马威，Lhokseumawe）港口[②]，东北远远对着麻罗哥（马六甲，Melaka/Malacca）境。潘清简说："麻罗哥清人谓之马六甲，夹暹罗东南境，亦阁冋（马来人）故地也，已经被英吉利所占，广口广可八百里左右。"[③] 嘉芃号似乎在亚齐闰阁冋港口停了两天，但潘清简对此港口设施没有一点描述，可能没有西方港口的建设。嘉芃号于二月初一日继续向卯乙（东偏南）前进，穿越马六甲海峡，初二日转向辰巽（东南）行驶，在寅牌（3：00—5：00）时，东南边经过槟榔屿（槟城，Pulau Penang）。潘清简说："该屿土音呼肥能。"[④]

嘉芃号自印度沿缅甸海汛东南方航行，历经槟榔屿、麻罗哥、下洲诸岛屿，而这些岛屿皆被英吉利占住。而富浪沙、衣坡儒道长（传教士）亦在槟榔屿设立教场（教堂），据越南信天主教者说，他们往西方学习受训，便是到槟榔屿的基督教教堂修学。[⑤] 嘉芃号也没有停泊在槟城，而是继续前进，巳牌（9：00—11：00）有雨吹南风，转向巽（东南偏南）行驶，且张

① 《西浮日记》（抄本），卷下，第41页。

② 笔者按：枢麻槎即苏门答腊，闰阁冋应指司马威（Lhokseumawe），这个港口是亚齐之国际贸易港，当时亚齐仍未被荷兰占领。参见 Jan M. Pluvier, *History Atlas of South-East Asia*, Brill, 1995, p. 32。

③ 《西浮日记》（抄本）卷下，第41页。

④ 《西浮日记》（抄本）卷下，第41页。

⑤ 《西浮日记》（抄本）卷下，第41页。

开所有风帆，加速前进。经过一天的时间，初三日巳牌，南边已经过枢麻槎海岸上的七屿。未牌（13：00—15：00）转向乙（东南偏南）航行，因遇巽（东南）风，加帆行驶，此时东北经过麻罗哥，看见有登表船，表示这处海边有暗沙，英吉利有一艘军舰驻守，夜间在海上燃起灯示意航道，早晨嘉苋号派了一艘小火机船运白饷（白银）给当地海关。[①]

由此可见，当时轮船经过马六甲海面，并没有入马六甲投碇，但英国人有提供暗沙浮标灯号，指示安全航道，这都是要收取服务费用的。而马六甲对岸都是枢麻槎海分，从望加丽岛（Rupat）至郎桑岛（Rangsang）的海洋环境很复杂，也没有提供服务，船只大都偏向马六甲岸边，以确保船只不会触礁。这可能是郑和下西洋以马六甲为“外府”的其中一个因素。[②]

在马六甲海面遇上英人商船，这艘船自下洲向西洋航行，它挂起“寄信号旗”，委托嘉苋号抵达下洲报告该商船已经过马六甲港。因此而知西方诸国官商船于海洋航行中若要寄信或报告信息等，都制作有信号旗饰，自一至十幅，在海上相遇时，因海洋形势不能就近传话，如需寄语或什么的，便挂起三幅旗以示，对方认明所以后，亦即挂旗回答。[③] 19 世纪西方海洋上行船的国际规矩逐步建立起来，而大航海初期，船只相遇，通常敌对开战，两个时期不可同日而语。

嘉苋号初四日继续向辰巽（东南）航行，未中（13：40—14：20）已抵达下洲港口的西边外，由于花标迟来，至酉初（17：00—17：40）才得以入港寄碇。新加坡港有东西二港，西港两山相夹，港道才丈广，[④] 而东港是上年抛碇的白石港。自啜稜至新加坡，船行 9 日 8 个时辰，约 4835 里（2417.5 公里），该船日行 500 里（250 公里）左右。自阿巅至下洲，前次（去程）由吁鲐榫嗎号绕道航行，共 16890 里（8445 公里）。今次直航，阿巅至啜稜，船行 12 日共 6962 里（3481 公里），又从啜稜至下洲 4835 里（2417.5 公里），即回程从阿巅至下洲共航行 11797 里，因此回程约省 5100 里（2550 公里）。[⑤]

潘清简钦使团在下洲停留不到三天，二月初七戌牌（19：00—21：00）便离开新加坡往嘉定。不过，这三天潘清简钦使团仍然很忙碌，初五日早上

---

① 《西浮日记》（抄本）卷下，第 42 页。

② 郑永常：《海禁的转折：明初东亚沿海国际形势与郑和下西洋》，台北：稻乡出版社，2011。

③ 《西浮日记》（抄本）卷下，第 42 页。

④ 《西浮日记》（抄本）卷下，第 42 页。

⑤ 实省 5093 里。

他邀请乘搭清船（中国帆船）来下洲公务的越南郎中陈如山上船会面，郎中陈如山是前去新加坡清商林有新的瑞成号铺办事。上船后，互相慰问一番，并恭喜“我皇上万安”。[①] 陈如山说：“来新加坡办理公务，大概在四月十日内便回国。”潘清简即缮文二封，请陈如山转交户部备照，可能是有关出使旅程所有费用的报备。[②] 当日未牌（13：00—15：00），富（法国）监督何巴理上船慰问叙旧，并说十日后前往暹罗履新，大约在三月十日内前来嘉定，然后上京（顺化）谈判条约的问题。何巴理因为所乘搭的渡轮火机折断，在新加坡等候第二艘渡轮前往暹罗。初六日，范富庶、魏克憻代潘清简前往何巴理寓所省问及去郎中陈如山住所探望。这都是当时官场上的礼节，东西习惯亦相同。

是日嘉芃号补充煤炭完毕，不过入夜后，船上有演戏节目，在新加坡寄碇诸西方船只包括师船（战舰）、渡船（客轮）、商船等的共三四位船长上船观看表演。初七日，潘清简支用银钱、纨纱等，清还给清商裕兴号周陶先生，因为上年抵达下洲及今次回程，都是委托清商裕兴号购买物项。越南郎中陈如山乘搭清船去清商林有新的瑞成号铺办事，以及潘清简出使来回都委托清商裕兴号周陶购买货物等，都显示出19世纪60年代华商在新加坡已具有实力，也反映出当时并没有越南籍商人在新加坡做生意。

二月初七日未牌（13：00—15：00）嘉芃号起烟出汛，但因为船佐仍在岸上煤铺计算炭价，以及下一班渡轮有属官委托先将书函寄往嘉定，所以等待了一段时间。及至戌牌（19：00—21：00）才正式向寅甲（东北偏东）行驶出白石港，出港后转向癸（北偏东）航行。初八日至初十日卯牌（5：00—7：00）便抵达芹蒢汛（Song Soai Rap），入河道，午牌（11：00—13：00）抵达牛津江码头（西贡河，Song Sai Gon[③]）投碇。从下洲至嘉定（胡志明市），船行三日八时辰，比前次迟了五时辰，原因是今次夜间才抵达汛口外，必须徐行（慢行）等待天明入西贡河。

十一日酉牌（17：00—19：00）赴嘉定统帅嘉棱移衣宴会，嘉棱移衣说：“鹭姑船曾经负责接送钦使团，最近会返回嘉定，钦使团暂住三五日，

① 原文“恭喜‘我皇上万安’”一语中“皇上”应是指大南嗣德帝，二人同是大南国朝臣。

② 《西浮日记》（抄本），卷下，第42—43页。

③ 进入嘉定（即西贡，今胡志明市），先由芹蒢汛（捽拉普河口，Song Soai Rap）或龙江头（Song Long Tau）驶入内河，再转芽披江（Song Nha Be），再接西贡河（Song Sai Gon）抵牛津江次（即嘉定码头）。

由鹭姑号护送钦使团回顺化。”[①] 大概在十二日，鹭姑火船抵达牛津江码头，用三四日补充修护船务，便可出海。十三日至十五日都是参观应酬，十五日夜永隆、嘉定权署布政阮文雅乘船来探，并协助处理粮饷等事，潘清简等以款给嘉芃号和鹭姑号二船官兵。十六日，嘉棱移衣派杉板船接载一箱箱物品上鹭姑号置放。十七日午牌（11：00—13：00），嘉定统帅嘉棱移衣委派参赞低谟伶及韦股、陆稜等备车马接钦使团上船。

未牌（13：00—15：00）鹭姑号点火移离码头，酉牌（17：00—19：00）抵芹蔭汛口寄碇，因为东北风强劲、波涛汹涌，故暂且停泊等待天气好转。十八日卯牌（5：00—7：00），鹭姑号出海向寅甲（东北偏东）航行，然后转向子癸（北偏东）行驶，十九日至二十日继续北上，当日午牌（11：00—13：00）船长扱嗤交来嘉定统帅嘉棱移衣寄给商舶大臣的公文一封，祈望潘清简代为转交。二十一日申牌（15：00—17：00）鹭姑号顺利抵达顺安（顺化）汛口。从马六甲海峡至顺安汛航线示意如图7所示。

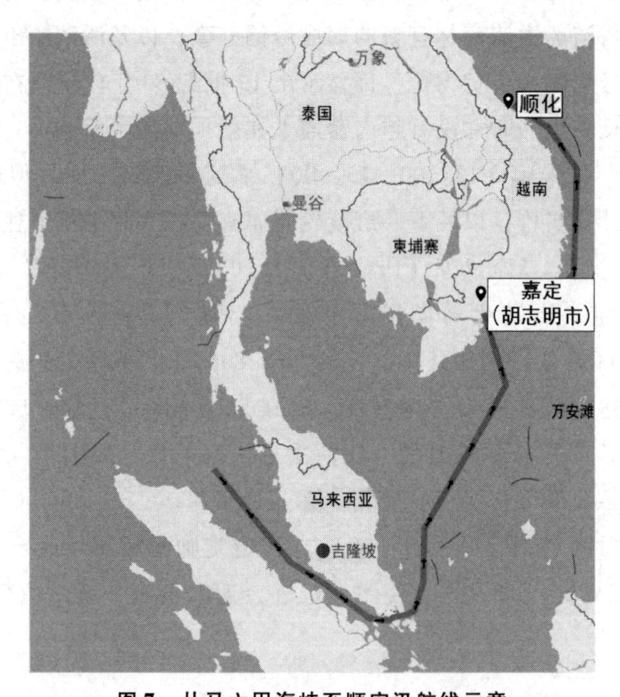

图7　从马六甲海峡至顺安汛航线示意

底图来源：自然资源部 & NavInfo 审图号：GS（2021）3715 号。

① 《西浮日记》（抄本）卷下，第44—45页。

七 结语

潘清简出使法、西二国行程至此全部结束，从嗣德十六年（1863）五月初六出发，至嗣德十七年（1864）二月二十一日返抵顺化，差不多用了九个月，钦使团中二死（通言阮文长、医正陈文辉）一疯病（该队阮有爵），为了谈判收回法人占地，越南人付出不少代价。本文利用 Coogle Map GPS 寻找使者船只回程途经地名，并释为今名，基本上除了个别不能确认外，绝大部分的地名都能寻绎出来，其来回航路以及铁路所经之处都可还原地名，航程方位是正确寻找地名的重要指示。这项工作完成后，有利于读者了解《西浮日记》内所记录之处。

回程中钦使团在地中海遭遇到两次强风：一次帆桅折断，又驶回意大利港口拿坡里修理船只；一次在西西里岛的墨西拿港外遭遇强风不得不折回港内避风。如是，延误了差不多两个月，也因为迟迟未抵达亚历山大港，引起法国拿破仑三世担心，他派出大型战船在地中海各处寻找使船踪迹。此外，19 世纪中叶前，在欧洲与东亚的海陆运输联营配套设施中，埃及扮演着重要角色，当时埃及仍受制于奥斯曼帝国，但是由于英、法等国利用埃及亚历山大港和枢噶港作为欧亚海陆联营的枢纽，使埃及逐渐摆脱土耳其的控制。如法人于 1856 年获土耳其允许开挖及经营苏伊士运河 99 年，苏伊士运河于 1869 年通航后，欧亚海上交通通过苏伊士运河连接起来。《西浮日记》内容显示，19 世纪中叶，西方航海中已建构起一套模式与秩序，英、法渡轮遍及东亚各国主要港口。又如轮船上的娱乐活动、港口设施、入港礼炮、迎接送行礼仪、旗帜、领航员等，以及当时战舰装备和远程渡轮设施和乘载量等，都增加了我们对当时东西方差异的了解，而法国当时正积极增加在东方的力量。

附表：潘清简《西浮日记》回程地名

《西浮日记》地名	现今地名
玻逞	巴黎，Paris
衣坡儒	西班牙，Espana/Spain
璃翁	里昂，Lyon
磨暇	马赛，Marseille
色漇沦	吉诺纳，SelvaBH

续表

《西浮日记》地名	现今地名
眉如歌岛	梅诺卡，Menorca
古犀隆城	巴塞罗那，Barcelona?
安苏尼乌岛	马略卡，Mallorca?
衣韦加岛	伊维萨，Eivissa
阿厘根澳	亚利坎特，Alacant
安麻加城	亚尔马格尔，Almaguer
阿𪊧俞縏城	阿兰惠斯，Aranjuez
磨逞	马德里，Madrid
歌的城	加的斯，Cadiz
巴吟啤	瓦伦西亚，Valencia
阿厘咥车城	阿兰胡埃斯，Aranjuez
谟看齐城	拉尔马尔查，La Almarcha
何琵琶城	Honrubia
巴啤仑	巴塞隆纳，Barcelona
喈拏	热那亚，Genova
軜醐梨	拿坡里/那不勒斯，Napoli
嚱嗔/蔑嗔	西西里岛，Sicilla
嗵吁嗛嘛	Cap de Creus
察些澳	塞特港，Sete
秋龙	土伦，Toulon
涅啤	尼斯，Nice
啤嘛钉	撒丁岛，Sardinia
箬嘛啤	科西嘉，Corsica
股嚧碑山	阿尔卑斯山，Alpi
篾那姑腔苏檬篾	Maurizio
妈泥嘿厘阿	利古里亚，Liguria
歌逦奔	Savona
蔑蚩哪/蔑嗔港	墨西拿，Messina
嗎嚧巴碑	Capraia，意大利托斯卡纳 Toscano 群岛
翁秘奴	Protoferraio。同上
蒙卑嚹徂岛	Giglio。同上
夷厘乌岛	Erole。同上
喂𤟗啊岛	Giannutri。同上
鲔麻国	罗马，Roma
蚩韦些扬箕阿	奇维塔韦基亚，Civitavecchia
第勒尼安海	Tyrrhenian Sea
碑俞韦乌山	赫库兰尼姆古城，Herculaneum
哥坡逻岛	卡普里，Capri
车嚙嘛哪	萨莱诺，San Nicola
厘呱车	Faracchio?

续表

《西浮日记》地名	现今地名
哺厘喇痞	Policastro
嗎批眉阿	特罗佩亚，Tropea
噂哥奴岛	Vulcano Porto
亚梨腔逞/腔逞	亚历山大港/亚历山卓，Alexandria
訾巴些嗰苏	叙拉古，Siracusa？
枢噶	So Khan
爱奥尼亚海	Ionian
卡拉马塔	Kalamata
马耳他	Malta
餐犀港	斯利马，Tas-Sliema
依由年环岛	Isole Pelagie？
喋珊	希腊
吧搦多饭屿	基西拉岛，Kythira Municipality
歌吧溂黝岛、磨些彭山咀、沙逞哭咀	大概在马耳他至克里特岛海面上
须油箕	土耳其
矜趍岛	克里特，Crete
伊牒	埃及
稽城	开罗
仳廉屿	Perim Island
赤海口	红海
阿巅	亚丁港
哥多披	Caluula
安嗷箬厘	？
吅黝嗎海	印度洋
哌阿咦、鲐麻	Darsah，Kilmia
趋姑哃黝岛	索科特拉，Socotra
啜嚕喏啐	阿拉伯海？
嘞趍为、曼趍啴	拉克沙群岛（Lakshadweep Islands）和马尔代夫（Maldives）之间
呱谟孖咀	印度南之 Muttom
嘏稜岛	锡兰，斯里兰卡
明哥黎/小西洋	孟加拉湾
明哥黎澳/明歌镇	英属加尔各答，Calcutta
泥沽岛（Nicobar）、�多蛮	安达曼，Andaman
枢磨槎/枢麻槎	苏门答腊，Sumatra
亚钲	亚齐，Aceh

续表

《西浮日记》地名	现今地名
圆屿	韦岛，Pulau We
闰阁徊	司马威，Lhokseumawe
麻罗哥	马六甲，Melaka/Malacca
槟榔屿/肥能	槟城，Pulau Penang
下洲	新加坡
望加丽岛（Rupat）、郎桑岛（Rangsang）	在马六甲海峡之苏门答腊中部
嘉定	胡志明市
芹蒢汛	Sɵng Soai Rap
顺安	顺化，Hue

Sậy PhủNhật Ký（《西浮日记》）：Explanation of Places on the Way Back from Spain by the Vietnamese Mission

Cheng Wing-Sheung

Abstract: In 1863, The High Officer of Vietnam Phan Thanh Gian led a mission to visit France and Spain negotiated the redemption of the three southern provinces. After the visit, he took the Spanish steam brig warship to Egypt and transferred the French steam ferry to return home. He encountered a Mediterranean cyclone attacking the way to Egypt. Finally, the mission returned to Hue in early 1864. The journey took almost nine months, two members died and one became seriously ill. This article uses GPS to find the names of places and ports where the *Sậy PhủNhật Ký*（《西浮日记》） recorded. Basically, most of the names of places and ports can be found when the delegation ship passing. After this work is completed, which is conducive to the readers understanding where is the record in *Sậy PhủNhật Ký*.

Keywords: Phan Thanh Gian; *Sậy PhủNhật Ký*; GPS; Steam Brig; Places and Ports

（执行编辑：刘璐璐）

学术述评

海洋史研究（第十九辑）
2023年11月 第323~343页

性别与日常：英美学界海上生活史研究述评

韩国巍*

在欧美学界，海洋史作为历史学领域分支学科地位的确立，可以追溯到20世纪60年代。① 初兴的海洋史聚焦三大论题：海上探险、海上战争和海上经济事务（如造船、海外贸易和商业捕鱼等）。此后20年间，海洋史虽然为世界史贡献了新知，但过度重视海军战争的国家视角，以及单一的经济史书写的主题桎梏，导致海洋史研究在20世纪中叶愈加边缘化。20世纪80年代勃兴的"新文化史"既加速了传统海洋史书写范式的式微，亦为"新海洋史"的学术转型提供了启迪。如同众多的传统历史研究领域一样，在新文化史的影响下，海洋史研究者逐渐将目光转向了政治、军事与贸易之外的广阔海上生活。正是在这一学术背景下，海上边缘群体及其日常生活的经历，构成了英美海洋史研究的新话题，其影响至今犹在。有关"新文化史"影响下的西方海洋史学的新动态，中国学界并未予以充分关注。海洋史学如今已是国际性研究话题，理应立足当代中国的立场来关注外国学界的前沿与进展。故此，本文拟聚焦海上女性、海盗等"小人物"的海上日常生活，借助"自下而上看历史""微观史学"等新文化史概念，以小见大地展现西方海洋史研究近20年来所展现出的新视角、新题材与新方法，以期对当代中国海洋史学研究有所镜鉴。

---

* 作者韩国巍，东北师范大学历史文化学院博士生。

① John B. Hattendorf, "Maritime History Today," American Historical Association, Vol. 50, No. 2 (2012).

一 发现海上的“边缘他者”：海洋史的性别书写

近代以前的海洋世界是由男性统治的。傍海而生的渔民在沿海地区用渔网和鱼线劳作，而妻子则留在岸上承担照顾家庭和抚养子女的任务。随着新航路的开辟，许多人开始驾船进行远洋探险，梦想着发现新大陆之后可以名利双收。历史上赫赫有名的探险家、船长以及他们舰船上的船员均为男性，而广大妇女则是“沉默的另一半”，成为海洋史叙事的“失语者”。90 年代以前的海洋史鲜有女性群体作为主要研究对象出现。随着 20 世纪六七十年代国际妇女运动的兴起，在当代史学革新的推动下，妇女史研究勃兴。这一史学新趋向随后蔓延到海洋史研究领域。

（一）随夫出海的船妇

男性独揽海洋的历史观念由来已久。在谈及 18 世纪到 20 世纪之间两性在海洋史上的地位时，西方传统历史学家惯用“钢铁汉子和阴柔女子”来比拟。1996 年，玛格丽特·克雷顿（Margaret S. Creighton）和丽莎·诺林（Lisa Norling）主编的《钢铁汉子与阴柔女子：大西洋世界的性别与航海（1700—1920）》向这种观念提出质疑，试图客观再现大航海运动中的“性别”因素。作者认为：有一种“像木头一样顽固僵硬”的观点，认为男性因其“粗犷的雄性气概”而在海洋史中居于主导，而女性则因其“柔弱”始终处于无足轻重的外围。[①] 此种观点固化了海洋史研究中的“性别区隔”，是对海上两性共同存在的历史的简化描述。

研究者发现，在 19 世纪的英国和美国海军中，商船船长、随船木匠和厨师等男性船员的妻子随丈夫出海的现象并不罕见。在平时，她们是船员子女的保育员，发生战争时，她们又要协助炮手战斗，护理伤员。[②] 我们无法统计海军军官妻子随船出海的具体人数，因为她们没有出现在官方档案中，但是可以从很多老船员的回忆录或军事法庭的笔录中得知这一群体的存在。

---

① Margaret S. Creighton and Lisa Norling, eds., *Iron Men, Wooden Women, Gender and Seafaring in the Atlantic World, 1700 - 1920*, Baltimore: Johns Hopkins University Press, 1996, p. 7.

② David Cordingly, *Women Sailors and Sailors' Women: An Untold History*, New York: Random House, 2001, p. 9.

海上女性群体作用的“再发现”有赖于对海洋史资料的推新。除了上面提到的回忆录和军事法庭笔录外，船上外科医生的日志也为探秘船上妇女群体打开了一扇窗。这些资料记录了妇女是否曾在船上生育，或者是否有登船的妓女在男性船员中引发性病。1812 年，皇家海军常胜号指挥官约翰·费夫上尉针对登船女性做了新规定：“允许船上的女性每两周在市集交易日上岸一次。如果在其他时间离开舰船，或在其他方面违反舰船规定，她们将会被禁航。”① 琼·德鲁特（Joan Druett）的研究表明，女性不总是千篇一律地作为船上生活的配角。19 世纪时，很多商船船长携妻子登船，在船长生病等某些特殊情况下，有些船长的妻子临时接管了船长的职责，甚至在“关键时刻”发挥了“关键作用”。② 但这毕竟只是少数个案。随船出海的女性在绝大多数海上时间中依然处在男权压迫之中。斯普林格（Haskell Springer）研究了 36 名有过出海经历的船长妻子的日记。其中提到女性在船上生活的情感压抑、与男人发生冲突时的沉默，以及其他女性的落魄与焦虑。③ 船长的妻子能随夫登船固然打破了男性的海洋垄断，但即使是这些地位相对较高的船上女性，其生活的自由度也不比生活在陆地的海员妻子。海船狭隘的物理空间同样收缩了原本就不宽松的女性自由空间，放大了她们在男权压迫下的窘境。

海上生活的“男女有别”抑或“男尊女卑”是既定的历史事实。玛格丽特·克雷顿等研究者并未撼动这一史实，但却细化了以往的历史认识。这些前沿性研究不仅再现了拥有“男子气概”的水手海上生活往事的历史细节和时代变迁；同时触及海上女性群体的历史存在，因此启发了“新海洋史”研究中的性别视角。

（二）女扮男装的水手

近来的研究表明，女性出海的数量要远比我们想象得多。在男性众多的船上空间里，暗藏着许多女扮男装的年轻女性与其他男性水手们共同在船上

① Captain's Orders, HMS Indefatigable, quoted from *Shipboard Life and Organisation, 1731 – 815*, ed. by B. Lavery (Navy Records Society, Aldershot, U. K., 1998), p. 188.

② Joan Druett, *Hen Frigates: Wives of Merchant Captains Under Sail*, New York: Simon & Schuster [www. simonandschuster. com], 1998.

③ Haskell Springer, "The Captain's Wife at Sea," in Margaret S. Creighton and Lisa Norling, eds., *Iron Men, Wooden Women, Gender and Seafaring in the Atlantic World, 1700 – 1920*, Baltimore: Johns Hopkins University Press, 1996, pp. 94 – 99.

工作，时间长达几个月甚至几年。1807 年，皇家海军哈扎德号（HMS Hazard）的威廉·贝里中尉被控告与男性船员犯下“违背自然伦理的可憎的鸡奸罪行”。军事法庭的主要证人之一是来自康沃尔郡的一名 14 岁女孩伊丽莎白·鲍登（Elizabeth Bowden）。她在哈扎德号的船员信息录中被列为三等班男孩，身着长外套和蓝色长裤出现在法庭上。与其共事的船员在六个星期后才发现她的真实性别。真实身份暴露后，哈扎德号的船长为她提供了单独的休息室，并允许她继续留在船上当值班员。[①]

1992 年戴安·杜高的《〈漫话女性水手〉：航海女性形象的兴衰》[②]，将 19 世纪的一首街头民谣作为研究的切入点，探析近代早期女扮男装的女性，并通过这一群体揭示了关于性别以及女性身份建构方面的内容。《漫话女性水手》是 18 世纪 30 年代的一首街头民谣，频繁出现在现代早期航海的传说中。从 17 世纪到维多利亚时代，有关妇女乔装成男人出海航行或服兵役的民间歌曲和民间故事蓬勃兴起，成为当时通俗文学的关注重点。歌谣里描述的情境是当时一些社会下层女性的真实经历。作者曾在《民谣与女性水手(1650—1850)》[③] 一书中分析了“女扮男装的女水手”在歌曲中的传统形象，探讨了这一群体的历史意义。在《〈漫话女性水手〉：航海女性形象的兴衰》一文中，戴安·杜高以汉娜·斯内尔（Hannah Snell）和玛丽·安妮·塔尔博特（Mary Anne Talbot）的故事来反映当时社会正在重新构建女性性别政治的趋向。通过引入几个典型女性水手的案例，探究了曾风靡一时的“女扮男装的女水手出海”的传说衰落的原因。作者认为在 19 世纪的社会背景下，“女扮男装”的做法冲击着公众脑海中理想化的性别概念。在女扮男装的传统盛行了 200 多年后，开始走向衰落。在当时的社会背景下，精致[④]、“自然”的女性方可符合大众的想象和认知。作者认为这种社会舆论的限制进一步导致了女扮男装的女性水手逐渐退出了公众视野。而苏珊·史塔克（Suzanne J. Stark）则认为，当时女扮男装女性出

① 转引自：David Cordingly, *Women Sailors and Sailors'Women: An Untold History*, New York: Random House, 2001, p. 9. Admiralty and Navy Board records held in the Public Record Office, London 1/5383。

② Dianne Dugaw, "'Rambling Female Sailors': The Rise and Fall of the Seafaring Heroine," *International Journal of Maritime History*, Vol. IV, No. 1 (June 1992), pp. 179 - 194.

③ Dianne Dugaw, *Warrior Women and Popular Balladry, 1650 - 1850* (Cambridge, 1989). 其他的有关异装女性的研究参见 Julie Wheelwright, *Amazons and Military Maids* (London, 1989)。

④ 当时社会对女性的普遍要求被研究者称为“精致的女性主义”(delicacy)。

海数量减少的原因其实并没有这么复杂，仅仅是因为“当时海军招募严格的身体检查制度”。[1]

（三）捕鱼与航运中的女劳作者

夏琳·艾莉森（Charlene J. Allison）、苏-埃伦·雅各布斯（Sue-Ellen Jacobs）和玛丽·波特（Mary Porter）合著的《变革之风》[2] 对我们了解从事捕鱼业的妇女也做出了重要贡献。作者采用人类学的方法，调查了美国华盛顿州和阿拉斯加州的妇女在渔业领域的参与情况。居住在华盛顿普吉特湾的10个女性的口述历史构成了这部著作的核心。开篇的介绍部分有助于将这些口述历史记载的事件置于美国渔业历史发展的大背景下。结束语部分讨论了口述历史中常见的主题。文中选取的女性在“种族、年龄、婚姻状况、个人教养、家庭背景、进入捕鱼业的时间长短及其发挥的作用”[3] 方面各不相同。作者记录了她们在“传统”和“非传统”角色和环境中的不同表现。有些妇女之前从来没有接触过商业捕鱼，有些妇女随同丈夫一起捕鱼，还有一些妇女则是独自或同她的女儿和孙女一起捕鱼。而作为不需要捕鱼的渔民妻子，比如格拉迪斯·奥尔森（Gladys Olsen），由于丈夫长期不在家，几乎承担了全部的照看孩子和做家务的责任。在必要的时候，她们还积极参与政治活动，代表商业捕鱼家庭游说政府。

其中两名妇女主要从事鱼类加工和管理工作。在传统以男性为主导的管理领域，她们遭遇了挫折，但也遇到了机会，特别是在刚刚出现渔业产业的阿拉斯加。针对“博尔特决定”（the Boldt Decision）[4]，土著妇女和白人妇女对此意见相左。作者描述了在加工和渔业管理中担任要职的年轻单身女性所遇到的问题，以及她们在面对其“非传统”角色所造成的紧张局面时的应对办法。但在某种程度上，作者的分析视角过于局限。作者认为越来越多

---

① Suzanne J. Stark, Review of Margaret S. Creighton and Lisa Norling, eds., *Iron Men, Wooden Women, Gender and Seafaring in the Atlantic World, 1700 - 1920*, Baltimore: Johns Hopkins University Press, 1996 (1997), Albion, 29, pp. 687 - 688.

② Charlene J. Allison, Sue-Ellen Jacobs, and Mary Porter, *Winds of Change: Women in Northwest Commercial Fishing*, Seattle: University of Washington Press, 1989.

③ Charlene J. Allison, Sue-Ellen Jacobs, and Mary Porter, *Winds of Change: Women in Northwest Commercial Fishing*, 1989, p. 159.

④ 美国政府对阿拉斯加捕鱼业出台的一项法令。规定印第安人有权获得所有可收获鱼类的50%。

的女性走进渔船参与到渔业中，但在结论中却没有探讨这些变化。作为初步阶段的研究虽然并不全面，但《变革之风》以具有新意的形式为读者提供了大量信息和分析，将美国西北部渔业的各个领域的女性形象生动地呈现在读者面前。

在《19 世纪航运业与女性》[①] 中，海伦·多伊（Helen Doe）讲述了 19 世纪英国港口的一系列商业活动，关注女性在海事部门所承担的角色。“在船只所有权、船舶管理、船舶建造方面，女性的作用一直被低估了。”[②] 但是，那些拥有船只的女性，那些经营杂货船的女性，或者那些为商人和海军当局建造船只的女性，到底有多重要呢？根据书中提供的证据，由女性负责建造的船只数量众多，足以让历史学家们反思过去在这一领域忽视女性的传统。这本书进一步证明，在海上，创业不是男人的特权。多伊的研究采用了丰富的参考资料，包括人口普查记录、船员名录、家庭文件以及港口的船只登记簿。以五个地点（埃克塞特、福伊、林恩、惠特比和怀特黑文）为例，多伊分析了女性作为船舶投资者的工作情况。主要以中型港口为切入点：一是因为英国的中型港口运作历史悠久，长期承担着大容量船只的沿海航运和远洋航运；二是为了方便资料的统一性。在这五个港口，有 867 名女性共计拥有 17000 多股股票，分布在 692 艘船上（最大的吨位可达 1000 多吨），其中大多数是木制帆船。[③]

玛丽·奇普曼·劳伦斯（Mary Chipman Lawrence）的《船长的最佳伴侣：捕鲸船爱迪生号上的玛丽·奇普曼·劳伦斯日志（1856—1860）》[④]，记录了捕鲸行业处于鼎盛时期时捕鲸船上的生活状况。虽然玛丽·奇普曼·劳伦斯不了解水手舱内部的运作和秘密，但通过她的日记读者可以洞察到，在猎捕鲸鱼的过程中海上生活的单调乏味。作为海洋史、社会史或妇女史专业的研究者，作者在这本书中不仅提供了史料信息，也反映了当时

① Helen Doe, *Enterprising Women and Shipping in the Nineteenth Century. Woodbridge*, *Suffolk and Rochester*, NY: Boydell Press, 2009.

② Helen Doe, *Enterprising Women and Shipping in the Nineteenth Century. Woodbridge*, *Suffolk and Rochester*, Introduction.

③ Helen Doe, *Enterprising Women and Shipping in the Nineteenth Century. Woodbridge*, *Suffolk and Rochester*, p. 73.

④ Mary Chipman Lawrence, *The Captain's Best Mate*: *The Journal of Mary Chipman Lawrence on the Whaler 'Addison'*, *1856 – 1860*, Stanton Garner ed. Hanover, New Hampshire: University Press of New England for Brown University Press, second printing, 1986.

家庭的价值观、宗教信仰，讨论了在特殊环境中如何养育孩子以及对待非欧洲人等。

（四）女海盗

海上女性不仅包括在船上工作的女性群体，还有长期以来被忽视的女性海盗群体。随着海洋文学、海上游记，以及对海上性别研究的日益增加，历史学家开始注意到一群特殊的“海上边缘群体”。《海上的女人》[①] 试图解决的是这类研究当中比较冷门的两个问题：有关海上旅行人群的研究是否可以扩展到社会边缘群体？边缘人物的历史应该采取怎样的记录形式？这部作品记述的是海盗安妮·邦尼（Anne Bonny）和玛丽·里德（Mary Read），以及阿黛尔·雨果（Adele Hugo）的事迹。

18 世纪，当海盗从英国工人阶级社会中崛起时，邦尼和里德便开始了她们在西印度群岛的“男性”职业生涯。作为他人眼中的“疯女人”，阿黛尔·雨果可以在殖民地社会的边缘自由自在地旅行，而不受其种族、性别和阶级的“他者”身份约束。因为她们本身没有留下任何存世的史料，所以她们冒险的或不幸的故事，只能留给别人去塑造。她们是典型的边缘人群——沉默寡言，需要被“拘留”——最适合她们栖居的地方则是“一页纸上印刷区域以外的空白地带”[②]。《海上的女人》旨在为加勒比海域的边缘群体争夺话语权，将目光从之前历史学家关注的“中心地带”投向殖民地社会的各个角落。

玛丽·路易斯·普拉特（Mary Louise Pratt）的《帝国的眼睛：旅行写作与文化嫁接》[③] 等海洋旅行文学在学界地位攀升，迅速成为经典。该领域关注的是通过对旅行游记、旅行文学展开的研究，一窥当时的殖民社会，阐明殖民观点和种族主义的假设，以对抗“他者”的概念。该领域对殖民和

---

① Lizabeth Paravisini-Gebert and Ivette Romero-Cesareo, eds. , *Crossing-Dressing on the Margins of Empire: Women Pirates and the Narrative of the Caribbean Discourse*, New York: Palgrave™, 2001.

② Lizabeth Paravisini-Gebert and Ivette Romero-Cesareo, eds. , *Crossing-Dressing on the Margins of Empire: Women Pirates and the Narrative of the Caribbean Discourse*, p. 2.

③ Mary Louise Pratt, *Imperial Eyes*, *Travel Writing and Transculturation*, New York: Routledge, 2008. 作者在欧洲的地理扩张与自然科学史的背景下，探讨了 18—19 世纪欧洲人在南非、西非、加勒比海以及美洲的探险、旅行与叙述。她认为：欧洲中产阶级，即欧洲话语的男性主体，在对非欧洲风景的再现中，以帝国视角为欧洲人撰写了非欧洲的民族志。

后殖民研究做出了重要的贡献。它的叙述风格、叙述视角有利于我们更细致地理解殖民者和被殖民者之间的关系，为我们解释殖民主义赖以建立的种族和阶级关系的特殊性提供框架。

丽莎贝斯（Lizabeth Paravisini-Gebert）等探究了两位女性海盗安妮·邦尼和玛丽·里德的海盗生涯，解释了她们在帝国边缘“女扮男装”活动的原因。当时的英国为了铲除加勒比海盗，在利润日益丰厚的殖民地建立新的政治秩序，做出了一系列努力。邦尼和里德则成为殖民地最瞩目的目标，征服她们便象征着征服了殖民地的“反叛”精神。① 马库斯·雷迪克（Marcus Rediker）认为，17 世纪海盗群体的崛起，为少数敢于反抗传统性别规范的女性提供了登上历史舞台的契机。“事实上，这些女海盗的形象可能影响了 18 世纪和 19 世纪早期革命中自由的象征。”②

（五）性别“模糊”的人：船上的同性恋者

船上世界是一个狭隘、特殊的空间，除了传统意义上按照性别划分的男性和女性，远洋航船上存在着这样一群人：他们受制于当时严苛的社会环境，内心的情感和欲望无法纾解，这就是海上的同性恋群体。

《水手和他们的宠物：20 世纪早期芬兰帆船上的男人和他们的同伴》③关注船上的同性恋群体，用性别分析的方法揭示了他们在船上的地位、豢养宠物的心态以及情感宣泄的方式。作者指出，这种现象存在的原因在于男女关系中的性别等级和权力关系。根据“霸权男性气概”（hegemonic masculinity）理论，上述关系是通过不同的“男性气概”范畴来感知的。

“工作场域”是产生男性气概的主要场所，船上人群的等级划分直接反映了性别权力。④ 霸权男性气概的概念为研究船上的性别权力关系提供了新的路径。康奈尔的理论开辟了一个全新视角，即通过观察男性之间的

① Lizabeth Paravisini-Gebert and Ivetthe Romero-Cesareo, eds., *Crossing-Dressing on the Margins of Empire: Women Pirates and the Narrative of the Caribbean Discourse*, p. 80.

② Margaret S. Creighton and Lisa Norling, eds., *Iron Men, Wooden Women, Gender and Seafaring in the Atlantic World, 1700 – 1920*, p. 9.

③ Sari Mäenpää, "Sailors and Their Pets: Men and Their Companion Animals Aboard Early Twentieth-Century Finnish Sailing Ships," *International Journal of Maritime History*, Vol. 28, No. 3 (2016), pp. 480 – 495.

④ Connell, Masculinities, Raewyn Connell, *Masculinities* (Second Edition, Cambridge), 2005, p. 95.

权力关系来审视两性之间的关系。该视角下，“男性气概”往往占主导地位，比“女性气质”更受重视，这使得许多女性和大多数柔弱的男性处于等级制度的边缘位置。[①]船上的空间结构直接传达了男性之间的权力关系。舱室的大小、所在位置、其中的设备，是一个人在船上所处等级的标志。海上世界充满了受性别、年龄、阶级和种族影响的等级因素。“由于男性同性恋群体的本性往往是被强迫（主观或客观）的异性恋，这些空间往往极度恐同。”[②]

几乎所有的远洋帆船都有宠物。在极度封闭的船上空间生活，猫、狗等宠物对丰富水手的精神世界发挥了重要作用。早期的同性恋群体被主流文化排斥，不同性取向人群的矛盾在船上的狭小空间中愈加激化。同性恋恐惧症严重阻碍了男性之间正常的身体接触。因此，动物为水手们提供了一个相对安全的方式来表达和接受情感。宠物在远洋航船中的存在，进一步证实了出海的水手对家庭生活的渴望、精神世界的空虚、船上生活的孤单苦闷。

二 揭秘海上的“隐秘角落”：海洋史的日常叙事

（一）人与海的互动：海上饮食的历史

海上食物变化的历史在某种程度上就是人类与海洋互动的历史。人类自创造出舟船，并能在大海甚至大洋中远航开始，就形成了独特的海上社会生活。伴随着海洋文明的发展，海上社会群体的成长，海上社会生活的内涵不断丰富，外延不断扩大。不论内涵如何丰富，海上社会最基本的构成要素始终是“饮食”。

古代早期的航行基本是规模较小的短期航行。在旅行途中，航行者会定期靠岸补给食物和饮用水。西蒙·斯伯丁（Simon Spalding）在《海上食物：

① Sari Mäenpää, “Sailors and Their Pets: Men and Their Companion Animals Aboard Early Twentieth-Century Finnish Sailing Ships,” *The International Journal of Maritime History*, Vol. 28, No. 3 (2016), pp. 480 – 495, Sari Manninen, Iso, Vahva, Rohkee-Kaikenlaista. Maskuliinisuudet, poikien valtahierarkiat ja väkivalta kouluissa (Oulu, 2010), p. 60.

② Sari Mäenpää, “Sailors and Their Pets: Men and Their Companion Animals Aboard Early Twentieth-Century Finnish Sailing Ships,” *The International Journal of Maritime History*, Vol. 28, No. 3 (2016), pp. 480 –495.

古代到现代的船上饮食》[1] 中追溯了从史前时期到19世纪不同地区水手的海上食品构成、烹饪方式以及饮食文化。作者在考察早期航海者在海上食用的食物时，注意到乘坐小型船只的航海者在旅途中维持生存的烹饪方式大致可分为三种。

第一种烹饪方式普遍存在于短途航行中，登船者在出发前携带食物，直接在旅途中食用。第二种是在岸边烹饪，登船者需要在出发前携带一些用于烹饪的设备，可能还包括柴火。荷马的《奥德赛》中表明，当时的希腊船只通常会停靠在临近的岛屿上补充水源、准备食物，之后在海滩上做饭。在第十卷中，当奥德修斯的船第二次被吹回风神岛时，船员上岸带回了水，他们在船旁吃了一顿快餐。在所有人都吃完饭后，奥德修斯出发前往风神宫。[2] 第三种是直接在船上烹饪。这需要水手携带烹饪器具和一个用来存放烹饪或加热食物的炉火的容器，以供船舶在航行中使用。炉火必须与甲板和船体充分绝缘，以免着火。在世界上木材稀缺的地区，必须随身携带柴火或其他燃料登船。有证据表明，地中海地区在船上烹饪的时间可能早于北欧地区。[3]

大概公元前1300年以后，我们可以从爱琴海和地中海地区发现的沉船中获得一些有关船上饮食的线索。尽管我们对古代爱琴海和地中海地区海上食物的配方知之甚少，但在沉船中发现了以下食材：干燥的谷物（可能是小麦和大麦）、橄榄油［有时用牛至（oregano）调味］、橄榄（沉船舱底发现了橄榄核）、新鲜的无花果、羊乳酪（一种主食）、鱼类（可能供船员食用）等。在当时，地中海地区的基本饮食可能是小麦、大麦、橄榄油、奶酪和葡萄酒。[4] 这些饮食，加上在海上捕获的新鲜鱼类，以及在岸上捕猎的新鲜野味，基本构成了古代地中海和爱琴海地区船上的饮食。

1984年，考古学家在土耳其西南海岸附近发现了乌鲁布伦沉船。船上载有包括来自西西里岛、埃及和波罗的海等不同地区的奢侈品。根据相关证据，考古学家认为这艘船只应该可以追溯至公元前1306年，当时可能正准

① Simon Spalding, *Food at Sea*: *Shipboard Cuisine from Ancient to Modern Times*, Rowman & Littlefield Publishers, 2015.

② Homer, The Odyssey, Book X, http://classics.mit.edu/Homer/odyssey.html., 2020年8月28日。

③ Simon Spalding, *Food at Sea*: *Shipboard Cuisine from Ancient to Modern Times*, p. 28.

④ Simon Spalding, *Food at Sea*: *Shipboard Cuisine from Ancient to Modern Times*, p. 37.

备从塞浦路斯出发。[①]船载的食品原料包括杏仁、松子、无花果、橄榄、葡萄、红花、黑小茴香、漆树、香菜、石榴以及一些烧焦的小麦和大麦。谷物很有可能是为航行准备的食物，而其他昂贵的食品和香料则是运送的货物。[②] 在土耳其帕布克·本努（Pabuç Burnu）海岸附近，考古学家发现了一艘公元前6世纪的沉船，船只载有葡萄和橄榄核（可能是货物），还有一些陶瓷碗、杯子和水罐，可能被船员用来盛放食物。[③] 最著名的古代早期沉船是凯里尼亚（Kyrenia），大概失事于公元前3世纪。凯里尼亚的货物包括400多只葡萄酒杯，它们来自罗得岛（Rhodes）、萨摩斯岛（Samos）和其他地区，还有29块磨石和大约9000颗杏仁。此外还有炊具，由青铜大锅和大砂锅组成。[④] 在维京时代，航船上出现了新的职位：厨师。维京人航行中的食物被称为航海食品。[⑤]这种食物用铆接锅煮成，其中包括粥、面粉和黄油。有时也会加一些比目鱼干、鳕鱼干和面包。船上的工作人员可以获得定量的大麦粕和黄油配给（880克粕和285克黄油）。[⑥]

有一些食品出现在各个时期不同地区的水手餐桌上，比如海军饼干（Ship's Biscuit）、咸牛肉（Salt Beef）。海军饼干用水、面粉和盐制成，为了延长保存时间，要将其中的水分完全风干排出，其质地非常坚硬粗糙。饼干边缘经常有碎块脱落，水手在工作时可以食用这些碎渣以减轻饥饿感。残留在袋子或酒桶底部的饼干碎屑可以加水煮制成马萨莫拉（mazamorra）——一种浓度极低的稀粥，15世纪的西班牙水手经常食用。腌制牛肉所需要的调料包括硝石和大量的盐，其比例为2盎司硝石混合6磅盐。添加硝石的原因主要是使牛肉呈现诱人的深粉红色，但它会使肉质变硬，且无法起到任何调味的作用。

长期以来，海员的饮食基本上由腌肉、干豌豆和硬饼干构成。直到

① Cemal Pulak, "Discovering a Royal Ship from the Age of King Tut: Uluburun, Turkey," in George F. Bass, ed., *Beneath the Seven Seas: Adventures with the Institute of Nautical Archaeology* (London: Thames & Hudson, 2005), pp. 34 – 47.

② Cemal Pulak, "Discovering a Royal Ship from the Age of King Tut: Uluburun, Turkey," in *Beneath the Seven Seas: Adventures with the Institute of Nautical Archaeology*, pp. 34 – 47.

③ Elizabeth Greene, "An Archaic Ship Finally Reaches Port: Pabuç Burnu, Turkey," in *Beneath the Seven Seas: Adventures with the Institute of Nautical Archaeology*, pp. 59 – 63.

④ Susan Womer Katsev, "Resurrecting an Ancient Greek Ship: Kyrenia, Cyprus," in *Beneath the Seven Seas: Adventures with the Institute of Nautical Archaeology*, pp. 72 – 79.

⑤ 转引自：Simon Spalding, *Food at Sea: Shipboard Cuisine from Ancient to Modern Times*, p. 37。

⑥ 转引自：Simon Spalding, *Food at Sea: Shipboard Cuisine from Ancient to Modern Times*, p. 37。

1677 年 12 月 31 日，奉行“海军，置肠胃高于一切”的英国海军部主管塞缪尔·佩皮斯（Samuel Pepys）率先制定英国海军的日均口粮指标，即 1 磅饼干、1 加仑啤酒，每周还可得 8 磅咸牛肉、2 磅培根或猪肉，以及 2 品脱豌豆。① 红肉类在周日、周一、周二和周四供应，其余三天船员主要进食伴着黄油或者萨福克奶酪的鱼类。这属无奈之举，要保证船员们的体力消耗，热量是首要考虑，同时也得顾及战舰本身有限的储存空间。一般情况下，只要海况良好和在恰当区域，理论上的确能够源源不断补充船上的鱼肉库存。到 1733 年，英国海军部颁布第一套有关海上服役的正式规定时，鱼类已经从海员的饮食清单中消失了，取而代之的是 Burgoo。② 这种名为“Burgoo”的流食，其实就是用燕麦片、水、牛奶再加糖蜜煮出来的粥。特拉法尔加海战期间，水手们还分发到了“苏格兰咖啡”，即烤焦的面包加水和糖煮成的稠糊。

17 世纪的远洋航船通常可能几个月都不会靠岸，船上的烹饪设施非常简陋，没有制冷系统，只能靠腌渍或者烘干保存食物。当时的舰船是怎样供养船上数千名人口维系日常生活的？珍妮特·麦克唐纳（Janet Macdonald）的著作《供养纳尔逊的海军：佐治亚时代海上食品的真实故事》③ 致力于回答这一问题。

珍妮特·麦克唐纳的研究表明这种现象并非常态，事实上，17 世纪皇家海军中的水手在船上的饮食甚至要远优于当时在岸上的饮食。尽管在冷藏技术和罐装食品出现之前在船上很难保存食物，但截至 1800 年，英国舰队已在很大程度上消除了船员患坏血病的隐患和其他由饮食失调导致的疾病。这要归功于英国粮储局（the Victualling Board），虽然这一官僚机构备受诟病，但它的确发挥了重要作用。该机构负责组织海上肉类食品的制作和包装、啤酒的酿造、海军饼干的烘烤以及海军的所有后勤事务。它所具备的工业规模是无可比拟的。一旦船上的食物和饮料受到严格的控制以确保公平分配，船员和海军长官便开始探索其他能够补充其口粮的方法，比如在船上饲养牲畜等。

---

① Janet Macdonald, *Feeding Nelson's Navy: The True Story of Food at Sea in the Georgian Era*, Chatham Publishing, 2004, p. 21.

② Janet Macdonald, *Feeding Nelson's Navy: The True Story of Food at Sea in the Georgian Era*, p. 21.

③ Janet Macdonald, *Feeding Nelson's Navy: The True Story of Food at Sea in the Georgian Era*.

（二）海洋生命史：船员的医疗与健康

医疗社会史是20世纪下半叶兴起的史学新分支。对历史中医疗与健康的关注同样影响到了海洋史的研究。海洋生存与生活环境对人的医疗应对与健康处方提出了特殊的要求。除了食可果腹这一基本需求，远洋航行面临的最大考验是如何预防坏血病。纵使人类很早就有关于坏血病的记载，但对其成因和治疗的了解缺乏导致远航期间的死亡率依然居高不下。1734年，荷兰医生约安·巴赫斯特隆（Johann Bachstrom）提出，"坏血病全由缺乏蔬菜摄入所致"，患者需要摄入新鲜的水果和蔬菜来治疗。1747年，皇家海军"萨里斯伯里号"的军医詹姆斯·林德（James Lind）通过公开讲座指出橘子、橙子和柠檬的果汁可以有效防治坏血病。他呼吁英国海军在水手的伙食中增加这类果汁，但是并未取得海军当局的认同。直到在他死后的第二年，也就是1795年，英国海军才做了让步。当时英国正在同法国打仗，坏血病使衰弱的英国士兵丧失了战斗力，当局为此焦虑不已。在这种情况下，酸橙终于登上了战舰。此后，坏血病在英国海军中得以根除。[①]

受20世纪80年代新史学浪潮的影响，近年来的海洋社会史研究取得了长足进步。然而直到现在，学界很少有人关注到商船海员的疾病情况，甚至流行病学、医学史、医学社会学等学科对此也鲜有研究。19世纪中后期一直到今天，船上生活的回忆录主要由退休的船长撰写。但这种文本记录的是船员受到的意外伤害和死亡原因，并不关注他们的心理和生理疾病。船上医生撰写的回忆录里面也几乎从不涉及这个主题。戈登·库克（Gordon C. Cook）的作品《商船队上的疾病：海员医院协会的历史》[②] 中用了大量篇幅来描述这家海员医院有多么重要，只有很少一部分涉及海员中的常见疾病：坏血病、梅毒、淋病、肺结核。但是，由于对这些疾病的发病情况只有一些零碎的分析，参考资料也十分粗略，作者没有对海员病情的后续治疗进行更深入的探究。

凯文·布朗（Kevin Brown）的作品《牛痘与坏血病：海上疾病与健康

---

① Janet Mcdonald, *Feeding the Nelson's Navy: The True Story of Food at sea in the Georgian Era*, pp. 464 – 466.

② Gordon C. Cook, *Disease in the Merchant Navy: A History of the Seamen's Hospital Society*, Abingdon: Radcliffe Publishing [www. radcliffe – oxford. com], 2007.

的故事》[1]，通过深入研究来自英国伦敦的国家档案馆的主要资料，关注"船上疾病与健康"。布朗的研究涵盖了中世纪到21世纪海上航行的各个时期，主题包括：跨大西洋航行途中遇到的困难；哥伦布大交换；船上检疫措施；坏血病；船舶医疗保健和海军外科医生、护理和海军医院的质量；豪华游轮上的设施；高级舱移民所面临的健康危害；还有奴隶制度和奴隶贩子恐怖的航行。整本书体现的主题是"进步"——不仅是医学知识的进步，也是社会各个层面的改善。

虽然这本书涉及的范围很广，但篇幅相对较短。读者在阅读布朗的著作时，会发现许多有关海洋健康和医学的有趣细节：例如，普利茅斯（Plymouth）等海军港口相对较高的遗传性梅毒发病率，以及英国皇家海军（Royal Navy）为对抗性传播感染而生产的青霉素。[2] 但对于这些现象潜在的原因和意义，作者没有给出更多阐释。在书中，作者提到了其他（欧洲）国家的发展，但鉴于他主要的关注点是英国，所以对这些地区的记述较少。例如布朗指出，17世纪早期，荷兰东印度公司的医学部"在当时处于领先地位，认识到职业健康服务对员工福利的重要性"[3]。同样，据作者说，18世纪的法国海军对其海军外科医生的训练甚至比皇家海军还要专业。[4] 尽管有许多不足，但总体来看这是一部专注于（英国）海上健康与医疗的信息丰富的作品。关于海军舰艇、奴隶船、移民运输船、豪华客轮和现代军舰上的船上生活的许多趣闻轶事和细节，既有可读性也使读者增长了知识。这些从外科医生日记中摘录的长篇回忆录让读者身临其境。那些在17世纪末的海军舰艇上因坏血病变得憔悴的船员，在19世纪的法国战争中被攻击时截肢的惨痛经历，或是在1982年的马岛战争中治疗烧伤的痛苦，令人感同身受。

（三）海上的休闲娱乐

爱玩是人的天性，无论在陆地还是在海上。作为船上娱乐生活的一部分，近年来海上的音乐和歌词成为海洋史学家关注的对象。

---

① Kevin Brown, *Poxed and Scurvied: The Story of Sickness and Health at Sea*, Barnsley, South Yorks: Seaforth Publishing, and Annapolis, MD: Naval Institute Press, 2011.

② Kevin Brown, *Poxed and Scurvied: The Story of Sickness and Health at Sea*, pp. 193 - 194.

③ Kevin Brown, *Poxed and Scurvied: The Story of Sickness and Health at Sea*, p. 35.

④ Kevin Brown, *Poxed and Scurvied: The Story of Sickness and Health at Sea*, p. 79.

2017 年，《国际海洋史期刊》组织了一次以“海上船歌”为主题的论坛。探讨了 19 世纪晚期以来，海上船歌在音乐文化中的地位变化。围绕此议题展开研究的三篇文章探索了船歌这个音乐流派发展的几个阶段：从 20 世纪初出版第一批作品，到 20 世纪 60 年代的一次关键性复兴，再到最近船歌数量的戏剧性增长。

第一阶段是第一次世界大战之前的十年，船歌引起了研究者和公众的广泛兴趣。当时，民间音乐收藏家和前海员们试图拯救这种他们眼中垂死的、可能已经绝版的音乐形式。第二阶段伴随着 20 世纪六七十年代更大范围的民间音乐复兴。最近的一次是在 21 世纪初，船歌对于节日巡回演出以及在滨水改造项目中追求塑造文化背景的老海港来说，已经变得非常重要了。近来的两次船歌复兴运动重拾最初船歌收藏者的工作，通过当前视角来解读这些早期船歌歌词文本的含义。船歌在“后海上”（post-maritime）时代的复兴激发了许多有关国家航海身份、航海遗产的追忆，同时致力于保护和振兴老歌，让新时代的观众能够欣赏到它们。

格雷姆·米尔恩（Graeme J. Milne）《回顾船歌：一篇介绍》① 探讨了船歌作为一种音乐形式在发展和流传过程中经历的一个重要阶段。20 世纪早期，帆船作为一种运输方式的最终消亡，直接导致大量歌颂帆船时代的书籍和回忆录的问世，许多作家都将注意力集中在船歌上。收藏家们就其书面版本的准确性、歌词内容的净化以及某些歌曲的来源展开了辩论，试图还原“真实的”船歌及其创作背景。由于船歌的多元文化起源无法融入英国的主流音乐传统，船歌引起了更广泛的关于“民族认同”问题的探讨。

船歌，尽管看上去非常古老，却是两个相当短的时代的产物。在 1840—1880 年，蒸汽动力崛起之前，船歌作为一种口头的工作文化得以广泛传播，当时的远洋帆船行业在全球范围内达到了最大规模。接下来，在第一次世界大战前的 10 年里，收藏家们创作出了《船歌经典》（*Canon of Shanties*），这本书成为后来民谣复兴运动的核心参考文献。此后，经过三四十年的发展，以及 20 年的搜集整理，现代船歌才最终形成。因此，这一过程为音乐形式的建构、保存和传播提供了许多宝贵资料，赋予了它们更广泛的含义；特别是海洋民俗在建构更广泛的大众文化时发挥了重要作用。

---

① Graeme J. Milne, “Revisiting the Sea Shanty: Introduction,” *The International Journal of Maritime History*, Vol. 29, No. 2 (2017), pp. 367 - 369.

作者首先将这些20世纪早期的船歌收集者的作品置于当时民谣运动，以及不断变化的海事技术和工作条件的背景下。文章分为两个主要部分：第一部分探讨了船歌内容的真实性，第二部分探析了船歌的“英国特色”，对非洲、欧洲和美国音乐形式逐渐渗透到英国文化中表现出的影响和偏见进行了对比和分析。作者表明，在海洋、音乐和文化历史的交汇中，船歌的创作值得进一步探索。要做到这一点，不仅需要从收藏者自己出版和存档的材料中建立核心的资源基础，还需要从旅行叙事或航海回忆录中提及船歌的作者那里收集更多零散的证据。

格里·史密斯（Gerry Smyth）的《船歌传唱与爱尔兰的大西洋世界：斯坦·胡吉尔音乐想象中的身份认同与混杂》① 研究了船歌与船员身份认同的关系。作为一个文化史学家，作者关注不同历史和地理背景下音乐与身份认同的关系。“我发现在斯坦·胡吉尔的作品中蕴藏着一种对爱尔兰和爱尔兰音乐的特殊理解，特别在是各种抒情音乐和表演实践中体现的‘爱尔兰性’。”② 作者认为，将爱尔兰音乐元素作为船歌研究的核心，对于理解（爱尔兰）身份认同在现代语境下的演变具有重要意义，此外，胡吉尔的论述既产生于一种现代主义的“想象”，又对这种“现实主义”大西洋世界的建构有所贡献。

今天大多数人所熟悉的船歌传统，是在一套非常特殊的文化、地缘政治和技术环境中产生的。当然，民谣（船歌是其中的一个分支）的复兴仍然充满了各种各样的意识形态和制度上的困难。③ 船歌作为一个日益增长的元话语元素，体现了水手对自身经历和实践的不断反思。如此一来，海上游牧群体的话语权逐渐被具有讽刺意味的现实主义的话语权所取代。“后来的船歌材料（约1850年至1875年）显示，海员越来越意识到，他们代表的是‘一个被剥削的流动无产阶级’，而不是自认为的骄傲的水手。”④ 其内

① Gerry Smyth, “Shanty Singing and the Irish Atlantic: Identity and Hybridity in the Musical Imagination of Stan Hugill,” *The International Journal of Maritime History*, Vol. 29, No. 2 (2017), pp. 387 - 406.

② Gerry Smyth, “Shanty Singing and the Irish Atlantic: Identity and Hybridity in the Musical Imagination of Stan Hugill,” *The International Journal of Maritime History*, Vol. 29, No. 2 (2017), p. 388.

③ 对于英国民谣复兴时期出现的意识形态问题的详细说明参见：Georgina Boyes, *The Imagined Village: Culture, Ideology and the English Folk Revival* (Manchester, 1993; 2nd edition Leeds, 2010).

④ A. L. Lloyd, *Folk Song in England* (London, 1969), pp. 288 - 316.

容通常讲述恶霸船员和他恃强凌弱的同伴，恶劣的天气和艰苦的工作，船或绳索的威力，等等。港口歌曲描述的是酒吧和饮酒聚会、女人，还有“卷曲”（crimping）——一种在世界范围内发展起来的复杂系统，即船东从船员的工资中扣除一部分作为抵押，方便迫使他们在船上的工作结束后尽快结束自由活动时间回到海上。[①] 作者认为：“船歌是一种反主流文化，它掩盖了主流制度的现代性，而爱尔兰音乐在这一过程中发挥了重要作用。更确切地说，船歌是爱尔兰音乐元素与一系列另类的抒情旋律（尤其是非洲音乐）相互渗透的结果。”[②] 在史密斯看来：“船歌是商业化的、形式多元的、充满矛盾的，作为一种在资本主义和海上移民社群中诞生的船上音乐，船歌文本是杂糅的，是在特定的历史环境下诞生的。”[③] 船歌的创作与流行与民族融合和民族认同关系紧密，是了解船上社会和当时的历史背景的珍贵史料。

（四）船上舞蹈

乔·斯坦利（Jo Stanley）《在甲板上踩踏：图像历史中的海上舞蹈》[④]目的不仅是考察“舞蹈”在船上的作用，同时通过一系列图像资料重点探析“舞蹈在船上的视觉表现张力”。[⑤] 作者采用了包括文化地理在内的多学科的研究方法，将“船舶”作为“被忽视的公共空间”来解释船上舞蹈与岸上舞蹈的差异等。

有关舞蹈的图像是海上（船上）图像的主要组成部分之一。海上图像的主题可大致分为以下五种类型：第一类是描绘辉煌的海战，如麦克利斯（Maclise）的《纳尔逊之死》（*The Death of Nelson*）（1859—1864）；第二类是描绘水手生活的，例如罗兰森（Rowlandson）的漫画中水手的放荡形象；第三类体现浪漫主义特质，比如明信片上，年轻美丽的女孩在岸边等待水手

① Stan Hugill, *Sailortown* (London, 1967).

② Gerry Smyth, "Shanty Singing and the Irish Atlantic: Identity and Hybridity in the Musical Imagination of Stan Hugill," *The International Journal of Maritime History*, Vol. 29, No. 2 (2017), pp. 387 - 406.

③ Gerry Smyth, "Shanty Singing and the Irish Atlantic: Identity and Hybridity in the Musical Imagination of Stan Hugill," *The International Journal of Maritime History*, Vol. 29, No. 2 (2017), pp. 387 - 406.

④ Jo Stanley, "Hoofing It on Deck: Images of Dancing in the Maritime Past," *The International Journal of Maritime History*, Vol. 27, No. 3 (2015), pp. 560 - 573.

⑤ Jo Stanley, "Hoofing It on Deck: Images of Dancing in the Maritime Past," *The International Journal of Maritime History*, Vol. 27, No. 3 (2015), pp. 560 - 573.

的图画；第四类是国家用来宣扬“爱国主义”的，比如19世纪晚期色彩鲜艳的征兵海报，把水手的形象作为海军“男性气概”的缩影①；第五类是黑白照片（有一定的人类学意义），把蓄着胡子的老水手刻画成流浪汉的形象，就像奥利弗·艾迪斯（Olive Edis）在20世纪20年代初拍摄的谢林厄姆（Sheringham）渔民②的照片一样。这些图像通常不会展示船上的舞蹈，而是表现海上或港口生活的其他方面。

作者在文中选取的“海上舞蹈”照片来自船上的乘客手册、航运公司的杂志、维基共享的配图（Wikimedia Commons），以及现在向公众开放的新数字化公共领域收藏。比如英国政府的艺术收藏（the UK Government Art Collection）（见图1）和美国国会图书馆（US Library of Congress）发行的印刷品（见图2）以及艺术家的画作（见图3）。在一些非正式媒介中，也可以发现有关“船上舞蹈”的图像，比如在美国eBay网站上出售的水手照片（见图4）。③

舞蹈，可以定义为身体伴随着音乐有节奏地律动，但它绝非一项简单的运动，它包含着复杂的社会特征。跳舞绝对不是点点脚趾、转转圈就能完成的肢体语言，布迪厄（Bourdieu）考察了舞蹈所象征的多重社会意义。④ 舞蹈表演中的社会性主体——舞者，通过表演编排好的动作和舞台之外的社会礼仪来展示他们拥有的文化资本。

虽然很多时候，跳舞完全是自发的、私密的和个人的行为。但在船上，更多情况下，它是作为一种非完全自愿的表演来呈现给观众的。历史上不同时期有不同的舞蹈礼仪，在舞者的穿着、动作方面有很多潜在的规矩。比如在接触女舞伴裸露皮肤的时候（在被允许的情况下），男性舞者应当佩戴白色的手套。作者指出，在船上跳舞比在甲板上打乒乓球或在船上公开演唱咏叹调等活动更能激起人们的情感共鸣。⑤

---

① 参见 the front cover of Mary A Conley, From Jack Tar to Union Jack (Manchester University Press, 2009)，这张照片取自卡尔饼干的广告。

② Jo Stanley, "Hoofing It on Deck: Images of Dancing in the Maritime Past," *The International Journal of Maritime History*, Vol. 27, No. 3 (2015), pp. 560 – 573.

③ 引用图片均来自 Jo Stanley, "Hoofing It on Deck: Images of Dancing in the Maritime Past," *The International Journal of Maritime History*, Vol. 27, No. 3 (2015), pp. 560 – 573。

④ G. Morris, Bourdieu, *The Body, and Graham's Post-War Dance* (Edinburgh University Press, 2001).

⑤ Jo Stanley, "Hoofing It on Deck: Images of Dancing in the Maritime Past," *The International Journal of Maritime History*, Vol. 27, No. 3 (2015), pp. 560 – 573.

图 1　港口的水手们正在跳舞

资料来源：由艺术家 Thomas Stothard 和版画家 William Ward 创作于 1798 年。

图 2　被奴役的黑人女性被强迫“跳舞”

资料来源：由 Isaac Cruikshank 创作。

布迪厄从三个方面对比了海上舞蹈和陆地舞蹈的不同之处。第一，舞台表面的稳定性不同，陆地要比船只稳定很多。例如，在波涛汹涌的比斯开湾，在一艘平底船上气势宏伟地跳华尔兹是不可能的。第二，船上可用于跳舞的空间很小，厨房和备战区远不如陆地上的舞台宽敞。第三，在船只这一

图 3　战船上的舞会

资料来源：由版画家 Arthur Hopkins 作于 1894 年。

图 4　美国水手在甲板上跳舞

资料来源：在 eBay 网站上贴着“男同性恋可能感兴趣”的标签出售。

相对密闭的空间里，一些亲密行为（性行为）是不可避免的。跳舞过程中极易暴露个人隐私，在氛围紧张的船上社区中，与某人共舞，就代表着公开了与他的关系。船舶事务长通常负责决定船上舞会开展的地点、时间和方式，这在某种程度上也体现了海上的霸权。这些从陆地扩展而来的阶级与性别的潜在文化规则通过海洋漂浮到了各个航船上。

结 语

目前的英美学界海洋史研究呈现多元化趋势，其成果既包括海洋政治、经济、军事方面，也涵盖了海洋社会文化方面。受20世纪80年代新史学浪潮的影响，海洋史的研究内容、研究对象、研究视角发生了诸多改变。海洋史学家开始关注曾一度被忽视的海上边缘群体。海上的日常生活成为一些海洋史学家的研究对象。类似的主题包括船员的饮食、娱乐、医疗与健康等。其成果非常多。

英美学界近30年来的海洋史研究之所以呈现研究领域拓展、研究视角多元、研究方法综合和叙事感愈加强烈的动向，与历史学界“新文化史”的潮流有着密切关联。女性与日常视角中的新海洋史，在相当大的程度上，就是性别史与日常生活史在海洋史领域的研究实践。这种实践还因为杂糅了环境史、微观史、全球史、物质文化史等新的史学概念和视角而别具风采。这充分说明，海洋史研究的对象虽然是海上的过往生活，但其研究基础和归旨却深植于历史学科。作为人文社会科学分支的海洋史其实基于海洋又超越海洋，关注以海洋为视角、由海洋而勾连和引发的复杂的人的世界。在这个意义上讲，海洋史就是年鉴学派所倡导的“总体史”。

据笔者观察，方兴未艾的英美“新海洋史”也并非完美无缺。无论是性别史借鉴后对于海上“边缘女性”的再发现，还是日常生活史视角中呈现的海上生活的“隐秘角落”，虽然初看起来令人耳目一新，但难免令人掩卷细思：这些边缘的、非主流的、微末的历史书写，对于海洋史学的意义何在？如果这些细节不为“海洋总体史”服务，不通往中国史和世界史上关于文明变迁与文化交往复杂性的理解，那这些海洋史新知就只能沦为业余的谈资，对于历史学追问“天人之际”和“古今之变”的使命而言，这些海洋史的知识碎片用处甚微。“新海洋史”研究的“碎片化”和后现代性的“解构”立场，其实也是当代西方新史学的病根。中国海洋史研究，理应汲取西方新海洋史研究的新见，但更要保持冷静的本土立场和学术理性，处理好海洋史叙事中宏大叙事与微观视角的关系，书写具有本土特色的“海洋总体史”。

（执行编辑：彭崇超）

海洋史研究（第十九辑）
2023年11月 第344～357页

北美学界关于太平洋毛皮贸易研究的新趋势

梁立佳*

太平洋毛皮贸易研究发端于北美西海岸区域史研究的兴起，21世纪以来发展迅速，已经成为近年来太平洋史和生态环境史研究最热门的领域之一。该领域最初是作为北美西海岸经济政治开发史的分支发展起来的，近年来出现三个新趋势——全球视野、文化转向、生态环境导向，这些趋势可以被称为“超越贸易史”。关于这一问题，目前北美学者有一些相关研究成果，受20世纪七八十年代以来史学“碎片化”的影响，主要局限于对某一细微课题研究趋势的回顾，① 缺乏对最新趋势的系统梳理和详细解读，但为本文的研究提供了最基本的思路和相关材料。因此，笔者以北美学界的研究为中心，分析21世纪以来太平洋毛皮贸易史领域取得的新进展，探讨太平洋毛皮贸易研究如何超越贸易史的学术视野。

* 作者梁立佳，惠州学院政法学院讲师。

① Alanna Cameron Beason, *Claiming the Best of Both Worlds: Mixed Heritage Children of the Pacific Northwest Fur Trade and the Formation of Identity*, Thesis of Master of Arts in History of Utah State University, 2015, pp. 2 – 28; Andrei V. Grinev, “The Plans for Russian Expansion in the New World and the North Pacific in the Eighteenth and Nineteenth Centuries,” *European Journal of American Studies*, 5 – 2, 2010, Special Issue: The North West Pacific in the 18th and 19th Centuries; James R. Gibson, *Otter Skins, Boston Ships, and China Goods: The Maritime Fur Trade of the Northwest Coast, 1785 – 1841*, University of Washington Press, 1992, pp. xi – xii.

一 作为世界贸易史分支的太平洋毛皮贸易研究

对现代早期太平洋毛皮贸易的研究，从一开始就是一个纯粹的世界贸易史研究分支。太平洋毛皮贸易，学界也称其为“海上毛皮贸易”（Maritime Fur Trade)，用以区分北美大陆毛皮贸易。历史上的毛皮贸易者则将其称为“西北海岸贸易”（North West Coast Trade)。①现代早期太平洋毛皮贸易起源于15、16世纪以来欧洲国家的海外贸易与地理探险。一般认为，1741年白令第二次堪察加探险与1778年库克第三次太平洋航行，对美洲太平洋区域海獭资源及其在中国市场中经济价值的描述，直接促成了太平洋毛皮贸易的兴起，海獭皮和海豹皮成为欧美国家弥补对华贸易逆差的主要商品。换言之，太平洋毛皮贸易从属于现代早期世界贸易史，尤其是中西贸易史。围绕世界贸易史这一核心范畴，北美学界对太平洋毛皮贸易的研究主要集中在以下三个方面。

一是对重要航海贸易事件及其代表人物的研究。学者们普遍认为，太平洋毛皮贸易的缘起具有一定的“偶然性”，并且与现代早期的航海地理大发现紧密相关。18世纪的白令（Vitus Jonassen Bering)、库克（James Cook)、温哥华（George Vancouver)、亨德里克（John Hendrick)、格雷（Robert Gray）等在太平洋区域有影响力的探险，都成为学界考察的重要内容。同时，舍利霍夫、列扎诺夫、巴拉诺夫、辛普森、亨德里克、格雷、温哥华、沃克、阿斯特等太平洋毛皮贸易的重要人物也都是学者们关注的焦点。②加

---

① Richard Somerset Mackie, *Trading Beyond the Mountains: The British Fur Trade on the Pacific 1793 - 1843*, UBC Press, 1997, p. 123.

② George Alexander Lensen, *The Russian Push Toward Japan: Russo-Japanese Relations, 1697 - 1875*, Octagon Books, 1971; Owen Matthews, *Glorious Misadventures: Nikalai Rezanov and the Dream of a Russia America*, Bloomsbury, 2001; Kenneth N. Owens, with Alexander Yu. Petrov, *Aleksandr Baranov and Russian Colonial Expansion into Alaska and Northern California*, Seattle and London: University of Washington Press, 2015; Elizabeth L. Gebhard, *The Life and Ventures of the Original John Jacob Astor*, Bryan Printing Company, 1915; John Leo Polich, *John Kendrick and the Maritime Fur Trade on the Northwest Coast*, Thesis of Master of Art of University of Southern California, 1964; F. W. Howay, "Captains Gray and Kendrick: The Barrell letters," *The Washington Historical Quarterly*, Vol. XII, No. 4 (Oct., 1921), pp. 243 - 271; Janet R. Fireman, "The Seduction of George Vancouver: A Nootka Affair," *Pacific Historical Review*, Vol. 56, No. 3 (Aug., 1987), pp. 427 - 443; Alice Bay Maloney, "John Work of the Hudson's Bay Company: Leader of the California Brigade of 1832 - 33," *California Historical Society Quarterly*, Vol. 22, No. 2 (Jun., 1943), pp. 97 - 109.

拿大历史学者何威（F. W. Howay）是太平洋毛皮贸易研究的早期推动者。何威梳理和比较了美洲西北海岸的相关航海日志、笔记和书信，考察其中的代表人物、贸易航行，以及毛皮贸易对西北海岸政治、经济的影响。[①]何威的相关研究，尤其是对现代早期美洲太平洋区域航海资料的整理，对后进学者在此领域的研究无疑具有很大的价值。然而，在何威的著述中，印第安人大多被视作白人贸易的威胁与障碍，[②] 因而他缺乏对印第安人历史地位与作用的客观论述。

在“一致论”盛行的时代，学者们大多认为，太平洋毛皮贸易有助于印第安人社会、经济与文化的繁荣。其主要论点包括：（1）技术改进提升了原住民的劳动生产力——拥有新的工具和武器；（2）原住民商品交换价值的增加——通过与一个更具生产力的经济系统的联系，原住民经济的回报增加；（3）原住民生产者逐渐融入一个更先进，具有创造力，高度组织化、扩展化和专业化的经济系统。[③]不可否认，毛皮贸易促进了印欧文化的接触与交流，在某种程度上有助于印第安人社会物质文化的发展，但学者们将印欧文化接触单纯视为欧美经济与文化对印第安人的单向作用，显然忽视了印第安人群体的能动作用，违背了客观的历史事实。

二是对贸易主体和形式的研究。在学者们看来，太平洋毛皮贸易不仅参与的国家繁多，涉及俄国、英国、美国和西班牙，而且贸易主体也丰富多样，包括各类散商和垄断公司。具体而言，俄国主要是俄美公司这种垄断公司，[④] 美国则历经由散商向太平洋毛皮公司这类大公司的转变，英国则主要由伦敦和远东的散商组成，后期西北公司和哈德逊湾公司等大公司也参与进来，[⑤] 西班牙

---

① F. W. Howay, “John Kendrick and His Sons,” *The Quarterly of the Oregon Historical Society*, Vol. XXIII, No. 4 (Dec., 1922); “The Loss of the Tonquin,” *The Washington Historical Quarterly*, Vol. XIII, No. 2, (April, 1922); “The Voyage of the Hope: 1790 – 1792,” *The Washington Historical Quarterly*, Vol. XI, No. 1, (Jan., 1920).

② George Bird Grinnell, *Adventures of Indian-Fighters, Hunters and Fur-traders*, Charles Scribner's Sons, 1915.

③ Joyce Wike, “Problems in Fur Trade Analysis: The Northwest Coast,” *American Anthropologist*, New Series, Vol. 60, No. 6, Part 1 (Dec., 1958), pp. 1086 – 1087.

④ Mary E. Wheeler, *The Nrigins and Formation of the Russian-American Company*, Dissertation of Doctor of Philosophy in History of the University of North Carolina at Chapel Hill, 1965.

⑤ Richard Somerset Mackie, *Trading Beyond the Mountains: The British Fur Trade of the Pacific, 1793 – 1843*, UBC Press, 1997. Barry M. Gough, “The North West Company's ‘Adventure to China’,” *Oregon Historical Quarterly*, Vol. 76, No. 4 (Dec., 1975), pp. 309 – 331.

则通过新西班牙的垄断公司短暂经营。[①] 应该说，俄美英三国是太平洋毛皮贸易的主导力量。同时，北美学界对毛皮贸易主体的研究带有明显的区域史研究特征。新英格兰区域的学者主要关注新英格兰参与太平洋毛皮贸易的活动。[②] 美国西海岸的学者则聚焦于该地区早期的商业开发与移民拓殖。[③] 加拿大西海岸的学者主要考察英国毛皮公司的商业活动。[④] 阿拉斯加地区的学者则重视俄美公司和俄国商人在该地区的毛皮贸易活动及其影响。[⑤]

此外，不同贸易主体的经营形式亦有所差异。俄国公司大多依靠公司内部员工和阿留申猎人狩猎获取毛皮。英国、美国和西班牙的商人则主要通过交换的方式获取珍贵毛皮。不同国别、公司的毛皮商人间存在激烈的竞争，不时发生商业冲突，甚至流血事件。但为增加商业利润，美俄两国商人曾联合在西班牙人禁严的加利福尼亚海岸狩猎海獭。[⑥]

值得注意的是，伦敦毛皮交易协会主席 F. C. 英格拉姆（F. C. Ingrams）在《毛皮和毛皮贸易》一文中突破太平洋毛皮贸易研究的区域隔绝状态，将其纳入世界毛皮产业发展的整体脉络之中，系统梳理了世界毛皮贸易从青铜时代初期，一直到 20 世纪初的整体历史。[⑦] 源于作者的专业出身，这篇文章在贸易细节、专业化程度，以及论述深度方面都具有很高的学术价值。

---

① Adele Ogden, "The Californias in Spain's Pacific Otter Trade, 1775 – 1795," *Pacific Historical Review*, Vol. 1, No. 4 (Dec., 1932), pp. 444 – 469.

② Mary Malloy, *"Boston Men" on the Northwest Coast: The American Maritime Fur Trade, 1788 – 1844*, Limestone, 1998; Sisiter Magdalen Coughlin, *Boston Merchants on the Coast, 1787 – 1821: An Insight into the American Acquisition of California*, Dissertation of Doctor of Philosophy in History of University of Southern California, 1970.

③ Adele Ogden, *The California Sea Otter Trade 1784 – 1848*, University of California Press, 1941; Robert Glass Cleland, "The Early Sentiment for the Annexation of California: An Account of the Growth of American Interest in California, 1835 – 1846," *The Southwestern Historical Quarterly*, Vol. 18, No. 1 (Jul., 1914), pp. 1 – 40.

④ James R. Gibson, *Otter Skins, Boston Ships, and China Goods*, McGill-Queen's University Press, 1992; Dick A. Wilson, *King George's Men: British Ships and Sailors in the Pacific Northwest-China Trade, 1785 – 1821*, Dissertation of Doctor of Philosophy in History of University of Idaho, 2004;

⑤ Katherine Louise Arndt, *Dynamics of the Fur Trade on the Middle Yukon River, Alaska, 1836 to 1868*, Thesis of Doctor of Philosophy in History of the University of Alaska Fairbanks, 1996.

⑥ Mary E. Wheeler, "Empires in Conflict and Cooperation: The 'Bostonians' and the Russian-American Company," *Pacific Historical Review*, Vol. 40, No. 4 (Nov., 1971), pp. 419 – 441.

⑦ F. C. Ingrams, "Furs and the Fur Trade," *Journal of the Royal Society of Arts*, Vol. 72, No. 3739 (July 18, 1924), pp. 593 – 605.

遗憾的是，限于文章的篇幅，作者并未对太平洋毛皮贸易做出更多的介绍和评论。

三是对毛皮贸易与帝国扩张关联性的研究。北美学术界普遍认为，毛皮贸易作为一种资源消耗型经济模式，必须依靠不断扩充新的毛皮狩猎地才能得以维持。在这一过程中，毛皮商人不自觉地承担起帝国扩张的“重任”。[①]也有学者注意到毛皮商人为获取利润而夸大国际威胁，积极寻求本国政府的支持。如俄国毛皮商人舍利霍夫为获得美洲太平洋区域狩猎的垄断权，鼓吹美洲外国势力的威胁与自己的爱国情怀，成为促使沙俄政府转变态度与政策的关键因素。[②] 同时，欧美国家为争取在美洲西海岸的政治利益，也积极协助和支持本国毛皮商人的商业冒险。俄国沙皇叶卡捷琳娜二世曾筹划穆罗维耶夫 - 比林斯探险，美国总统杰斐逊则不仅资助了刘易斯 - 克拉克探险，更积极鼓动阿斯特等毛皮商人开发西海岸的毛皮资源。[③] 正是在这样的历史条件下，太平洋毛皮贸易的经济问题日益升级为国际政治问题，产生了一系列的国际争端与冲突。如 18 世纪末英国与西班牙之间的努特卡海角争端、1821 年沙俄敕令与美洲西北海岸危机、19 世纪 40 年代英美两国的俄勒冈争端等，都是北美学界研究的重要课题。[④] 另外，也有学者关注欧美殖民国家间围绕太平洋毛皮贸易与帝国扩张而产生的宏观冲突。[⑤]

总之，传统太平洋毛皮贸易研究属于典型的贸易史领域，主要关注毛皮

---

① A. E. Sokol, “Russian Expansion and Exploration in the Pacific,” *The American Slavic and East European Review*, Vol. 11, No. 2 (Apr., 1952), pp. 85 - 105; Adele Ogden, *The California Sea Otter Trade 1784 - 1848*, University of California Press, 1941.

② 参见 Owen Matthews, *Glorious Misadventures: Nikalai Rezanov and the Dream of a Russia America*, Bloomsbury, 2001。

③ Nicholas Zorotovich, *Russia's Advance and Retreat in the Northeast Pacific, 1784 - 1841*, Thesis of Master of Arts of the University of Southern California, 1949; M. Consuelo Leon W., “Foundations of the American Image of the Pacific,” boundary 2, Vol. 2, No. 1, *Asia/Pacific as Space of Cultural Production* (Spring, 1994), pp. 17 - 29.

④ Howard I. Kushner, *Conflict on the Northwest Coast: American Russian Rivalry in the Pacific Northwest, 1790 - 1867*, Westport: Greenwood Press, 1975; Irby C. Nichols. Jr. and Richard A. Ward, “Anglo-American Relations and the Russian Ukase: A Reassessment,” *Pacific Historical Review*, Vol. 41, No. 4 (Nov., 1972), pp. 444, 459; William Ray Manning, *The Nootka Sound Controversy*, Dissertation Submitted to the Faculty of the Graduate School of Arts and Literature in Candidacy for the Degree of Doctor of Philosophy, Government Printing Office, 1905.

⑤ George P. Taylor, “Spanish-Russian Rivalry in the Pacific, 1769 - 1820,” *The Americas*, Vol. 15, No. 2 (Oct., 1958), pp. 109 - 127; David E. Miller, “Maritime Fur Trade Rivalry in the Pacific Northwest,” *The Historian*, Vol. 21, No. 4 (August, 1959), pp. 392 - 408.

贸易的航海贸易事件与代表人物、贸易主体及其运营形式，以及由贸易利益带来的帝国扩张与对抗。这些成果为相关问题的后续研究提供了研究思路和文献资料，然而，相关论述由于缺乏整体视野和印第安人角色，难免给人以分散和混乱的印象。

二 太平洋毛皮贸易研究的转变

北美学界太平洋毛皮贸易研究在取得众多成就的同时，也逐渐暴露出一些问题。在研究对象上，主要集中在欧美毛皮公司和精英人物，很少涉猎其他群体。在研究方法上，相关成果主要把太平洋毛皮贸易作为世界贸易史和殖民扩张史的延伸，着力论证毛皮贸易与欧美经济的关系，观点和视角了无新意。在研究视野上，相关研究基本集中在海上毛皮贸易的繁盛阶段，缺乏长时段眼光，很少向前或向后延伸。

造成这种现象的原因在于，北美学界根深蒂固的西方中心视角与其他族裔群体文献资料的缺乏。这种缺陷，突出反映在该领域代表作《加利福尼亚海獭贸易（1784—1848）》一书的论述中。作者提出的是一种共识，欧美商业公司在加利福尼亚搜寻珍贵毛皮的活动是更大规模的现代早期世界贸易热潮的组成部分。同时，毛皮贸易首次将美国人的视野吸引到美洲太平洋区域，并最终有助于将加利福尼亚纳入太平洋贸易体系之内。[①] 作者系统论述了西班牙、俄国、美国和英国毛皮公司在加利福尼亚的商业活动，却较少提及印第安人、中国人，以及详细的交易情况。换言之，加利福尼亚的海獭贸易被视为欧美商业投机的活动内容，而毛皮产区与中国市场，只是白人精英主导下的贸易活动的两端。有学者总结道，太平洋毛皮贸易研究从一开始就竭力论证欧美商业的主导性，交易所及之地皆因极具活力的世界贸易的影响而向前发展。[②] 这种西方中心论的视角，导致相关问题研究局限于现代早期欧洲创建和引领世界贸易的叙事模式之下，从而忽视了毛皮贸易主体的多元性，束缚了太平洋毛皮贸易研究的进一步发展。同时，中国市场与印第安人部落相关文献的缺乏，也促成西方中心叙事模式的延续。

---

① Adele Ogden, *The California Sea Otter Trade 1784 – 1848*, University of California Press, 1941, pp. v – vi.

② Joyce Wike, "Problems in Fur Trade Analysis: The Northwest Coast," *American Anthropologist*, New Series, Vol. 60, No. 6, Part 1, (Dec. , 1958), p. 1086.

20 世纪后半期，伴随政治形势的变化、学科内部的发展，以及研究方法的创新，太平洋毛皮贸易研究呈现一些新的变化。

一是对印第安人地位与作用的认可。20 世纪 60 年代以来，民权运动、女权运动等争取平等权益运动的发展，多元文化主义的逐渐高涨，促进了北美族裔史研究的兴起。[①] 太平洋毛皮贸易中印第安人的地位与作用获得越来越多的关注，涌现出一大批以印第安人部落为主体的毛皮贸易史著作。[②] 有别于“一致论”中的印第安社会进步说，族裔史视角下的印第安人部落成为欧美商业与太平洋毛皮贸易的剥削对象与受害人，印第安社会的政治、经济、文化都遭到严重破坏。

二是受到新文化史、新社会史，以及大西洋毛皮贸易研究等学科分支发展的影响。20 世纪 80 年代兴起的新社会史与文化史思潮，突破以往史学研究只关注精英人物与欧美公司的狭隘视角，强调公司底层雇员与印第安人的价值，以及毛皮贸易过程中超越经济活动的文化交流现象。詹妮弗・S. H. 布朗（Jennifer S. H. Brown）的《血缘陌生人：印第安人领地中的毛皮贸易公司家庭》是其典型代表。作者关注毛皮公司底层员工与印第安人的通婚现象，以此揭示出太平洋毛皮贸易中那些超越贸易的跨种族文化交流现象，扩展了毛皮贸易史研究的范围。[③]同时，大西洋毛皮贸易研究中的跨大洋视角与印第安人主体性，促进了作为姊妹篇的太平洋毛皮贸易研究的新发展。[④]学者们开始放宽视野，考察那些受到太平洋毛皮贸易影响的广大区域。

---

① 有关美国族裔史兴起与发展的具体内容，参见丁见民《二十世纪中期以来美国早期印第安人史研究》，《历史研究》2012 年第 6 期，第 177 页。

② Erik T. Hirschmann, *Empires in the Land of the Trickster: Russians, Tlingit, Pomo and Americans on the Pacific Rim, Eighteenth Century to 1910*, Dissertation of Doctor of Philosophy History of The University of New Mexico, 1999; Barry M. Gough, *Hunboat Frontier: British Maritime Authority and Northwest Coast Indians. 1846 – 90*, University of British Columbia Press, 1984; J. C. Yerbury, *The Subarctic Indians and the Fur Trade, 1680 – 1860*, University of British Columbia Press, 1986; Shepard Krech III, *Indians, Animals, and Fur Trade: A Critique of Keepers of the Game*, The University of George Press, 1987.

③ Jennifer S. H. Brown, *Strangers in Blood: Fur Trade Company Families in Indian Country*, UBC Press, 1980. 类似的成果还有：Jean Barman and Bruce M. Watson, “Fort Colvile's Fur Trade Families and the Dynamics of Race in the Pacific Northwest,” *The Pacific Northwest Quarterly*, Vol. 90, No. 3 (Summer, 1999), pp. 140 – 153; Rhys Richards, “The Maritime Fur Trade: Sealers and Other Residents on St Paul and Amsterdam Islands,” *The Great Circle*, Vol. 6, No. 1 (April 1984), pp. 24 – 42。

④ Susan Sleeper-Smith, *Rethinking the Fur Trade: Cultures of Exchange in an Atlantic World*, University of Nebraska Press, 2009.

如亚历山大·斯波尔（Alexander Spoehr）对毛皮贸易影响下夏威夷群岛经济、社会变化的论述。①保罗·E. 冯特努瓦（Paul E. Fontenoy）则关注18世纪末中国市场的状况及其对美国远东贸易商品和规划的影响。②

三是跨学科研究的兴起。20世纪后期，文化人类学、历史地理学和环境生态学的繁盛，促进了太平洋毛皮贸易研究的新发展。文化人类学家通过田野调查和文献整理，为史学研究者提供了大量有关毛皮贸易中印第安人的视角和材料。③另外，历史学与地理学的跨学科运用，同样有助于太平洋毛皮贸易史相关领域的研究。这方面的代表性人物首推加拿大历史地理学家詹姆斯·R. 吉普森（James R. Gibson）。吉普森善于从地理环境的视角，考察自然环境对毛皮商业的不同影响，及其对贸易模式和经营策略的影响。吉普森先后对俄国在西伯利亚东海岸和美洲太平洋沿岸的毛皮贸易活动进行考察，认为东西伯利亚、堪察加半岛和阿拉斯加寒冷的气候与俄国落后的航运，致使粮食补给成为遏制俄国太平洋毛皮贸易发展及其与英美商业竞争的瓶颈。而18世纪末19世纪初俄美公司在美洲太平洋区域的一系列扩张，大多缘于对解决粮食补给问题的考虑。吉普森的论述不仅丰富了太平洋毛皮贸易研究，而且为解读毛皮贸易与帝国竞争的历史提供了一条全新的思路。④

如前所述，20世纪后半期许多北美学者不再把现代早期太平洋毛皮贸易完全看作欧美商业引领的世界贸易的分支，而是试图在白人精英和经贸活动的范围之外，探究太平洋毛皮贸易更为全面的历史文化内涵。遗憾的是，受到印第安人口述文献、考古学发掘实物、区域史思维定式等影响，太平洋毛皮贸易研究在深度和广度方面仍然存在较大的进步空间。

---

① Alexander Spoehr, "Fur Traders in Hawai'i: The Hudson's Bay Company in Honolulu, 1829 – 1862," *The Hawaiian Journal of History*, Vol. 20 (1986), pp. 27 – 66.

② Paul E. Fontenoy, "Ginseng, Otter Skins, and Sandalwood: The Conundrum of the China Trade," *The Northern Mariner/ Le Martin du nord*, VII, No. 1 (January, 1997), pp. 1 – 16.

③ 如欧文斯编辑的《"圣尼古拉号"的沉没》一书中首次公开了20世纪60年代美国太平洋沿岸印第安人家庭，根据祖上口述所涉及的有关"圣尼古拉号"船只的原住民"视角"。这些材料无疑对相关领域的研究具有重要的参考价值。具体参见 Kenneth N. Owens edit, Alton S. Donnelly translate, *The Wreck of the Sv. Nikolai*, University of Nebraska Press, 2001。

④ James R. Gibson, *Imperial Russia in Frontier America: The Changing Geography of Supply of Russian America, 1784 – 1867*, Oxford University Press, 1976; James R. Gibson, *Feeding the Russian Fur Trade: Provisionment of the Okhotsk Seaboard and the Kamchatka Peninsula, 1639 – 1856*, The University of Wisconsin Press, 1969; James R. Gibson, "Sitka Versus Kodiak: Countering the Tlingit Threat and Situating the Colonial Capital in Russian America," *Pacific Historical Review*, Vol. 67. 1 (Feb., 1998), p. 67.

三 “超越贸易史”的新趋势

21 世纪以来，伴随全球化的深入发展、科学技术的日新月异，以及史学研究范式和分支学科的发展，太平洋毛皮贸易研究呈现一系列“超越贸易史”的新趋势。

一是全球视野。2000 年以来，全球化已经成为世界经济发展的最主要特征，史学界受此影响，开始将世界历史的发展看作人类社会由分散、隔绝的状态，逐渐走向紧密联系的整体过程。在某种程度上，全球史、跨国史和国际史这三种跨越国别和种族的史学范式，正是上述时代背景影响下的产物。需要说明的是，现代早期全球贸易的发展在世界各地区走向一体化过程中，占据十分重要的地位。而太平洋毛皮贸易作为现代早期世界贸易的主要内容，同样有利于现代世界经济政治体系的确立。有别于传统区域史研究仅关注某一特定地区的毛皮贸易状况，如加拿大学者对哥伦比亚河流域和阿拉斯加地区海洋毛皮贸易的研究，美国学者则集中于加利福尼亚、夏威夷群岛和阿拉斯加地区的毛皮交换活动，北美学者逐渐将现代早期太平洋毛皮贸易视为一个拥有共同市场、同样商品、以获取利润为目的的商业活动的整体。正如理查德·约翰·拉瓦利（Richard John Ravalli）所说，跨国和全球视野目前已经成为美国西部史学者的共识。[①]

学者们开始以全球视野审视和评价现代早期太平洋毛皮贸易的过程和意义。理查德·拉瓦利运用整体史观和长时段范式考察海獭这种太平洋毛皮贸易的主要商品，以及海上毛皮贸易的兴衰历程。在时间断限上，作者以 17 世纪初中国与俄罗斯、日本和西班牙等国商人进行早期海獭皮贸易为起点，一直叙述到 20 世纪以后太平洋区域海獭皮的贸易情况。同时，在地理范围上则涵盖从千岛群岛、堪察加半岛、北海道、阿留申群岛、阿拉斯加大陆、哥伦比亚河流域、加利福尼亚以及夏威夷群岛的整个北太平洋半环形海獭栖息地带。拉瓦利的这种以一种动物的兴衰为视角考察人类历史的理念，无疑受到近年来生物学与跨学科研究发展的影响。[②]现代早期毛皮贸易是一种世

① Richard John Ravalli, *Soft Gold and the Pacific Frontier: Geopolitics and Environment in the Sea Otter Trade*, Dissertation submitted in partial satisfaction of the requirements for the degree of Doctor of Philosophy in World Cultures and History in University of California, Merced, 2009.

② Richard Ravalli, *Sea Otters: A History*, University of Nebraska Press, 2018.

界范围内的经济现象。伴随17世纪欧洲和中国社会经济的发展，珍贵毛皮日益成为富裕的贵族和市民阶层彰显财富与地位的器物，进而扩大了国际市场对珍贵毛皮的需求。正是在这样的历史条件下，西伯利亚、北美大陆和美洲太平洋地区开始成为世界毛皮的主要产区，在北美大陆的东西两侧形成大西洋毛皮贸易网络和太平洋毛皮贸易网络。

2000年以来，大西洋毛皮贸易研究呈现明显的跨越国家、地区和种族的倾向。受此影响，太平洋毛皮贸易研究日渐突破传统的贸易史模式，开始在全球范围内探求其兴衰历程及影响。埃里克·奥德尔·奥克利（Eric Odell Oakley）选取新的全球视角考察“哥伦比亚号”航行这一传统课题，获得十分显著的效果。作者指出，“哥伦比亚号”的航行贸易活动，确立起美国在太平洋地区的商业主导模式，在将周边区域纳入一个太平洋世界中发挥重要的作用。同时，作者注重分析整个事件的地方层面因素，分别对波士顿、美洲西北海岸和中国广州的历史背景进行说明。在这里，太平洋毛皮贸易的起源问题，不再被看作欧美商业冒险的“意外”产物，而被认为是清代中国对珍贵毛皮需求的扩大与欧美国家对华贸易不平衡发展综合作用下的产物。其笔下的太平洋毛皮贸易已然成为一部不同国家、区域和种族之间经济、文化互动交流的画卷。①

此外，部分学者受到沃勒斯坦的现代世界体系理论的启发，② 认为欧美商业主导下的太平洋毛皮贸易，是以往隔绝的环太平洋地区的政治、经济、文化、种族融入以世界贸易为特征的现代世界体系的历史。约翰·D. 卡尔森（John D. Carlson）立足于欧洲扩张论和原住民自发论之间的视角，考察加利福尼亚等边缘地区融入现代世界体系的过程。③还有学者从非英美国家视角探查太平洋毛皮贸易，着重强调现代早期太平洋世界的多元性特征。④

二是文化转向。21世纪北美学界对太平洋毛皮贸易的研究继续受到新

---

① Eric Odell Oakley, *Columbia at Sea: America Enters the Pacific, 1787 – 1793*, Dissertation of Doctor of Philosophy in History of the University of North Carolina at Greensboro, 2017.

② 有关沃勒斯坦的现代世界体系的相关内容，参见〔美〕伊曼纽尔·沃勒斯坦《沃勒斯坦精粹》，黄光耀、洪霞译，南京大学出版社，2003。

③ John D. Carlson, “The Otter Man Empire: The Pacific Fur Trade , Incorporation and the Zone of Ignorance,” *Journal of World-system Research*, VIII, III (Fall, 2002), pp. 390 – 442.

④ Rainer F. Buschmann, *Iberian Visions of the Pacific Ocean, 1507 – 1899*, Palgrave Macmillian, 2014, pp. 1 – 2.

文化史和新社会史的影响，同时得益于考古学、文化人类学等学科发展所提供的文献和实物材料，以及俄美公司、哈德逊湾公司等毛皮公司档案文献与现代早期航海日志的整理和数字化处理，本课题的研究呈现明显的文化转向。

首先，印第安人的地位获得更大提升。如前所述，20 世纪太平洋毛皮贸易研究中的印第安人地位，历经被忽视者到被迫害对象的转变。近些年来，随着文化人类学家对印第安人口述史料的收集和整理，考古学家对早期美洲太平洋区域印第安人村社和贸易商站遗址的挖掘，印第安人在现代早期太平洋毛皮贸易中的真实地位日益清晰。学者们综合运用档案文献、考古实物、口述史料和族裔史资料，重视原住民视角与文化的历史书写范式，创造出旨在考察印第安人活动与欧美毛皮公司下层职员日常生活的毛皮贸易社会史。[①]如尼尔·范·西克尔（Neil Van Sickle）认为印第安人在毛皮贸易中占据重要地位，不仅为贸易的进行提供了技术和路线基础，而且在运输和交易过程中进行文化输出。[②]同时，印第安人对特定商品的喜好也在很大程度上影响到欧美毛皮公司的运营。

其次，毛皮公司下层员工的日常活动及其与印第安人的婚姻问题成为研究的热点。太平洋毛皮贸易的工作性质和地理环境，使毛皮边疆社会大多出现男女比例不均衡现象，由此形成毛皮公司男性职工与印第安女性的跨种族通婚现象。阿拉娜·卡梅隆·比森（Alanna Cameron Beason）以口述史材料为中心，对哈德逊湾公司治下哥伦比亚地区的麦凯盖尔（McKay）和麦克唐纳（McDonald）家族的毛皮经营与通婚现象进行个案研究。作者指出，这些跨种族婚姻的后代在文化上具有梅迪斯人、欧洲人和原住民的文化特征，同时是一种全新的文化。[③] 让·巴曼（Jean Barman）和布鲁斯·M. 沃森（Bruce M. Watson）则选择以科尔维尔堡的毛皮贸易商的家庭为个案，考察太平洋西北海岸的跨种族交流。这是一篇精深的个案研究，论述了作为边缘

① Carolyn Podruchny and Laura Peers, *Gathering Places: Aboriginal and Fur Trade Histories*, UBC Press, 2010.

② Neil Van Sickle, *The Indian Way: Indians and the North American Fur Trade*, Createspace Independent Pub, 2012.

③ Alanna Cameron Beason, *Claiming the Best of Both Worlds: Mixed Heritage Children of the Pacific Northwest Fur Trade and the Formation of Identity*, Thesis of Master of Art of Utah State University, 2015, p. iv.

群体的毛皮公司底层员工及其子女的生活变迁史。①

最后，跨学科研究和文献资料的拓展还促成微观研究的发展。学者们关注的焦点重新转向某个部落、地区、商站，甚至某一具体家庭。微观研究成为与整体史观并行的趋势。值得注意的是，这里的微观区域研究不同于以往的区域史研究，是一种全球视野的整体史观与丰富的地方文献基础之上的微观研究。约翰·R. 博克斯托塞（John R. Bockstoce）认为毛皮贸易是现代世界体系形成的重要手段，还是现代早期财富和权力向西转移的整体历史进程的组成部分。同时，毛皮贸易是区域巨变的生动体现。作者指出，白令海峡区域毛皮贸易的发展是中国市场巨大需求的产物，而原住民与欧洲贸易者的互动在其中发挥出巨大的效力。②

三是生态环境导向。随着人类社会与自然环境之间关系的紧张，作为历史学学科分支的生态环境史和海洋史日趋繁荣。北美学者大多认可海洋哺乳动物对海洋生态系统的重要性，关注人类社会活动对鳍类动物、海獭、其他海洋动物的行为、生态方面的影响。③现代早期太平洋毛皮贸易作为以消耗动物资源为基础的经济活动，其发展与延续都曾给自然生态环境造成巨大的破坏。有学者利用考古学的方法，通过对海上毛皮贸易影响区域的岩鱼骨骼中胶原蛋白含量的比对，考察海上毛皮贸易造成的海獭数量减少对临近海岸地区海带繁殖，以及整体生态系统的影响。④还有部分学者围绕现代早期科学考察与商业利益的关系，分析太平洋毛皮贸易中商业公司对生态研究的赞助，以及科学研究对商业活动的反作用。赖安·琼斯（Ryan Jones）指出，现代早期的欧洲国家通常借助自然史学者对殖民地自然地理与人文环境的研究，服务于本国的对外殖民扩张活动。18 世纪的叶卡捷琳娜二世政府同样

---

① Jean Barman and Bruce M. Watson, "Fort Colvile's Fur Trade Families and the Dynamies of Race in the Pacific Northwest," *The Pacific Northwest Quarterly*, Vol. 90, No. 3 (Summer, 1999), pp. 140 - 153.

② John R. Bockstoce, *Furs and Frontiers in the Far North: The Contest Among Native and Foreign Nations for the Bering Strait Fur Trade*, Yale University Press, 2009, xii, pp. 2, 5.

③ Todd J. Braje and Torben C. Rick, *Human Impacts on Seals, Sea Lions, and Sea Otters: Integrating Archaeology and Ecology in the Northeast Pacific*, Berkeley: University of California Press, 2011, pp. 1 - 2.

④ Paul Szpak, Trevor J. Orchard, Anne K. Salomon & Darren R. Grocke, "Regional Ecological Variability and Impact of the Maritime Fur Trade on Nearshore Ecosystems in Southern Haida Gwaii (British Columbia, Canada): Evidence from Stable Isotope Analysis of Rockfish Bone Collagen," *Archaeological and Anthropological Sciences*, Vol. 5 (2013), pp. 159 - 182.

资助自然史学者前往千岛群岛和阿留申群岛进行考察，然而，自然史学者对俄国毛皮商人破坏北太平洋生态环境的论述，成为国际社会攻击沙俄殖民主义的重要论证。同时，自然史学者的这些论述也成为俄美公司管理层制定海洋资源开发计划，合理利用自然资源的理论基础。① 大卫·伊格勒（David Igler）则从疾病传播的视角，考察太平洋毛皮贸易与北部加利福尼亚印第安人部落中疾病传播的联系性。作者认为，世界贸易的发展促进了疾病的传播。太平洋上贸易船只的增加、航行时间的缩短，以及多种族合作的经营模式，都加快了病菌在太平洋东海岸的传播速度，进而对当地的人口和社会产生深远的影响。②

此外，还有学者运用气象学与大数据方法，分析气候变迁对毛皮贸易缘起与演变的作用。如约翰·C. 瓦雷坎普（Johan C. Varekamp）运用大数据方法，综合运用全球气候变迁、纽约长岛区域气候变化、河狸数量统计资料，得出“荷兰人在北美的毛皮贸易是17世纪全球气候变冷刺激下的产物，其行为本身亦通过对大范围河狸数量的改变而影响全球气候的进一步变冷”。③

结　语

综上所述，现代早期太平洋毛皮贸易并不只是世界贸易史的分支，相反，毛皮贸易的兴衰历程还受到诸如欧美国家商业发展、私人商业与国家权力的辩证关系、欧美国家对外扩张与殖民争夺、白人与印第安人经济文化交流、环太平洋区域政治经济一体化、自然生态环境变迁等很多因素的影响和推动。21世纪以来，北美学界的现代早期太平洋毛皮贸易研究呈现“全球视野”、“文化转向”和“生态环境导向”等三个“超越贸易史”的新趋势，推动相关研究走向精深。

值得注意的是，尽管北美学者竭力消除传统贸易史研究的各种弊端，然

① Ryan Jones, *Empire of Extinction: Nature and Natural History in the Russian North Pacific, 1739 – 1799*, Dissertation of Doctor of Philosophy in History of The Columbia University, 2008.

② David Igler, “Diseased Goods: Global Exchanges in the Eastern Pacific Basin, 1770 – 1850,” *The American Historical Review*, Vol. 109, No. 3 (June, 2004), pp. 693 – 719.

③ Johan C. Varekamp, “The Historic Fur Trade and Climate Change,” *Eos Transactions American Geophysical Union*, Vol. 87, No. 52 (December, 2006), p. 593.

而，受制于中文文献和印第安人口述资料的有限性及其获取难度，太平洋毛皮贸易的研究仍然不能深入地论述中国市场与印第安人的作用与影响。同时，北美史学的碎片化趋势日益明显，学者们越来越倾向于选取那些较为微观的课题，相关研究也具有零散化的特征。

此外，中国在现代早期太平洋毛皮贸易中具有特殊的地位。清代中国对珍贵毛皮需求的扩大与欧美国家对华贸易的不平衡发展，共同促成太平洋毛皮贸易的兴起。18 世纪 90 年代至 19 世纪 20 年代是太平洋毛皮贸易的黄金时段。俄国和美国的商业群体开拓了从堪察加半岛、千岛群岛、阿留申群岛，至阿拉斯加、哥伦比亚河流域和加利福尼亚的整个北太平洋区域的海洋哺乳动物资源，并向恰克图和广州输入了大量珍贵毛皮。中国市场的变动与清政府外贸政策的调整，都会深刻影响欧美毛皮商业的运转。从这个意义上，太平洋毛皮贸易作为中国进入现代世界体系的早期途径，为国内学者开拓相关领域的研究提供了文献资料和主体意识。

（执行编辑：王一娜）

海洋史研究（第十九辑）
2023年11月　第358～365页

贾志扬《近代以前中国的穆斯林商人》述评

陈烨轩*

贾志扬（John W. Chaffee）《近代以前中国的穆斯林商人：一个亚洲海洋贸易离散社群的历史（750—1400）》（*The Muslim Merchants of Premodern China：The History of a Maritime Asian Trade Diaspora，750－1400*）于2018年8月由英国剑桥大学出版社出版，是“亚洲史新方法”（New Approach to Asian History）系列丛书的第17本。此丛书旨在介绍亚洲史上那些具有里程碑意义的时代，由相关领域耕耘多年的学者撰写，是了解英文学界相关研究的基本书籍。

贾志扬现为纽约州立大学宾汉顿分校（Binghamton University，State University of New York）杰出讲座教授，在宋史研究上成就斐然。他曾与杜希德（Denis Twitchett）共同主编《剑桥中国史》第5卷《宋代中国（公元960—1279年）》第2部分（以下简称“宋代卷II”），并执笔其中“引言：反思宋代”（Introduction：Reflections on the Sung）部分。[①] 贾志扬为中文学

---

* 作者陈烨轩，北京大学历史学系博雅博士后。
本文系中国博士后科学基金第16批特别资助（站中）项目“《诸蕃志》的世界——13世纪的中外交通史料研究”（2023T160026）阶段性成果。

① John W. Chaffee and Denis Twitchett，eds.，*The Cambridge History of China*，Vol. 5 Part Two，Cambridge：Cambridge University Press，2015.

界熟知的专著，还有1995年在台北翻译出版的《宋代科举》[1]，以及2005年由赵冬梅翻译的《天潢贵胄：宋代宗室史》[2]。作者在撰写《天潢贵胄》一书时，已经充分注意到南宋宗室和海外贸易的关系，辟有专节讨论（参见中译本第222—240页）；并发表过关于中国南海贸易的论文[3]。而在《剑桥中国史》"宋代卷II"中，收录了萧婷（Angela Schottenhammer）执笔的第7章"中国作为海洋强国的出现"（China's Emergence as a Maritime Power）[4]，这些都可以看出作者写作该书前的学术准备。

《近代以前中国的穆斯林商人》一书篇幅并不长，共200余页。作者在序言指出，从8世纪中叶到14世纪晚期，阿拉伯、波斯移民社群远离其在数千英里外的故乡，活跃在中国南部的港口城市。以往研究仅仅将他们作为王朝历史、贸易网络的细节进行讨论或简要参考，而忽略了对其自身历史的长时段考察。该书要弥补这一不足。作者认为，来自阿拉伯、波斯等地，以海路货物运输谋生的穆斯林商人，在中国的边境组成众多贸易离散社群，这些社群具有共同的身份，并在贸易活动上相互依靠。

为更好地研究阿拉伯、波斯移民的历史，作者借用"贸易离散社群"（trading diaspora）的概念，并转述菲利普·D. 柯丁（Philip D. Curtin）在其著作《世界历史上的跨文化贸易》（*Cross-Cultural Trade in World History*）的观点：侨居的商人在其商业同伴和当地政权之间，充当文化中介，这是在现代世界体系中已经消失的功能。[5] 但此概念或分析模型，是具有争议性的。作者将此概念聚焦于阿拉伯世界之外的穆斯林商人的社团和网络，认为虽然其贸易离散社群在近代以前不断演化，并不时分解到更小的移民网络之中，

---

① John W. Chaffee, *The Thorny Gates of Learning in Sung China: A Social History of Examinations*, Cambridge, New York: Cambridge University Press, 1985.〔美〕贾志扬：《宋代科举》，台北东大图书股份有限公司，1995。

② John W. Chaffee, *Branches of Heaven: A History of the Imperial Clan of Sung China*, Cambridge, Mass.: Harvard University Press, 1999.〔美〕贾志扬：《天潢贵胄：宋代宗室史》，赵冬梅译，江苏人民出版社，2005。

③〔美〕贾志扬：《宋代与东亚的多国体系及贸易世界》，胡永光译，《北京大学学报》（哲学社会科学版）2009年第2期。

④ Angela Schottenhammer, "China's Emergence as A Maritime Power," in J. Chaffee and D. Twitchett, eds., *The Cambridge History of China*, Vol. 5, Part Two, pp. 437-525.

⑤ Philip D. Curtin, *Cross-Cultural Trade in World History*, Cambridge and New York: Cambridge University Press, 1984.〔美〕菲利普·D. 柯丁：《世界历史上的跨文化贸易》，鲍晨译，山东画报出版社，2009。

但它持续地通过个人联系、亲缘、语言，以及信仰（这是最重要的）联系在一起。该书借助大量阿拉伯语、波斯语著作的英语、法语译本，以及沉船考古的成果等，对贸易离散社群进行分析。而桑原骘藏、柯胡（Hugh Clark）、苏基朗、吴文良、陈达生等学者对穆斯林贸易离散社群的研究，也是该书的渊源。

该书正文共有 5 章。第 1 章“帝国贸易中的商人”（Merchants of an Imperial Trade），对应公元 700—879 年唐朝和阿拔斯（Abbasid，“黑衣大食”）贸易的阶段，这是中国和波斯湾之间奢侈品贸易的繁盛时期。作者首先回顾了中国和波斯的早期交往，以及唐传奇小说中的波斯商人形象。作者认为，“大食、波斯”的组合，可以反映西亚商人在中国港口出现的情况。当时大批波斯人皈依伊斯兰教，并与阿拉伯人杂居；阿拉伯商人和波斯同伴乘坐波斯船，来中国贸易，组成阿拉伯 - 波斯人社区，是合乎情理的。作者认为，杜环是第一位叙述过伊斯兰教的中国人。10 世纪成书的《中国印度见闻录》，是最早叙述阿拉伯人在中国活动的文献；此书还叙述了巴士拉（Basra）人伊本·瓦哈卜·库拉希（Ibn Wahb al-Qurashi）公元 871 年富有传奇色彩的中国之行。

在这一时期，从巴士拉到广州的海上航线有 6000 英里，阿拉伯帆船、亚洲季风、贸易本身是决定唐朝和阿拔斯贸易繁荣的三个因素。为了对海洋贸易进行管理，唐代设有市舶使，《唐律疏议》也有关于“化外人”的规定。阿拉伯、波斯商人生活在广州的蕃坊，与地方官府关系密切。作为中国奢侈品市场的中间商，阿拉伯、波斯商人有南方的大规模瓷器生产作为支持，加上自由的管理政策，故可以在广州定居并发展。

第 2 章“贸易的重新定位”（The Reorientation of Trade），从黄巢起义写起，黄巢起义加速了唐王朝的崩溃，也导致大量阿拉伯、波斯商人转向东南亚，特别是位于马来半岛西岸的箇罗（Kalah）。阿拉伯、波斯商人以此为基地，经营了数十年，这要归功于阿拔斯帝国持续的经济活力，南亚的注辇（Chola）和东南亚的室利佛逝、占婆、爪哇的繁荣。这从东南亚的碑铭材料、井里汶沉船考古的发现、中文与阿拉伯文文献等可以看出。907 年唐王朝灭亡，中国南方兴起了南汉、闽和吴越三个沿海政权。它们欢迎阿拉伯、波斯和其他外国商人，并首次将海洋贸易税置于财政收入体系的中心位置。沿海政权的贸易鼓励政策，一方面使海商们重新来到中国的广州等地定居；另一方面也给后来的宋王朝提供了先例。

宋初的政策表明，一方面，宋廷在将海洋贸易置于常规的官府监督之下与将其作为宦官控制下的宫廷贸易之间存在犹豫；另一方面，宋廷明显想要使海洋贸易再度中心化，并相继在广州、杭州、明州等港口城市设置了市舶司。作者分析了南海诸国的使宋团，发现阿拉伯人扮演了重要角色，这归因于朝贡的贸易性质，以及阿拉伯贸易离散社群对中国的了解等方面。作者认为宋真宗终止了宋廷想要重建唐朝那种南海朝贡体系的努力，从而将朝贡贸易转化为相对自由的贸易，这使得在华的阿拉伯、波斯贸易离散社群走向了成熟。这些社群不仅分布在中国和西亚，而且遍及印度洋和东南亚。

第3章“商人社区的成熟”（The Maturation of Merchant Communities），从11世纪20年代叙述到1279年南宋灭亡。此时期亚洲存在多极化的贸易体系，并不再像以前那样专注于奢侈品贸易，也包括了新产品、大宗货物、新型船只等。源自阿拉伯、波斯的穆斯林贸易离散社群受到大批商人团体的挑战，但他们的人种和地理的多样性也增加了，并淡化了西亚港口的重要性，从而在华南创造了富有活力的文化，这是异于他们的唐代先驱之处。法蒂玛（Fatimid）、注辇、宋朝的崛起，重整了海洋贸易体系。法蒂玛在埃及的崛起改变了原来的贸易路线，亚丁（Aden）和吉达（Jidda）出现在红海上，犹太卡里米（Karimi）商人也活跃在印度洋上。注辇的统治者将其农业基础和海洋贸易网络联系起来，并通过两次海上远征结束了室利佛逝在东印度洋的支配地位。宋朝因失去对陆上丝绸之路的控制，转而加强了与南海诸国、日本、高丽的海上联系。此时的贸易商品也从原来的奢侈品发展为更多样化的大宗商品；中国的远洋船只也大量用于贸易运输。

宋朝先后在广州及其他重要的港口城市设置了市舶司，以管理海洋贸易和征收赋税，并鼓励海洋贸易，其中以宋高宗在1137年的诏书最为有名。此诏书肯定了海洋贸易所带来的丰厚利润，并要求给予其更高程度的重视，以减轻国内财政的负担。东南沿海也从边地变为经济繁荣、社会稳定的区域。东南亚、南亚商人是繁荣贸易的受益者。中国也出现了大的海商集团，阿拉伯、波斯商人及其后代在其中的作用是显著的。关于对贸易离散社群的管理和适用法律问题，作者认为，他们数量庞大，成员复杂；所有人都处于首领的管理下，并和中国当地社会分隔。阿拉伯商人在泉州建造清真寺，并开办由官府支持的蕃学，其精英人物还与当地中国人联姻，甚至出仕，比如泉州的蒲氏家族。在13世纪，南宋面临严重的铜钱流失，泉州的海洋贸易也出现衰退。相比于宋代早期，此时的阿拉伯、波斯贸易离散社群也有了较大变化。他们在东亚的网络已经明显不同于在西亚的，这既有族群因素的影响，也是印度洋分圈层转口贸易的性质造成的。13 世纪时，富有的阿拉伯、波斯商人选择在泉州居住，并能较好地处理与市舶司的关系，还建造了文化场所，甚至已经成为东亚穆斯林石刻的主要生产地。

第 4 章“蒙古人和商人权力”（The Mongols and Merchant Power），始于 13 世纪的蒙古征服，终于 1368 年元朝的崩溃。早在蒙古帝国建立之初，商人就具有特权，被称为“斡脱”（ortoy）。蒙古帝国本身是海洋贸易的积极支持者。元代发展了南宋的市舶司体制，在《元典章》中保存有 22 则市舶管理法规，而伊本·白图泰的行记可以证明这套法规得到了执行。蒙古时代的海洋贸易，既包含传统的货物，也出现了印度马、中亚葡萄酒等新货物。青花瓷是真正的跨文化现象，因为它糅合了中国和伊斯兰的技艺。中国银大量出口西亚和欧洲，是另一个重要的历史现象。阿拉伯人赛义德·本·阿布·阿里（Sayyid Bin Abu Ali）、札马鲁丁（Jamal al-Din），巴林人佛莲（Fo lian）是目前可见的三位参与海洋贸易的斡脱。他们的出现一方面反映出一小群商人社群汇聚了财富和经济权力，这在近古亚洲海洋史上是独一无二的；另一方面也说明东西亚之间长途贸易的复兴。

这一时期中国和西亚的联系大为加强，大量外国人来到中国，主要是波斯和中亚的色目人。贸易离散社群再一次停泊到西亚故乡，并受富有政治影响力的商人支配。贸易离散社群的规模大为扩大。泉州在元代依然是最主要的港口，马可·波罗、伊本·白图泰对此都有描述。清真寺是社区的中心。除了蒲氏家族外，还有陈江丁氏、荣山李氏、燕支苏氏、清源金氏等。蒲氏外的其他重要家族大部分来自国外；个人的成功会迅速惠及其亲属，造就了参与海洋贸易的大家族。然而这种成功是元朝所赋予的，当元朝崩溃时，他们也成为众矢之的，在亦思巴奚兵乱（Ispah rebellion）后走向了分散。

第 5 章“结束和延续”（Endings and Continuities），讲述了明代初期中国东南沿海和东南亚的穆斯林商人的发展变化。因严重的海盗问题，明太祖严格限制海外贸易，禁止居住在中国的商人去往海外，并将贸易限制在特定国家和特定港口。到 1522 年，泉州和明州的市舶司被废除，仅留广州一处，并一直保留到 16 世纪末。泉州的丁氏、苏氏、李氏、蒲氏、金氏等家族逐渐融入了地方社会，读儒家经典，甚至出仕。元末出现穆斯林商人迁居东南亚的现象，其中爪哇有最重要的文献记录，比如《三宝垄和井里汶的马来年鉴》（*The Malay Annals of Sĕmarang and Cĕrbon*）记载了他们在东南亚的成功经营，并将之归因于郑和的航行。

最后，作者简要总结全书，认为来自阿拉伯、波斯的穆斯林商人有来自印度、东南亚等地的竞争者，其联系各地共同信仰者的能力使其位于世界贸易体系的重要位置。读者从该书中能够看到中国人如何与外国人交往，以及阿拉伯、波斯贸易离散社群在亚洲秩序中所扮演的角色。

读罢该书，会发现作者的匠心独运之处，那就是在宏大的社会背景之下，对于阿拉伯、波斯贸易离散社群的关怀。在书中有两条线索贯穿始终。一条是大的历史脉络，即国家政策、国际交往的层面，这表现为唐与阿拔斯的贸易关系，宋廷的贸易开放政策，法蒂玛、注辇的崛起，元朝斡脱商人的垄断贸易，明太祖的海禁政策等。其间还穿插着对印度洋、东南亚局势变迁的描述。而且作者突破按照王朝来划分时代的窠臼，以对海洋贸易影响重大的事件或者局势为节点来分析，比如安史之乱、黄巢起义、宋廷海洋政策的确定等。

另一条线索，则是阿拉伯、波斯贸易离散社群自身的发展变迁。唐朝时，此社群到达广州，并以奢侈品贸易营生，和西亚故土保持密切联系；由于黄巢起义，此社群大批转移到马来半岛的箇罗，后因中国南方沿海王国的积极政策，他们又大批回迁中国。宋朝相对自由的海洋贸易政策，使得此社群在泉州逐渐发展成熟，形成了自己的清真寺、学校，其精英人物甚至还出任政府官员，西亚故土的重要性也降低。元朝时，外国人进出中国更为自由，在泉州的贸易离散社群进一步发展、分化，具有巨大的社会和经济力量，与西亚的联系也增强。明太祖实施海禁，在中国东南沿海的贸易离散社群逐渐分散，融入地方社会中，但也有相当一部分在元末移居东南亚，保持自身的特性。

作者治史，有对于社会科学的充分借鉴和吸收。作者在序言部分已经解释了“贸易离散社群”的概念史；在正文中，作者也将此分析模型运用得相当成熟，几乎看不到理论建构的痕迹。但凡分析模型，必定含有假设性的前提和条件，并有问题意识作为导引。“贸易离散社群”作为一个分析模型，基本思路就是将此社群作为A；而将当地社会作为B；将其故土作为C。在A（其母体为C）、B的相互作用下，会产生A_1和B_1。所以此模型的问题，就在于探究其中的转变过程，以及A_1和B_1的性质。然而现实的历史远比模型要复杂得多，比如首先要证明A是一个整体，以及作为整体的牢固程度；B必然包含了朝廷（b_1）、地方官府（b_2）和地方社会（b_3）三个利益有别的社群。所以操作的真实难度可想而知，而且还可能出现“以论代史”的问题。

作者确实注意到了这些问题。所以在第 1 章叙述贸易离散社群在广州的发展之后，其余篇章的主要舞台都在泉州。作者证明泉州的穆斯林贸易离散社群可以作为一个整体，清真寺就是其社区活动的中心；后来这一社群在元代分化出更小的群体，如作者所列举的蒲、丁、苏、李、金等大家族。作者在该书开头附有泉州城的平面图，并标出各清真寺的位置，这可以帮助我们了解阿拉伯、波斯商人居住地的分布。元朝时，阿拉伯、波斯商人在广州、扬州、杭州等地也有分布，作者仅仅依据马可·波罗、伊本·白图泰的行记，一笔带过。这固然由于泉州的资料更多，更为典型，但对中国其他沿海地区的阿拉伯、波斯人社群进行研究，也是很重要的，比如在广州、扬州、杭州等地都保存有元代穆斯林商人墓碑。这不能不说是一个缺憾。

当作者在讨论泉州的穆斯林贸易离散社群的组成时，基本借助《泉州回族谱牒资料选编》。此书是泉州市泉州历史研究会与晋江县陈埭公社回族委员会合编，并在 1980 年刊印。厦门大学傅衣凌教授曾将此书赠予日本东北大学的寺田隆信教授，后者据此写出了《明代泉州回族杂考》，并在《东洋史研究》第 42 卷第 2 期（1984 年 3 月）发表。此后陈国强在寺田氏研究的基础上，发表了《泉州回族考——读寺田隆信〈明代泉州回族杂考〉》。不过作者成书时未能参考这部分研究，实属遗憾。

该书在对中国和日本学者相关研究的关注上，还存在一定不足。如忽略了日本东京外国语大学家岛彦一教授研究。家岛氏在 20 世纪 60 年代起致力于阿拉伯史和印度洋史研究，并亲赴阿拉伯半岛等进行实地考察。其后，家岛氏著有《伊斯兰世界的成立与国际商业——以国际商业网络的变动为中心》《从海域看历史——连接印度洋与地中海的交流史》《伊本·白图泰与境域之旅——关于〈大旅行记〉的新研究》等著作。[①] 其中，《伊本·白图泰与境域之旅》以伊本·白图泰为典型案例，对阿拉伯人远游进行了独到分析。而《伊斯兰世界的成立与国际商业》对阿拉伯商人国际商业网络的变化进行了充分叙述。《从海域看历史》则在整体史的框架下，叙述古代地

① 家島彦一『イスラム世界の成立と国際商業—国際商業ネットワークの変動を中心に』岩波書店、1991 年。家島彦一『海域から見た歴史—インド洋と地中海を結ぶ交流史』名古屋大學出版會、2006 年。家島彦一『イブン・バットゥータと境域への旅—「大旅行記」をめぐる新研究』名古屋大學出版會、2017 年。

中海和印度洋世界之间的往来。因此在阅读该书时，还应同时关注家岛氏的著作。

此外，作者还可从其他方面拓展研究。比如，中国明朝时期用于航海定位的牵星板，与阿拉伯人在印度洋上使用的测量工具卡玛尔（Kamal）就有技术上的联系。[①] 阿拉伯、波斯贸易离散社群对中国近世的科技贡献，也属于该书主题，今后应当仍有研究空间。

在东亚史、印度洋海洋史研究已经日臻成熟的今天，确实需要一部完整叙述阿拉伯、波斯贸易离散社群相关情况的著作出现，正如萧婷在推荐语所言的那样，“撰写近代以前穆斯林商人及其在中国的移民社群的历史，是一项巨大的挑战。在此书中，贾志扬首次以连贯的方式追溯他们生动的历史，从他们在中国南方港口的早期活动和聚落，一直叙述到1400年为止”。这段话绝非溢美之辞。

（执行编辑：杨芹）

① 陈晓珊：《“量天尺”与牵星板：古代中国与阿拉伯航海中的天文导航工具对比》，《自然科学史研究》2018年第2期。

海洋史研究（第十九辑）
2023 年 11 月　第 366 ~ 370 页

探寻越南历史的主体叙事

——读《越南：世界史的失语者》札记

陈文源*

越南乃东南亚一个重要的国家，因其复杂的历史与重要地缘政治，长期以来，吸引了中国、美国、欧洲（尤其是法国）学者的重视，不同的政治立场、民族情感，深刻影响着越南历史的叙事范式。从现有的学术成果来看，主要存在四种叙事范式：其一，中国学者鉴于越南曾是中国王朝的郡县之地，又长期与中国保持宗藩关系，所以主要是在中华文化圈的框架下谈论越南的社会历史发展，强调中国文化与政治伦理对越南历史发展的贡献。其二，法国在越南的殖民统治并不成功，最终被迫“不体面”地撤退，但法国学者以本土史料为基础，形成了一个以法国为主体的“文明化”的越南史框架，强调法国的殖民统治是越南社会“文明化”的转折点，它为越南社会现代化带来了机遇。其三，美国学者以冷战意识为背景，对两大阵营在越南的竞逐进行宏大叙事，探讨了越战的种种可能以及对国际政治格局的影响。其四，越南学者无论是本土学者还是侨居海外的学者，均以“抵抗外敌”为越南历史书写的主线，他们所描述的越南史往往将越南塑造成一个“受害者”的形象，不论是北属（受中原王朝控制）时期，还是法属殖民地

* 作者陈文源，暨南大学中国文化史籍研究所研究员。
本文为 2019 年国家社科基金一般项目“人文视域下明清中越宗藩关系演变研究”（编号：19BZS028）的阶段成果。

时期，或者冷战时期，都将自己定位成大国争霸殖民的受害者，强调越南人民在抵御外敌过程中所凝聚的民族精神，通过叙述抗击外敌的战争史实来树立其民族的合理合法性。从这些成果中可以看出，不管是哪个范式，越南历史的主体均受外来因素的影响而被模糊。

加拿大魁北克大学克里斯多佛·高夏（Christopher Goscha）教授以一种有别于传统的视角完成了最新的越南通史性著作《越南：世界史的失语者》（*The Penguin History of Modern Vietnam*），通过越南社会形态的变迁与本土人物思想的演进，重新审视了越南国家形成与发展的内生因素，强调“复数越南”的概念，厘清了“越南”从红河流域逐步往南往西扩张的过程，揭示了当今越南文化的形成过程与特质，为研究越南提供了一种“本土”视角，给人耳目一新的感觉。此书问世后，深受学界关注与好评，并于2017年先后荣获美国历史学会（American Historical Association）的费正清奖（The John K. Fairbank Prize）与加拿大麦吉尔大学坎迪尔历史奖（The Cundill History Prize of McGill）优秀奖。

《越南：世界史的失语者》全书共计14章，叙述从百越时期到当代两千年的越南史。书中参考了大量越南文、法文、英文档案史料以及近50年来相关学者的学术成果，以一个全新的角度系统分析了越南历史的多样性与复杂性，探索出一套独树一帜的历史叙述方式。该书在结构上大致可分为四个部分。

第一部分主要包括前两章，时间从百越时期到19世纪初。第一章介绍了史前社会生态，北属时期社会结构的演变。在这一千多年中，汉文化深深地刻印在交趾，影响所及包括法律、吏治、科举与教育、文字、农耕技术等。第二章分析独立后各王朝治理结构以及社会组织的形成。作者认为大越国成立以后，每一时期几乎同时存在两个或两个以上的军事集团，这些军事集团在争夺主导权的过程中，不断地向南向西扩张，在南方吞并了占城王国，侵占了部分高棉领地，在西边逐渐侵占少数族群的高地。至1802年，南方阮氏政权击败西山政权，统一了越南，从而形成了现代越南“S”形国土的形貌。作者接着阐述了阮朝统治者嘉隆、明命、绍治、嗣德等为建立一个中央集权化、理性化与同质化的“新越南”而进行的一系列改革。作者认为，这些改革不仅激化了与南方军事家族、特权人物的矛盾，而且还让法国以“宗教迫害”为借口出兵岘港、西贡，最终被迫签订《西贡条约》，割让南圻，建立东京军事保护国，使一个统一的越南裂解为由殖民地、保护国、军事区与特别市政权所组成的大杂烩。

第二部分包括第三章至第九章，介绍法属时期（1858—1955）在法国的主导下，越南南圻、中圻、北圻分别成为殖民地、保护国、军事区与特别市政权等，推行不同的治理模式，作者分析了法国对越南政治、经济、文化的改造，在越南社会的殖民化过程中，越南社会的变动及民族主义觉醒。在论述的过程中，透过对社会精英如潘佩珠、潘周桢、阮安宁、胡志明等的思想与事迹的分析，揭示越南知识分子在不同的道路上寻求去殖民化与救亡图存的方式。直到第一次印度支那战争后，越南共产党领导的越南民主共和国战胜越南合众国，然后，在东西方阵营的博弈中，在日内瓦会议上被迫接受以北纬17°为界，越南被分割为北越与南越两个不同意识形态的政权。

第三部分包括第十、十一章，为南北越对峙时期（1956—1975），主要叙述了冷战大背景下越南的挣扎与抉择。美国为了围堵共产主义，守住印度支那这条线，全力扶持由保大政府转型而来的吴廷琰政府。胡志明和吴廷琰两人虽然意识形态对立，但均力争国家的统一。最后由胡志明领导的越南民主共和国（北方）击败吴廷琰领导的越南共和国（南方），实现了越南的统一。

第四部分包括第十二章到第十四章，分析了越南文化、民族的多样性与复杂性，综述越南古今与周边少数族裔之间的殖民与反殖民的关系，认为历史上越南既是殖民的受害者，也是殖民的加害者。作者主要通过越南主体国家在不同时期的“越式殖民”，表现现代越南由“红河越南”发展成为如今的“S”形领土的过程，并强调周边少数族裔在越南史上的独特意义。

高夏曾表示，其对越南历史的研究主要想达到三项目标，即“去动员化”（De-mobilize）、“去例外化”（De-exceptionalize）与“去简单化”（De-simplify）。去动员化就是要让研究越南历史的思维摆脱越战时期的政治对抗模式。去例外化是把越南领土的演进过程置入比较视野。去简单化则是要反驳越南本土的历史诠释，呈现如今越南民族主义与“自古以来即有‘S’形越南国土”的虚妄。通过这“三化”的思考，摆脱此前学界对越南历史认知的定式。综览《越南：世界史的失语者》，不难发现，作者已经实现其初衷。高夏在其书中所展现的“新意”主要体现在以下几个方面。

第一，回归越南历史主体性。在传统的越南历史研究中，不管哪种叙事方式，越南似乎成为各大国在中南半岛活动的背景，“只是随大国起舞而已”，“越南本身的内部分裂、族裔多元性与冲突，就在这种历史过程中模糊了”（第 47 页）。因此，很难真切反映越南国家的历史演进与文化形成的特质。高夏在此书中努力挣脱传统越南史学的窠臼，摆脱以“大国中心”为基础的史观，基于全球史与“长时段”的视角，通过一连串历史事件、一个个本土人物事迹，凸显历史上越南本土政治、经济、文化的发展轨迹，强调越南本身和越南内部各族裔在塑造越南史的过程中所扮演的不同角色，系统分析了越南历史的复杂性与多样性，尝试建构一个以越南社会发展为主体的越南史，为越南历史探索出一套新的叙事方式。大概是这个原因，有学者将高夏视为新派越南史学者的代表。

第二，提出“复数越南”的观点。在秉持越南历史主体意识的基础上，作者对形成当今越南的诸多历史元素进行解构，认为越南并非自古以来就是现代的样子。首先，越南如今“S”形领土是由“红河越南”经过历代政权向南向西扩张的结果。其次，越南自古至今真正实现统一的时间合计只有 80 余年，其他大多数时间均存在两个或两个以上的政权。作者强调“这世上的越南从来就不只有一个，而是有好几个大异其趣的越南同时并存”（第 48 页）。因此，多个政权的纷争是越南历史的常态。为了更清晰地展现越南统一的过程，作者比较完整地叙述了历史上越南主导政权与周边民族或者邻近王朝政权的关系，从空间上为读者呈现了越南领土的扩张与走向。作者在叙述越南国家演进过程中，对“红河越南”如何向南向西扩张的方式与过程有较多描述，并认为，越南这一扩张行为即使在法属时期、冷战时期也没有停止。同时作者不断强调“越南”是直到 20 世纪才出现的概念，之前的种种称谓，如“大越”“大南”“越南合众国”“越南共和国”“越南民主共和国”等都是越南几乎没有统一过的证明，不断变更的王朝政权与民族政权给越南社会历史增加了多样性与复杂性。

第三，越南社会的文明化进程并非从法国殖民管治开始。在作者看来，早在李朝时期，越南就引入了中国的科举制度，尤其在中国明朝短暂统治时期，已经将中国王朝成熟的官僚体系与政治伦理移植到越南。之后越南精英阶层根据自身需要，又不断引进中国的制度与文化，以完善其统治体系。因此，早期中国的影响为越南“文明化”播下了种子。作者还认为，法国在越南的殖民统治得以持续，并非“法国化”的成功，而是“将殖民政府与既有系统结合”，从而形成一种有效的政治管理手段。因此，作者反对以 1858 年“法国殖民时刻”为越南历史的大分水岭，划分“东方”与“西方”、“现代”与“非现代”。

作者在越南历史的叙述上，秉持西方通史性著作的传统，一方面立足于越南本土，围绕越南社会演进的主线，对政治、经济、文化等诸方面的发展进行宏观叙述，另一方面对每个时期的重要事件、重点人物也进行了微观分析，这些微观的分析完美地服务于其宏观的叙述架构，将“鸟瞰森林”和“穿越森林”相结合，将具体的历史事件与其时代情境相结合，从多个维度对越南史进行剖析论证，“将所有的越南史中的冲突主体看作一个个流动并相依存的个体，注重历史的传承性而非突变性，成功呈现了各族群复杂互动，兼具区域与全球视野的越南史”（江怀哲序）。

毫无疑问，作者在此书的构思与叙述上取得了极大的成功，但是，也难免存在一些问题。首先，作为通史，该书在布局上详今略古，本无可厚非，只是“古”的部分太过于简单，对于从百越时期到1858年法国入侵，超过两千年的历史，作者仅用两章的篇幅来进行概述，从某种意义上来说，这只能看作其为详说越南“近代史”做个铺垫。这可能是由于作者不通汉语，无法解读浩瀚的汉籍史料，没能完整地呈现法属以前越南的历史与文化，这是该书甚为可惜之处。其次，越南曾内属中原王朝达千年之久，最终走向自主，其内在的因素为何？这是学界亟须了解的问题，但是作者对此着墨不多，并没有作出具有启示意义的解析。再次，为了辩驳法国学者关于越南文明化的相关论述，作者将中国科举制度、官僚体制的引进视作越南现代性的肇始，这与学界关于人类现代性的理解恐怕存在一定的矛盾，这种观点恐怕不容易得到更多学者的认同。最后，作者在叙述越南历史发展过程中，虽努力挣脱“西方中心论”的干扰，但关于越南政治生态变迁，尤其是对百余年来越南民主运动的主要人物与事件的评说，话语间依稀可以感觉到有点“西方中心论”的影子。

（执行编辑：罗燚英）

海洋史研究（第十九辑）
2023 年 11 月　第 371 ~ 382 页

一个以乡镇移民为单位的同乡与姓氏善会

——唐社权《上恭都集善堂与上恭常都乡人在加省简史》评介

冯尔康*

2020 年 8 月中旬，在网络上读到唐社权著《上恭都集善堂与上恭常都乡人在加省简史》（以下简称《简史》），系“香山研究”发布，“CK”（澳大利亚布里斯班大学黎志刚教授）转发。《简史》书名初见不懂，细读才知道，“上恭常都”是清代广东省香山县内的一个“行政”单位。清朝在许多省份推行都图制度，主要是达到收税和治安的目的。“都”，相当于后世区乡制度下的区乡。“上恭都集善堂”是上恭常都人的群体组织，“集善堂”之名，体现其慈善互助团体性质。这个团体不是在香山县本地，书名指明是在“加省”，中国没有这个省份，“加省”是指美国加利福尼亚州，在唐社权的概念中美国的“州”就相当于中国的省，故将加州说成加省。明白了这些专有名词，就知道该书叙述的是中国香山县（今中山市）上恭常都移民及其社团在美国加州的简史。

该书名虽然难懂，却有让人意想不到的知识。笔者治史，对海外华人的团体有所关注，特别是宗亲会史，撰有《20 世纪 90 年代初期新西兰华人社团述略》（1994）、《当代宗族与现代化关系》（1996）、《当代海外华人述略》（1999）、《20 世纪下半叶以来台湾、香港和海外华人的宗亲会》（2009）、《当

* 作者冯尔康，南开大学历史学院教授。

代海外华人丧礼文化与中华家族文化的海外生根》（2011）等①。笔者原先所了解的海外华人地缘性质的会馆，是同省籍、同县籍或几个邻县的侨民组成的，但是《简史》说的却是县下区乡范围移民的地缘团体，令笔者开了眼界，此其一；其二，海外华人中的宗亲会是具有血缘关系的同姓氏者联合体，地缘组织与血缘组织是两种社会类型的社团，各有其壁垒，但是，上恭都集善堂却基本上是地缘、血缘合一的社团，令笔者对地缘组织与血缘组织的密切关系有所明了。也就是说，上恭都集善堂是中国区乡移民在美国的地缘、血缘合一的社团，小小的乡镇竟然有那么多的侨民，他们竟然能够组建地缘、血缘合一的团体，这样的移民史，确有特别关注的必要。无疑，记录它的《简史》是一篇上佳的历史文献。

《简史》的作者是谁？图书保存状况怎样？香山县上恭常都侨民在美国加州生存状态又是怎样的？他们的群体是如何组建的？做了些什么事？怎样为维护自身权益、尊严奋争？笔者现就认识到的一一道来。

一　《简史》作者、文献保存

《简史》作者唐社权，上恭常都唐家湾人，依据《简史》著录，他是20世纪六七十年代集善堂主要负责人，在两年一届的主席任期中担任了6届（1962—1967、1970—1975），历时12年，1976年改任副主席，他同时是包括香山县在内的四个县移民组织“阳和会馆”的商董，兼管会馆楼业。另据《简史》“香山研究”发布者介绍，“据唐有淦先生记载，唐社权时任《金山时报》（chinese times public co. inc）执行董事、首席顾问”。由这份极不完善的履历，可知唐社权热心侨胞公益事务，是华人社团负责人（或许可以说是一位侨领），与新闻出版业有密切关系，通达中英文，具备写作《简史》条件。

《简史》有16条资料来源注释，显示出唐社权写作时，除了依据自身经历和见闻、阅读集善堂文书、与唐成煜交谈之外，还查阅了大量的中西文文书。这些文献中有上恭常都人原籍香山县的地方史志，即清代道光七年（1827）《新修香山县志》、光绪五年（1879）《香山县志》、1923年《香山县志续编》、1947年《中山县志》、广东省民政厅编《广东全省地方纪要》

① 这些文章收入拙著《近现代海内外宗族史研究》（天津人民出版社，2019）。

第一编《中山县》（1934 年刊于广州）、中山县文献委员会编《中山文献》（刊于 1947 年，汇集有何大章的《中山县新志》《地理志初稿》），还有 20 世纪 50 年代美国领事馆营理所编《中山县乡名姓氏引得》。唐社权阅览的美国加州华人史文献有：李孝襄编《旧山重建阳和庙工金征录》，1900 年刊印于三藩市，收有区天骥《中华三邑宁阳冈州合和人和肇庆客商八大会馆联贺阳和新馆序》；1856 年华文报《东涯新录》；1923 年三藩市《中西日报》。唐社权还前往加州档案馆查阅有关华人史文献，如 San Francisco Herald：Appil 30，June 6，1852；California Assembly Vourual，4th Session，1853；Appendix；Foreign Miner's Tax Law 等档案文书。引用资料的状况，揭示了《简史》作者写作态度严谨，言必有据，下笔不苟，足资信赖，是以笔者敢于通过它了解香山上恭常都人在加州的移民史、奋斗史、生活史。

唐社权的这篇《简史》，大约是草稿，他本人并未梓刻，它的收藏与问世情形，据“香山研究”的说明是：原稿是唐家湾人唐有淦从唐社权处获得，并复印收藏，后由珠海博物馆唐越提供。“香山研究”认为该文“梳理了唐家（上恭常都）早期历史沿革、华侨姓氏及善堂相关情况，对唐家历史文化研究具有一定的价值”，故予以整理公布。整理系按照原稿进行，未作增减补充。文字整理者为何宁宇、李梓杰，初审为赵殿红，复审为戴龙基等，编辑、发布者为刘洪亮。

关于《简史》的内容，“香山研究”所说尚欠完善，笔者认为它叙述的是：1852—1976 年，以唐姓为主的香山上恭常都人移民美国加州的简史，涉及移民祖籍、移居地区、职业、群体组织及其活动，聚焦在集善堂组织机构及其职员（负责人）、互助救济事项、维护同胞权益的斗争、集善堂与其上级组织阳和会馆的关系，可以说是美国加州香山上恭常都侨民简史。有鉴于此，将分出专目稍作说明。

二　集善堂成员祖籍香山县上恭常都

清代香山县名称，到民国十四年（1925），因中华民国第一任国务总理、香山县上恭常都人唐绍仪建议纪念孙中山而易名为中山县。上恭常都在民国年间一度改称上恭镇，1921 年改为第六区，随后唐绍仪倡筑中山港，改第六区为中山港区，组织民众实业公司，以促进中山县的实业建设，抗战胜利后复名第六区。在县下行政机构的变动中，村庄隶属关系相应变化。清代香山上恭常都下辖41村，有官塘，唐家，谭井，鸡拍，上、下栅，上、下北山等。民国十年（1921）原上恭常都的一些村落改隶第六区，其中有唐家上、下村，上栅上、下村，上、下北山，官塘，鸡拍等。其后第六区下设翠亨乡，翠亨村、北山隶属之；唐家、鸡拍等属中山港乡；下栅乡辖区有上、下栅、官塘等。笔者忖度，上恭常都人是在清代地方建制时期移民加州的，又及时组建集善堂并开展活动，是以唐社权在文章冠名中采取“上恭常都”字样，而不采用上恭镇、第六区、中山港之名。

三　加州上恭常都侨民职业状况与居地

《简史》绍述香山县上恭常都居民有着前往国内外谋生的环境和状况，谓地处珠江口外，唐家湾、官塘湾濒临大洋，交通便利，民多业农，或从事渔业，“近世出外京、津、沪、汉业洋务或经纪者颇不乏人”，如唐廷植（茂枝）、唐廷枢（景星）兄弟。至于到外洋谋生，早在1900年以前，中华总会馆总董区天骥就说丁未年〔道光二十七年（1847）〕有华人到美国加州，交相援引，来者“以香邑恭、谷两都为众，盖乡迩澳，习见外洋政俗，勇于航海不畏波涛故也”（《中华三邑宁阳冈州合和人和肇庆客商八大会馆联贺阳和新馆序》）。其言道出上恭常都人不畏大洋风涛险阻纷纷来到加州，时值19世纪中叶，加州淘金热最盛，上恭常都侨人奔往矿区，至烟荐金吪（Angels Camp）、兴当（Hangtown，即 Placerville）、科岑（Folsom）一带，19世纪、20世纪之交矿藏枯竭，众人转务农业，集中到沙加缅度（后来的加州政府所在地、加州第五大城市）下游大坑一带之埃仑顿（Isleton）、汪古鲁（Walnut）、乐居（Locke）、葛仓（Courtland）。其中“就合园”种植蔬菜，是旧金山永会公局初期瓜菜主要供应者。有在农场打工的，割芦笋、摘果、掘荷兰薯。亦有经商者，如埃仑顿、汪古鲁之茂和，汪古鲁的杏记、和利等店。二战前经济走下坡，侨民有死亡的，老人多回国，少壮者前往大都市谋生，20世纪中叶居住在三藩市的最多，估计有八九百人。其中鸡拍乡人最多，唐家、官塘、上北山、下北山次之，上栅等又次之。“姓氏则唐姓居首，卓、梁、卢、蔡、邓、谭等姓次之，黄、陆等姓又次之，而余、张、古、李、刘姓者亦有。”历经百余年沧桑，上恭常都移民的商店已不多，老店永合公司经营瓜菜业，它在早年曾“办庄，且附设合兴信局为侨梓服务，代汇款寄信还乡”，即开办钱庄，从事侨汇业务，兼带寄信，为侨民汇兑金钱给原籍亲人和书信往来提供便利。后起经营生果瓜菜业的有均盛、杏记，它们在年底制糖冬瓜、椰丝等果脯，供应中国年侨民市场需求。上恭常都侨民还开办漆器古董商店，其中生发公司在20世纪30年代规模最大，在同业中首屈一指，汉口公司、中华贸易公司亦具规模。至70年代仍在营业者有汉球公司、大来等古玩礼品店。

百余年间上恭常都侨民就业发生相当大的变化：初期英语不通，多为出卖劳力的工人，在农场、商店务工，在服务行业当勤杂工，打扫楼宇；20世纪中叶年轻一辈就业范围广，有医生、工程师、科技人员、警察、银行家、文员。

四　以原籍“都”为单位的集善堂组织机构及其社会功能

香山县上恭常都侨民在加省成立上恭都集善堂。这个团体的成员，以来自上恭常都为先决条件，是这些侨民乡亲在归属感驱动下，自愿组织起来的。

至于集善堂何时组建、创始人是谁，唐社权表示已经无法稽考，但从集善堂于19世纪50年代资送乡人遗体返乡之事，认定前此已经成立，而且成员不少。从19世纪50年代到唐社权写作的20世纪70年代约120年间，集善堂坚持活动，其组织机构、宗旨、义举等，令后世瞩目，兹区分六项以明之。

（一）集善堂组织机构和会址

集善堂成立之初，采用值理制，选出一名殷实商人充任值理，主要是处理团体收入和开支事务，核算盈亏，令收支平衡，保障社团维持发展。到1931年，会员出于集思广益的考虑，举行大会，选举七名委员，分工处理各项工作，设有会计（1942年改称主席）、书记、核数、管库（1942年改称财政），委员每年一任。一年任期，更换频繁，不利于开展工作，1936年改为委员二年一任。1966年开始选举妇女出任职员。如此分工合作有益于集善堂事务之推进，陆续增设委员至25人。委员人数增多，反映出集善堂团体事务的扩展和组织的活力；妇女出任职员，是女性社会地位得到尊重的表现，也是社会上女权运动成果的反映。集善堂的管理逐渐完善，表明其日趋成熟。

集善堂的成员原籍上恭常都，管理人员——值理、委员——出自各个姓氏的各个家庭。从 1900 年至 1930 年，担任值理者，唐姓 1 人、余姓（据前引上恭常都移民加州姓氏状况资料，此余姓拟为佘姓）1 人、卢姓 3 人、卓姓 1 人、黄姓 1 人。实行委员会制度之后的 1931 年至 1940 年的 10 年间，任会计者黄姓 1 人任 4 年、唐姓 2 人任 4 年。自 1942 年至 1976 年任主席者，唐姓 16 人次，唐贻阜 5 届 10 年，唐超谋、唐宽谋、唐道谋各 1 届 2 年，唐贻干 2 届 4 年，唐社权 6 届 12 年，张颂明 2 届 4 年，主席几乎由唐姓包揽。

三藩市是华人聚居地，上恭常都侨人亦多居住于此，集善堂也就设在这里。集善堂常借用前述蔬菜瓜果业永合公司的房舍召开职员会议、乡人大会。

（二）集善堂宗旨

唐社权在《简史》中说："本善堂设立之宗旨，在协助老病不能工作之梓里，给予舟资回唐；又设墓地以瘗其不幸而病逝旅邸者，每逢清明等节令则同往扫墓致祭。"又说集善堂"对公益事素来亦尽所能"。换句话说，集善堂的建堂宗旨有两项，一为集资给成员谋福利，解决生老病死中的难题，二是维护华人公权利，两项也可以归纳起来，即集善堂是为操办成员社会公益事业而设立。

集善堂内部，另有部分成员于 1941 年组建"集群社"，"宗旨为联络感情，同谋乡侨福利"，同样是谋求福利的小的社会群体。这再次表明上恭常都侨民的集善堂是为谋求公益事业组建的。

（三）集善堂慈善业务

资助丧葬，救济贫乏是主要项目，包括：

资助成员和同乡侨民尸体返乡。在中国人传统观念中，旅居在外者亡故后，遗体运返原籍祖坟安葬。上恭常都侨民故世，其亲属难以做到将遗体送回家乡，有的亡者还没有亲属，遗体更无返乡可能。集善堂遂出面帮助乡亲处置遗体返乡事务，筹集经费，租船运送。不仅是上恭常都侨民有此需求，广东其他地方来到加州的侨民也有此要求，于是联合起来办理，联系远洋轮船载运，遂有 1856 年雇用英国商船载运侨民遗体返回广东之举。该年华文报纸《东涯新录》报道："四月廿八日有二枝半桅英船士店咂波炉去运载先友棺柩共三百三十六副回粤，所租船之盘费，并在山上本埠及各处检拾迁运买棺之费用，皆赖各都梓里仗义题齐耳。香邑上恭常都集善堂先友棺一百三十八副，龙（原文）都慕（原文）善堂二十五副，仁字都敦善堂二十三副，德宁都成（原文）善堂十二副，四字都积善堂十七副，谷字都归善堂二副，东邑保安堂九十四副，增城义安堂十七副，另有远处各亲属自行捐捡付搭者八副云。”这个报道说得很明白：香山、增城、东莞等县侨民的善堂集资租船，运送乡亲遗体 336 具回籍。其中上恭都集善堂，先是在侨居地各处查找、收集、汇聚故世乡亲遗体，办理托运最多，达 138 具。1856 年运送之后，集善堂继续“负责检运先骸回故里安葬”，在 1874 年、1899—1900 年、1913 年、1931 年、1952 年多次实现此种义举，每次都精心办理。如 1913 年托运之前，集善堂于 3 月 19 日发出检运先友通告，以便收检故世乡人遗骸。

设置墓园与节令祭祀。除遗体运送回籍之外，有的上恭常都故世侨民就地安葬，集善堂于 1898 年在三藩市购置六山坟场的墓地（“有茂树数颗”成为集善堂墓园标志），供乡亲使用。到了中国人传统祭祀节令之时，不论逝者有无亲属，集善堂都会前往扫墓祭奠。写到这里笔者要附带写出集善堂的“堂友”阳和会馆 12 个基层组织之一的“积善堂”的墓园及其墓祭活动。北美《星岛日报》2008 年 10 月 1 日 B 版报道，旧金山中山积善堂于 2008 年 9 月 27 日发布召开都侨大会及重阳节省墓通告，除选举新理事，定于 10 月 7 日重阳节上午 11 时前往六山坟场省墓，“公祭先友”。中山积善堂至 21 世纪仍在进行组织建设（定期改选理事）和举办故友祭祀活动，地点在六山坟场。上恭都集善堂故友坟场也在六山，因此笔者设想集善堂成员亦会在中国祭祀节令日前往该墓园举行相应仪式。

赞助华人医院、学校。1924 年捐助东华医院建筑费，同年向阳和会馆学校捐助桌椅，1928 年捐助中华学校。

（四）开展多种社交活动，丰富侨民生活

维护华人资产和调解华人内部纠纷。当上恭常都侨民之间发生纠葛，集善堂去调解，作出仲裁。侨民定居时间长了，经济上已经不像来时身无分文，而是有了多寡不一的财产，有人开商店，有人买股票，商店、地产、股票所有者，总会对产权有让渡，有购进，如此需要有证人、担保人、中间人，集善堂往往充当这类角色，即所谓“商店股权之易手，亦可作证”。

说到丰富会员生活，需要特别关注“集群社”这个集善堂下属团体。该社成立于1941年，参加者是上恭常都52名侨民，为的是联络同乡感情，共同谋求同乡福利，在大力支持集善堂业务之外，于1952年集资购置楼业，每年举办郊游活动，元旦举行春宴。如此既有现代游乐活动，又为华人欢度传统节日添彩，如同唐社权所说“起到促进乡谊”和丰富乡亲生活的作用。

（五）维护华人公权益

在讲到海外侨胞历史时，无论是在欧美、大洋洲，还是在南洋，都会有排华惨案情节，讲述者无不表现出义愤填膺的态度。唐社权也写出类似事件，亦持批判态度，时或以平和语气叙述之。

在论及1852年加州州长排华言论之前，唐社权写道，集善堂“对外御侮，不遗余力”。1852年“加省省长璧勒（Governor Bigler）发表排华言论，唐君联同三邑会馆通事陈亚清曾两度上书驳其荒谬。后又备办礼物，亲赴省府晋谒，但只蒙款待，不得要领而还”。文中“唐君”指唐廷植（1825—1897），他通英文，在美国经商，任阳和会馆通事，是以联同另一通事陈亚清用英文反驳璧勒排华言论。同年底，“加省矿务及矿务权益委员会于三藩市举行公听，审查矿区排华原委，其时各会馆司事出庭作证，唐君为翻译，力陈排华之无理，并华人之受害无辜”。说的是唐廷植再次为阳和会馆华人正当权益呼号，反对排华谬论。[①] 此外，“加省政府通过外籍采金者执照税例后，亦曾聘唐君译为华文，以颁发华人采金者”，有益于华人阅览遵照执行。

集善堂“1900年曾捐款支持中华会馆起诉三藩市卫生局围困华埠之讼案”。事情经过是：“1900年某华人病逝于华埠，三藩市卫生官判死因为疫病。是时美国人对此症仍不知病源及预防之理，对之咸抱恐惧心理。卫生局遂下令围华埠，严禁居民出入，以为此可防疫症传出华埠外地。后经中华会馆聘律师上法庭与之力争，始得解围，恢复往来。”政府封闭华人社区，损害华人声誉，三藩市华人群起抗争，通过法庭裁决，使政府撤销对华人区的封锁，抗争获得成功。笔者在新冠肺炎肆虐期间，阅览《简史》这段内容，不免倍加关切。庆幸三藩市华人能够奋起抗争，采取有理有节态度，达到目的，维护了自身尊严。

---

① San Francisco Herald：Appil 30；June 6，1852. California Assembly Vourual，4th Session，1853；Appendix。加州档案馆存有其译文一份。

（六）历来对故乡、祖国发展深切关心并有相应表现

上恭常都侨民非常关注中国命运、故乡发展，尽可能出一份力。20 世纪初澳门葡萄牙人企图扩大领地，侵占香山县境领土，香山民众设立勘界维持会与其抗争，上恭都集善堂发电支持正义，抗议葡萄牙侵略行为。抗战期间，集善堂热情支援救亡活动，以善堂名义购买救国公债，又捐助中山济难会。1946 年，集善堂为筹设中的中山县第六区下栅墟平民医药诊疗所募捐，助其建设。

综上所述，集善堂遵循其宗旨，开展了多种活动，诸如资助贫困乡人返回故里，收集已故乡亲遗体运送回籍，购置墓园以实现同乡故友的“入土为安”，调解乡亲间的纠纷，为乡亲财产的增益作出努力，组织华人传统节日的活动，多方面丰富同乡生活，对社会上出现的辱华行为进行抗争，维护华人社区的安宁和华人尊严。集善堂实现了为成员和乡亲公益事业服务的宗旨，表明它是互助互利的公益性质社团，当然，因为它是以来自上恭常都为入会条件，所以它又是同乡会性质的公益团体。

五　以原籍县为单位的会馆及其维护华人权益的业绩

上恭都集善堂是阳和会馆下属社团，唐社权《简史》对两者关系，从集善堂的角度作出描绘，讲到阳和会馆的成立、上恭常都侨民对会馆的支持。由此可以多少明了香山等四县侨民会馆维护华人权益的一些活动。

收入李孝襄书中的区天骥《中华三邑宁阳冈州合和人和肇庆客商八大会馆联贺阳和新馆序》，讲述了阳和会馆之建立：首倡者袁姓（即 Norman Assing），三灶田心乡人，先到美国纽约，道光二十九年（1849）之后，转移到三藩市发展事业，咸丰初年倡议建立阳和会馆，选择胥宇天仁街北山之麓为馆址，获得上恭常都上栅蔡丽碧、前山刘祖满等支持，共同募捐建造会馆堂馆。唐社权认为蔡丽碧为会馆创始人之一。阳和会馆于 1852 年正式成立，成员是香山县及其邻近的东莞、增城、博罗四县侨民，并以同善堂、积善堂、喜善堂、敦善堂、集善堂、归善堂、德善堂、良善堂、宝安堂、义安堂、乐善堂、博善堂十二善堂为组织基础。会馆设主席与通事之职，由各善堂轮流担任，具体人选由各善堂推荐。如 1922 年，集善堂的卓捷峰出任主席，故世后，由卢派朝继任。1928 年黄连德出任会馆通事。

阳和会馆馆舍屡经变迁，最后于三藩市华埠中心之沙加缅度街重建阳和大楼，获得集善堂等基层善堂财务支持，全部工程于 1929 年完成。

六 上恭都集善堂是同乡会与宗亲会合一的社团

集善堂是地缘组织性质的同乡会，这种社会属性是人们的共识，它同时是有血缘因素的宗亲会，这是需要稍作说明的。

集善堂名称的前置词“上恭都”标志出地域名称，明白无误地表示这是上恭常都人的团体。集善堂宗旨一再宣称为“梓里”纾解困难，调解“梓里”纠纷，选举“梓里”殷实者担当值理，“梓里”大会决定善堂组织法，每述及上恭常都侨民均云“梓里”如何如何。“梓里”，与更为人们习用的“桑梓”为同义词，是故乡的意思。人们，尤其是古人讲到桑梓、梓里，怀有敬意、感恩之情，是出生、成长之地，没齿不忘。上恭常都侨民称“梓里”，是感念上恭常都以及香山、“唐”、“唐山”——中国，他们就是在这种梓里地域概念下凝聚成社团——上恭都集善堂。因此，社团管理人员由各姓〔唐、梁、蔡、谭、程、余（佘?）、卢、卓、黄、张〕推举而来，这就是显现其同乡会性质的基本因素。

要说集善堂的某种家族属性，不妨从 1976 年职员姓氏来理解。《简史》中的表二《一九七六年职员》显示：主席张颂明，副主席唐社权，正财政唐贻皐，副财政唐奕谋，正书记唐道谋，副书记卓榕焜，正核数唐桐谋，副核数唐宽谋，西文书记唐贻干；董事 16 人，中有唐姓 11 人（含唐姓家属 2 人）、梁姓 2 人、蔡姓 1 人、谭姓 1 人、程姓 1 人。总计 25 人，其中唐姓 18 人，梁姓 2 人，张姓、卓姓、蔡姓、谭姓、程姓各 1 人，唐姓在职员总数中占据 72%，其他六姓不足 30%，唐姓占据绝对优势地位。华人家族观念比较强，在办理社团事务中，难免考虑到同族、同宗、同姓的利益，令团体实际上具有某种程度的宗亲会属性。

从唐姓同辈分人在集善堂任职的情形观察，亦能看出集善堂的某种家族组织属性。集善堂职员（会计、主席）中，唐姓“谋”字辈分者有唐超谋、唐宽谋、唐道谋、唐畅谋四人，前三人为主席，后者为会计（1938—1940）。1976 年职员中，正核数唐桐谋，副财政唐奕谋，董事唐源谋、唐彦谋四人属于“谋”字辈；主席唐贻干（1954—1957）、唐贻皐（1958—1961），是“贻”字辈。唐姓职员谋字辈 9 人，贻字辈 2 人。此外，卢姓亦有“朝”字辈2人，卢树朝、卢章朝先后于1918年、1922年出任值年。辈字命名法，是家族制度和观念的落实，反映家族的存在（不论是有形的还是无形的）。集善堂中有那么多唐姓同辈职员，至少可以说上恭都集善堂是没有家族组织形式却有家族内涵的团体。

若从海外华人会馆（同乡会）与宗亲会密切关系角度考察，对上恭都集善堂具有宗亲会因素当有进一步了解。设在沙加缅度的中华会馆，下属十一个团体，内有九个是家族公所，如黄氏宗亲会、邓高密公所、李氏宗亲会、林西河堂等。[①] 包括台山（新宁）、新会、开平等县侨民的宁阳总会馆下属有马氏总公所、朱沛国总堂。[②] 在这种组织关系中，会馆必须处理好与宗亲、宗亲会关系，所以在成立于1854年的宁阳总会馆2008年12月31日举行的2009年新旧职员交接典礼上，新主席黄邦麟发表就职演说时，既感谢黄氏宗亲支持与推荐，又说“宁阳总会馆先人所定下的轮值制度，从台山引进到美国，当然人口多的姓氏轮值的机会越多，此举可解决不少的纷争，权利与义务都得到平衡”。[③] 由此可知，地域性的会馆会权衡各姓人士的利益，予以关照，换句话说，地域性会馆本身具有宗亲会因素，自然关照各族宗亲利益。

就集善堂职员状况而言，该社团具有一定的宗亲团体属性。参考地缘性会馆与宗亲、宗亲会组织关系，笔者认为上恭都集善堂是同乡会，同时具有某种宗亲会性质。

七 《简史》是弥足珍贵的稀有历史文献

《简史》文字不多，只有六七千字，却能基本描绘19世纪下半叶至20世纪70年代香山县上恭常都侨民在美国加州生根、发展的简单历史。令读者认识到侨民始于投入加州淘金潮，潮落后转业务农，做农工或种菜，到旧金山做雇员，干勤杂工，开小商店，办公司，随着社会经济的发展，上恭常都侨民状况多有改变，就业多样化，可喜地出现一些专业人士，文员增多。文章还着重讲述上恭常都侨民为生存与发展，建立自己的社团上恭都集善

① 北美《世界日报》2009年2月5日B7版《中华会馆新春团拜》。

② 北美《世界日报》2009年1月4日B2版。

③ 北美《世界日报》2008年11月29日B4版；2009年1月1日B4版。

堂，致力于互利互助事业，特别关怀人生临终阶段，资送先友遗体运返故里，实现传统的叶落归根愿望，并资送老病无业者返乡。在这类善事之外，还为社团成员事业的发展创造条件，给财产让渡者做中介、证人，调解成员间的纠纷，以利于当事人事业、生活的正常进行。唐社权注意到，上恭常都侨民及其集善堂活动在华人中、在社会上不是孤立存在的，所以他在文章中一方面写出集善堂与其上级侨社阳和会馆的关系史，包括参与侨团多种活动，共同维护华人利益与尊严，与排华意识、行为抗争，并取得相应成效，如1900年撤销对三藩市华人聚居区的封闭令；另一方面叙述与母国的密切联系，渴望中国富强，关心香山县社会公益事业，伸出援手，捐献钱财。

小范围（中国区乡范围）侨民史的素材不多见，学术界也很少能有相关研究成果。唐社权的《简史》写出香山县上恭常都的侨民史，提供海外华人区乡范围的地缘亲缘合一的团体例证，极其难得。它的史料价值，就在于提供华侨史个案研究的具体资料，而个案研究是做好华侨整体史研究的先决条件，因此笔者欣喜地说《简史》是弥足珍贵的稀有历史文献。《简史》也有不足之处，如对于上恭常都侨民最早到加州的时间和状况，交代不清晰。当然，这是苛求于作者了。

（执行编辑：罗燚英）

海洋史研究（第十九辑）
2023 年 11 月　第 383～386 页

近代中国北方海关文献整理的新成果

——简评《胶海关档案史料选编·清折卷》

姚永超*

海关是一个国家为监管人员、交通工具、货物合法进出国境而专设的机构，并为扩充财政或经济保护需要，进行征收关税、查缉走私、编制统计等活动。近年来，对近代设在租借地的“特上加特”之海关——山东胶海关——档案的大规模开发、整理与出版，为解答复杂历史问题，走进和复原历史现场提供了可能，也为我们深入了解近代海关、社会经济的各个侧面，提供了一个绝佳案例。

1897 年 11 月，德国强占青岛。翌年 3 月 6 日，清政府与德国签订《胶澳租借条约》，青岛成为德国租借地。1899 年 4 月 17 日，清政府与德国驻华公使海靖签订《青岛设关征税办法》，7 月 1 日，胶海关正式开关。在 1899 年 7 月胶海关成立至 1949 年 6 月青岛解放这长达半个世纪的时间里，胶海关先后被三个国家七届政府统治。胶海关对青岛、连云港及山东部分地区的进出口船只及其所载货物、旅客行李进行监督管理，并办理进出口手续、征收关税厘金、查缉走私、编制贸易统计等，同时兼办邮政、测量航道、管理港口等业务，逐渐取代东海关成为山东境内第一大海关，也是仅次于津海关的近代中国北方第二大海关。

众所周知，近代中国各通商口岸海关是“国中之国”，均有洋人把持和

* 作者姚永超，上海海关学院教师。

管理，而胶海关十分特殊：它是中国政府设置于外国在华租借地的第一个海关。在组织管理、关税征收、税款分配等诸多方面与其他通商口岸海关都有不同：一是胶海关海关税务司、职员均由租借国之人充任；二是海关与其官员、商民等公文往来文字，均用租借国文字；三是租借地海关不设海关监督；四是租借地除享有各通商口岸条约所规定的各种优惠及特权外，在进出口税务征收及税款分配方面也享有其他通商口岸没有的优惠特权。

胶海关及其关税制度是近代中国海关及关税制度发展过程中的重要组成部分，同时也是中日甲午战后列强争夺在华权益的产物，是中华民族危机加深的反映。作为第一个租借地海关、近代中国北方第二大海关，其自身地位、作用及对国家、社会的影响，均值得重视和深入研究。胶海关在形成、发展历程中产生了数量庞大的档案文献，据初步调研统计逾 4000 卷，它们全面记录了 1899—1949 年胶海关及其所辐射广大地域的政治、经济、外交、军事、文化、教育、交通等情况。而目前相关整理成果寥寥无几，唯二十余年前青岛市档案馆主编的《帝国主义与胶海关》（档案出版社，1986）一本薄册，其对胶海关档案文献的整理开发相当简单。其他史料汇编亦略有涉及而已，胶海关档案整理开发情况可谓只及一角，关史研究更谈不上深入。

作为“青岛及中国近代工商业发展档案史料汇编”系列丛书之一，2018 年由青岛市档案馆和青岛大学哲学与历史学院共同编纂的国家档案局委托项目《胶海关档案史料选编 · 清折卷》正式出版，是胶海关档案整理领域最新的重要成果。细细阅读，它就像一幅生动翔实的区域进出口贸易活动及海关监管历史画卷，为我们揭开了诸多历史谜团。

《胶海关档案史料选编 · 清折卷》分两卷，120 余万字。清折是胶海关税务司呈报山东省地方官员，及上交总税务司再转呈中央政府的档案，是青岛市档案馆馆藏胶海关档案中最有价值的一部分。卷一选编青岛市档案馆馆藏胶海关 1899 年至 1911 年所有清折档案。共分五编：第一编罚款案由，第二编罚款、经费、船钞、另款四项入出数目，第三编华、洋商船各款税钞数目，第四编官用物料免税，第五编其他。卷二汇编青岛市档案馆馆藏胶海关 1912—1923 年的清折档案。由于日军侵占青岛，胶海关于 1914 年 11 月至 1915 年 8 月业务中断，故在此期间的胶海关清折档案出现时间断连。与卷一比较，第一、二、三、四编相同，少了“第五编其他”部分。整体看来，清折卷所选档案时间基本涵盖了青岛整个租借地时期，所记载内容更是弥补了目前中国近代海关贸易报告、贸易统计等原公开出版物的不足，是详细了解租借地海关经费以及缉私等业务的珍稀文献。

第一编所记罚款案由，详细记录了自1899年至1922年胶海关所查处的各类案件情况，包括案件详情、罚款数额、处理情况等，具体如私运进口，擅自出口，假报进出口货色价值斤重，藏匿枪支、烟土、食盐、铜元禁品，等等。犹如猫鼠之间的游戏，海关历来与不法商人斗智斗勇。具体案例既是研究青岛租借地时期走私与缉私的重要史料，也是反映区域进出口贸易、社会经济生活的第一手资料。

第二编所记罚款、经费、船钞、另款四项入出数目，涉及租借地时期胶海关各类经费收支情况，可为青岛地区社会经济研究提供第一手信息。如近代海关关员薪资待遇中华人、洋人各项薪水的差别，近代海关兼办邮政中的入邮政各项银款，近代海关兼办港务中所出灯、浮、桩、塔各项修建经费，入总税务司补发、提项之于各地税务司与总税务司关系，入本关人等违章罚款之于近代海关关务管理等，诸如此类，事无巨细，条目繁多，罗列清晰，对胶海关及近代中国海关内部运行及职能的研究甚为难得。

第三编所记华、洋商船各款税钞数目，详细记录了1899年7月1日至1922年12月31日华、洋各类商船进出青岛所缴纳的各种关税数额及税款分配情况。著名经济史学家汤象龙先生曾费时数十年整理档案，对1861—1910年共计50年间的30个海关税收进行了详细的分类统计，编著了《中国近代海关税收和分配统计（1861—1910）》一书，该书成为中国近代经济史研究中最为重要的基础性工具书之一。但是此书收录的30个海关税收数据中，并没有胶海关数据。《胶海关档案史料选编·清折卷》第三编内容，恰恰弥补了这一缺陷，其重要性不言而喻。值得一提的是，其将土药、洋药等特殊商品收税情况单独列出，是研究近代中国北方鸦片贸易的重要史料。

第四编为官用物料免税，此编起止时间为1908年1月1日至1922年12月31日。所谓官用物料免税，是根据1905年12月1日和12月2日清政府同德国签订的《会订青岛设关征税修改办法》及《青岛德境以内征税办法章程》规定的免税物品，如机器并机器厂之全副配件以及机器各分件，制造厂所用之家具、机料及各种农器，建盖衙署以及各等工程之木料。因而第四编所记录的乃是官方所用免税之物品，此类物品报备公司多为津浦铁路公司、胶济铁路公司及中国电报局。

第五编其他部分，主要涉及各国领事官报运免税清折、胶海关铜斤进口数目清折、胶海关所有进口洋药清折，以及胶海关征收各种税款简明清折。

第五编所编清折，既有对前四编清折的补充，也有对前四编清折内容的概括统计。

中国传统史学向来不重视统计数字，不注意对统计数字的发掘、整理与研究，延至清末亦是如此。在所留存的历史记载中，很少有具体的统计数字，常以“数百万记”“耗费巨大”等形容词概括，令现代研究者感到费解。而《胶海关档案史料选编·清折卷》所编清折，乃是胶海关在租借地时期所编汇的各类统计数据，是不可多得的原始统计档案，史料价值颇高。

此外，租借地时期是青岛城市现代化的早期阶段，德日两国相继占领使得青岛蒙上了西化及殖民地色彩，此时青岛城市现代化进程也开启肇端，所以租借地时期是青岛城市史研究的重点之一。由于租借地海关的特殊性，租借地时期胶海关研究是中国近代海关史研究的重要内容，也是深入研究胶海关的日常运转、青岛城市发展历史，以及山东地区和北方海域海上贸易、社会生活史等的重要领域。

值得一提的是，近年因国家重视，加大资源投入，大型历史档案文献的整理和出版成果丰硕。进入 21 世纪以后中国第二历史档案馆、中国海关总署办公厅整理影印出版了 170 册的《中国旧海关史料》（京华出版社，2001），复旦大学吴松弟教授又整理出版 283 册的《美国哈佛大学图书馆藏未刊中国旧海关史料》（广西师范大学出版社，2014）等。《胶海关档案史料选编·清折卷》本着对历史负责的态度，采用点校本编排形式，所选档案为原文照录，重新编排，目的就是最大限度地方便研究者利用。在档案编排上，将性质相同者汇为一编，每编之下按时间先后排列。同一档案如有多个版本，一般只选用其中正式印发件或领导签发件；没有正式印发件或领导签发件的，以其中比较完善的一个版本为准。为方便读者阅读利用，编者重拟了第五编档案文献标题，并对该书全文进行句读，加注标点符号。档案中的繁体字、异体字改为规范字；错别字照原样付印，仅在原字后用括号标注正字；统计数字由原来的汉字酌改用阿拉伯数字。总之，《胶海关档案史料选编·清折卷》档案整理的工作量非常大，编者甘为他人作嫁衣，嘉惠学林，功莫大焉。

（执行编辑：吴婉惠）

后　记

海洋是人类活动的基本空间之一，相对于悠久发达的大陆文明，海洋文明经常被视为大陆文明的附属或延伸，处在边缘，视为“化外”。涉海人群经常被排除在主流历史之外，既不受关注，也没有留下多少记录，成为艾立克·沃尔夫（Eric R. Wolf）所说的“没有历史的人”。此类人群在世界各海域并不鲜见，毫无疑问，他们是海洋历史的主人，海洋因人类活动变得具有人文的属性和文明的意义。如果没有人类以各种方式参与和介入，海洋只具有自然属性，海洋史只是自然的空间史，与人类文明谈不上什么关系。所以应该重视对这些浮生江海、倚海为生的涉海人群的历史研究。本辑第一组文章以涉海人群为研究对象。欧洋安（Manel Ollé）注意到大航海时代马尼拉华人属于“没有历史的群体”；然而研究表明，这个地方性社群促成华裔—南岛系混血族群（mestizo de sangley）的形成，连接东亚海域、全球层面的银丝贸易，帝国间的接触、文化交流，扮演着举足轻重的角色。中国对水上人的历史记载相当稀少，苏尔梦（Claudine Salmon）考察了中国社会中被官方历史忽略的女性边缘人群，一些女性为了讨生活而成为海盗，某些女性甚至脱颖而出，被载入史册。

海洋是一片流淌不息的文明交流空间，世界各族群利用舟船之便，通过开放性海域空间互通有无、互相认识，进行直接或间接的物质交易、技术交流、知识传播、信息传递，形成文明传播的多样化形态和多元化渠道。本辑第二个专题主要探讨东西方语言接触、地图知识、观念交流等问题。金国平关注古老的梵文“China”（支那）及与之有关的系列词语在16世纪葡萄牙语文献中之流变。1515 年以前的葡萄牙文献中，“China”为广州/广府之义，后逐渐有了粤省/粤地的含义。葡萄牙人东来后，受梵文影响，出现“Cochinchina”一词，意思是“交趾—广州”或“广州之交趾”，是“广州之大市集”之义；在早期葡萄牙地图中，“Cochinchina”标在红河三角洲，指今越南河内。在中文里，到 20 世纪初，“Cochinchina”才有音译汉名“交趾（阯）支那”，从而在词源及词义上揭示出鲜为人知的葡萄牙人接受和传播“Cochinchina”的过程。石冰洁对盛清时期黄千人绘制的海陆合一的全国总图《大清万年一统天下全图》作了相当系统深入的研究，揭示出其陆海知识来源、变化趋势，《舆地全图》与天文图的组合，挂轴地图向屏风地图的转变，这些地图共同构成了清代私绘“大清一统”系全图。此外，何国璠对晚清陈寿彭翻译英国海道测量局所编《中国海指南》（*The China Sea Directory*），改绘英版海图的内容进行比对研究，深化了近代海图史的研究，有助于了解中国近代海防观念的转变与地理学的发展。夏帆注意到民国时期受西方“海权”观念传入影响，从政府到国民对海权的关注远胜于前，涉海地图编绘越来越多反映海权观念，1947 年内政部方域司绘制的《南海诸岛位置略图》，至今仍是我国主张南海领土主权及海洋权益时的重要历史依据。

中日两国隔海相望，历史上双边交往均以海洋为主要纽带。本辑收录两篇关于明代中日关系的专题论著。赵伟、陈缘探讨了明初号称“文臣之首”的宋濂在中日佛教交流与朝贡关系中所起的重要作用，指出中日佛教僧人担任两国的使者，不仅具有政治与外交色彩，也为日本佛教的发展做出了巨大的贡献，在近世东亚佛教交流、海洋传播史上占有重要地位。田中健夫（Tanaka Takeo）利用战国时期相良家族留下的《八代日记》等外交史料，考察以八代为中心的不知火海的渡唐船只、情报传达、各诸侯国大名动向以及商业问题等，对把握倭寇活动的背景及日明关系有重要价值。

海洋是生命的摇篮，也是人类生存发展的资源宝库。对海洋资源与生态维护、海洋环境与开发，乃至海洋生物多样性与物种保护的关注，追求人海相依、和谐共存、可持续发展，是学界及社会各界的共识。本辑刊发了一组关于海洋生物与贸易商品的论文。倪根金、陈桃仪对鲎这种具有 4 亿年历史的海洋动物“活化石”进行了细致分析，介绍了鲎在岭南沿海的地理分布与历史变迁，阐述了其在动物学、生态学、医学及环境保护等方面的重要价值，提出人类要重视保护包括鲎在内的濒危古物种。我国西南边疆的云南

(包括南诏和大理王国) 长期将海贝作为货币 (贝币), 元明时期江南地区也大量存在海贝; 杨斌爬梳《明实录》《历代宝案》等中外史料, 提出元明时期江南的海贝, 少部分来自马尔代夫或东南亚诸国进贡, 绝大多数是从琉球转贩而来。陈琰璟则关注荷兰对华贸易中的商品檀香木, 这种半寄生性植物主要产于小巽他群岛和印度南部, 常被用于制作香料和药物; 在古代亚洲海域内部贸易中, 檀香木、胡椒等香药与丝绸、瓷器是最重要的大宗商品。

20 世纪 30 年代, 陈寅恪先生曾经总结王国维的治学方法, 指出: "其学术内容及治学方法, 殆可举三目以概括之者: 一曰取地下之实物与纸上之遗文互相释证。……二曰取异族之故书与吾国之旧籍互相补正。……三曰取外来之观念与固有之材料互相参证。"[①] 显然, "取异族之故书与吾国之旧籍互相补正" 非常重要, 至今仍是治学之重要法门。本辑刊载了一组关于 "异族之故书" 的论文, 包括张永钦对台湾清华大学出版社发布的 17 世纪道明会传教士留下的两份手稿——收藏于菲律宾圣多玛斯大学档案馆的《西班牙—华语辞典》 (*Dictionario Hispánico-Sinicum*) 手稿及西班牙巴塞罗那大学图书馆的《漳州话语法》 (*Arte de la Lengua Chio Chiu*) 手稿的评述, 卢春晖对《1627 年澳门通官、通事暨蕃书章程》的翻译考释, 董少新对葡萄牙耶稣会士曾德昭 (Álvaro Semedo) 所著《鞑靼人攻陷广州城记》的翻译注释, 郑永常对 1863—1864 年越南潘清简出使法国留下的《西浮日记》所记海陆往返旅程、地名进行的梳理、释说, 这些对早期澳门史、明清易代史、西语东译及亚欧海陆交通史的研究, 均具有史料研究价值。

此外, 本辑还刊发了韩国巍关于英美学界对海上生活史的研究的述评, 梁立佳关于北美学界对太平洋毛皮贸易研究的概述, 陈烨轩对贾志扬 (John W. Chaffee) 关于中国古代穆斯林商人新著的评介, 陈文源、江奇对加拿大学者克里斯多佛 · 高夏 (Christopher Goscha) 关于越南的通史性著作的看法, 冯尔康对美国《上恭都集善堂与上恭常都乡人在加省简史》的评介, 姚永超对《胶海关档案史料选编 · 清折卷》的评介, 这些文章提供了关于海洋史研究的很有价值的新成果、新信息。

本刊自 2010 年创刊以来, 得到海内外同行的鼎力支持, 成为海洋史学的代表性专业刊物和研究交流的重要平台, 相继入选 CSSCI 来源集刊、CNI

① 陈寅恪:《金明馆丛稿二编》, 上海古籍出版社, 1980, 第 219 页。

名录集刊、“中文学术集刊索引数据库”收录集刊，新近又成为中国历史研究院资助的七种学术性集刊之一，这是对本刊的肯定。海洋史研究中心同人将继续努力，不负众望，推进《海洋史研究》迈上新台阶。

李庆新

2021 年 8 月 1 日

征稿启事

《海洋史研究》（*Studies of Maritime History*）是广东省社会科学院海洋史研究中心主办的学术集刊，每年出版两辑，由社会科学文献出版社（北京）公开出版，为中国历史研究院资助学术集刊、中国社会科学研究评价中心“中文社会科学引文索引（CSSCI）”来源集刊、社会科学文献出版社 CNI 名录集刊。

广东省社会科学院海洋史研究中心成立于 2009 年 6 月，以广东省社会科学院历史研究所为依托，聘请海内外著名学者担任学术顾问和客座研究员，开展与国内外科研机构、高等院校的学术交流与合作，致力于建构一个国际性海洋史研究基地与学术交流平台，推动中国海洋史研究。本中心注重海洋史理论探索与学科建设，以华南区域与中国南海海域为重心，注重海洋社会经济史、海上丝绸之路史、东西方文化交流史、海洋信仰与宗教传播、海洋考古与海洋文化遗产等重大问题研究，建构具有区域特色的海洋史研究体系。同时，立足历史，关注现实，为政府决策提供理论参考与资讯服务。为此，本刊努力发表国内外海洋史研究的最新成果，反映前沿动态和学术趋向，诚挚欢迎国内外同行赐稿。

凡向本刊投寄的稿件必须为首次发表的论文，请勿一稿两投。请直接通过电子邮件方式投寄，并务必提供作者姓名、机构、职称和详细通信地址。编辑部将在接获来稿三个月内向作者发出稿件处理通知，其间欢迎作者向编辑部查询。

来稿统一由本刊学术委员会审定，不拘语种，正文注释统一采用页下脚注，优秀稿件不限字数。

本刊刊载论文已经进入“知网”，发行进入全国邮局发行系统，征稿加入中国社会科学院全国采编平台，相关文章版权、征订、投稿事宜按通行规则执行。

来稿一经采用刊用，即付稿酬，并赠送该辑 2 册。

本刊编辑部联络方式：

中国广州市天河北路 618 号广东社会科学中心 B 座 13 楼

邮政编码：510635

广东省社会科学院海洋史研究中心

电子信箱：hysyj@ aliyun. com；hysyj2009@ 163. com

联系电话：86 - 20 - 38803162

Manuscripts

Since 2010 the *Studies of Maritime History* has been issued per year under the auspices of the Centre for Maritime History Studies, Guangdong Academy of Social Sciences. It is indexed in CSSCI (Chinese Social Science Citation Index).

The Centre for Maritime History was established in June 2009, which relies on the Institute of History to carry out academic activities. We encourage social and economic history of South China and South China Sea, maritime trade, overseas Chinese history, maritime archeology, maritime heritage and other related fields of maritime research. The Studies of *Maritime History* is designed to provide domestic and foreign researchers of academic exchange platform, and published papers relating to the above.

The *Studies of Maritime History* welcomes the submission of manuscripts, which must be first published. Guidelines for footnotes and references are available upon request. Please specify the following on the manuscript: author's English and Chinese names, affiliated institution, position, address and an English or Chinese summary of the paper.

Please send manuscripts by e-mail to our editorial board. Upon publication, authors will receive 2 copies of publications, free of charge. Rejected manuscripts are not be returned to the author.

The articles in the *Studies of Maritime History* have been collected in CNKI. The journal has been issued by post office. And the contributions have been incorporated into the National Collecting and Editing Platform of the Chinese

Academy of Social Sciences. All the copyright of the articles, issue and contributions of the journal obey the popular rule.

Manuscripts should be addressed as follows：

Editorial Board *Studies of Maritime History*

Centre for Maritime History Studies

Guangdong Academy of Social Sciences

510635，No. 618 Tianhebei Road，Guangzhou，P. R. C.

E-mail：hysyj@ aliyun. com；hysyj2009@ 163. com

Tel：86 – 20 – 38803162

图书在版编目（CIP）数据

海洋史研究．第十九辑／李庆新主编．--北京：社会科学文献出版社，2023.11

ISBN 978-7-5228-3000-1

Ⅰ．①海… Ⅱ．①李… Ⅲ．①海洋-文化史-世界-丛刊 Ⅳ．①P7-091

中国国家版本馆CIP数据核字（2023）第235793号

海洋史研究（第十九辑）

主　　编／李庆新

出 版 人／冀祥德
组稿编辑／宋月华
责任编辑／胡百涛
文稿编辑／许文文
责任印制／王京美

出　　版／社会科学文献出版社·人文分社（010）59367215
地址：北京市北三环中路甲29号院华龙大厦　邮编：100029
网址：www.ssap.com.cn

发　　行／社会科学文献出版社（010）59367028

印　　装／三河市东方印刷有限公司

规　　格／开 本：787mm×1092mm　1/16
印 张：25　字 数：431千字

版　　次／2023年11月第1版　2023年11月第1次印刷

书　　号／ISBN 978-7-5228-3000-1

定　　价／268.00元

读者服务电话：4008918866